EXERCICES

DE MATHEMATIQUES,

PAR M. AUGUSTIN-LOUIS CAUCHY,

INGÉNIEUR EN CHEF DES PONTS ET CHAUSSÉES, PROFESSEUR A L'ÉCOLE ROYALE POLYTECHNIQUE, PROFESSEUR ADJOINT A LA FACULTÉ DES SCIENCES, MEMBRE DE L'ACADÉMIE DES SCIENCES, CHEVALIER DE LA LÉGION D'HONNEUR.

A PARIS,

CHEZ DE BURE FRÈRES, LIBRAIRES DU ROI ET DE LA BIBLIOTHÈQUE DU ROI,

RUE SERPENTE, N.º 7.

1826.

IMPRIMERIE DE BEAUCÉ-RUSAND, HÔTEL PALATIN, PRÈS SAINT-SULPICE.

EXERCICES
DE MATHÉMATIQUES,

PAR M. AUGUSTIN-LOUIS CAUCHY.

Cᴇᴛ Ouvrage se composera d'une suite d'articles sur les différentes parties des sciences mathématiques. Il paraîtra par livraisons qui se succèderont à des époques peu éloignées l'une de l'autre. Dans ces articles, on se propose de passer en revue les diverses branches d'analyse, d'éclaircir les difficultés qu'elles présentent, et d'offrir de nouvelles méthodes, à l'aide desquelles on puisse traiter plus facilement des questions déjà résolues, ou résoudre celles qui ne l'étaient pas encore. Les principales applications de ces méthodes seront relatives à la physique, à la mécanique et à la théorie des nombres. Parmi les objets qui seront traités dans les Exercices, on peut dès à présent indiquer :

Une formule qui fournit immédiatement une limite de la plus petite différence entre les racines d'une équation numérique, sans que l'on soit obligé de recourir à l'équation aux carrés des différences ;

La théorie des *moments linéaires*, servant à simplifier l'enseignement de la mécanique rationnelle ;

Une méthode à l'aide de laquelle on peut intégrer par approximation des équations différentielles de forme quelconque, en déterminant les limites des erreurs commises ;

Une nouvelle théorie du contact des courbes et des surfaces ;

La théorie des intégrales définies, et la recherche de formules générales qui fournissent les valeurs des intégrales définies déjà connues et d'un grand nombre d'autres ;

La résolution des équations numériques par les intégrales définies ;

L'intégration des équations aux différences partielles linéaires ou non linéaires ;

Enfin, un nouveau calcul, désigné sous le nom de calcul des résidus, et qui sert à sommer la série de Lagrange avec d'autres séries du même genre, ainsi qu'à établir des formules nouvelles, relatives soit à la détermination des intégrales définies, soit à la sommation des suites ou à l'évaluation des produits composés d'un nombre infini de facteurs.

A la dernière livraison de chaque année sera jointe une table des matières.

SUR L'ANALYSE

DES SECTIONS ANGULAIRES.

DEPUIS quelques temps, les géomètres se sont proposé de résoudre les difficultés que peuvent offrir plusieurs formules relatives aux sections angulaires. Ces mêmes difficultés se trouvant aussi résolues par les méthodes que j'ai données dans le Traité d'analyse publié en 1821, j'ai pensé qu'on ne verrait pas sans intérêt une indication sommaire de ces méthodes, et des avantages qu'on peut en retirer.

Les expressions que l'on rencontre dans la théorie des sections angulaires sont de deux espèces. Les unes admettent des valeurs multiples : tels sont les logarithmes et les puissances fractionnaires des quantités négatives et des expressions imaginaires. D'autres n'admettent qu'une seule valeur : tels sont le plus ordinairement les développements en séries. Quelquefois, parmi les valeurs multiples qu'une expression présente, on rencontre une valeur particulière qui mérite d'être remarquée. Il m'a paru nécessaire de distinguer dans la notation cette valeur particulière de toutes les autres, afin d'éviter la confusion que pourrait introduire dans le calcul l'emploi de la même notation pour des usages divers. C'est pour cette raison que j'ai proposé d'entourer de doubles traits ou de doubles parenthèses les quantités comprises dans des fonctions qui admettent des valeurs multiples; d'indiquer, par exemple, par

$$(1) \qquad l((a + b \sqrt{-1})), \quad \text{ou} \quad ((a + b \sqrt{-1}))^{\mu}$$

l'un quelconque des logarithmes de l'expression imaginaire $a + b \sqrt{-1}$, ou l'une de ses puissances fractionnaires du degré $\mu = \pm \frac{m}{n}$; et de réserver les notations

$$(2) \qquad l(a + b \sqrt{-1}), \qquad (a + b \sqrt{-1})^{\mu}$$

pour indiquer un seul de ces logarithmes, ou une seule de ces puissances. Entrons, à ce sujet, dans quelques détails.

Si l'on désigne par r la racine carrée positive de $a^2 + b^2$, et par ζ celui des arcs compris entre les limites $-\frac{\pi}{2}, +\frac{\pi}{2}$, qui a pour tangente le rapport $\frac{b}{a}$, on aura généralement, pour des valeurs positives de a.

$$(3) \quad \begin{cases} l((a + b\sqrt{-1})) = l(r) + \theta\sqrt{-1} + l((1)), \\ ((a + b\sqrt{-1}))^\mu = r^\mu (\cos\mu\theta + \sqrt{-1}\sin\mu\theta)((1))^\mu; \end{cases}$$

tandis qu'on aura, pour des valeurs négatives de a,

$$(4) \quad \begin{cases} l((a + b\sqrt{-1})) = l(z) + \theta\sqrt{-1} + l((-1)), \\ ((a + b\sqrt{-1}))^\mu = r^\mu (\cos\mu\theta + \sqrt{-1}\sin\mu\theta)((-1))^\mu. \end{cases}$$

Or, parmi les valeurs multiples de $l((1))$, il en est une qui mérite d'être remarquée, savoir, la valeur réelle

$$l(1) = 0,$$

qu'il est naturel d'indiquer à l'aide de parenthèses simples. De même, parmi les valeurs multiples de $((1))^\mu$, il en existe une qu'il est également naturel d'indiquer à l'aide de parenthèses simples, savoir, la valeur réelle

$$1^\mu = 1$$

Cela posé, si l'on convient de réduire à la fois, dans les deux membres de chacune des formules (3), les parenthèses doubles à des parenthèses simples, on obtiendra les formules

$$(5) \quad \begin{cases} l(a + b\sqrt{-1}) = l(r) + \theta\sqrt{-1}, \\ (a + b\sqrt{-1})^\mu = r^\mu (\cos\mu\theta + \sqrt{-1}\sin\mu\theta), \end{cases}$$

qui serviront à définir les expressions (2), mais seulement pour des valeurs positives de la constante a. Il est important de remarquer que chacune des équations (5) continuera de subsister, si l'on change, dans les deux membres, le signe de $\sqrt{-1}$.

Dans le cas où a est négatif, les valeurs des expressions $l((-1))$ et $((-1))^\mu$ comprises dans les seconds membres des formules (4), sont toutes imaginaires, et l'on ne voit aucune raison pour appliquer la notation $l(-1)$ ou $(-1)^\mu$ à l'une de ces valeurs plutôt qu'à l'autre. On doit donc alors abandonner les notations $l(a + b\sqrt{-1})$, $(a + b\sqrt{-1})^\mu$, ainsi que les notations $l(-1)$ et $(-1)^\mu$. Il y a plus : l'emploi de ces notations offrirait un grave inconvénient. En effet, admettons, pour un instant, la notation $(-1)^\mu$ comme représentant la plus simple des valeurs de $((-1))^\mu$, savoir, l'expression imaginaire $\cos\mu\pi + \sqrt{-1}\sin\mu\pi$; et supposons que la définition de $(a + b\sqrt{-1})^\mu$ se déduise des formules (4), quand a devient négatif, comme elle se déduisait des formules (3), quand a était positif. On aura

$$(a + b\sqrt{-1})^\mu = r^\mu (\cos\mu\theta + \sqrt{-1}\sin\mu\theta)(\cos\mu\pi + \sqrt{-1}\sin\mu\pi);$$

et cette dernière équation devra subsister en même temps que la seconde des formules (5), quand on supposera $a = 0$, $b = -1$. Par suite on sera forcé d'admettre à la fois les deux équations

$$(-\sqrt{-1})^{\mu} = \cos\frac{\mu\pi}{2} - \sqrt{-1}\,\sin\frac{\mu\pi}{2},$$

$$(-\sqrt{-1})^{\mu} = (\cos\frac{\mu\pi}{2} + \sqrt{-1}\,\sin\frac{\mu\pi}{2})\,(\cos\mu\pi + \sqrt{-1}\,\sin\mu\pi),$$

dont la première exclut évidemment la seconde.

Les notations

$$l\,(a+b\sqrt{-1}),\quad (a+b\sqrt{-1})^{\mu}$$

restreintes, comme on vient de le dire, au cas où a est positif, jouissent d'une propriété très-remarquable [Voyez l'Analyse algébrique, chapitre IX, et les 57.ᵉ et 38.ᵉ Leçons de calcul infinitésimal.] Cette propriété consiste en ce que les séries convergentes, qui fournissent les développements de $l(a+b)$ et de $(a+b)^{\mu}$, quand b^2 est inférieur à a^2, représentent encore les développements de $l(a+b\sqrt{-1})$ et de $(a+b\sqrt{-1})^{\mu}$, dans le cas où l'on remplace b par $b\sqrt{-1}$. Les deux expressions imaginaires

$$l\,(a+b\sqrt{-1}),\quad (a+b\sqrt{-1})^{\mu}$$

sont, parmi les diverses valeurs de $l((a+b\sqrt{-1}))$, et de $((a+b\sqrt{-1}))^{\mu}$, les seules qui jouissent de cette propriété. De plus, comme on a généralement, en posant $\frac{b}{a} = B$,

$$(6)\qquad \begin{cases} l(a+b\sqrt{-1}) = l(a) + l(1+B\sqrt{-1}), \\ (a+b\sqrt{-1})^{\mu} = a^{\mu}(1+B\sqrt{-1})^{\mu}, \end{cases}$$

il est clair qu'on peut se contenter d'établir la propriété en question, pour le cas où l'on suppose la constante a réduite à l'unité, ainsi que je l'ai fait dans l'Analyse algébrique.

Je vais maintenant rappeler en peu de mots quelques applications des principes ci-dessus exposés, et quelques-unes des formules auxquelles ils conduisent.

Les équations que l'on rencontre dans l'analyse des sections angulaires, sont de deux espèces. Dans quelques-unes d'entre elles, chaque membre a des valeurs multiples. Ce sont les équations les moins précises. Car chaque équation de cette espèce indique seulement que l'une des valeurs du premier membre est égale à l'une des valeurs du second. On peut citer comme exemples les formules (3) et (4). Dans d'autres équations, le second membre à une valeur déterminée. Alors il n'y aurait nul avantage à placer dans le premier membre une expression dont les valeurs seraient multiples. Car ce serait indiquer en quelque sorte qu'on ne sait pas quelle est celle des valeurs du premier membre qui doit être égalée au second. On sent donc alors la nécessité d'employer dans le premier membre une notation qui ne puisse s'interpreter que d'une seule manière. On remplira aisément cette condition, en adoptant les notations ci-dessus mentionnées. Ainsi, par exemple, en désignant par t un arc quelconque, par μ une quantité quelconque, par z une autre quantité comprise entre les limites -1, $+1$, enfin par

$$s = \text{arctang} \; \frac{z \sin t}{1 + z \cos t}$$

un arc renfermé entre les limites $-\frac{\pi}{2}, +\frac{\pi}{2}$, on trouvera [voyez l'Analyse algébrique, pages 295 et 296.]

$$(7) \quad \left\{ \begin{aligned} &1 + \frac{\mu}{2} z (\cos t + \sqrt{-1} \sin t) + \frac{\mu (\mu - 1)}{1 . 2} z^2 (\cos 2t + \sqrt{-1} \sin 2t) + \ldots \\ &= [1 + z (\cos t + \sqrt{-1} \sin t)]^\mu, \end{aligned} \right.$$

ou, ce qui revient au même,

$$(8) \quad \left\{ \begin{aligned} &1 + \frac{\mu}{1} z (\cos t + \sqrt{-1} \sin t) + \frac{\mu (\mu - 1)}{1 . 2} z^2 (\cos 2t + \sqrt{-1} \sin 2t) + \ldots \\ &= (1 + 2z \cos t + z^2)^{\frac{\mu}{2}} (\cos \mu s + \sqrt{-1} \sin \mu s) \end{aligned} \right.$$

On conclut aisément de l'équation (8) ou (9) que la formule connue du binome, savoir,

$$(9) \quad (x + y)^\mu = x^\mu + \mu x^{\mu - 1} y + \frac{\mu (\mu - 1)}{1 . 2} x^{\mu - 2} y^2 + \ldots = x^\mu \left(1 + \frac{y}{x} \right)^\mu$$

subsiste pour des valeurs quelconques de μ, non-seulement dans le cas où x et y sont des quantités réelles dont la première est positive, mais encore dans le cas où x et y sont des expressions imaginaires, dont la première a pour partie réelle une quantité positive. On établirait avec la même facilité les formules

$$(10) \quad l [1 + z (\cos t + \sqrt{-1} \sin t)] = z (\cos t + \sqrt{-1} \sin t) - \frac{z^2}{2} (\cos 2t + \sqrt{-1} \sin 2t) + \text{etc.}$$

$$(11) \quad l (1 + 2z \cos t + z^2) + \left(\text{arctang} \; \frac{z \sin t}{1 + z \cos t} \right) \sqrt{-1} = z (\cos t + \sqrt{-1} \sin t) - \text{etc.}$$

$$(12) \quad l (x + y) = l (x) + \frac{y}{x} - \frac{1}{2} \frac{y^2}{x^2} + \frac{1}{3} \frac{y^3}{x^3} - \text{etc.},$$

qui subsistent dans les mêmes hypothèses que les équations (7), (8) et (9), et dont la seconde est la formule (37) [§ 2.ᵉ] du chapitre IX de l'Analyse algébrique.

Parmi les formules relatives aux sections angulaires, les géomètres ont remarqué celles qui fournissent les développements de $\cos \mu z$ et de $\sin \mu z$, suivant les puissances ascendantes ou descendantes de $\sin z$, $\cos z$ ou $\text{tang } z$, ainsi que les développements de

(5)

puissances de sinus et de cosinus , en fonctions des sinus ou cosinus d'arcs multiples. Nous nous bornerons à présenter ici quelques réflexions sur chacune de ces formules.

Soient μ une quantité quelconque , et z un arc compris entre les limites $-\frac{\pi}{2}$, $+\frac{\pi}{2}$. Les valeurs de $\cos\mu z$ et de $\sin\mu z$ se développeront en fonctions des puissances ascendantes de $\sin z$ par les formules

$$(13) \qquad \cos\mu z = 1 - \frac{\mu^2}{1.2}\sin^2 z + \frac{\mu^2(\mu^2-4)}{1.2.3.4}\sin^4 z - \text{etc.}$$

$$= \cos z\left[1 - \frac{\mu^2-1}{1.2}\sin^2 z + \frac{\mu^{(2}-1)(\mu^2-9)}{1.2.3.4}\sin^4 z - \text{etc.}\right],$$

$$(14) \qquad \sin\mu z = \mu\sin z - \frac{\mu(\mu^2-1)}{1.2.3}\sin^3 z + \frac{\mu(\mu^2-1)(\mu^2-9)}{1.2.3.4.5}\sin^5 z - \text{etc.}$$

$$= \cos z\left[\mu\sin z - \frac{\mu(\mu^2-4)}{1.2.3}\sin^3 z + \text{etc.}\right],$$

(voyez l'Analyse algébrique, pages 548 et 549). Si, dans les formules (13) et (14) , on remplace z par $\frac{\pi}{2} - z$, on obtiendra celles qui fournissent les développements de $\cos\mu z$ et de $\sin\mu z$ en séries ordonnées suivant les puissances ascendantes de $\cos z$.

Si l'on voulait développer, suivant les puissances ascendantes de $\sin z$, non plus $\sin\mu z$ et $\cos\mu z$, mais

$$\sin\mu\,(z\pm n\pi), \quad \text{et} \quad \cos\mu\,(z\pm n\pi),$$

n étant un nombre entier quelconque , il suffirait de joindre aux formules (13) et (14) les deux équations connues

$$\sin\mu(z\pm n\pi) = \cos\mu n\pi.\sin\mu z \pm \sin\mu n\pi.\cos\mu z,$$

$$\cos\mu(z\pm n\pi) = \cos\mu n\pi.\cos\mu z \mp \sin\mu n\pi.\sin\mu z.$$

Il importe d'ailleurs d'observer que, l'arc z étant supposé compris entre les limites $-\frac{\pi}{2}, +\frac{\pi}{2},$ $z\pm n\pi$ représente un arc dont la valeur est entièrement arbitraire.

Si l'on désigne par μ une quantité quelconque, et par s un arc compris entre les limites $-\frac{\pi}{4}$, $+\frac{\pi}{4}$, les valeurs de $\cos\mu s$ et de $\sin\mu s$ se développeront, suivant les puissances ascendantes de la tangente, par les formules

2

$$(15) \qquad \cos \mu s = \cos^\mu s - \frac{\mu(\mu-1)}{1.2} \cos^{\mu-2} s . \sin^2 s + \text{etc.}$$

$$= \cos^\mu s \left[1 - \frac{\mu(\mu-1)}{1.2} \tan^2 s + \text{etc.} \right],$$

$$(16) \qquad \sin \mu s = \frac{\mu}{1} \cos^{\mu-1} s . \sin s - \frac{\mu(\mu-1)(\mu-2)}{1.2.3} \cos^{\mu-3} s . \sin^3 s + \text{etc.}$$

$$= \mu \cos^\mu s \left[\tan s - \frac{(\mu-1)(\mu-2)}{1.2.3} \tan^3 s + \ldots \right],$$

[voyez l'Analyse algébrique, page 297]. Si la valeur numérique de s était renfermée entre les limites $\frac{\pi}{4}, \frac{\pi}{2}$, les séries comprises dans les seconds membres des équations (15) et (16) deviendraient divergentes, et n'auraient plus de sommes.

Les développements connus de $\cos \mu z$ et de $\sin \mu z$ suivant les puissances descendantes de $\sin z$ ou $\cos z$ ne peuvent s'obtenir que dans le cas où μ est un nombre entier. Ils se déduisent immédiatement des formules (13), (14), etc., lorsque, dans les séries que renferment les seconds membres, on renverse l'ordre des termes, en écrivant les premiers ceux qui étaient les derniers, et réciproquement. On tirerait avec la même facilité des formules (15) et (16) les développements de $\cos \mu s$ et de $\sin \mu s$ suivant les puissances descendantes de $\tan g s$, en supposant la quantité μ réduite à un nombre entier.

Il me reste à parler des formules qui fournissent les développements des puissances de $\cos z$ et de $\sin z$ suivant les cosinus ou sinus des arcs multiples de z. Dans le cas le plus général, ces formules peuvent être déduites de la sommation des séries

$$(17) \quad \left\{ \begin{array}{l} u = \cos \mu z + \mu \cos(\mu-2) z + \dfrac{\mu(\mu-1)}{1.2} \cos(\mu-4) z + \text{etc.}, \\[3mm] v = \sin \mu z + \mu \sin(\mu-2) z + \dfrac{\mu(\mu-1)}{1.2} \sin(\mu-4) z + \text{etc.}, \end{array} \right.$$

qui sont elles-mêmes comprises dans les suivantes

$$(18) \quad \left\{ \begin{array}{l} U = \cos \mu z + \mu y \cos(\mu-2) z + \dfrac{\mu(\mu-1)}{1.2} y^2 \cos(\mu-4) z + \text{etc.}, \\[3mm] V = \sin \mu z + \mu y \sin(\mu-2) z + \dfrac{\mu(\mu-1)}{1.2} y^2 \sin(\mu-4) z + \text{etc.} \end{array} \right.$$

Observons d'ailleurs que, pour rendre celles-ci convergentes, on doit toujours renfermer y entre les limites $-1, +1$. Cela posé, si l'on ajoute la première des formules (18) à la seconde multipliée par $\sqrt{-1}$, on trouvera

$$(19) \quad U + V\sqrt{-1} = e^{\mu z\sqrt{-1}}\left(1 + \mu y e^{-2z\sqrt{-1}} + \frac{\mu(\mu-1)}{1.2} y^2 e^{-4z\sqrt{-1}} + \ldots\right).$$

Par conséquent la question se réduit à trouver la somme de la série

$$(20) \qquad 1, \mu y e^{-2z\sqrt{-1}}, \frac{\mu(\mu-1)}{1.2} y^2 e^{-2z\sqrt{-1}}, \text{ etc.}$$

Or, il résulte immédiatement de la formule (7) que cette somme est équivalente, pour des valeurs quelconques des quantités μ et z, à

$$(21) \qquad \left(1 + y e^{-2z\sqrt{-1}}\right)^\mu$$

On aura donc généralement

$$(22) \qquad U + V\sqrt{-1} = e^{\mu z\sqrt{-1}}\left(1 + y e^{-2z\sqrt{-1}}\right)^\mu,$$

et par suite

$$(23) \qquad u + v\sqrt{-1} = e^{\mu z\sqrt{-1}}\left(1 + e^{-2z\sqrt{-1}}\right)^\mu.$$

Les formules (22) et (23) suffisent pour déterminer les quatre quantités U, V, u, v. Concevons, par exemple, qu'on demande les valeurs de u et de v. On posera

$$z = \theta \pm n\pi,$$

θ désignant un arc compris entre les limites $-\frac{\pi}{2}, +\frac{\pi}{2}$, et n un nombre entier quelconque. On aura par suite

$$e^{-2z\sqrt{-1}} = e^{-2\theta\sqrt{-1}}, \qquad e^{\mu z\sqrt{-1}} = e^{\mu\theta\sqrt{-1}} . e^{\pm\mu n\pi\sqrt{-1}},$$

et la formule (23) donnera

$$u + v\sqrt{-1} = e^{\pm \mu n\pi\sqrt{-1}}\, e^{\mu\theta\sqrt{-1}}\left(1 + e^{-2\theta\sqrt{-1}}\right)^{\mu} = e^{\pm \mu n\pi\sqrt{-1}}\left(e^{\theta\sqrt{-1}} + e^{-\theta\sqrt{-1}}\right)^{\mu}$$

$$= (2\cos\theta)^{\mu}\,(\cos\mu n\pi \pm \sqrt{-1}\,\sin\mu n\pi)\,,$$

On en conclura

$$(24) \qquad u = (2\cos\theta)^{\mu}\cos\mu n\pi \quad , \quad v = (2\cos\theta)^{\mu}\sin\mu n\pi\,.$$

Les deux équations précédentes peuvent remplacer des formules équivalentes données par M. Poinsot, dans ses Recherches sur l'analyse des sections angulaires, ainsi que les quatre formules données par M. Poisson, sous les numéros (10) et (11), dans le Bulletin des sciences de septembre 1825.

Il ne faut pas oublier que les séries comprises dans les formules (17) ne peuvent être sommées que dans le cas où elles sont convergentes. Or, c'est ce qui arrivera toujours, si la quantité μ est positive. En effet, on a généralement, en supposant z^2 inférieur à l'unité, et l'exposant μ positif ou négatif,

$$(25) \qquad (1-z)^{\mu} = 1 - \frac{\mu}{1}z - \frac{\mu(1-\mu)}{1.2}z^2 - \frac{\mu(1-\mu)(2-\mu)}{1.2.3}z^3 - \text{etc.}$$

Or, il est facile de s'assurer 1.° que les termes de la série précédente, qui renfermeront des puissances de z d'un degré supérieur à la valeur numérique de l'exposant μ, seront tous affectés du même signe ; 2.° que, si l'on fait converger z vers la limite 1, la série ne cessera pas d'être convergente, quelque petite que soit la différence de z à l'unité. Il est aisé d'en conclure que, pour $z = 1$, la série sera convergente ou divergente suivant que la limite de la somme $(1-z)^{\mu}$ sera finie ou infinie. Le premier cas aura évidemment lieu, si μ est positif, puisqu'on trouvera, dans cette hypothèse, $(1-1)^{\mu} = 0$. On aura donc, pour des valeurs positives de μ,

$$(26) \qquad 0 = 1 - \frac{\mu}{1} - \frac{\mu(1-\mu)}{1.2} - \frac{\mu(1-\mu)(2-\mu)}{1.2.3} - \text{etc.} ;$$

et, puisqu'alors la série

$$(27) \qquad 1, \; \frac{-\mu}{1}, \; \frac{-\mu(1-\mu)}{1.2}, \; \frac{-\mu(1-\mu)(2-\mu)}{1.2.3}, \; \text{etc.}$$

sera convergente, on pourra en dire autant *à fortiori* des séries comprises dans les formules (17). Si l'on supposait au contraire μ négatif, et égal à $-\nu$, on trouverait, en posant $z = 1$,

$$(1-z)^{-\nu} = \frac{1}{(1-1)^\nu} = \frac{1}{0} = \infty \; ,$$

et par suite, la série (27), ou

$$(28) \qquad\qquad 1 \, , \quad \frac{\nu}{1} \, , \quad \frac{\nu(\nu+1)}{1.2} \, , \quad \frac{\nu(\nu+1)(\nu+2)}{1.2.3} \, , \quad \text{etc.}$$

serait divergente. Ajoutons que le terme général de cette série, savoir

$$(29) \qquad\qquad \frac{\nu(\nu+1)\ldots(\nu+n-1)}{1.2.3\ldots n}$$

croîtra ou décroîtra indéfiniment, pour des valeurs croissantes de n, suivant que l'on supposera $\nu > 1$ ou $\nu < 1$; et d'abord, il est clair que, si ν désigne un nombre entier supérieur à l'unité, l'expression (29) pourra être présentée sous la forme

$$(30) \qquad\qquad \frac{(n+1)(n+2)\ldots(n+\nu-1)}{1.2.3\ldots(\nu-1)} \; ;$$

d'où il résulte qu'elle deviendra infinie pour des valeurs infinies de n. De plus, si l'on fait avec M. Legendre

$$\Gamma(\nu) = \int_0^\infty x^{\nu-1} e^{-x} \, dx,$$

l'expression (29) deviendra généralement

$$\frac{\Gamma(n+\nu)}{\Gamma(\nu)\,\Gamma(n+1)} \; ;$$

et, comme, en désignant par ε une quantité dont la valeur numérique décroisse indéfiniment avec $\frac{1}{r}$, on aura, pour de grandes valeurs de r,

$$\Gamma(r) = (1+\varepsilon) r^{r+\frac{1}{2}} e^{-r} \sqrt{(2\pi)},$$

on trouvera par suite

$$(31) \qquad \frac{\Gamma(\nu+n)}{\Gamma(\nu)\,\Gamma(n+1)} = \frac{n^{\nu-1}}{\Gamma(\nu)}\,(1+\delta),$$

δ devant converger en même temps que $\frac{1}{n}$ vers la limite o . Or, il est clair que le second membre de l'équation (31) se réduira, pour des valeurs infinies de n , à o, à l'unité, ou à l'infini positif, suivant que l'on supposera $\nu < 1$, $\nu = 1$, ou $\nu > 1$. On pourra donc en dire autant de l'expression (29); d'où il est aisé de conclure que les séries comprises dans les formules (17) seront divergentes pour des valeurs négatives de μ renfermées entre les limites $\mu = -1$, $\mu = -\infty$. Quant aux valeurs de μ renfermées entre les limites $\mu = 0$, $\mu = 1$, on démontrerait facilement, par des procédés semblables à ceux que nous avons employés dans le chapitre 6.e de l'Analyse algébrique, qu'elles rendent ordinairement convergentes les séries comprises dans les formules (17). On doit toutefois excepter le cas où l'on supposerait $2z = \pi$.

Des remarques diverses que nous venons de faire, il résulte que les formules (23) et (24) doivent être restreintes au cas où la quantité μ se trouve renfermée entre les limites $\mu = -1$, $\mu = \infty$, c'est-à-dire au cas où la quantité $\mu + 1$ est positive.

Nous nous sommes contentés, dans cet article, de montrer comment les principes que nous avons établis s'appliquent à la sommation des séries. Mais c'est surtout dans le calcul intégral, et particulièrement dans la théorie des intégrales définies que les mêmes principes reçoivent de nombreuses et d'utiles applications. On peut consulter, à ce sujet, le 19.e cahier du Journal de l'École royale polytechnique, ainsi qu'un mémoire publié sous la date d'août 1824, et relatif aux intégrales définies prises entre des limites imaginaires.

SUR UN NOUVEAU GENRE DE CALCUL

ANALOGUE AU CALCUL INFINITÉSINAL.

On sait que le calcul différentiel qui a tant contribué aux progrès de l'analyse, est fondé sur la considération des coefficients différentiels ou fonctions dérivées. Lorsqu'on attribue à une variable indépendante x un accroissement infiniment petit ε, une fonction $f(x)$ de cette variable reçoit elle-même en général un accroissement infiniment petit dont le premier terme est proportionnel à ε, et le coefficient fini de ε dans l'accroissement de la fonction est ce qu'on nomme le coefficient différentiel. Ce coefficient subsiste, quelque soit x, et ne peut s'évanouir constamment que dans le cas où la fonction proposée se réduit à une quantité constante. Il n'en est pas de même d'un autre coefficient dont nous allons parler, et qui est généralement nul, excepté pour des valeurs particulières de la variable x. Si, après avoir cherché les valeurs de x qui rendent la fonction $f(x)$ infinie, on ajoute à l'une de ces valeurs, désignée par x_i, la quantité infiniment petite ε, puis, que l'on développe $f(x_i + \varepsilon)$ suivant les puissances ascendantes de la même quantité, les premiers termes du développement renfermeront des puissances négatives de ε, et l'un d'eux sera le produit de $\frac{1}{\varepsilon}$ par un coefficient fini, que nous appellerons le *résidu* de la fonction $f(x)$ relatif à la valeur particulière x_i de la variable x. Les résidus de cette espèce se présentent naturellement dans plusieurs branches de l'analyse algébrique et de l'analyse infinitésimale. Leur considération fournit des méthodes simples et d'un usage facile, qui s'appliquent à un grand nombre de questions diverses, et des formules nouvelles qui paraissent mériter l'attention des géomètres. Ainsi, par exemple, on déduit immédiatement du calcul des résidus la formule d'interpolation de Lagrange, la décomposition des fractions rationnelles dans le cas des racines égales ou inégales, des formules générales propres à déterminer les valeurs des intégrales définies, la sommation d'une multitude de séries et particulièrement de séries périodiques, l'intégration des équations linéaires aux différences finies ou infiniment petites et à coefficients constants, avec ou sans dernier terme variable, la série de Lagrange et d'autres séries du même genre, la résolution des équations algébriques ou transcendantes, etc. ...

La recherche des résidus d'une fonction $f(x)$ s'effectue d'ordinaire avec beaucoup de facilité. En effet, soit toujours x_i l'une des valeurs de x qui rendent cette fonction infinie, c'est-à-dire l'une des racines de l'équation

$$(1) \qquad \frac{1}{f(x)} = 0 .$$

La valeur du produit $(x - x_i) f(x)$, correspondante à $x = x_i$, se présentera sous une forme indéterminée. Mais en réalité, elle sera très-souvent une quantité finie. Adoptons d'abord cette hypothèse, et faisons

$$(2) \qquad (x - x_i) f(x) = \mathrm{f}(x) .$$

On tirera de l'équation (2)

$$(3) \qquad f(x) = \frac{\mathrm{f}(x)}{x - x_i} ,$$

et par suite

$$(4) \qquad f(x_i + \varepsilon) = \frac{\mathrm{f}(x_i + \varepsilon)}{\varepsilon} = \frac{1}{\varepsilon} \, \mathrm{f}(x_i) + \mathrm{f}'(x_i + \theta \varepsilon) ,$$

θ désignant un nombre inférieur à l'unité. Par conséquent le résidu de la fonction $f(x)$, relatif à la valeur $x = x_i$, sera la quantité finie

$$(5) \qquad \mathrm{f}(x_i) ,$$

ou, en d'autres termes, la valeur du produit

$$(6) \qquad \varepsilon f(x_i + \varepsilon)$$

correspondante à $\varepsilon = 0$. Dans le cas que nous venons de considérer, l'équation (1) est censée n'admettre qu'une seule racine égale à x_i .

On dit que l'équation (1) admet m racines égales à x_i , m désignant un nombre entier quelconque, lorsque le produit $(x - x_i)^m f(x)$ obtient, pour $x = x_i$, une valeur finie différente de zéro. Soit, dans cette dernière hypothèse,

$$(7) \qquad (x - x_i)^m f(x) = \mathrm{f}(x) .$$

$\mathrm{f}(x_i)$ sera une quantité finie, et l'on aura

$$(8) \qquad f(x) = \frac{\mathrm{f}(x)}{(x - x_i)^m} ,$$

puis l'on en conclura, en posant $x = x_1 + \varepsilon$,

$$(9) \qquad f(x_1 + \varepsilon) = \frac{f(x_1 + \varepsilon)}{\varepsilon^m}$$

$$= \frac{1}{\varepsilon^m} f(x_1) + \frac{1}{\varepsilon^{m-1}} \frac{f'(x_1)}{1} + \ldots + \frac{1}{\varepsilon} \frac{f^{(m-1)}(x_1)}{1.2.3\ldots(m-1)} + \frac{f^{(m)}(x_1 + \theta\varepsilon)}{1.2.3\ldots m} ,$$

θ désignant toujours un nombre inférieur à l'unité. Donc le résidu de la fonction $f(x)$, relatif à la valeur $x = x_1$, sera la quantité finie

$$(10) \qquad \frac{f^{(m-1)}(x_1)}{1.2.3\ldots(m-1)} ,$$

ou, en d'autres termes, ce que devient l'expression

$$(11) \qquad \frac{1}{1.2.3\ldots(m-1)} \frac{d^{m-1}\left[\varepsilon^m f(x_1 + \varepsilon)\right]}{d\varepsilon^{m-1}}$$

lorsqu'on pose, après les différentiations , $\varepsilon = 0$.

Pour abréger le discours, nous appellerons *résidu intégral* de la fonction $f(x)$ la somme des résidus de cette fonction relatifs aux diverses racines réelles ou imaginaires de l'équation (1) , et *résidu intégral pris entre des limites données* la somme des résidus correspondants à des racines dans lesquelles les parties réelles et les coefficients de $\sqrt{-1}$ ne devront pas dépasser certaines limites. L'*extraction des résidus* sera l'opération par laquelle nous les déduirons de la fonction proposée. Nous indiquerons cette extraction à l'aide de la lettre initiale $\mathcal{E}$, qui sera considérée comme une nouvelle caractéristique, et, pour exprimer le résidu intégral de $f(x)$, nous placerons la lettre $\mathcal{E}$ devant la fonction entourée de doubles parenthèses , ainsi qu'il suit

$$(12) \qquad \mathcal{E}\left(\left(f(x)\right)\right) .$$

Dans la notation (12) , les doubles parenthèses, dont nous avons précédemment fait usage pour exprimer les valeurs multiples des fonctions [voyez la page 1], serviront à rappeler la multiplicité des valeurs que l'on devra en général attribuer successivement, non plus à la fonction donnée , mais à la variable elle-même. Lorsque la fonction $f(x)$ se présentera sous la forme fractionnaire

$$(13) \qquad f(x) = \frac{\mathrm{f}(x)}{\mathrm{F}(x)},$$

et que nous voudrons indiquer la somme des résidus relatifs aux racines de l'équation

$$(14) \qquad \mathrm{F}(x) = 0 ,$$

nous écrirons

$$(15) \qquad \mathcal{E}\, \frac{\mathrm{f}(x)}{((\,\mathrm{F}(x)\,))},$$

appliquant ainsi les doubles parenthèses à la seule fonction $\mathrm{F}(x)$ *. Au contraire la notation

$$(16) \qquad \mathcal{E}\, \frac{((\,\mathrm{f}(x)\,))}{\mathrm{F}(x)}$$

représentera la somme des résidus de $f(x)$, relatifs aux seules racines de l'équation

$$(17) \qquad \frac{1}{\mathrm{f}(x)} = 0..$$

De même, si l'on suppose

$$(18) \qquad \mathrm{F}(x) = \varphi(x) \cdot \chi(x) ,$$

les deux notations

$$(19) \qquad \mathcal{E}\, \frac{\mathrm{f}(x)}{((\,\varphi(x)\,))\chi(x)} , \qquad \mathcal{E}\, \frac{\mathrm{f}(x)}{\varphi(x)\,((\,\chi(x)\,))}$$

exprimeront, la première, la somme des résidus correspondants aux racines de $\varphi(x) = 0$, et la seconde, la somme des résidus qui correspondent aux racines de $\chi(x) = 0$, ensorte qu'on aura généralement

$$(20) \qquad \mathcal{E}\, \frac{\mathrm{f}(x)}{((\,\varphi(x)\cdot\chi(x)\,))} = \mathcal{E}\, \frac{\mathrm{f}(x)}{((\,\varphi(x)\,))\chi(x)} + \mathcal{E}\, \frac{\mathrm{f}(x)}{\varphi(x)\,((\,\chi(x)\,))}.$$

De même encore, si l'on suppose

$$(21) \qquad \mathrm{f}(x) = \varphi(x) \cdot \chi(x) ,$$

---

* Nous avons ici profité, pour rendre les notations plus simples, de quelques observations qui nous ont été faites par M. Ostrogradsky.

on obtiendra l'équation

$$(22) \qquad \mathcal{E}\, \frac{((\,\varphi(x)\cdot\chi(x)\,))}{\mathrm{F}(x)} = \mathcal{E}\, \frac{((\,\varphi(x)\,))\,\chi(x)}{\mathrm{F}(x)} + \mathcal{E}\, \frac{\varphi(x)\,((\chi(x)\,))}{\mathrm{F}(x)}\;,$$

dans laquelle les deux termes du second membre représenteront, le premier, la somme des résidus de $f(x)$, relatifs aux racines de $\dfrac{1}{\varphi(x)} = 0$, et le second, la somme des résidus relatifs aux racines de $\dfrac{1}{\chi(x)} = 0$. Si l'on fait, en particulier, $\chi(x) = x - x_1$, la seconde des notations (19) se trouvera réduite à

$$(23) \qquad \mathcal{E}\, \frac{f(x)}{((\,x-x_1\,))\,\varphi(x)}\;,$$

et représentera le résidu partiel relatif à une seule des racines de l'équation (1). De plus, comme on aura dans cette hypothèse

$$\frac{f(x)}{\varphi(x)} = (x - x_1)f(x)\;,$$

il est clair que le résidu correspondant à la valeur $x = x_1$ pourra encore être exprimé par la notation

$$(24) \qquad \mathcal{E}\, \frac{(x-x_1)f(x)}{((x-x_1))}\;;$$

ce que l'on pouvait conclure directement des conventions adoptées. Enfin, si nous voulons indiquer la somme des résidus de $f(x)$, relatifs à celles des racines de l'équation (1), dans lesquelles les parties réelles demeurent comprises entre deux limites données x_0, X, et les coefficients de $\sqrt{-1}$ entre deux autres limites y_0, Y, nous emploierons la notation

$$(25) \qquad \mathop{\mathcal{E}}_{x_0\ \ y_0}^{X\ \ Y} f((x))\;.$$

Ainsi, par exemple, si l'équation (1) n'a que des racines imaginaires,

$$(26) \qquad \mathop{\mathcal{E}}_{\infty\ \ 0}^{\infty\ \ \infty} ((f(x)))$$

représentera la somme des résidus relatifs aux racines dans lesquelles le coefficient de $\sqrt{-1}$ sera positif.

Ces diverses conventions étant admises, on aura évidemment

$$(27) \qquad \mathcal{E} \frac{f(x)}{((x-x_1))} = f(x_1) ,$$

$$(28) \qquad \mathcal{E} \frac{f(x)}{(((x-x_1)^m))} = \frac{f^{(m-1)}(x_1)}{1.2.3\ldots(m-1)} ,$$

x_1 désignant une valeur particulière de x , pour laquelle la fonction $f(x)$ ou $f^{(m-1)}(x)$ conserve une valeur finie. On trouvera encore, si l'équation (1) n'a qu'une seule racine égale à x_1 ,

$$(29) \qquad \mathcal{E} \frac{(x-x_1)f(x)}{((x-x_1))} = \varepsilon f(x_1 + \varepsilon) ,$$

et, si l'équation (1) fournit m racines égales à x_1 ,

$$(30) \qquad \mathcal{E} \frac{(x-x_1)f(x)}{((x-x_1))} \; \frac{1}{1.2.3..(m-1)} \; \frac{d^{m-1}\left[\varepsilon^m f(x_1 + \varepsilon)\right]}{d\varepsilon^{m-1}} ,$$

ε devant être réduit à zéro , lorsqu'on aura effectué les différentiations. Si la fonction $f(x)$ se présente sous la forme fractionnaire $\dfrac{f(x)}{F(x)}$, et que x_1 soit une racine de l'équation $F(x) = 0$, on aura

$$F(x_1 + \varepsilon) = \varepsilon F'(x_1 + \theta\varepsilon) ,$$

θ désignant un nombre inférieur à l'unité. Donc alors la valeur du produit $\varepsilon f(x_1 + \varepsilon)$, correspondante à $\varepsilon = 0$, sera

$$\frac{f(x_1)}{F'(x_1)} ,$$

et la formule (29) donnera

$$(31) \qquad \mathcal{E} \frac{(x-x_1)f(x)}{((x-x_1))} = \frac{f(x_1)}{F'(x_1)} .$$

(17)

Enfin, si l'on nomme a une quantité comprise entre les limites x_0 , X , et b une quantité comprise entre les limites y_0 , Y , on aura généralement

$$(32) \qquad \overset{X}{\underset{x_0}{\mathcal{E}}} \overset{Y}{\underset{y_0}{}} ((f(x))) = \overset{a}{\underset{x_0}{\mathcal{E}}} \overset{Y}{\underset{y_0}{}} ((f(x))) + \overset{X}{\underset{a}{\mathcal{E}}} \overset{Y}{\underset{y_0}{}} ((f(x))) ,$$

et

$$(33) \qquad \overset{X}{\underset{x_0}{\mathcal{E}}} \overset{Y}{\underset{y_0}{}} ((f(x))) = \overset{X}{\underset{x_0}{\mathcal{E}}} \overset{b}{\underset{y_0}{}} ((f(x))) + \overset{X}{\underset{x_0}{\mathcal{E}}} \overset{Y}{\underset{b}{}} ((f(x))) .$$

Pour que ces dernières formules s'étendent à toutes les hypothèses que l'on peut faire sur les valeurs des quantités a , b , x_0 , X , y_0 , Y , il suffit de concevoir que, dans le résidu intégral représenté par la notation (25), on réduit chaque résidu partiel à la moitié de sa valeur, toutes les fois qu'il correspond à une racine dans laquelle la partie réelle coïncide avec une des limites x_0 , X , ou le coefficient de $\sqrt{-1}$ avec l'une des limites y_0 , Y ; et au quart de cette même valeur, toutes les fois que les deux conditions sont remplies. Cela posé, si l'équation (1) a des racines réelles et des racines imaginaires, la notation (26) représentera évidemment la demi-somme des résidus relatifs aux racines réelles, augmentée de la somme des résidus correspondants aux racines imaginaires dans lesquelles le coefficient de $\sqrt{-1}$ est positif.

Concevons présentement que l'on remplace la fonction $f(x)$ par la somme de plusieurs fonctions $\varphi(x)$, $\chi(x)$, etc... On établira sans difficulté les formules

$$(34) \qquad \mathcal{E} ((\varphi(x) + \chi(x) + ..)) = \mathcal{E} ((\varphi(x))) + \mathcal{E} ((\chi(x))) + \text{etc.}.$$

$$(35) \qquad \overset{X}{\underset{x_0}{\mathcal{E}}} \overset{Y}{\underset{y_0}{}} ((\varphi(x) + \chi(x) + ..)) = \overset{X}{\underset{x_0}{\mathcal{E}}} \overset{Y}{\underset{y_0}{}} ((\varphi(x))) + \overset{X}{\underset{x_0}{\mathcal{E}}} \overset{Y}{\underset{y_0}{}} ((\chi(x))) + \text{etc.}.$$

On trouvera de même

$$(36) \qquad \mathcal{E} \frac{\varphi(x) + \chi(x) + ..}{((F(x)))} = \mathcal{E} \frac{\varphi(x)}{((F(x)))} + \mathcal{E} \frac{\chi(x)}{((F(x)))} + \text{etc.} ,$$

etc.,.

Soit de plus $f(x,z)$ une fonction des deux variables indépendantes x,z ; et supposons que l'équation

(18)

$$(37) \qquad \frac{1}{f(x,z)} = 0 \, ,$$

résolue par rapport à x , fournisse des racines indépendantes de la variable z . Si l'on désigne par x_i l'une de ces racines , il est clair que le résidu de la fonction dérivée

$$\frac{d f(x,z)}{dz} \, ,$$

correspondant à $x = x_i$, ne différera pas de la dérivée relative à z du résidu de la fonction $f(x,z)$. Car ces deux quantités se réduiront l'une et l'autre au coefficient du rapport

$$\frac{\epsilon'}{\epsilon}$$

dans le développement de l'expression

$$f(x_i + \epsilon , z + \epsilon')$$

suivant les puissances ascendantes des accroissements ϵ , ϵ' . Cette remarque pouvant s'étendre aux diverses racines de l'équation (37) , que l'on suppose indépendantes de la variable z , on en conclura

$$(38) \qquad \mathcal{E}\left(\left(\frac{d f(x,z)}{dz}\right)\right) = \frac{d\,\mathcal{E}\left((f(x,z))\right)}{dz} \, .$$

Soit maintenant

$$(39) \qquad f(x,z) = \int_{z_0}^{z} F(x,z)\,dz \, ,$$

z_0 désignant une valeur particulière de z . On aura, par suite,

$$(40) \qquad \frac{d f(x,z)}{dz} = F(x,z) \, ,$$

puis , en intégrant les deux membres de l'équation (38) à partir de $z = z_0$, on trouvera

$$(41) \qquad \int_{z_0}^{z} \mathcal{E}\left((F(x,z))\right)\,dz = \mathcal{E}\left(\left(\int_{z_0}^{z} F(x,z)\,dz\right)\right) \, .$$

On établirait pareillement les formules

$$
(42) \qquad \frac{d \, \underset{x_0 \ y_0}{\overset{X \ Y}{\mathcal{E}}} ((f(x,z)))}{dz} = \underset{x_0 \ y_0}{\overset{X \ Y}{\mathcal{E}}} \left(\left(\frac{d f(x,z)}{dz} \right) \right),
$$

et

$$
(43) \qquad \int \underset{x_0 \ y_0}{\overset{X \ Y}{\mathcal{E}}} ((F(x,z))) \, dz = \underset{x_0 \ y_0}{\overset{X \ Y}{\mathcal{E}}} \left(\left(\int F(x,z) \, dz \right) \right),
$$

les deux intégrales relatives à z étant prises entre les mêmes limites. Il résulte évidemment de ces diverses formules que l'on peut différencier et intégrer sous le signe $\mathcal{E}$, aussi bien que sous le signe $\int$.

Si, dans la formule (9), on remplace ε par $x - x_1$, et $\dfrac{f^{(m)}(x_1 + \theta \varepsilon)}{1.2.3...m}$ par $\psi(x)$, on trouvera

$$
(44) \qquad f(x) = \frac{f(x)}{(x - x_1)^m}
$$

$$
= \frac{f(x_1)}{(x - x_1)^m} + \frac{1}{1} \frac{f'(x_1)}{(x - x_1)^{m-1}} + \frac{1}{1.2} \frac{f''(x_1)}{(x - x_1)^{m-2}} + \cdots + \frac{1}{1.2.3..(m-1)} \frac{f^{(m-1)}(x_1)}{x - x_1} + \psi(x),
$$

La fonction $\psi(x)$, comprise dans cette dernière formule, acquerra généralement pour $x = x_1$, une valeur finie, savoir

$$
(45) \qquad \frac{f^{(m)}(x_1)}{1.2.3...m}.
$$

De plus, on tirera de l'équation (28), en y remplaçant m par $m + 1$, et la lettre x par la lettre z,

$$
(46) \qquad \frac{f^{(m)}(x_1)}{1.2.3..m} = \mathcal{E} \frac{f(z)}{(((z - x_1)^{m+1}))}
$$

Cela posé, on aura

$$(47) \quad \frac{f(x_1)}{(x-x_1)^m} + \frac{1}{1}\frac{f'(x_1)}{(x-x_1)^{m-1}} + \frac{1}{1.2}\frac{f''(x_1)}{(x-x_1)^{m-2}} + \cdots + \frac{1}{1.2.3\ldots(m-1)}\frac{f^{(m-1)}(x_1)}{x-x_1}$$

$$= \frac{1}{(x-x_1)^m}\,\mathcal{E}\,\frac{f(z)}{((z-x_1))} + \frac{1}{(x-x_1)^{m-1}}\,\mathcal{E}\,\frac{f(z)}{(((z-x_1)^2))} + \cdots + \frac{1}{x-x_1}\,\mathcal{E}\,\frac{f(z)}{(((z-x_1)^m))}$$

$$= \mathcal{E}\,\frac{f(z)}{(x-x_1)^m\,(((z-x_1)^m))}\left\{(z-x_1)^{m-1} + (x-x_1)(z-x_1)^{m-2} + \cdots + (x-x_1)^{m-1}\right\}$$

$$= \mathcal{E}\,\frac{f(z)}{(x-x_1)^m\,(((z-x_1)^m))}\,\frac{(x-x_1)^m - (z-x_1)^m}{x-z}$$

$$= \mathcal{E}\,\frac{f(z)}{(x-z)\,(((z-x_1)^m))} - \frac{1}{(x-x_1)^m}\,\mathcal{E}\,\frac{(z-x_1)^m f(z)}{(x-z)\,(((z-x_1)^m))} \quad .$$

D'ailleurs la notation

$$\mathcal{E}\,\frac{(z-x_1)^m f(z)}{(x-z)\,(((z-x_1)^m))} = \mathcal{E}\,\frac{(z-x_1)f(z)}{(x-z)((z-x_1))}$$

représente le résidu de la fonction

$$(48) \qquad \frac{f(z)}{x-z}$$

relatif à $z = x_1$; et, comme ce résidu est évidemment nul, attendu que la fonction (48) conserve pour $z = x_1$ une valeur finie, savoir,

$$\frac{f(x_1)}{x-x_1} \,,$$

nous pouvons conclure que l'on a généralement

$$(49) \quad \left\{ \begin{array}{c} \dfrac{f(x_1)}{(x-x_1)^m} + \dfrac{1}{1}\dfrac{f'(x_1)}{(x-x_1)^{m-1}} + \dfrac{1}{1.2}\dfrac{f''(x_1)}{(x-x_1)^{m-2}} + \cdots + \dfrac{1}{1.2.3\ldots(m-1)}\dfrac{f^{(m-1)}(x_1)}{x-x_1} \\[2ex] = \mathcal{E}\,\dfrac{f(z)}{(x-z)\,(((z-x_1)^m))} \quad . \end{array} \right.$$

On peut vérifier directement l'équation (49), en observant que le second membre de cette équation représente la valeur de l'expression

$$(50) \qquad \frac{1}{1.2.3\ldots(m-1)}\,\frac{d^{m-1}\left(\frac{f(z)}{x-z}\right)}{dz}$$

correspondante à $z = x_1$. Comme on a d'autre part

$$\mathbf{f}(z) = (z - x_1)^m f(z) ,$$

le second membre de l'équation (49) pourra être réduit à

$$\mathcal{E} \frac{(z - x_1)^m f(z)}{(x - z)\,((\,(z - x_1)^m\,))} ,$$

ou même à

$$\mathcal{E} \frac{(z - x_1) f(z)}{(x - z)\,((\,z - x_1\,))} .$$

Par suite, l'équation (44) donnera

$$(51) \qquad f(x) - \mathcal{E} \frac{(z - x_1) f(z)}{(x - z)\,((\,z - x_1\,))} = \psi(x) .$$

Il résulte de cette dernière que, pour déduire de la fonction $f(x)$, qui devient infinie lorsqu'on suppose $x = x_1$, une autre fonction qui conserve, dans la même hypothèse, une valeur finie, il suffit de retrancher de $f(x)$ une somme de fractions rationnelles équivalente à l'expression

$$(52) \qquad \mathcal{E} \frac{(z - x_1) f(z)}{(x - z)\,((\,z - x_1\,))} ,$$

c'est-à-dire, le résidu de la fonction

$$(53) \qquad \frac{f(z)}{x - z}$$

relatif à $z = x_1$.

Concevons maintenant que l'on veuille déduire de la fonction $f(x)$ une autre fonction qui ne devienne jamais infinie pour aucune des valeurs particulières $x = x_1$, $x = x_2$, etc. Il suffira évidemment de retrancher de $f(x)$ la somme des résidus de la fonction (53) correspondants aux valeurs $z = x_1$, $z = x_2 \ldots$, c'est-à-dire le résidu intégral représenté par la notation

$$(54) \qquad \mathcal{E} \frac{((\,f(z)\,))}{x - z} .$$

Donc, si l'on pose

$$(55) \qquad f(x) - \mathcal{E} \frac{((\,f(z)\,))}{x - z} = \varpi(x) ,$$

la fonction $\varpi(x)$ conservera une valeur finie pour $x = x_1$, $x = x_2$, etc..., et par conséquent pour toutes les valeurs finies réelles ou imaginaires de la variable x .

Dans le cas particulier où $f(x)$ désigne une fraction rationnelle , $\varpi(x)$ ne peut être qu'une fraction de même espèce , dont le dénominateur ne doit jamais s'évanouir, et par conséquent une fraction dont le dénominateur est constant, ou en d'autres termes, une fonction entière de x . Cela posé, soit

$$(56) \qquad f(x) = \frac{\mathbf{f}(x)}{\mathrm{F}(x)} \ ,$$

$\mathbf{f}(x)$ et $\mathrm{F}(x)$ désignant deux fonctions entières. Si le degré de la seconde surpasse le degré de la première, la fonction $f(x)$ s'évanouira pour des valeurs infinies de x , et l'on pourra en dire autant des deux membres de l'équation (55), d'où l'on conclura que la fonction entière $\varpi(x)$ se réduit à zéro. On aura donc , dans cette hypothèse ,

$$(57) \qquad f(x) = \mathcal{E}\, \frac{((f(z)))}{x - z} \ .$$

La formule (57) fournit le moyen de décomposer dans tous les cas possibles la fraction rationnelle $f(x)$ en fractions simples.

Concevons, pour fixer les idées, que l'on veuille décomposer en fractions simples la fraction rationnelle

$$\frac{1}{(x-1)^2(x+1)} \ .$$

On tirera de la formule (57)

$$(58) \quad \frac{1}{(x+1)(x-1)^2} = \mathcal{E}\, \frac{1}{(x-z)\,((\,(z+1)(z-1)^2\,))} = \mathcal{E}\, \frac{1}{(x-z)\,(z+1)^2\,((\,z+1\,))}$$
$$+ \ \mathcal{E}\, \frac{1}{(x-z)\,(z+1)\,((\,(z-1)^2\,))} \ .$$

D'ailleurs, si l'on désigne par ε une quantité infiniment petite, on aura, en vertu des formules (27) et (30) ,

$$\mathcal{E}\, \frac{1}{(x-z)\,(z-1)^2\,((\,z+1\,))} = \frac{1}{4}\,\frac{1}{x+1} \ ,$$

et

$$\mathcal{E}\, \frac{1}{(x-z)\,(z+1)\,((\,(z-1)^2\,))} = \frac{d\,\dfrac{1}{(2+\varepsilon)(x-1-\varepsilon)}}{d\varepsilon} = - \frac{1}{(2+\varepsilon)^2}\,\frac{1}{x-1-\varepsilon} + \frac{1}{2+\varepsilon}\,\frac{1}{(x-1-\varepsilon)^2}$$
$$= - \frac{1}{4}\,\frac{1}{x-1} + \frac{1}{2}\,\frac{1}{(x-1)^2} \ .$$

(23)

On trouvera donc

$$(59) \qquad \frac{1}{(x+1)(x-1)^2} = \frac{1}{4}\frac{1}{x+1} - \frac{1}{4}\frac{1}{x-1} + \frac{1}{2}\frac{1}{(x-1)^2},$$

ce qui est exact.

Si, dans la formule (57), on remplace $f(x)$ par $\dfrac{f(x)}{F(x)}$, et si l'on suppose

$$(60) \qquad F(x) = (x-x_1)(x-x_2)\ldots(x-x_m),$$

m étant un nombre entier quelconque, on trouvera

$$(61) \qquad \frac{f(x)}{(x-x_1)(x-x_2)\ldots(x-x_m)} = \mathcal{E}\,\frac{f(z)}{((z-x_1)(z-x_2)\ldots(z-x_m))}\,\frac{1}{x-z}$$

$$= \mathcal{E}\,\frac{f(z)}{((z-x_1))(z-x_2)\ldots(z-x_m)}\,\frac{1}{x-z} + \ldots + \mathcal{E}\,\frac{f(z)}{(z-x_1)(z-x_2)\ldots((z-x_m))}\,\frac{1}{x-z}$$

$$= \frac{f(x_1)}{(x_1-x_2)\ldots(x_1-x_m)}\,\frac{1}{x-x_1} + \ldots + \frac{f(x_m)}{(x_m-x_1)\ldots(x_m-x_{m-1})}\,\frac{1}{x-x_m},$$

et par suite

$$(62) \qquad f(x) = \frac{(x-x_2)\ldots(x-x_m)}{(x_1-x_2)\ldots(x_1-x_m)}\,f(x_1) + \ldots + \frac{(x-x_2)\ldots(x-x_{m-1})}{(x_m-x_1)\ldots(x_m-x_{m-1})}\,f(x_m).$$

Cette dernière équation est la formule d'interpolation de Lagrange.

Si, après avoir multiplié par x les deux membres de l'équation (57), on attribue à la variable x une valeur infinie, et si l'on désigne par $\mathcal{F}$ la valeur correspondante du produit $x f(x)$, on obtiendra successivement les deux formules

$$x f(x) = \mathcal{E}\,\frac{((f(x)))}{1 - \frac{z}{x}}$$

et

$$(63) \qquad \mathcal{F} = \mathcal{E}\,((f(z))).$$

Si la quantité $\mathcal{F}$ s'évanouit, on aura simplement

$$(64) \qquad \mathcal{E}\,((f(z))) = 0.$$

Cette dernière formule subsiste toutes les fois que, dans la fraction rationnelle désignée par $f(x)$, la différence entre le degré du dénominateur et celui du numérateur devient supérieure à l'unité. Elle coïncide avec une équation établie dans le Journal de l'École polytechnique [voyez la page 500 du 18.ᵉ cahier]. Si l'on y remplace $f(x)$ par $\dfrac{f(z)}{z-x}$, elle subsistera, dans le cas même où la différence ci-dessus mentionnée se réduirait à l'unité. On aura donc alors

$$(65) \qquad \mathcal{E}\left(\left(\frac{f(z)}{z-x}\right)\right) = f(x) - \mathcal{E}\,\frac{((f(z)))}{x-z} = 0 ,$$

et l'on se trouvera ainsi ramené à l'équation (57).

Si, dans les formules (63) et (64), on pose

$$f(x) = \frac{x^n}{(x-x_1)(x-x_2)\ldots(x-x_m)} ,$$

on en conclura que la somme

$$(66) \qquad \frac{x_1^n}{(x_1-x_2)\ldots(x_1-x_m)} + \frac{x_2^n}{(x_2-x_1)\ldots(x_2-x_m)} + \ldots\ldots + \frac{x_m^n}{(x_m-x_1)\ldots(x_m-x_{m-1})}$$

est équivalente à zéro, lorsqu'on a $\quad n < m-1$, et à l'unité lorsqu'on a $\quad n = m-1$; ce que l'on savait déjà.

Les équations (57), (63) et (64), que nous avons établies, en supposant la fonction $f(x)$ réduite à une fraction rationnelle, subsistent encore dans beaucoup d'autres hypothèses. C'est ce que nous ferons voir dans de nouveaux articles, dans lesquels nous exposerons successivement les principales applications du calcul des résidus.

SUR LES FORMULES
DE TAYLOR ET DE MACLAURIN.

On prouve facilement que, dans le cas où la fraction

$$(1) \qquad \frac{\mathcal{F}(h)}{h^{n-1}}$$

s'évanouit pour $h = 0$, on a

$$(2) \qquad \mathcal{F}(h) = \frac{h^n}{1.2.3\ldots n} \, \mathcal{F}^{n}(\theta h) \, ,$$

θ désignant un nombre inconnu, mais inférieur à l'unité (*). Or, l'équation (2), à l'aide de laquelle on peut établir directement la théorie des *maxima* ou *minima* et fixer les valeurs des fractions qui se présentent sous la forme $\frac{0}{0}$, conduit aussi très-simplement à la série de Taylor et à la détermination du reste qui doit compléter cette série. En effet, on tirera successivement de l'équation (2),

1.° en posant $\mathcal{F}(h) = f(x+h) - f(x)$, et $n = 1$,

$$(3) \qquad f(x+h) - f(x) = \frac{h}{1} f'(x+\theta h) \, ;$$

puis, en posant $f'(x+h) = f'(x) + H_1$,

$$H_1 = \frac{f(x+h) - f(x) - h f'(x)}{h} \, ;$$

2.° en posant $\mathcal{F}(h) = f(x+h) - f(x) - h f'(x)$, et $n = 2$,

$$(4) \qquad f(x+h) - f(x) - h f'(x) = \frac{h^2}{1.2} f''(x+\theta h) \, ;$$

puis, en posant $f''(x+\theta h) = f''(x) + H_2$,

$$\frac{1}{1.2} H_2 = \frac{f(x+h) - f(x) - h f'(x) - \frac{h^2}{1.2} f''(x)}{h^2} \, ;$$

(*) Voyez, dans le *Résumé des leçons données à l'École royale polytechnique sur le calcul infinitésimal*, la formule (7) de l'addition, page 164. Cette formule comprend, comme cas particulier, l'équation (2).

3.° en posant $\mathcal{F}(h) = f(x+h) - f(x) - hf'(x) - \dfrac{h^2}{1.2} f''(x)$, et $n = 3$,

$$(5) \qquad f(x+h) - f(x) - hf'(x) - \frac{h^2}{1.2} f''(x) = \frac{h^3}{1.2.3} f'''(x+\theta h) \; ;$$

puis, en posant $f'''(x+\theta h) = f'''(x) + H_3$,

$$\frac{1}{1.2.3} H_3 = \frac{f(x+h) - f(x) - hf'(x) - \dfrac{h^2}{1.2} f''(x) - \dfrac{h^3}{1.2.3} f'''(x)}{h^3} \; .$$

En continuant de la même manière, et observant que les quantités

$$H_1 \; , \; \frac{1}{1.2} H_2 \; , \; \frac{1}{1.2.3} H_3 \; , \; \text{etc.} \ldots \ldots$$

s'évanonissent toutes avec h , on établira généralement l'équation

$$(6) \quad f(x+h) - f(x) - hf'(x) - \frac{h^2}{1.2} f''(x) - \ldots - \frac{h^{n-1}}{1.2.3\ldots(n-1)} f^{(n-1)}(x) = \frac{h^n}{1.2\ldots n} f^{(n)}(x+\theta h) \, ,$$

ou

$$(7) \quad f(x+h) = f(x) + \frac{h}{1} f'(x) + \frac{h^2}{1.2} f''(x) + \ldots + \frac{h^{n-1}}{1.2.3\ldots(n-1)} f^{(n-1)}(x) + \frac{h^n}{1.2\ldots n} f^{(n)}(x+\theta h).$$

Si l'on y remplace x par o , et h par x , on trouvera

$$(8) \quad f(x) = f(o) + \frac{x}{1} f'(o) + \frac{x^2}{1.2} f''(o) + \ldots + \frac{x^{n-1}}{1.2.3\ldots(n-1)} f^{(n-1)}(o) + \frac{x^n}{1.2.3\ldots n} f^{(n)}(\theta x) \, .$$

Il suit de la formule (7) que la fonction $f(x+h)$ peut être considérée comme composée d'une fonction entière de h , savoir,

$$(9) \qquad f(x) + \frac{h}{1} f'(x) + \frac{h^2}{1.2.} f''(x) + \ldots + \frac{h^{n-1}}{1.2.3\ldots(n-1)} f^{(n-1)}(x) \, ,$$

et d'un reste, savoir,

$$(10) \qquad \frac{h^n}{1.2.3\ldots n} f^{(n)}(x+\theta h) \; .$$

Lorsque ce reste devient infiniment petit pour des valeurs infiniment grandes du nombre n, on peut affirmer que la série

$$(11) \qquad f(x) \; , \; hf'(x) \; , \; \frac{h^2}{1.2} f''(x) \; , \ldots$$

est convergente, et quelle a pour somme $f(x+h)$. Donc alors on peut écrire l'é-
quation

$$(12) \qquad f(x+h)=f(x)+\frac{h}{1}f'(x)+\frac{h^2}{1.2.}f''(x)+\text{etc}\ldots,$$

qui est précisément la formule de Taylor. De même, si le reste

$$(13) \qquad \frac{x^n}{1.2.3\ldots n}f^{(n)}(\theta x)$$

devient infiniment petit pour des valeurs infinies de n , l'équation (8) entrainera la
suivante

$$(14) \qquad f(x)=f(0)+\frac{x}{1}f'(0)+\frac{x^2}{1.2.}f''(0)+\text{etc}\ldots,$$

qui est précisément la formule de Maclaurin.

Il est souvent utile de substituer aux expressions (10) et (13) d'autres expressions
équivalentes. On peut y parvenir comme il suit.

Désignons par $\varphi(z)$ ce que devient le premier membre de l'équation (6) quand on
y remplace h par $h-z$ et x par $x+z$, ou, en d'autres termes , le reste
qu'on obtient quand on développe $f(x+h)$ suivant les puissances ascendantes et
entières de $h-z$, et que l'on s'arrête à la puissance du degré n — 1 ; en sorte
qu'on ait

$$(15) \quad f(x+h)=f(x+z)+\frac{h-z}{1}f'(x+z)+\ldots+\frac{(h-z)^{n-1}}{1.2.3\ldots(n-1)}f^{(n-1)}(x+z)+\varphi(z).$$

$\varphi(0)$ représentera la valeur commune de chacun des membres de l'équation (6). De
plus, en différenciant par rapport à z la formule (15), on trouvera

$$(16) \qquad \varphi'(z)=-\frac{(h-z)^{n-1}}{1.2.3\ldots(n-1)}f^{(n)}(x+z),$$

et l'on en conclura

$$(17) \qquad \frac{\varphi(h)-\varphi(0)}{h}=-\frac{(h-\theta h)^{n-1}}{1.2.3\ldots(n-1)}f^{(n-1)}(x+\theta h),$$

ou, parce que $\varphi(h)$ se réduit évidemment à zéro ,

$$(18) \qquad \varphi(0)=\frac{(h-\theta h)^{n-1}}{1.2.3\ldots(n-1)}hf^{(n)}(x+\theta h).$$

La valeur précédente de $\varphi(0)$ n'est autre chose que le reste de la série de Taylor, présenté sous une nouvelle forme. Si, dans ce reste, on remplace x par o, et h par x, on obtiendra le reste de la série de Maclaurin sous la forme suivante :

$$(19) \qquad x \, \frac{(x-\theta x)^{n-1}}{1.2.3\ldots(n-1)} \, f^{(n)}(\theta x) \, .$$

Il suffit, dans plusieurs cas, de substituer ce dernier produit à l'expression (13), pour établir la formule (14). Supposons, par exemple,

$$(20) \qquad f(x) = (1+x)^{\mu}$$

μ désignant une constante réelle. Les expressions (13) et (19) deviendront respectivement

$$(21) \qquad \frac{\mu(\mu-1)\ldots(\mu-n+1)}{1.2.3\ldots n} \, x^{n}(1+\theta x)^{\mu-n}$$

et

$$(22) \qquad \frac{\mu(\mu-1)\ldots(\mu-n+1)}{1.2.3\ldots(n-1)} \, x^{n}(1-\theta)^{n-1}(1+\theta x)^{\mu-n} \, .$$

Cela posé, on prouvera facilement, 1.° à l'aide de l'expression (21), que l'équation

$$(23) \qquad (1+x)^{\mu} = 1 + \frac{\mu}{1} x + \frac{\mu(\mu-1)}{1.2} x^{2} + \text{etc.} \ldots$$

subsiste quand la valeur numérique du rapport

$$(24) \qquad \frac{x}{1+\theta x}$$

est inférieure à l'unité; 2.° à l'aide de l'expression (22), que l'équation (23) subsiste quand le produit

$$(25) \qquad x \, \frac{1-\theta}{1+\theta x}$$

est compris entre les limites -1 et 1. Par suite, il suffira d'employer l'expression (21) pour établir la formule (23) entre les limites $x=o$, $x=1$. Mais il faudra recourir à l'expression (22), si l'on veut étendre la même formule à toutes les valeurs de x comprises entre les limites $x=-1$, $x=+1$.

SUR LA RÉSULTANTE

ET LES PROJECTIONS DE PLUSIEURS FORCES

APPLIQUÉES A UN SEUL POINT.

Si l'on suppose à l'ordinaire une force représentée par une longueur portée à partir de son point d'application sur la droite suivant laquelle elle agit, la résultante R de deux forces P, Q simultanément appliquées à un point matériel (A), sera représentée en grandeur et en direction par la diagonale du parallélogramme construit sur ces deux forces. Cette proposition à déjà été démontrée de plusieurs manières. Mais, parmi les démonstrations qu'on en a données, les unes exigent que l'on considère de nouveaux points matériels liés au point (A) par des droites rigides et invariables. D'autres sont fondées sur l'emploi du calcul différentiel ou des fonctions dérivées. D'autres enfin sont déduites des relations qui existent entre les cosinus de certains angles. Je vais ici démontrer la même proposition, sans recourir à ces considérations diverses; et, pour y parvenir, j'établirai successivement plusieurs lemmes que l'on peut énoncer comme il suit.

Lemme 1.ᵉʳ Si l'on désigne par R la résultante des deux forces P, Q simultanément appliquées au point (A), et par x un nombre quelconque, la résultante de deux forces égales aux produits Px, Qx, et dirigées suivant les mêmes droites que les forces P, Q, sera représentée par le produit Rx, et dirigée suivant la même droite que la force R.

Démonstration. Soit d'abord $x = \dfrac{m}{n}$, m et n désignant deux nombres entiers quelconques. On aura

$$Px = m\frac{P}{n} \quad , \quad Qx = m\frac{Q}{n} .$$

D'ailleurs on pourra considérer la composante P, ou $m\dfrac{P}{n}$, comme produite par l'addition de plusieurs forces égales à $\dfrac{P}{n}$, et la composante Q, ou $m\dfrac{Q}{n}$, comme produite par l'addition d'autant de forces égales à $\dfrac{Q}{n}$. Il est aisé d'en conclure que la résultante des forces P, Q et la résultante des forces Px, Qx seront produites l'une et l'autre par l'addition de plusieurs forces égales à la résultante de $\dfrac{P}{n}$ et de $\dfrac{Q}{n}$. De plus il est clair que les deux premières résultantes seront à la dernière comme les nombres m et x sont à l'unité. Donc la seconde résultante sera équivalente à la première multipliée par le rapport $\dfrac{m}{n} = x$, c'est-à-dire au produit Rx.

Supposons en second lieu que le nombre x soit irrationnel. Alors on pourra faire varier les nombres entiers m et n de manière que la fraction $\dfrac{m}{n}$ converge vers la limite x; et il est clair que dans ce cas la résultante des forces $\dfrac{mP}{n}$, $\dfrac{mQ}{n}$, toujours dirigée suivant la même droite, et toujours égale à $\dfrac{mR}{n}$, tendra de plus en plus à se confondre, en grandeur et en direction, avec la résultante des forces Px, Qx. Donc cette dernière résultante sera dirigée suivant la même droite que la force R, et elle aura pour mesure la limite du produit $\dfrac{mR}{n}$, c'est-à-dire le produit Rx.

Corollaire. Si l'on désigne par la notation $(\widehat{P, Q})$ l'angle compris entre les directions des deux forces P et Q, $(\widehat{P, R})$, $(\widehat{Q, R})$ seront les angles compris entre les directions des composantes P, Q et de leur résultante R. Cela posé, si l'on fait successivement $Rx = P$, $Rx = Q$, ou, ce qui revient au même $x = \dfrac{P}{R}$, $x = \dfrac{Q}{R}$, on conclura du lemme précédent, 1.° que la force P peut être remplacée par deux composantes $\dfrac{P^2}{R}$ et $\dfrac{PQ}{R}$, qui forment avec elle des angles égaux à $(\widehat{P, R})$ et à $(\widehat{Q, R})$, 2.° que la force Q peut être remplacée par deux composantes $\dfrac{Q^2}{R}$ et $\dfrac{PQ}{R}$, qui forment avec elle les angles $(\widehat{Q, R})$ et $(\widehat{P, R})$.

Lemme 2. *La résultante* R *de deux forces* P, Q *qui se coupent à angles droits, est représentée en grandeur par la diagonale du rectangle construit sur les deux composantes, ensorte qu'on a*

$$R^2 = P^2 + Q^2$$

Démonstration. Concevons que l'on remplace la force P par les deux composantes ci-dessus mentionnées, c'est-à-dire par deux forces $\dfrac{P^2}{R}$ et $\dfrac{PQ}{R}$, qui forment avec elle les angles $(\widehat{P, R})$ et $(\widehat{Q, R})$. Concevons de même que l'on remplace la force Q par

(31)

deux composantes $\dfrac{Q^2}{R}$ et $\dfrac{PQ}{R}$, qui forment avec elle les angles $(\widehat{Q,R})$ et $(\widehat{P,R})$.

On pourra supposer que les forces $\dfrac{P^2}{R}$, $\dfrac{Q^2}{R}$ seront dirigées suivant la même droite que la résultante R, et alors les deux forces équivalentes à $\dfrac{PQ}{R}$ formeront chacune avec la direction de R un angle égal à $(\widehat{P,Q})$. Donc elles formeront entre elles un angle égal au double de $(\widehat{P,Q})$. Donc, puisque l'angle $(\widehat{P,Q})$ est droit par hypothèse, les forces équivalentes à $\dfrac{PQ}{R}$ seront égales, mais directement opposées. Par conséquent elles se feront équilibre, et les forces $\dfrac{P^2}{R}$, $\dfrac{Q^2}{R}$, dirigées suivant la même droite, pourront remplacer à elles seules les forces $P, Q,$ ou leur résultante R. On aura donc l'équation

$$R = \frac{P^2}{R} + \frac{Q^2}{R},$$

de laquelle on déduit immédiatement la formule (1).

Cette démonstration est due à l'auteur de la mécanique céleste.

Lemme 3. La résultante R de deux forces P, Q qui se coupent à angles droits est représentée, non-seulement en grandeur, ainsi qu'on l'a prouvé ci-dessus, mais encore en direction par la diagonale du rectangle construit sur les deux composantes.

Démonstration. Cette proposition est évidente, dans le cas où les forces P, Q sont égales entre elles. Alors la résultante R doit nécessairement diviser l'angle $(\widehat{P,Q})$ en deux parties égales, et l'on a, en vertu du lemme 2, $R^2 = 2 P^2$, ou $R = P\sqrt{2}$.

Il est encore facile de démontrer le lemme 3, dans le cas où l'on suppose $Q^2 = 2P^2$, ou $Q = P\sqrt{2}$. En effet, considérons trois forces égales à P, dirigées suivant trois droites qui soient perpendiculaires l'une à l'autre. Ces trois forces seront représentées par trois arêtes d'un cube qui aboutiront à un même sommet. De plus, la résultante de deux de ces forces étant égale à $P\sqrt{2}$, et dirigée suivant la diagonale d'une des faces du cube, la résultante R des trois forces sera nécessairement comprise dans tout plan qui renfermera l'une des forces P et la diagonale du carré construit sur les deux autres. Or, il existe trois plans de cette espèce, et ces trois plans se coupent suivant la diagonale du cube. Donc la résultante des trois forces P, ou, ce qui revient au même, la résultante des forces P et $P\sqrt{2}$ qui se coupent à angles droits, sera dirigée suivant la diagonale du cube, laquelle est en même temps la diagonale du rectangle construit sur les forces P et $P\sqrt{2}$.

On prouverait absolument de la même manière que, si l'on désigne par m un nombre entier, et si l'on suppose le lemme 3 démontré dans le cas ou l'on a $Q = P \sqrt{m}$, la résultante de trois forces respectivement équivalentes à

$$P, \quad P, \quad P\sqrt{m}$$

et représentées par trois droites perpendiculaires entre elles, sera dirigée suivant la diagonale du parallélipipède rectangle qui aura pour côtés ces mêmes droites. On en conclut que, dans l'hypothèse admise, le lemme 3 subsistera encore si l'on prend pour Q la résultante des forces P et $P\sqrt{m}$, c'est-à-dire si l'on fait $Q = P\sqrt{m+1}$. D'ailleurs le lemme 3 est évident, quand on a $Q = P$, ou, ce qui revient au même, $m = 1$. Donc ce lemme subsistera encore, si l'on prend $Q = P\sqrt{1+1} = P\sqrt{2}$, ou $Q = P\sqrt{2+1} = P\sqrt{3}$, etc...., ou en général $Q = P\sqrt{m}$, m étant un nombre entier quelconque.

Concevons à présent que m et n désignant deux nombres entiers, on construise un parallélipipède rectangle qui ait pour côtés trois droites propres à représenter les trois forces

$$P, \quad P\sqrt{m}, \quad P\sqrt{n}.$$

La résultante de ces trois forces sera évidemment comprise, 1.° dans le plan qui renferme la force $P\sqrt{n}$ et la diagonale $P\sqrt{m+1}$ du rectangle construit sur les forces $P, P\sqrt{m}$, 2.° dans le plan qui renferme la force $P\sqrt{m}$ et la diagonale $P\sqrt{n+1}$ du rectangle construit sur les forces $P, P\sqrt{n}$. Donc cette résultante sera dirigée suivant la diagonale du parallélipipède; et le plan, qui renferme la même résultante avec la force P, coupera le plan des deux forces $P\sqrt{m}$, $P\sqrt{n}$ suivant la diagonale du rectangle construit sur ces deux forces. Donc la résultante des forces $P\sqrt{m}$, $P\sqrt{n}$, qui doit être évidemment comprise dans le plan dont il s'agit, sera dirigée suivant cette dernière diagonale. Donc le lemme 3 subsistera, quand on remplacera les forces P et Q par deux forces égales à $P\sqrt{m}$, $P\sqrt{n}$, c'est-à-dire par deux forces dont les carrés soient entre eux dans le rapport de m à n. Donc le lemme 3 subsistera encore entre les forces P et Q, si l'on suppose $\dfrac{Q^2}{P^2} = \dfrac{m}{n}$, ou $Q = P\sqrt{\dfrac{m}{n}}$.

Soit maintenant $Q = Px$, x désignant un nombre quelconque. On pourra faire varier les nombres entiers m et n de manière que le rapport $\dfrac{m}{n}$ converge vers la limite x^2, et il est clair que, dans ce cas, la résultante des forces P et $P\sqrt{\dfrac{m}{n}}$, dirigées suivant deux droites perpendiculaires l'une à l'autre, tendra de plus en plus à se confondre, en grandeur et en direction, d'une part avec la résultante des forces P, Px, et d'autre part avec la diagonale du rectangle construit sur ces deux forces. Donc la résultante des forces P, Px sera représentée par la diagonale dont il s'agit.

Corollaire 1.er Si la force R est représentée par la longueur $\overline{AB}$ portée à partir de son point d'application (A) sur la droite suivant laquelle elle agit, et si l'on mène par le point (A) deux axes perpendiculaires l'un à l'autre, on pourra substituer à la force R les deux forces représentées en grandeur et en direction par les projections de la droite $\overline{AB}$ sur les deux axes.

Corollaire 2. Concevons maintenant que, deux forces P, Q étant appliquées à un même point (A), et représentées par deux droites $\overline{AB}, \overline{AC}$ qui forment entre elles un angle quelconque, on trace dans le plan de ces deux forces deux axes dont l'un coïncide avec la diagonale du parallélogramme auquel elles servent de côtés, et dont l'autre soit perpendiculaire à cette diagonale. On pourra substituer aux deux forces P, Q les quatre forces représentées en grandeur et en direction par les projections des droites $\overline{AB}, \overline{AC}$ sur les deux axes. Or, de ces quatre forces, deux étant directement opposées, se feront équilibre. Les deux autres, dirigées suivant la diagonale du parallélogramme, s'ajouteront et donneront pour somme une force représentée en grandeur et en direction par cette même diagonale. On peut donc énoncer la proposition suivante :

1.er THÉORÈME. *La résultante R de deux forces P, Q simultanément appliquées à un point matériel (A), et dirigées d'une manière quelconque, est représentée en grandeur et en direction par la diagonale du parallélogramme construit sur ces deux forces.*

Corollaire 1.er Comme la diagonale R du parallélogramme construit sur les deux forces P, Q est en même temps le troisième côté du triangle que l'on forme en menant par l'extrémité de la première force une droite égale et parallèle à la seconde, et que l'angle opposé dans ce triangle au côté R est le supplément de l'angle $\widehat{(P, Q)}$, on a nécessairement, en vertu d'une formule connue de trigonométrie,

$$(2) \qquad R^2 = P^2 + Q^2 + 2PQ \cos\widehat{(P, Q)}.$$

Corollaire 2. Dans le cas où les forces P, Q deviennent égales entre elles, leur résultante R est représentée en grandeur et en direction par la diagonale du losange construit sur ces mêmes forces. Alors la formule (2) se réduit à

$$(3) \qquad R^2 = 2P^2 \left\{ 1 + \cos\widehat{(P, Q)} \right\}.$$

De plus, si l'on suppose $\widehat{(P, R)} = \theta$, on trouvera dans le cas présent $\widehat{(P, Q)} = 2\theta$, et, comme on a généralement

$$(4) \qquad \cos 2\theta = 2 \cos^2 \theta - 1,$$

l'équation (5) donnera $R = 2P\cos\theta$, ou, ce qui revient au même

(5) $$R = 2P\cos\left(\widehat{P,R}\right) .$$

On peut au reste s'assurer directement que le second membre de la formule (5) représente la diagonale du losange construit sur deux forces égales à P .

Il est facile de démontrer le théorème 1.er, pour le cas où les forces P, Q ont entre elles un rapport quelconque, quand une fois on a établi ce théorème pour le cas où l'on a $Q = P$, c'est-à-dire quand on a établi la formule (5). Or, on peut donner de cette formule une démonstration directe, qui se déduit à la vérité de l'équation (4), mais qui paraît mériter d'être remarquée. Je vais l'exposer en peu de mots.

Admettons que la formule (5) soit vérifiée pour le cas où l'on a $(P, R) = \tau$, τ désignant un angle droit ou un angle aigu. Je dis qu'elle subsistera encore si l'on suppose

$$\left(\widehat{P,R}\right) = \frac{\tau}{2} \quad \text{ou} \quad \left(\widehat{P,R}\right) = \frac{\pi}{2} - \frac{\tau}{2} .$$

En effet, dans ces deux hypothèses, l'angle $\left(\widehat{P,Q}\right)$ compris entre les directions des deux forces égales P, Q sera équivalent à l'un des angles $\tau, \pi - \tau$; et l'on prouvera, en raisonnant comme dans le lemme 2 , que l'on peut substituer au système des deux forces P, Q ou à leur résultante R quatre composantes égales à $\frac{P^2}{R^2}$, parmi lesquelles deux seront dirigées suivant la même droite et dans le même sens que la force R , tandis que les deux autres formeront chacune avec la résultante R un angle équivalent à $\left(\widehat{P,Q}\right)$, c'est-à-dire, à τ ou à $\pi - \tau$. Or, puisqu'on suppose la formule (5) vérifiée dans le cas où l'on a $\left(\widehat{P,R}\right) = \tau$, les deux dernières composantes pourront évidemment être remplacées par une force unique égale à $2\frac{P^2}{R}\cos\tau$, et dirigée dans le sens de la résultante R , ou dans le sens opposé. Par conséquent on trouvera définitivement

$$R = 2\frac{P^2}{R} \pm 2\frac{P^2}{R}\cos\tau = 2\frac{P^2}{R}\left(1 \pm \cos\tau\right) ;$$

(6) $$R^2 = 2P^2\left(1 \pm \cos\tau\right) ,$$

le signe $\pm$ devant être réduit au signe $+$, dans le cas où l'on aura $\left(\widehat{P,R}\right) = \frac{\tau}{2}$, et au signe $-$ dans le cas où l'on aura $\left(\widehat{P,R}\right) = \frac{\pi}{2} - \frac{\tau}{2}$. Comme on tirera d'ailleurs de la formule (4), en y posant successivement $\theta = \frac{\tau}{2}$ et $\theta = \frac{\pi}{2} - \frac{\tau}{2}$,

$$1 + \cos z = 2 \cos^2 \frac{z}{2} \ , \quad 1 - \cos z = 2 \cos^2 \frac{\pi - z}{2} \ ,$$

l'équation (6) donnera dans le premier cas

$$R = 2 \cos \frac{z}{2} \ ,$$

et dans le second

$$R = 2 \cos \frac{\pi - z}{2} \ .$$

Donc, si l'équation (4) subsiste quand on attribue à l'angle $\overgroup{(P,R)}$ la valeur z, elle subsistera encore quand on attribuera au même angle l'une des valeurs $\frac{z}{2}$, $\frac{\pi - z}{2}$.

Or, cette équation se vérifie quand on suppose $\overgroup{(P,R)} = \frac{\pi}{2}$, puisqu'on a évidemment dans cette hypothèse $R = 0$, et $\cos \overgroup{(P,R)} = 0$. Donc elle sera également vraie si l'on suppose

$$\overgroup{(P,R)} = \frac{1}{2} \frac{\pi}{2} = \frac{\pi}{4} \ ,$$

et par suite, si l'on prend

$$\overgroup{(P,R)} = \frac{1}{2} \frac{\pi}{4} = \frac{\pi}{8} \ , \quad \text{ou} \quad \overgroup{(P,R)} = \frac{1}{2} \left(\pi - \frac{\pi}{4} \right) = \frac{5\pi}{8} \ .$$

Donc elle sera encore vraie, si l'on attribue à l'angle $\overgroup{(P,R)}$ l'une des valeurs

$$\frac{1}{2} \frac{\pi}{8} = \frac{\pi}{16} \ , \quad \frac{1}{2} \frac{3\pi}{8} = \frac{5\pi}{16} \ , \quad \frac{1}{2} \left(\pi - \frac{3\pi}{8} \right) = \frac{5\pi}{16} \ , \quad \frac{1}{2} \left(\pi - \frac{\pi}{16} \right) = \frac{7\pi}{16} \ .$$

etc.....

En continuant de même, on prouvera que la formule (5) a généralement lieu lorsque l'angle $\overgroup{(P,R)}$ reçoit une valeur de la forme $\frac{2m+1}{2^n}$, n désignant un nombre entier quelconque, et $2m+1$ un nombre impair inférieur à 2^n. Si maintenant on représente par θ un angle aigu pris à volonté, on pourra faire varier les nombres entiers m et n de manière que le rapport $\frac{2m+1}{2^n}$ s'approche indéfiniment de la limite θ; et la résultante R tendra de plus en plus à se confondre d'une part avec une force équivalente à $2P\cos\theta$, et d'autre part avec la résultante de deux forces égales à P, qui formeraient entre elles un angle double de θ. Donc cette dernière résultante sera représentée en grandeur par $2P\cos\theta$, et vérifiera encore la formule (5).

La construction géométrique qui sert à déterminer la résultante de deux forces P, Q, appliquées à un point matériel (A), peut être facilement étendue à la composition de plusieurs forces $P, P', P''\ldots$ appliquées suivant des directions quelconques à ce point matériel. En effet, après avoir composé entre elles les forces P, P', on pourra composer de la même manière la résultante des forces P, P' avec la force P'', puis la résultante des forces P, P', P'', avec la force P''', etc$\ldots\ldots\ldots\ldots\ldots$ Pour obtenir la dernière de toutes les résultantes, ou, ce qui revient au même, la résultante de toutes les forces données, il suffira évidemment de mener, par l'extrémité de la droite qui représente la première force P, une seconde droite égale et parallèle à la force P'; par l'extrémité de cette seconde droite, une troisième droite égale et parallèle à la force P''; par l'extrémité de la troisième droite, une quatrième égale et parallèle à la force P''', etc... Si l'on joint ensuite le point matériel donné avec l'extrémité de la dernière droite, on obtiendra la résultante cherchée, qui se réduira, dans le cas de deux ou de trois forces, à la diagonale du parallélogramme ou du parallélipipède construit sur ces mêmes forces, et qui, dans le cas général, formera le dernier côté d'un polygone dont les autres côtés seront les forces données. La construction précédente subsiste, quelles que soient les directions des forces $P, P', P''\ldots$ Si on l'applique au cas où ces forces sont dirigées suivant une même droite, les unes dans un sens, les autres en sens contraire, elle fournira une résultante égale à la somme des forces qui agissent dans un sens, moins la somme des forces qui agissent dans l'autre sens, et dirigée dans le sens des forces qui composent la plus grande somme. Ainsi, par exemple, pour obtenir la résultante de deux forces P, Q appliquées au point (A) et dirigées suivant la même droite, il suffira de porter sur cette droite, à partir du point (A), $\overline{AB} = P$, dans le sens de la première force; puis, à partir du point (B), $\overline{BD} = Q$, dans le sens de la seconde force. La force représentée en grandeur et en direction par la droite $\overline{AD}$, force évidemment égale à la valeur numérique de $P - Q$, et dirigée dans le sens de la plus grande des forces P, Q, sera précisément la résultante cherchée; ce qui s'accorde avec les principes relatifs à la composition des forces qui agissent suivant une même droite.

Pour terminer cet article, je vais rappeler ici quelques propriétés de la résultante de plusieurs forces; ce qui me fournira l'occasion de fixer le sens de certaines expressions dont je ferai dans la suite un fréquent usage.

Lorsqu'une force P, appliquée au point matériel (A), est représentée en grandeur et en direction, par une certaine longueur $\overline{AB}$ comprise entre le point (A) et le point (B), si l'on projette la longueur $\overline{AB}$ sur un plan ou sur une droite, la projection pourra être censée représenter en grandeur et en direction une nouvelle force dirigée de la projection du point (A) vers la projection du point (B). Cette nouvelle force est ce qu'on appelle la *projection* de la force donnée P sur le plan ou sur la droite que l'on considère. Cela posé, concevons que, tous les points de l'espace étant rapportés à trois axes rectangulaires des x, y, z, on projette successivement la force P sur trois parallèles à ces trois axes menées par le point (A). Les trois projections seront évidemment les côtés d'un parallélipipède rectangle qui aura la force P pour diagonale; par conséquent, la force P sera la résultante des trois forces représentées par les projections dont il s'agit. Ces trois forces se nomment, pour cette raison, les *composantes rectangulaires* de la force donnée, parallèles aux axes. Comme les projections d'une longueur sur deux droites parallèles sont nécessairement égales, il est clair que les projections de la force P sur les axes mêmes des coordonnées doivent être égales en intensité à ses composantes rectangulaires. Lorsque la force P est dirigée suivant une droite comprise dans l'un des plans coordonnés, ou dans un plan parallèle, par exemple, dans le plan des x, y, cette force a seulement deux composantes rectangulaires, parallèles, l'une à l'axe des x, l'autre à l'axe des y, et se réduit à la diagonale du rectangle construit sur ces deux composantes.

Les définitions précédentes étant admises, concevons que plusieurs forces $P, P', P''\ldots$ dirigées dans l'espace d'une manière quelconque, soient appliquées simultanément au point matériel (A), et que l'on cherche, 1.° la résultante de ces forces, 2.° la résultante de leurs projections sur un plan fixe, 3.° celle de leurs projections sur un axe fixe. Pour obtenir ces trois résultantes, il faudra, d'après la règle énoncée plus haut, porter à la suite les unes des autres, à partir du point (A) ou de ses projections, 1.° des droites égales et parallèles aux forces $P, P', P''\ldots$; 2.° des droites égales et parallèles à leurs projections sur le plan fixe; 3.° des droites égales à leurs projections sur l'axe fixe, et dirigées dans les mêmes sens. En joignant le point A, ou sa projection, avec l'extrémité de la dernière droite, on obtiendra dans chaque cas la résultante cherchée. Or, les droites ainsi construites sur le plan ou sur l'axe fixe étant évidemment les projections des droites construites dans l'espace, on doit conclure que la résultante des projections des forces $P, P', P''\ldots$ sur ce plan ou sur cet axe est précisément la projection de la résultante de ces mêmes forces. On peut donc énoncer la proposition suivante.

2.° Théorème. *Plusieurs forces $P, P', P''\ldots$ étant appliquées à un même point, suivant des directions quelconques, si on les projette, ainsi que leur résultante R, sur un plan ou sur un axe donné, la projection de cette résultante ne sera autre chose que la résultante de leurs projections.*

Pour montrer une application de ce théorème, supposons que l'on projette à-la-fois, sur l'un des plans coordonnés, une force et ses trois composantes rectangulaires. Comme, parmi les projections de ces trois composantes, l'une s'évanouira, les deux autres projections, respectivement égales aux composantes qui leur correspondent, auront nécessairement pour résultante la projection de la force donnée.

Il ne reste plus qu'à traduire en analyse les résultats que nous venons d'obtenir. On y parviendra sans peine, en ayant égard aux observations suivantes.

Pour que l'effet d'une force soit complètement déterminé, il ne suffit pas de connaître son intensité, son point d'application, et la droite suivant laquelle elle agit. Il faut encore savoir dans quel sens elle est dirigée suivant cette droite, ou, en d'autres termes, quelle est sa *direction*. Car deux forces qui agissent suivant une même droite, peuvent être dirigées en sens contraires. Ainsi, l'on peut dire qu'une seule droite comprend deux directions différentes, et l'on n'obtient qu'une seule de ces deux directions, lorsqu'à partir d'un point donné on prolonge indéfiniment cette droite dans un sens déterminé.

Souvent on appelle *axe* une droite menée par un point quelconque de l'espace, et prolongée indéfiniment dans les deux sens. Nous dirons qu'un axe de cette espèce se divise en deux *demi-axes*, aboutissans au point que l'on considère, et dont chacun se prolonge indéfiniment dans un seul sens. Par conséquent, chacun de ces deux demi-axes aura toujours une direction déterminée. Si l'on considère trois axes rectangulaires des x, y et z, chacun d'eux sera divisé à l'origine en deux demi-axes, sur l'un desquels se compteront les coordonnées positives, tandis que l'on comptera sur l'autre les coordonnées négatives.

D'après ces définitions, il est clair que, si l'on tient compte seulement des angles qui renferment au plus 200 degrés (*nouvelle division*), deux axes ou deux droites, tracés de manière à se couper, formeront toujours l'un avec l'autre deux angles, l'un aigu, l'autre obtus, tandis que deux directions ou deux demi-axes, aboutissant à un point donné, formeront un seul angle, tantôt aigu, tantôt obtus. Lorsque deux directions ou deux demi-axes aboutiront à deux points différens de l'espace, ils seront censés former entre eux le même angle que formeraient deux demi-axes parallèles et prolongés dans les mêmes sens, à partir d'un point unique. Cela posé, l'angle que deux forces formeront entre elles sera toujours complètement déterminé, et l'on pourra en dire autant des angles formés par une force avec les demi-axes des coordonnées positives. Soient α, β, γ, ces trois angles pour une certaine force P, en sorte que

α désigne l'angle formé par la direction de cette force avec le demi-axe des x positives ;

β . . . . avec le demi-axe des y positives ;

γ . . . . avec le demi-axe des z positives.

Il est clair que la direction de la force P sera complètement déterminée, si l'on connaît son point d'application avec les trois angles α, β, γ. En effet, menez par le point d'application trois demi-axes parallèles à ceux des coordonnées positives, et construisez ensuite, autour de ces demi-axes, trois cônes droits dont les génératrices forment respectivement avec ces mêmes demi-axes les angles α, β, γ. La direction de la force P devra être celle d'une génératrice commune aux trois cônes. Or, il est bien vrai que les surfaces des deux premiers cônes se coupent suivant deux génératrices. Mais on doit observer que, ces deux génératrices formant avec le troisième demi-axe deux angles différens, l'un aigu, l'autre obtus, une seule se trouve comprise dans la surface du troisième cône.

Lorsque les angles α, β, γ, sont connus avec l'intensité de la force P, on en déduit encore les valeurs des composantes rectangulaires de la force, ou, en d'autres termes, ses projections sur les axes, et même le sens dans lequel chacune de ces projections est dirigée. Considérons, par exemple, la projection de la force P sur l'axe des x. Elle sera, d'après un théorème de trigonométrie, égale au produit de cette force par le cosinus de l'angle aigu qu'elle forme avec l'axe dont il s'agit. Or, la direction de la force P forme avec les deux demi-axes des x positives et des x négatives deux angles supplémens l'un de l'autre, dont le premier est représenté par α, et le second par $\pi - \alpha$. En conséquence, la projection de la force P sur l'axe des x se trouvera représentée, si l'angle α est aigu, par le produit. . . . . $P \cos \alpha$, et si l'angle α est obtus, par. . . . . $P \cos(\pi - \alpha) = - P \cos \alpha$. c'est-à-dire, dans les deux cas, par la valeur numérique du produit

$$P \cos \alpha .$$

Il est d'ailleurs évident que cette projection sera dirigée dans le sens des x positives. si l'angle α est aigu, dans le sens des x négatives si l'angle α est obtus, et que le produit $P \cos \alpha$ sera positif dans le premier cas, négatif dans le second. En résumé, le produit $P \cos \alpha$ sera équivalent à la projection de la force P sur l'axe des x, prise avec le signe $+$ ou avec le signe $-$, suivant que cette projection sera dirigée dans le sens des x positives ou dans le sens des x négatives.

De même les produits $P \cos \beta$, $P \cos \gamma$, seront respectivement égaux aux projections de la force P sur les axes des y et z, prises tantôt avec le signe $+$, tantôt avec le signe $-$, suivant que chacune de ces projections sera dirigée dans le sens des coordonnées positives ou négatives.

Les trois produits

$$P \cos \alpha, \ P \cos \beta, \ P \cos \gamma,$$

dont on vient de montrer la signification, sont ce que nous appellerons désormais les *projections algébriques* de la force P sur les axes des x, des y et des z. Comme les valeurs numériques de ces trois produits représentent précisément les composantes rectangulaires de la force P, et que ces trois composantes sont les arêtes d'un parallélipipède rectangle qui a la force elle-même pour diagonale, il est clair que la somme des carrés de ces produits doit être égale au carré de P. On a donc

$$P^2 = P^2 \cos^2 \alpha + P^2 \cos^2 \beta + P^2 \cos^2 \gamma .$$

On en conclut, en divisant P^2,

$$(7) \qquad\qquad 1 = \cos^2 \alpha + \cos^2 \beta + \cos^2 \gamma .$$

Cette dernière équation exprime, comme l'on sait, que α, β, γ, sont trois angles formés par une même droite avec les axes des coordonnées.

Considérons à présent plusieurs forces $P, P', P''\ldots$ simultanément appliquées à un point matériel (A). Soit R leur résultante, et supposons que les forces

$$P, P', P''\ldots R$$

forment respectivement, avec le demi-axe des x positives, les angles

$$\alpha, \alpha', \alpha''\ldots a,$$

avec le demi-axe des y positives, les angles

$$\beta, \beta', \beta''\ldots b,$$

avec le demi-axe des z positives, les angles

$$\gamma, \gamma', \gamma''\ldots c.$$

Si l'on projette ces différentes forces sur l'axe des x, la projection de la résultante R, étant la résultante des projections des forces $P, P', P''\ldots$, sera équivalente à la somme de ces dernières projections prises tantôt avec le signe $+$, tantôt avec le signe $-$, suivant qu'elles seront dirigées dans le même sens ou dans le sens opposé. D'ailleurs, la somme ainsi obtenue sera évidemment égale, au signe près, à la somme des projections algébriques des forces $P, P', P''\ldots$, c'est-à-dire, à

$$P \cos \alpha + P' \cos \alpha' + P'' \cos \alpha'' + \text{etc.}\ldots,$$

puisque, dans cette seconde somme, deux forces dont les projections sont dirigées en sens contraire, fournissent toujours deux termes de signes différens. Ajoutons que les deux sommes seront affectées du même signe ou de signes contraires, suivant que la projection de la résultante agira dans le sens des x positives ou dans le sens des x négatives. Cette projection étant elle-même égale au produit

$$R \cos a$$

pris avec le signe $+$ dans le premier cas, et avec le signe $-$ dans le second, on doit conclure que les deux quantités

$$R \cos a, \quad P \cos \alpha + P' \cos \alpha' + P'' \cos \alpha'' + \text{etc.}\ldots$$

auront non-seulement la même valeur numérique, mais encore le même signe. On trouvera donc

$$R \cos a = P \cos \alpha + P' \cos \alpha' + P'' \cos \alpha'' + \text{etc.}\ldots$$

En d'autres termes, *la projection algébrique de la résultante sur l'axe des x sera* *équivalente à la somme des projections algébriques des composantes sur cet axe.* La même relation devant évidemment subsister entre les projections algébriques des forces

$$P, P', P'', \ldots R$$

sur les axes des x et des z , il est clair qu'à l'équation précédente on pourra joindre celles qui suivent :

$$R \cos b = P \cos \beta + P' \cos \beta' + P'' \cos \beta'' + \text{etc.} \ldots$$
$$R \cos c = P \cos \gamma + P' \cos \gamma' + P'' \cos \gamma'' + \text{etc.} \ldots$$

Lorsque les forces $P, P', P'' \ldots$ sont connues en grandeur et en direction, les trois équations

$$(8) \quad \begin{cases} R \cos a = P \cos \alpha + P' \cos \alpha' + P'' \cos \alpha'' + \ldots \ldots, \\ R \cos b = P \cos \beta + P' \cos \beta' + P'' \cos \beta'' + \ldots \ldots, \\ R \cos c = P \cos \gamma + P' \cos \gamma' + P'' \cos \gamma'' + \ldots \ldots, \end{cases}$$

servent à déterminer immédiatement la grandeur et la direction de la résultante. En effet, on connaît alors les seconds membres des équations dont il s'agit, et si, pour abréger, on les désigne par

$$X, Y, Z,$$

on aura simplement

$$(9) \qquad R \cos a = X , \qquad R \cos b = Y , \qquad R \cos c = Z .$$

Or, on tire de ces dernières formules

$$R^2 (\cos^2 a + \cos^2 b + \cos^2 c) = X^2 + Y^2 + Z^2 ;$$

ou, parce que les angles a, b, c, sont assujettis à l'équation de condition $\cos^2 a + \cos^2 b + \cos^2 c = 1$,

$$(10) \qquad R^2 = X^2 + Y^2 + Z^2 .$$

On aura en conséquence

$$(11) \qquad R = \sqrt{(X^2 + Y^2 + Z^2)} .$$

La valeur de R étant ainsi déterminée, on obtiendra les angles a, b, c, dont chacun renferme au plus 200 degrés, par le moyen des formules

$$(12) \qquad \cos a = \frac{X}{R} , \quad \cos b = \frac{Y}{R} , \quad \cos c = \frac{Z}{R} .$$

7

On voit par ces formules que les cosinus des angles cherchés seront positifs ou négatifs en même temps que les quantités X, Y, Z, qui leur correspondent respectivement. Par suite, les angles a, b, c, seront aigus ou obtus suivant que les quantités X, Y, Z, seront positives ou négatives.

Lorsque, dans la formule (10), on substitue pour X, Y, Z, leurs valeurs, en ayant égard aux équations de condition

$$(13) \quad \cos^2 \alpha + \cos^2 \beta + \cos^2 \gamma = 1, \quad \cos^2 \alpha' + \cos^2 \beta' + \cos^2 \gamma' = 1, \text{ etc}\ldots,$$

on trouve

$$(14) \quad R^2 = P^2 + P'^2 + P''^2 + \text{etc}\ldots$$
$$+ 2 P P' (\cos \alpha \cos \alpha' + \cos \beta \cos \beta' + \cos \gamma \cos \gamma')$$
$$+ 2 P P'' (\cos \alpha \cos \alpha'' + \cos \beta \cos \beta'' + \cos \gamma \cos \gamma'')$$
$$+ \text{etc}\ldots$$
$$+ 2 P' P'' (\cos \alpha' \cos \alpha'' + \cos \beta' \cos \beta'' + \cos \gamma' \cos \gamma'')$$
$$+ \text{etc}\ldots$$

Dans le cas particulier où la résultante R est formée seulement par la composition de deux forces P, P', l'équation précédente se réduit à

$$(15) \quad R^2 = P^2 + P'^2 + 2 P P' (\cos \alpha \cos \alpha' + \cos \beta \cos \beta' + \cos \gamma \cos \gamma').$$

Mais, en vertu de l'équation (5), on doit avoir aussi

$$(16) \quad R^2 = P^2 + P'^2 + 2 P P' \cos (\widehat{P, P'}),$$

la notation $(\widehat{P, P'})$ désignant l'angle compris entre les directions des deux forces. Les deux valeurs précédentes de R^2 devant être égales, on en conclut

$$(17) \quad \cos (\widehat{P, P'}) = \cos \alpha \cos \alpha' + \cos \beta \cos \beta' + \cos \gamma \cos \gamma'.$$

Par conséquent, *pour obtenir le cosinus de l'angle compris entre deux directions, il suffit de multiplier deux à deux les cosinus des angles que ces mêmes directions forment avec les demi-axes des coordonnées positives, et d'ajouter les produits.* On se trouvera ainsi ramené à un théorème connu d'analyse appliquée. En vertu de ce théorème, on aura encore, dans le cas général, et quel que soit le nombre des forces P, P', $P''\ldots$,

$$\cos (\widehat{P, P''}) = \cos \alpha \cos \alpha'' + \cos \beta \cos \beta'' + \cos \gamma \cos \gamma'',$$
$$\text{etc}\ldots$$
$$\cos (\widehat{P', P''}) = \cos \alpha' \cos \alpha'' + \cos \beta' \cos \beta'' + \cos \gamma' \cos \gamma'',$$
$$\text{etc}\ldots$$

Par suite, l'équation (14) deviendra simplement

$$(18)\ R^2 = P^2 + P'^2 + P''^2 + \ldots + 2PP'\cos(\widehat{P,P'}) + 2PP''\cos(\widehat{P,P''}) + \ldots + 2P'P''\cos(\widehat{P',P''}) + \text{etc.}$$

Ainsi, le carré de la résultante de plusieurs forces est égal à la somme des carrés des composantes, plus à la somme de leurs doubles produits respectivement multipliés par les cosinus des angles compris entre les directions de ces mêmes forces comparées deux à deux.

Les composantes rectangulaires de la résultante R, ou ses projections sur les axes des x, y, z, étant précisément égales aux valeurs numériques des quantités X, Y, Z, il est facile d'en conclure que les projections de cette résultante sur les plans coordonnés respectivement perpendiculaires aux mêmes axes, c'est-à-dire, sur les plans des y, z, des z, x et des x, y, seront représentées par les expressions

$$\sqrt{(Y^2 + Z^2)}, \quad \sqrt{(Z^2 + X^2)}, \quad \sqrt{(X^2 + Y^2)}.$$

Nous venons de rappeler celles des propriétés des résultantes qui sont relatives aux projections. Dans un autre article, nous examinerons les propriétés relatives aux moments, et nous développerons, à ce sujet, la théorie des moments linéaires.

APPLICATION DU CALCUL DES RÉSIDUS

A LA SOMMATION DE PLUSIEURS SUITES.

Soient $f(x,z)$, $F(x,z)$ deux fonctions données des variables x, z, et n un nombre entier quelconque. Supposons d'ailleurs qu'après avoir développé le produit

$$[f(x,z) + f(z,x)]^n F(x,z)$$

à l'aide de la formule du binome, on différencie n fois, chacun des termes du développement, savoir : le premier terme n fois par rapport à x, le second terme $n-1$ fois par rapport à x et une fois par rapport à z, le troisième terme $n-2$ fois par rapport à x et deux fois par rapport à z, etc....., enfin le dernier terme n fois par rapport à z. Alors, en faisant, pour abréger,

$$(1) \qquad f(x,z) = u, \qquad f(z,x) = v, \qquad F(x,z) = w,$$

on obtiendra la suite

$$(2) \qquad \frac{d^n(u^n w)}{dx^n}, \quad \frac{n}{1} \frac{d^n(u^{n-1} v w)}{dx^{n-1} dz}, \quad \frac{n(n-1)}{1.2} \frac{d^n(u^{n-2} v^2 w)}{dx^{n-2} dz^2}, \text{ etc.... } \frac{d^n(v^n w)}{dz^n},$$

dont on ne connaît pas la somme. Toutefois le calcul des résidus fournit le moyen de déterminer facilement cette somme, dans le cas où l'on suppose après les différenciations $z = x$. C'est ce que nous allons expliquer en peu de mots.

Soit s une valeur commune attribuée aux variables x, z, et S la valeur correspondante de la somme des termes qui composent la suite (2) ; ensorte qu'on ait

$$(3) \quad S = \frac{d^n(u^n w)}{dx^n} + \frac{n}{1} \frac{d^n(u^{n-1} v w)}{dx^{n-1} dz)} + \frac{n(n-1)}{1.2} \frac{d^n(u^{n-2} v^2 w)}{dx^{n-2} dz^2} + \dots + \frac{d^n(v^n w)}{dz^n},$$

dans le cas où l'on suppose, après les différenciations $z = x = s$. La formule (28) de la page (16) entraînera l'équation

$$\frac{1}{1.2.3\dots m.1.2.3\dots(n-m)} \frac{d^n(u^m v^{n-m} v)}{dx^m dz^{n-m}} = \underset{}{\mathcal{E}}\underset{}{\mathcal{E}} \frac{u^m v^{n-m} w}{((\,(x-s)^{m+1}\,))\,((\,(z-s)^{n-m+1}\,))},$$

dans laquelle les deux signes $\mathcal{E}$ sont relatifs, l'un à la variable x, l'autre à la variable z; et par conséquent la formule (3) pourra être remplacée par la suivante

$$(4) \quad S = 1.2.3\ldots n \left\{ \mathcal{E}\mathcal{E} \frac{u^n w}{((\,(x-s)^{n+1}\,))\,((z-s))} + \mathcal{E}\mathcal{E} \frac{u^{n-1} v w}{((\,(x-s)^n\,))\,((\,(z-s)^2\,))} + \ldots \right.$$
$$\left. \ldots\ldots\ldots\ldots\ldots\ldots\ldots\ldots\ldots\ldots + \mathcal{E}\mathcal{E} \frac{v^n w}{((x-s))\,((\,(z-s)^{n+1}\,))} \right\}$$

Comme on a d'ailleurs

$$\frac{u^n}{(x-s)^{n+1}(z-s)} + \frac{u^{n-1} v}{(x-s)^n (z-s)^2} + \cdots + \frac{v^n}{(x-s)(z-s)^{n+1}} = \frac{1}{(x-s)^{n+1}(z-s)^{n+1}} \frac{u^{n+1}(z-s)^{n+1} - v^{n+1}(x-s)^{n+1}}{u(z-s) - v(x-s)},$$

on tirera de la formule (4)

$$(5) \quad S = 1.2.3\ldots n \; \mathcal{E}\mathcal{E} \; \frac{w u^{n+1}(z-s)^{n+1} - w v^{n+1}(x-s)^{n+1}}{u(z-s) - v(x-s)} \; \frac{1}{((\,(x-s)^{n+1}\,))\,((\,(z-s)^{n+1}\,))} .$$

Faisons maintenant, pour plus de commodité,

$$(6) \quad \frac{d\,f(x,z)}{dx} = \varphi(x,z) \;, \qquad \frac{d\,f(x,z)}{dz} = \chi(x,z) .$$

Si, dans l'expression

$$(7) \quad \frac{w u^{n+1}}{u(z-s) - v(x-s)} = \frac{[f(x,z)]^{n+1}\, F(x,z)}{(z-s)\,f(x,z) - (x-s)\,f(z,x)} ,$$

on considère z comme seule variable, cette expression représentera une fonction de z, qui deviendra infinie pour $z = x$, et dont le résidu, relatif à la valeur x de la variable z, sera

$$(8) \quad \frac{[f(x,x)]^{n+1}\, F(x,x)}{f(x,x) - (x-s)\,[\varphi(x,x) - \chi(x,x)]} .$$

Or, si, après avoir divisé ce résidu par $z - x$, on désigne par $\varpi(x,z)$ la différence entre l'expression (7) et le quotient obtenu, ou, en d'autres termes, si l'on pose

$$(9) \quad \frac{w u^{n+1}}{u(z-s) - v(x-s)} = \frac{[f(x,x)]^{n+1}\, F(x,x)}{f(x,x) - (x-s)\,[\varphi(x,x) - \chi(x,x)]} \frac{1}{z-x} + \varpi(x,z) ,$$

la fonction $\varpi(x,z)$, en vertu des principes établis dans un précédent article [pag. 21

et 22], conservera une valeur finie pour $z = x$, quel que soit x, et par conséquent pour $z = x = s$. On formera de même l'équation

$$(10) \qquad \frac{u\,v^{n+1}}{u(z-s) - v(x-s)} = \frac{[f(x,x)]^{n+1}\,F(x,x)}{f(x,x) - (x-s)\,[\varphi(x,x) - \chi(x,x)]}\,\frac{1}{z-x} + \psi(x,z) ,$$

$\psi(x,z)$ désignant encore une fonction qui conservera une valeur finie pour $z = x = s$; puis on tirera des équations (9) et (10) réunies à la formule (5)

$$(11) \quad S = 1.2\ldots\mathrm{n}\;\mathcal{E}\mathcal{E}\;\frac{[f(x,x)]^{n+1}\,F(x,x)}{f(x,x) - (x-s)\,[\varphi(x,x) - \chi(x,x)]}\,\frac{1}{z-x}\,\frac{(z-s)^{n+1} - (x-s)^{n+1}}{((\,(x-s)^{n+1}\,))\,((\,(z-s)^{n+1}\,))}$$

$$+\,1.2.3\ldots\mathrm{n}\;\mathcal{E}\mathcal{E}\;\varpi(x,z)\,\frac{(z-s)^{n+1}}{((\,(x-s)^{n+1}\,))\,((\,(z-s)^{n+1}\,))}$$

$$-\,1.2.3\ldots\mathrm{n}\;\mathcal{E}\mathcal{E}\;\psi(x,z)\,\frac{(x-s)^{n+1}}{((\,(x-s)^{n+1}\,))\,((\,(z-s)^{n+1}\,))} .$$

On aura d'ailleurs évidemment

$$(12) \qquad \mathcal{E}\,\varpi(x,z)\,\frac{(z-s)^{n+1}}{((\,(z-s)^{n+1}\,))} = 0 , \qquad \mathcal{E}\,\psi(x,z)\,\frac{(x-s)^{n+1}}{((\,(x-s)^{n+1}\,))} = 0 ,$$

$$(13) \qquad \mathcal{E}\,\frac{(z-s)^{n+1} - (x-s)^{n+1}}{z-x}\,\frac{1}{((\,(z-s)^{n+1}\,))} = 1 .$$

Par suite, la formule (11) donnera

$$(14) \qquad S = 1.2.3\ldots\mathrm{n}\;\mathcal{E}\;\frac{[f(x,x)]^{n+1}\,F(x,x)}{f(x,x) - (x-s)\,[\varphi(x,x) - \chi(x,x)]}\,\frac{1}{((\,(x-s)^{n+1}\,))} ,$$

ou, ce qui revient au même,

$$(15) \qquad S = \frac{d^{n}\left\{\dfrac{[f(x,x)]^{n+1}\,F(x,x)}{f(x,x) - (x-s)\,[\varphi(x,x) - \chi(x,x)]}\right\}}{dx^{n}} ,$$

pourvu que l'on suppose, après les différenciations $x = s$. Enfin, si l'on remplace dans la formule (15) la lettre s par la lettre z, et la lettre S par le second membre de l'équation (3), on obtiendra la formule

$$
(16) \quad
\begin{cases}
\dfrac{d^n(u^n w)}{dx^n} + \dfrac{n}{1}\,\dfrac{d^n(u^{n-1} v w)}{dx^{n-1}\,dz} + \cdots + \dfrac{n}{1}\,\dfrac{d^n(u v^{n-1} w)}{dx\,dz^{n-1}} + \dfrac{d^n(v^n w)}{dz^n} \\[2ex]
= \dfrac{d^n\left\{\dfrac{[f(x,x)]^{n+1}\,F(x,x)}{f(x,x)-(x-z)[\varphi(x,x)-\chi(x,x)]}\right\}}{dx^n},
\end{cases}
$$

qui subsiste toujours, quand on suppose, après les différenciations, $z = x$.

Pour montrer une application de la formule (16), désignons par

$$ U, \quad V, \quad P, \quad Q, $$

quatre fonctions de la variable x, et par

$$ \mathscr{U}, \quad \mathscr{V}, \quad \mathscr{P}, \quad \mathscr{Q} $$

ce que deviennent ces mêmes fonctions, quand on y remplace la variable x par la variable z. Alors, en posant

$$ (17) \qquad u = U\mathscr{V}, \qquad v = \mathscr{U}V, \qquad w = P\mathscr{Q}, $$

et substituant, après les différenciations, la lettre z à la lettre x, on réduira le premier membre de la formule (16), d'abord au polynome

$$
\mathscr{V}^n\mathscr{Q}\,\frac{d^n(U^n P)}{dx^n} + \frac{n}{1}\,\frac{d(\mathscr{U}\,\mathscr{V}^{n-1}\mathscr{Q})}{dz}\,\frac{d^{n-1}(U^{n-1}V P)}{dx^{n-1}} + \ldots\ldots\ldots\ldots
$$
$$
\ldots\ldots\ldots\ldots + \frac{n}{1}\,\frac{d(U V^{n-1} P)}{dx}\,\frac{d^{n-1}(\mathscr{U}^{n-1}\mathscr{V}\mathscr{Q})}{dz^{n-1}} + V^n P\,\frac{d^n(\mathscr{U}^n\mathscr{Q})}{dz^n},
$$

qui renferme les deux variables x et z, puis au polynome

$$
V^n Q\,\frac{d^n(U^n P)}{dx^n} + \frac{n}{1}\,\frac{d(U V^{n-1} Q)}{dx}\,\frac{d^{n-1}(U^{n-1}V P)}{dx^{n-1}} + \ldots\ldots\ldots\ldots
$$
$$
\ldots\ldots\ldots\ldots + \frac{n}{1}\,\frac{d(U V^{n-1} P)}{dx}\,\frac{d^{n-1}(U^{n-1}V Q)}{dx^{n-1}} + V^n P\,\frac{d^n(U^n Q)}{dx^n},
$$

qui renferme la seule variable x. Comme on aura d'ailleurs

$$
\varphi(x,z) = \frac{du}{dx} = \mathscr{V}\,\frac{dU}{dx}, \qquad \chi(x,z) = \frac{du}{dz} = U\,\frac{d\mathscr{V}}{dz},
$$

et par suite

$$
\varphi(x,x) = V\,\frac{dU}{dx}, \qquad \chi(x,x) = U\,\frac{dV}{dx};
$$

le second membre de la formule (16) se réduira évidemment à

$$\frac{d^n\left\{\dfrac{U^n V^n P Q}{1-(x-z)\left(\dfrac{1}{U}\dfrac{dU}{dx}-\dfrac{1}{V}\dfrac{dV}{dx}\right)}\right\}}{dx^n}.$$

Par conséquent, la formule (16) donnera

$$(18)\quad
\begin{aligned}
&V^n Q\frac{d^n(U^n P)}{dx^n}+\frac{n}{1}\frac{d(UV^{n-1}Q)}{dx}\frac{d^{n-1}(U^{n-1}V P)}{dx^{n-1}}+\frac{n(n-1)}{1.2}\frac{d^2(U^2 V^{n-2}Q)}{dx^2}\frac{d^{n-2}(U^{n-2}V^2 P)}{dx^{n-2}}+\ldots\\
&\ldots+\frac{n(n-1)}{1.2}\frac{d^2(U^2 V^{n-2}P)}{dx^2}\frac{d^{n-2}(U^{n-2}V^2 Q)}{dx^{n-2}}+\frac{n}{1}\frac{d(UV^{n-1}P)}{dx}\frac{d^{n-1}(U^{n-1}V Q)}{dx^{n-1}}+V^n P\frac{d^n(U^n Q)}{dx^n}\\
&=\frac{d^n\left\{\dfrac{U^n V^n P Q}{1-(x-z)\left(\dfrac{1}{U}\dfrac{dU}{dx}-\dfrac{1}{V}\dfrac{dV}{dx}\right)}\right\}}{dx^n}.
\end{aligned}$$

Cette dernière équation subsiste, quelles que soient les fonctions de x représentées par P, Q, U, V, pourvu que, dans le second membre, on suppose, après les différenciations, $z=x$.

Si, dans l'équation (18), on prend $U=1$, $V=1$, on obtiendra la formule connue

$$(19)\quad
\begin{aligned}
&Q\,d^n P+\frac{n}{1}dQ\cdot d^{n-1}P+\frac{n(n-1)}{1.2}d^2 Q\cdot d^{n-2}P+\ldots\ldots\ldots\ldots\ldots\\
&\ldots\ldots\ldots\ldots+\frac{n(n-1)}{1.2}d^2 P\cdot d^{n-2}Q+\frac{n}{1}dP\cdot d^{n-1}Q+P\,d^n Q=d^n(PQ).
\end{aligned}$$

Si l'on supposait dans la même équation

$$U=W^{\alpha},\qquad V=W^{\beta},\qquad P=W^{\gamma},\qquad Q=W^{\delta},$$

W désignant une fonction de la variable x, et $\alpha,\beta,\gamma,\delta$ des exposants quelconques, alors, en faisant pour abréger

$$\alpha-\beta=a,\qquad n\alpha+\gamma=r,\qquad n\alpha+\delta=s,$$

on trouverait

$$(20)\quad
\begin{aligned}
&W^{r-na}\frac{d^n(W^r)}{dx^n}+\frac{n}{1}\frac{d(W^{r-(n-1)a})}{dx}\frac{d^{n-1}(W^{r-a})}{dx^{n-1}}+\frac{n(n-1)}{1.2}\frac{d^2(W^{r-(n-2)a})}{dx^2}\frac{d^{n-2}(W^{r-2a})}{dx^{n-2}}+\ldots\\
&\ldots+\frac{n(n-1)}{1.2}\frac{d^2(W^{r-(n-2)a})}{dx^2}\frac{d^{n-2}(W^{s-2a})}{dx^{n-2}}+\frac{n}{1}\frac{d(W^{r-(n-1)a})}{dx}\frac{d^{n-1}(W^{s-a})}{dx^{n-1}}+W^{r-na}\frac{(d^n W^s)}{dx^n}\\
&=\frac{d^n\left\{\dfrac{W^{r+s-na}}{1-a(x-z)\dfrac{1}{W}\dfrac{dW}{dx}}\right\}}{dx^n}.
\end{aligned}$$

On peut encore établir directement la formule (20), en posant dans l'équation (18)

$$U = 1, \qquad V = W^{-1}, \qquad P = W^{r}, \qquad Q = W^{s}.$$

Concevons à présent que l'on prenne, dans la formule (20), $W = e^{x}$. Alors, en divisant les deux membres de cette formule par l'exponentielle

$$e^{(r + s - na)x},$$

on trouvera

$$r^{n} + \frac{n}{1}(r - a)^{n-1}[s - (n-1)a] + \frac{n(n-1)}{1.2}(r - 2a)^{n-2}[s - (n-2)a]^{2} + \dots$$

$$\dots + \frac{n(n-1)}{1.2}(s - 2a)^{n-2}[r - (n-2)a]^{2} + \frac{n}{1}(s - a)^{n-1}[r - (n-1)a] + s^{n}$$

$$= e^{(r + s - na)x}\frac{d^{n}\{[1 - a(x - z)]^{-1}e^{(r + s - na)x}\}}{dx^{n}};$$

puis, en ayant égard à l'équation (19), et posant, après les différenciations, $z = x$, on obtiendra la formule

$$(21) \quad \begin{cases} r^{n} + \dfrac{n}{1}(r - a)^{n-1}[s - (n-1)a] + \dfrac{n(n-1)}{1.2}(r - 2a)^{n-2}[s - (n-2)a]^{2} + \dots \\[2mm] \dots + \dfrac{n(n-1)}{1.2}(s - 2a)^{n-2}[r - (n-2)a]^{2} + \dfrac{n}{1}(s - a)^{n-1}[r - (n-1)a] + s^{n} \\[2mm] = (r + s - na)^{n} + na(r + s - na)^{n-1} + n(n-1)a^{2}(r + s - na)^{n-2}\dots + 1.2.3..na^{n}. \end{cases}$$

Si l'on fait dans cette dernière

$$r = ax, \qquad s = ay,$$

elle se réduira simplement à

$$(22) \quad \begin{cases} x^{n} + \dfrac{n}{1}(x - 1)^{n-1}(y - n + 1) + \dfrac{n(n-1)}{1.2}(x - 2)^{n-2}(y - n + 2)^{2} + \text{etc.} \dots \\[2mm] \dots + \dfrac{n(n-1)}{1.2}(y - 2)^{n-2}(x - n + 2)^{2} + \dfrac{n}{1}(x - 1)^{n-1}(y - n + 1) + y^{n} \\[2mm] = (x + y - n)^{n} + n(x + y - n)^{n-1} + n(n-1)(x + y - n)^{n-2} + \dots + 1.2.3\dots n. \end{cases}$$

L'équation (22) mérite d'être remarquée. Lorsqu'on y suppose $x + y = n$, elle reproduit la formule connue

$$(23) \quad x^{n} - \frac{n}{1}(x - 1)^{n} + \frac{n(n-1)}{1.2}(x - 2)^{n} - \dots \pm (x - n)^{n} = 1.2.3\dots n.$$

Si l'on supposait au contraire $x + y = n + 1$, on trouverait

$$(24) \quad \begin{cases} x^n - \dfrac{n}{1}(x-1)^{n-1}(x-2) + \dfrac{n(n-1)}{1.2}(x-2)^{n-2}(x-3)^2 - \ldots \pm (x-n-1)^n \\[2mm] = 1 + n + n(n-1) + n(n-1)(n-2) + \ldots\ldots\ldots\ldots\ldots\ldots + 1.2.3.\ldots n. \end{cases}$$

Concevons encore que, dans la formule (20), on pose $W = x$. On en tirera, en divisant les deux membres par $x^{r+s-n(a+1)}$,

$$r(r-1)\ldots(r-n+1) + \frac{n}{1}(r-a)(r-a-1)\ldots(r-a-n+2)[s-(n-1)a] + \text{etc.}\ldots$$

$$\ldots + \frac{n}{1}(s-a)(s-a-1)\ldots(s-a-n+2)[r-(n-1)a] + s(s-1)\ldots(s-n+1)$$

$$= x^{-r-s+n(a+1)}\ \frac{d^n\left\{ [az-(a-1)x]^{-1} x^{r+s-na+1} \right\}}{d x^n} ;$$

puis, en ayant égard à l'équation (19), et posant, après les différenciations $z = x'$, on trouvera

$$(25) \quad \begin{cases} r(r-1)\ldots(r-n+1) + \dfrac{n}{1}(r-a)(r-a-1)\ldots(r-a-n+2)[s-(n-1)a] + \text{etc.}\ldots\ldots\ldots\ldots\ldots\ldots \\[2mm] \ldots\ldots\ldots\ldots\ldots\ldots\ldots + \dfrac{n}{1}(s-a)(s-a-1)\ldots(s-a-n+2)[r-(n-1)a] + s(s-1)\ldots(s-n+1) \\[2mm] = (r+s-na+1)(r+s-na)\ldots(r+s-na-n+2) + n(a-1)(r+s-na+1)(r+s-na)\ldots(r+s-na-n+3) \\[2mm] + n(n-1)(a-1)^2(r+s-na+1)(r+s-na)\ldots(r+s-na-n+4) + \ldots\ldots\ldots + 1.2.3\ldots n(a-1)^n. \end{cases}$$

Si, dans l'équation (25), on prend

$$a = 1, \qquad r-n+1 = x, \qquad s-n+1 = y,$$

on obtiendra la formule connue

$$(26) \quad \begin{cases} x(x+1)\ldots(x+n-1) + \dfrac{n}{1}x(x+1)\ldots(x+n-2)y + \dfrac{n(n-1)}{1.2}x(x+1)\ldots(x+n-3)y(y+1) + \ldots \\[2mm] \ldots + \dfrac{n(n-1)}{1.2}x(x+1)y(y+1)\ldots(y+n-3) + \dfrac{n}{1}xy(y+1)\ldots(y+n-2) + y(y+1)\ldots(y+n-1) \\[2mm] = (x+y)(x+y-1)\ldots(x+y-n+1). \end{cases}$$

Si l'on fait au contraire

$$r = x, \qquad a = h+1, \qquad \text{et} \qquad s+r = na-1,$$

on trouvera

$$(27) \quad \begin{cases} x(x-1)\ldots(x-n+1) - \dfrac{n}{1}(x-h)(x-h-1)\ldots(x-h-n+1) \\[2mm] + \dfrac{n(n-1)}{1.2}(x-2h)(x-2h-1)\ldots(x-2h-n+1) - \ldots \pm (x-nh)(x-nh-1)\ldots(x-nh-n-1) \\[2mm] = 1.2.3.\ldots n.h^n. \end{cases}$$

Cette dernière formule peut être facilement établie par le calcul aux différences finies, et ne diffère pas de l'équation

$$(28) \qquad \Delta^n \{ (x-nh)(x-nh-1)\ldots(x-nh-n+1) \} = 1.2.3\ldots n.\,\Delta x^n,$$

qui suppose seulement $\Delta x = h$.

Revenons à l'équation (18). Si, dans cette équation l'on remplace

$$P \quad \text{par} \quad \frac{P}{V^n}, \qquad Q \quad \text{par} \quad \frac{Q}{V^n} \qquad \text{et} \quad U \quad \text{par} \quad VW,$$

on aura simplement

$$(29) \quad
\begin{cases}
Q\,\dfrac{d^n(W^nP)}{dx^n} + \dfrac{n}{1}\dfrac{d(WQ)}{dx}\dfrac{d^{n-1}(W^{n-1}P)}{dx^{n-1}} + \dfrac{n(n-1)}{1.2}\dfrac{d^2(W^2Q)}{dx^2}\dfrac{d^{n-2}(W^{n-2}P)}{dx^{n-2}} + \ldots \\[2ex]
\ldots + \dfrac{n(n-1)}{1.2}\dfrac{d^2(W^2P)}{dx^2}\dfrac{d^{n-2}(W^{n-2}Q)}{dx^{n-2}} + \dfrac{n}{1}\dfrac{d(WP)}{dx}\dfrac{d^{n-1}(W^{n-1}Q)}{dx^{n-1}} + P\,\dfrac{d^n(W^nQ)}{dx^n} \\[2ex]
\qquad\qquad = \dfrac{d^n\left(\dfrac{PQW^n}{1-(x-z)\dfrac{dW}{W\,dx}}\right)}{dx^n}\,.
\end{cases}$$

Concevons maintenant que, s désignant une quantité quelconque, et R une fonction de la variable x, on prenne

$$(30) \qquad P = R \left\{ 1 - (x-s)\,\frac{dW}{W\,dx} \right\}.$$

Rien n'empêchera de supposer, après les différenciations $s = x$, ou, ce qui revient au même, de supposer, avant les différenciations, $s = z$. Or, dans cette hypothèse, l'équation (29) donnera

$$(31) \qquad \frac{d^n(QRW^n)}{dx^n} =$$

$$Q\,\frac{d^n(W^0R)}{dx^n} + \frac{n}{1}\frac{d(WQ)}{dx}\frac{d^{n-1}(W^{n-1}R)}{dx^{n-1}} + \ldots + \frac{n}{1}\frac{d(WR)}{dx}\frac{d^{n-1}(W^{n-1}Q)}{dx^{n-1}} + R\,\frac{d^n(W^nQ)}{dx^n}$$

$$-Q\,\frac{d^n\left\{(x-z)W^{n-1}R\dfrac{dW}{dx}\right\}}{dx^n} - \frac{n}{1}\frac{d(WQ)}{dx}\frac{d^{n-1}\left\{(x-z)W^{n-2}R\dfrac{dW}{dx}\right\}}{dx^{n-2}} - \ldots$$

$$\ldots - \frac{n}{1}\frac{d(W^{n-1}Q)}{dx^{n-1}}\frac{d\left\{(x-z)R\dfrac{dW}{dx}\right\}}{dx}\,,$$

z devant être réduit à x, après les différenciations. D'ailleurs on a généralement, sous cette condition, en vertu de la formule (19),

$$\frac{d^m\{(x-z)f(x)\}}{dx^m} = m\,\frac{d^{m-1}f(x)}{dx^{m-1}};$$

et par conséquent

$$\frac{d^m(W^mR)}{dx^m} - \frac{d^m\left\{(x-z)W^{m-1}R\frac{dW}{dx}\right\}}{dx^m} = \frac{d^m(W^mR)}{dx^m} - m\,\frac{d^{m-1}\left\{W^{m-1}R\frac{dW}{dx}\right\}}{dx^{m-1}}$$

$$= \frac{d^{m-1}(W^mR')}{dx},$$

R' désignant la dérivée de R par rapport à x. Donc l'équation (31) pourra être réduite à

$$(32) \qquad \frac{d^n(QRW^n)}{dx^n} =$$

$$Q\,\frac{d^{n-1}(W^nR')}{dx^{n-1}} + \frac{n}{1}\,\frac{d(WQ)}{dx}\,\frac{d^{n-2}(W^{n-1}R')}{dx^{n-2}} + \dots + \frac{n}{1}WR'\,\frac{d^{n-1}(W^{n-1}Q)}{dx^{n-1}} + R\,\frac{d^n(W^nQ)}{dx^n}.$$

Si, dans cette dernière, on échange entre elles les lettres Q et R, on aura encore

$$(33) \qquad \frac{d^n(QRW^n)}{dx^n} =$$

$$Q\,\frac{d^n(W^nR)}{dx^n} + \frac{n}{1}WQ'\,\frac{d^{n-1}(W^{n-1}R)}{dx^{n-1}} + \dots + \frac{n}{1}\,\frac{d(WR)}{dx}\,\frac{d^{n-2}(W^{n-1}Q')}{dx^{n-2}} + R\,\frac{d^{n-1}(W^nQ')}{dx^{n-1}}.$$

Enfin, si l'on remplace, dans l'équation (32), Q par QW' et n par $n-1$, on en tirera

$$(34) \qquad \frac{d^{n-1}(QRW^{n-1}W')}{dx^{n-1}} =$$

$$QW'\,\frac{d^{n-2}(W^{n-1}R')}{dx^{n-2}} + \dots + \frac{n-1}{1}WR'\,\frac{d^{n-2}(W^{n-2}QW'')}{dx^{n-2}} + R\,\frac{d^{n-1}(W^{n-1}QW')}{dx^{n-1}};$$

puis, en retranchant de l'équation (32) la formule (34) multipliée par n, on trouvera

$$(35) \qquad \frac{d^{n-1}\left\{W^n\frac{d(QR)}{dx}\right\}}{dx^{n-1}} =$$

$$Q\,\frac{d^{n-1}(W^nR')}{dx^{n-1}} + \frac{n}{1}WQ'\,\frac{d^{n-2}(W^{n-1}R')}{dx^{n-2}} + \frac{n(n-1)}{1.2}\,\frac{d(W^2Q')}{dx}\,\frac{d^{n-3}(W^{n-1}R')}{dx^{n-3}} + \dots\dots\dots$$

$$\dots\dots + \frac{n(n-1)}{1.2}\,\frac{d(W^2R')}{dx}\,\frac{d^{n-3}(W^{n-2}Q')}{dx^{n-3}} + \frac{n}{1}WR'\,\frac{d^{n-2}(W^{n-1}Q')}{dx^{n-2}} + R\,\frac{d^{n-1}(W^nQ')}{dx^n}.$$

On peut vérifier directement ces diverses formules, pour des valeurs particulières attribuées au nombre entier n, par exemple, pour les valeurs $n=1$, $n=2$, $n=3$, etc.

Si, dans les équations (32) et (35), on pose

$$Q = e^{rw}, \qquad R = e^{sw}, \qquad W = e^{x},$$

on en tirera

$$(36) \qquad \frac{(r+s+n)^n - (r+n)^n}{s} =$$

$$(s+n)^{n-1} + \frac{n}{1}(r+1)(s+n-1)^{n-2} + \frac{n(n-1)}{1.2}(r+2)^2(s+n-2)^{n-3} + \ldots + \frac{n}{1}(r+n-1)^{n-1},$$

et

$$(37) \qquad \frac{(r+s)(r+s+n)^{n-1} - r(r+n)^{n-1} - s(s+n)^{n-1}}{rs} =$$

$$\frac{n}{1}(s+n-1)^{n-2} + \frac{n(n-1)}{1.2}(r+2)(s+n-2)^{n-3} + \ldots + \frac{n(n-1)}{1.2}(s+2)(r+n-2)^{n-3} + \frac{n}{1}(r+n-1)^{n-2} :$$

puis, en prenant $s=r$, on conclura de l'équation (57)

$$(38) \qquad 2\frac{(2r+n)^{n-1} - (r+n)^{n-1}}{r} =$$

$$\frac{n}{1}(r+n-1)^{n-2} + \frac{n(n-1)}{1.2}(r+2)(r+n-2)^{n-3} + \ldots + \frac{n(n-1)}{1.2}(r+n-2)^{n-3}(r+2) + \frac{n}{1}(r+n-1)^{n-2}.$$

Si l'on fait maintenant $r=0$, on trouvera

$$(39) \quad 2(n-1)n^{n-2} = \frac{n}{1}(n-1)^{n-2} + \frac{n(n-1)}{1.2}2^1(n-2)^{n-3} + \ldots + \frac{n(n-1)}{1.2}(n-2)^{n-3}2^1 + \frac{n}{1}(n-1)^{n-2}.$$

Si l'on pose dans l'équation (35)

$$Q = x^r, \qquad R = x^s, \qquad W = x^a,$$

on en tirera

$$(40) \quad \frac{(r+s)(r+s+an-n+1)..(r+s+an-1) - r(r+an-n+1)..(r+an-1) - s(s+an-n+1)..(s+an-1)}{rs} =$$

$$\frac{n}{1}[s+(n-1)a-1]\ldots[s+(n-1)a-n+2] + \frac{n(n-1)}{1.2}[s+(n-2)a-1]\ldots[s+(n-2)a-n+3](r+2a-1) + \ldots$$

$$\ldots + \frac{n(n-1)}{1.2}[r+(n-2)a-1]\ldots[r+(n-2)a-n+3](s+2a-1) + \frac{n}{1}[r+(n-1)a-1]\ldots[r+(n-1)a-n+2]$$

Lorsqu'on prend dans l'équation (40)

$$a = 1, \qquad r = x, \qquad s = y,$$

on retrouve la formule (26)

SUR UNE FORMULE

RELATIVE A LA DÉTERMINATION DES INTÉGRALES SIMPLES

PRISES ENTRE LES LIMITES 0 ET ∞ DE LA VARIABLE.

Dans un mémoire sur la conversion des différences finies des puissances en intégrales définies, j'avais établi un théorème que je vais rappeler ici, et à l'aide duquel on détermine facilement les valeurs de plusieurs intégrales définies.

THÉORÈME. *Soit* $f(x)$ *une fonction donnée de* x; *et supposons que,* n *désignant un nombre entier quelconque, on parvienne toujours à obtenir en termes finis la valeur de l'intégrale*

$$(1) \qquad A_{2n} = \int_0^\infty x^{2n} f(x^2)\, dx.$$

On pourra en déduire la valeur de l'intégrale

$$(2) \qquad B_{2n} = \int_0^\infty x^{2n} f\left\{\left(x - \frac{1}{x}\right)^2\right\} dx,$$

et cette dernière sera déterminée par la formule

$$(3) \qquad B_{2n} = A_0 + \frac{(n+1)n}{1.2} A_2 + \frac{(n+2)(n+1)n(n-1)}{1.2.3.4} A_4 + \ldots + \frac{(2n-2)(2n-3)}{1.2} A_{2n-4} + \frac{2n-1}{1} A_{2n-2} + A_{2n}.$$

Démonstration. Faisons, pour abréger,

$$x - \frac{1}{x} = y.$$

On tirera de la formule (1)

$$(4) \qquad 2A_{2n} = \int_{-\infty}^{\infty} y^{2n} f(y^2)\, dy = \int_0^\infty \left(x - \frac{1}{x}\right)^{2n} \left(x + \frac{1}{x}\right) f\left\{\left(x - \frac{1}{x}\right)^2\right\} \frac{dx}{x},$$

et de la formule (2)

$$(5) \qquad B_{2n} = \int_0^\infty x^{2n+1} f\left\{\left(x - \frac{1}{x}\right)^2\right\} \frac{dx}{x} = \int_0^\infty \frac{1}{x^{2n+1}} f\left\{\left(x - \frac{1}{x}\right)^2\right\} \frac{dx}{x},$$

$$(6) \qquad 2B_{2n} = \int_0^\infty \left(x^{2n+1} + \frac{1}{x^{2n+1}}\right) f\left\{\left(x - \frac{1}{x}\right)^2\right\} \frac{dx}{x}.$$

(55)

On a d'ailleurs, quelque soit z, [voyez l'Analyse algébrique, page 255],

(7) $\cos(2n+1)z = \cos z \left\{ 1 - \frac{(2n+2)2n}{1.2}\sin^2 z + \frac{(2n+4)(2n+2)2n(2n-2)}{1.2.3.4}\sin^4 z - \text{etc.} \right\}$

et, comme, en posant

$$e^{z\sqrt{-1}} = x,$$

on trouve

$$\cos z = \frac{1}{2}\left(x + \frac{1}{x}\right), \quad \sin z = \frac{1}{2\sqrt{-1}}\left(x - \frac{1}{x}\right), \quad \cos(2n+1)z = \frac{1}{2}\left(x^{2n+1} + \frac{1}{x^{2n+1}}\right),$$

on tirera de la formule (7)

(8) $x^{2n+1} + \frac{1}{x^{2n+1}} = \left(x + \frac{1}{x}\right)\left\{ 1 + \frac{(n+1)n}{1.2}\left(x - \frac{1}{x}\right)^2 + \frac{(n+2)(n+1)n(n-1)}{1.2.3.4}\left(x - \frac{1}{x}\right)^4 + \text{etc.} \right\}$

Si maintenant on multiplie les deux membres de l'équation (8) par le produit

$$f\left[\left(x - \frac{1}{x}\right)^2\right]dx,$$ et si l'on intègre ensuite entre les limites $x = 0$, $x = \infty$, en

ayant égard aux formules (4) et (6), on obtiendra précisément la formule (5). Il est bon de remarquer que, dans cette formule, le coefficient de A_m, m désignant un nombre entier quelconque, sera généralement

(9)
$$\frac{(n+m)(n+m-1)...(n-m+1)}{1.2.3...(2n)} = \frac{(2m+1)(2m+2)...(n+m)}{1.2.3...(n-m)}.$$

Corollaire 1.er Soit

$$f(x) = e^{-x},$$

s désignant une quantité positive. On trouvera

(10) $A_0 = \int_0^\infty e^{-sx^2}dx = \frac{\pi^{\frac{1}{2}}}{2s^{\frac{1}{2}}}$, $A_m = \int_0^\infty x^{2m}e^{-sx^2}dx = \frac{1.2.3...(2m-1)}{2^{m+1}s^{m+\frac{1}{2}}}$;

(11) $B_n = \int_0^\infty x^{2n}e^{-s\left(x-\frac{1}{x}\right)^2}dx = e^{2s}\int_0^\infty x^{2n}e^{-s\left(x+\frac{1}{x}\right)}dx,$

et par suite la formule (5) donnera

(12) $\int_0^\infty x^{2n}e^{-s\left(x^2+\frac{1}{x^2}\right)}dx = \frac{\pi^{\frac{1}{2}}e^{-2s}}{2s^{\frac{1}{2}}}\left\{ 1 + \frac{(n-1)n}{2}\left(\frac{1}{2s}\right) + \frac{(n+2)(n+1)n(n-1)}{2.4}\left(\frac{1}{2s}\right)^2 + ... \right\}$

L'équation (12) était déjà connue. [Voyez la 3.e partie des Exercices du calcul intégral de M. Legendre, page 566.]

Corrollaire 2.e Si l'on pose successivement

$$f(x) = e^{-sx}\cos tx, \qquad f(x) = e^{-sx}\sin tx,$$

s désignant une quantité positive, on tirera facilement de la formule (3) les valeurs des intégrales

$$(13) \quad \int_0^\infty x^{2n} e^{-s\left(x-\frac{1}{x}\right)^2} \cos t\left(x-\frac{1}{x}\right)^2 dx, \quad \int_0^\infty x^{2n} e^{-s\left(x-\frac{1}{x}\right)^2} \sin t\left(x-\frac{1}{x}\right)^2 dx,$$

et par suite, les valeurs des intégrales

$$(14) \quad \int_0^\infty x^{2n} e^{-s\left(x^2+\frac{1}{x^2}\right)} \cos t\left(x-\frac{1}{x}\right)^2 dx, \quad \int_0^\infty x^{2n} e^{-s\left(x^2+\frac{1}{x^2}\right)} \sin t\left(x-\frac{1}{x}\right)^2 dx.$$

On parviendra de cette manière à des résultats que l'on peut déduire directement de l'équation (12), en y remplaçant s par $s + t\sqrt{-1}$.

Corollaire 3.ᵉ Si l'on pose

$$f(x^2) = e^{-sx^2} \cos tx,$$

s désignant toujours une quantité positive, on aura

$$(15) \quad A_0 = \int_0^\infty e^{-sx^2} \cos tx \,.\, dx = \frac{\pi^{\frac{1}{2}}}{2 s^{\frac{1}{2}}} e^{-\frac{t^2}{4s}},$$

$$(16) \quad A_{2m} = \int_0^\infty x^{2m} e^{-sx^2} \cos tx \,.\, dx = (-1)^m \frac{\pi^{\frac{1}{2}}}{2 s^{\frac{1}{2}}} \frac{d^{2m} e^{-\frac{t^2}{4s}}}{d t^{2m}},$$

$$(17) \quad B_{2n} = \int_0^\infty x^{2n} e^{-s\left(x-\frac{1}{x}\right)^2} \cos tx \,.\, dx = e^{2s} \int_0^\infty x^{2n} e^{-s\left(x^2+\frac{1}{x^2}\right)} \cos tx \,.\, dx,$$

et par suite, la formule (3) donnera

$$(18) \quad \int_0^\infty x^{2n} e^{-s\left(x^2+\frac{1}{x^2}\right)} \cos tx \,.\, dx =$$

$$\frac{\pi^{\frac{1}{2}}}{2 s^{\frac{1}{2}}} e^{-2s} \left\{ e^{-\frac{t^2}{4s}} - \frac{(n+1)n}{1.2} \frac{d^2 e^{-\frac{t^2}{4s}}}{d t^2} + \frac{(n+2)(n+1)n(n-1)}{1.2.3.4} \frac{d^4 e^{-\frac{t^2}{4s}}}{d t^4} - \text{etc.}\ldots \right\}.$$

Si, après avoir effectué les différenciations indiquées dans le second membre de la formule précédente, on pose $t = 0$, on retrouvera, comme on devait s'y attendre, l'équation (12).

SUR UN NOUVEAU GENRE D'INTÉGRALES.

Dans le mémoire déjà cité [page 54], et relatif à la conversion des différences finies des puissances en intégrales définies, j'ai considéré un nouveau genre d'intégrales que j'ai désignées sous le nom d'intégrales extraordinaires, et qui ont quelques rapports avec le calcul des résidus. Je vais indiquer ici en peu de mots leur nature et leurs principales propriétés.

Soient $f(x)$ une fonction de la variable x, qui ne s'évanouisse pas avec cette variable, r et h deux quantités réelles, dont la première reste positive, et n le plus grand nombre entier compris dans $r+1$. L'intégrale

$$(1) \qquad \int_0^h \frac{f(x)}{x^{r+1}}\,dx$$

aura nécéessairement une valeur infinie. Mais, si l'on pose

$$(2) \qquad \left\{ \begin{aligned} F(x) &= f(0) + \frac{x}{1}f'(0) + \frac{x^2}{1.2}f''(0) + \ldots + \frac{x^{n-1}}{1.2.3\ldots(n-1)}f^{(n-1)}(0) \\ &= x^n \,\mathcal{E}\, \frac{f(z)}{x-z}\frac{1}{((z^n))}, \end{aligned} \right.$$

l'intégrale

$$(3) \qquad \int_0^h \frac{f(x)-F(x)}{x^{r+1}}\,dx$$

obtiendra en général une valeur finie; et de plus on reconnaîtra facilement que le seul moyen de rendre finie la valeur de l'intégrale (3), en prenant pour $F(x)$ une fonction rationnelle et entière de la variable x, est de supposer $F(x)$ déterminée par le moyen de l'équation (2). Si l'on adopte cette hypothèse, l'intégrale (3) deviendra

$$(4) \qquad \int_0^h \left\{ \frac{f(x)}{x^n} - \mathcal{E}\, \frac{f(z)}{x-z}\frac{1}{((z^n))} \right\} \frac{dx}{x^{r-n+1}}.$$

Une seule intégrale de ce genre correspond à chaque valeur donnée de la fonction $f(x)$.

Pour abréger, je désignerai l'intégrale (4) à l'aide de la caractéristique $\int$ accentuée,
et placée devant le produit $\dfrac{f(x)}{x^{r+1}}\,dx$, ensorte qu'on aura

$$(5) \qquad \int_{0}^{\prime h} \frac{f(x)}{x^{r+1}}\,dx = \int_{0}^{h} \left\{ \frac{f(x)}{x^{n}} - \mathcal{E}\, \frac{f(z)}{x-z}\, \frac{1}{((z^{n}))} \right\} \frac{dx}{x^{r-n+1}}.$$

De plus, je nommerai l'expression (5) *intégrale extraordinaire;* et l'opération par laquelle on la détermine, *intégration extraordinaire.*

Pour généraliser la formule (5), et la rendre applicable à toutes les hypothèses que l'on peut faire sur la valeur de la quantité réelle r, il suffirait d'admettre que, dans cette formule, r peut recevoir des valeurs négatives, et que, dans tous les cas, on désigne par n celui des termes de la progression arithmétique

$$-\infty, \ldots -5, \; -4, \; -3, \; -2, \; -1, \; 0, \; 1, \; 2, \; 3, \; 4, \; 5 \ldots +\infty,$$

qui est égal ou immédiatemens inférieur à $r+1$. C'est ce que nous ferons désormais. Cela posé, il est clair que, si la quantité r devient négative, n sera négatif ou nul. On aura donc alors

$$\mathcal{E}\, \frac{f(z)}{(x-z)}\, \frac{1}{((z^{n}))} = 0 \; ,$$

et par suite

$$(6) \qquad \int_{0}^{\prime h} \frac{f(x)}{x^{r+1}}\,dx = \int_{0}^{h} \frac{f(x)}{x^{r+1}}\,dx .$$

Ainsi, toutes les fois que l'on suppose r négatif, l'intégrale extraordinaire se confond avec l'intégrale ordinaire, et le signe $\int^{\prime}$ peut être remplacé par le signe $\int$.

Concevons maintenant que l'on représente par s une nouvelle variable, par $f(x,s)$ une fonction des deux variables x, s, et par

$$(7) \qquad S = \int_{0}^{h} \left\{ \frac{f(x,s)}{x^{n}} - \mathcal{E}\, \frac{f(z,s)}{x-z}\, \frac{1}{((z^{n}))} \right\} \frac{dx}{x^{r-n+1}} = \int_{0}^{\prime h} f(x,s)\, \frac{dx}{x^{r+1}},$$

ce que devient l'expression (5), quand on y remplace $f(x)$ par $f(x,s)$.
On aura évidemment

$$(8) \qquad \frac{dS}{ds} = \int_{0}^{h} \left\{ \frac{1}{x^{n}}\, \frac{d f(x,s)}{ds} - \mathcal{E}\, \frac{d f(z,s)}{ds}\, \frac{1}{(x-z)\,((z^{n}))} \right\} \frac{dx}{x^{r-n+1}} = \int_{0}^{\prime h} \frac{d f(x,s)}{ds}\, \frac{dx}{x^{r+1}}.$$

On trouvera de même, en intégrant par rapport à s entre deux limites quelconques $s = a$. $s = b$,

$$(9)\ \int_a^b S\,ds = \int_0^h \left\{ \frac{\int_a^b f(x,s)\,ds}{x^n} - \mathcal{E}\frac{\int_a^b f(z,s)\,ds}{(x-z)\,((z^n))} \right\} \frac{dx}{x^{r-n+1}} = \int_0^h \int_a^b f(x,s)\,ds\,\frac{dx}{x^{r-1}}.$$

Ainsi l'on peut différencier et intégrer sous le signe $\int'$ comme sous le signe $\int$. En partant de ce principe, on déterminera sans peine les valeurs de quelques intégrales extraordinaires, comme on va le faire voir.

1.er Problême. *Déterminer la valeur de l'intégrale extraordinaire*

$$(10)\qquad S = \int_0^{'\infty} e^{-sx}\,\frac{dx}{x^{r-1}},$$

r *et* s *étant des quantités positives.*

Solution. Soit toujours n le plus grand nombre entier compris dans $r+1$. La différence $n-r$ sera négative; et, en différenciant n fois par rapport à s l'équation (10), on trouvera

$$(11)\qquad \frac{d^n S}{ds^n} = (-1)^n \int_0^{'\infty} e^{-sx}\,\frac{dx}{x^{r-n+1}} = (-1)^n \int_0^{\infty} e^{-sx}\,\frac{dx}{x^{r-n+1}}.$$

On a d'ailleurs, en adoptant la notation de M. Legendre [voyez la page 9 et la 52.e leçon de calcul infinitésimal],

$$\int_0^{\infty} x^{n-r-1} e^{-sx}\,dx = s^{r-n}\Gamma(n-r).$$

Cela posé, la formule (11) donnera

$$(12)\qquad \frac{d^n S}{ds^n} = (-1)^n s^{r-n}\Gamma(n-r).$$

Si l'on intègre n fois cette dernière par rapport à s, à partir de $s=0$; et si l'on suppose, avec M. Legendre, que l'équation

$$(13)\qquad \Gamma(r+1) = r\,\Gamma(r),$$

établie pour des valeurs positives de la variable r, subsiste encore pour des valeurs négatives de la même variable, on trouvera définitivement

$$(14)\qquad S = s^r\,\frac{\Gamma(n-1)}{(n-r-1)(n-r-2)\dots(-r)} = s^r\,\Gamma(-r).$$

On aura donc généralement

$$(15) \qquad \int_0^{'\infty} e^{-sx} \frac{dx}{x^{r+1}} = s^r \Gamma(-r).$$

Corollaire 1.er Soit $s = 1$; on aura simplement

$$(16) \qquad \int_0^{'\infty} e^{-x} \frac{dx}{x^{r+1}} = \Gamma(-r).$$

Si, dans la formule (16); on remplace r par $-r$, on devra y remplacer en même temps le signe $\int^{'}$ par le signe $\int$; et l'on retrouvera évidemment la formule qui sert à définir la fonction $\Gamma(r)$, savoir,

$$(17) \qquad \int_0^{\infty} x^{r-1} e^{-x} dx = \Gamma(r).$$

Corollaire 2.e En supposant la quantité r prise entre les limites o et 1, on démontre aisément la formule

$$(18) \qquad \Gamma(r)\Gamma(1-r) = \frac{\pi}{\sin r\pi},$$

[voyez la 33.e leçon de calcul infinitésimal], que l'on peut ensuite étendre, en vertu de l'équation (15), à des valeurs réelles quelconques de la quantité r. Si, dans la même formule, on remplace r par $-r$, on en tirera

$$(19) \qquad \Gamma(-r) = \frac{\pi}{\Gamma(r+1) \sin (r+1)\pi}.$$

Par suite, la formule (15) donnera

$$(20) \qquad s^r = \frac{\Gamma(r+1) . \sin (r+1)\pi}{\pi} \int_0^{'\infty} e^{-sx} \frac{dx}{x^{r+1}}.$$

Si l'on prend la différence finie m^{me} de chacun des membres de l'équation (20) par rapport à s; et, si l'on fait, pour abréger, $\Delta s = 1$, on trouvera

$$(21) \qquad \Delta^m s^r = \frac{\Gamma(r+1) \sin (r+1)\pi}{\pi} \int_0^{\infty} e^{-sx} (e^{-x}-1)^m \frac{dx}{x^{r+1}}.$$

Quand on suppose $r < m$, on peut remplacer le signe $\int^{'}$ par le signe $\int$, dans l'équation (21), qui se réduit alors à la suivante

(61)

$$(22) \qquad \Delta^m s^r = \frac{\Gamma(r+1)\sin(r+1)\pi}{\pi}\int_0^\infty e^{-sx}(e^{-x}-1)^m \frac{dx}{x^{r+1}}.$$

Cette dernière coincide avec une formule donnée par M. Laplace.

Corollaire 3. Si l'on différencie, par rapport à r, l'équation (20); et, si l'on désigne par la caractéristique l les logarithmes pris dans le système dont la base est e, on trouvera

$$(23) \qquad \Delta^m(s^r l s) = \frac{\Gamma(r+1)\sin(r+1)\pi}{\pi}\int_0^{'\infty}(R-lx)e^{-sx}(e^{-x}-1)^m \frac{dx}{x^{r+1}},$$

la valeur de R étant donnée par la formule

$$(24) \qquad R = \frac{d.l\Gamma(r+1)}{dr} + \pi\frac{\cos(r+1)\pi}{\sin(r+1)\pi}.$$

Ajoutons que, si l'on nomme c la constante dont Euler fait mention à la page 444 de son calcul différentiel, et dont la valeur approchée est $0,577216\ldots$, on aura, en vertu d'une formule connue [voyez la 4.e partie des exercices de calcul intégral de M. Legendre]

$$(25) \qquad \frac{d.l\Gamma(r+1)}{dr} = -c + \int_0^1 \frac{1-z^r}{1-z}dz .$$

Quand on suppose $r < m$, on peut remplacer le signe $\int'$ par le signe $\int$, dans l'équation (23), qui se réduit alors à la suivante

$$(26) \qquad \Delta^m(s^r l s) = \frac{\Gamma(r+1)\sin(r+1)\pi}{\pi}\int_0^\infty(R-lx)e^{-sx}(e^{-x}-1)^m \frac{dx}{x^{r+1}}.$$

Si $r+1$ devient précisément égal au nombre entier n, $\sin(r+1)\pi$ s'évanouira; mais on tirera des formules (24) et (26) combinées entre elles

$$(27) \qquad \Delta^m(s^{n-1} l s) = \Gamma(n).\cos n\pi.\int_0^\infty e^{-sx}(e^{-x}-1)^m \frac{dx}{x^n}.$$

ou, ce qui revient au même

$$(28) \qquad \Delta^m(s^{n-1} l s) = (-1)^n 1.2.3\ldots(n-1)\int_0^\infty x^{-n}e^{-sx}(e^{-x}-1)^m dx.$$

2.e Problème. Déterminer les valeurs des intégrales extraordinaires.

$$(29) \qquad \int_0^{'\infty} e^{-sx}\cos tx \frac{dx}{x^{r+1}}, \qquad\qquad (30) \qquad \int_0^{'\infty} e^{-sx}\sin tx \frac{dx}{x^{r+1}},$$

r et s *étant des quantités positives.*

Solution. En opérant comme dans le premier problême, et ayant égard aux formules (15) de la 32.ᵉ leçon de calcul infinitésimal, qui subsistent dans le cas même où n devient un nombre quelconque, on trouvera

$$(31) \quad \begin{cases} \displaystyle\int_0^{\prime\infty} e^{-sx} \cos tx \, \frac{dx}{x^{r+1}} = \frac{(s-t\sqrt{-1})^r + (s+t\sqrt{-1})^r}{2} \, \Gamma(-r) \, . \\[3mm] \displaystyle\int_0^{\prime\infty} e^{-sx} \sin tx \, \frac{dx}{x^{r+1}} = \frac{(s-t\sqrt{-1})^r - (s+t\sqrt{-1})^r}{2\sqrt{-1}} \, \Gamma(-r) \, ; \end{cases}$$

ou, ce qui revient au même,

$$(32) \quad \begin{cases} \displaystyle\int_0^{\prime\infty} e^{-sx} \cos tx \, \frac{dx}{x^{r+1}} = (s^2+t^2)^{\frac{r}{2}} \cos\left(r \arctan \frac{t}{s}\right) . \, \Gamma(-r) \, . \\[3mm] \displaystyle\int_0^{\prime\infty} e^{-sx} \sin tx \, \frac{dx}{x^{r+1}} = (s^2+t^2)^{\frac{r}{2}} \sin\left(r \arctan \frac{t}{s}\right) . \, \Gamma(-r) \, . \end{cases}$$

Si, dans les équations précédentes, on changeait r en $-r$, il faudrait en même temps remplacer le signe $\int^\prime$ par le signe $\int$, et l'on se trouverait ramené aux formules connues

$$(33) \quad \begin{cases} \displaystyle\int_0^{\infty} x^{r-1} e^{-sx} \cos tx \, dx = \frac{\Gamma(r)}{(s^2+t^2)^{\frac{r}{2}}} \cos\left(r \arctan \frac{t}{s}\right) \\[3mm] \displaystyle\int_0^{\infty} x^{r-1} e^{-sx} \sin tx \, dx = \frac{\Gamma(r)}{(s^2+t^2)^{\frac{r}{2}}} \sin\left(r \arctan \frac{t}{s}\right) \, . \end{cases}$$

Corollaire. Si, dans les équations (32), on prend $s = 0$, et t positif, elles donneront

$$(34) \quad \begin{cases} \displaystyle\int_0^{\prime\infty} \cos tx \, \frac{dx}{x^{r+1}} = t^r \cos \frac{r\pi}{2} . \, \Gamma(-r) \, , \\[3mm] \displaystyle\int_0^{\prime\infty} \sin tx \, \frac{dx}{x^{r+1}} = -t^r \sin \frac{r\pi}{2} . \, \Gamma(-r) \, . \end{cases}$$

De ces dernières combinées avec l'équation (19) on déduit facilement les deux formules

$$(35) \quad \begin{cases} \displaystyle\int_0^{\prime\infty} \cos\left(\frac{r+1}{2}\pi + tx\right) \frac{dx}{x^{r+1}} = 0 \, , \\[3mm] \displaystyle\int_0^{\prime\infty} \cos\left(\frac{r+1}{2}\pi - tx\right) \frac{dx}{x^{r+1}} = \frac{\pi}{\Gamma(r+1)} \, t^r \, . \end{cases}$$

3.e **Problême.** *Déterminer la valeur de l'intégrale extraordinaire*

$$(36) \qquad \int_0^{'\infty} e^{-x^2} \cos\left(\frac{r+1}{2}\pi + 2\,s\,x\right) \frac{dx}{x^{r+1}} \,,$$

r *et* **s** *étant des quantités positives.*

Solution. Comme on a, en vertu d'une formule connue [voyez la 40.e leçon de calcul infinitésimal],

$$(37) \qquad e^{-x^2} = \frac{2}{\pi^{\frac{1}{2}}} \int_0^{\infty} e^{-z^2} \cos 2\,x\,z\,.\,dz \,,$$

on trouvera

$$(38) \qquad \int_0^{'\infty} e^{-x^2} \cos\left(\frac{r+1}{2}\pi + 2\,s\,x\right) \frac{dx}{x^{r+1}} = \frac{2}{\pi^{\frac{1}{2}}} \int_0^{\infty} Z\, e^{-z^2} dz \,,$$

Z étant une fonction de z déterminée par l'équation

$$(39) \qquad Z = \int_0^{'\infty} \frac{\cos\left[\frac{r+1}{2} + 2\,(s+z)\,x\right] + \cos\left[\frac{r+1}{2} + 2\,(s-z)\,x\right]}{2} \frac{dx}{x^{r+1}} \,.$$

D'ailleurs, en vertu des formules (35), on aura, pour toutes les valeurs positives de z,

$$\int_0^{'\infty} \cos\left[\frac{r+1}{2}\pi + 2\,(s+z)\,x\right] \frac{dx}{x^{r+1}} = 0 \,,$$

pour des valeurs de z inférieures à s,

$$\int_0^{'\infty} \cos\left[\frac{r+1}{2}\pi + 2\,(s-z)\,x\right] \frac{dx}{x^{r+1}} = 0 \,,$$

et, pour des valeurs de z supérieures à s,

$$\int_0^{'\infty} \cos\left[\frac{r+1}{2}\pi + 2\,(s-z)\,x\right] \frac{dx}{x^{r+1}} = \frac{2^r \pi}{\Gamma(r+1)} (z-s)^r \,,$$

En conséquence, la fonction de z, représentée par **Z**, sera toujours nulle entre les limites $z=0$, $z=s$; mais entre les limites $z=s$, $z=\infty$, on aura

$$Z = \frac{2^r \pi}{\Gamma(r+1)} (z-s)^r \,.$$

Cela posé, l'équation (38) donnera

$$(40) \qquad \int_0^{'\infty} e^{-x^2} \cos\left[\frac{r+1}{2}\pi + 2\,s\,x\right] \frac{dx}{x^{r+1}} = \frac{2^r \pi^{\frac{1}{2}}}{\Gamma(r+1)} \int_0^{s} (z-s)^r e^{-z^2} dz \,.$$

On peut quelquefois se servir des intégrales extraordinaires pour découvrir les relations qui existent entre des intégrales ordinaires. C'est ce que je vais montrer par un exemple.

4.e Problême. *Déterminer le rapport des deux intégrales*

$$(41)\int_0^\infty x^r e^{-x^2}\cos\left(\frac{r\pi}{2}-2sx\right)dx\,,\qquad (42)\int_0^\infty \frac{(s-x\sqrt{-1})^r+(s+x\sqrt{-1})^r}{2}e^{-x^2}dx,$$

r *et* s *désignant des quantités positives.*

Solution. Pour résoudre la question proposée, il suffira de transformer les intégrales (41) et (42) en intégrales extraordinaires à l'aide des formules (31) et (34). En effet, on tire des formules (34)

$$x^r\cos\left(\frac{r\pi}{2}-2sx\right)=x^r\cos\frac{r\pi}{2}\cos 2sx+x^r\sin\frac{r\pi}{2}\sin 2sx$$

$$=\frac{\cos 2sx}{\Gamma(-r)}\int_0^{'\infty}\cos xz\,\frac{dz}{z^{r+1}}-\frac{\sin 2sx}{\Gamma(-r)}\int_0^{'\infty}\sin xz\,\frac{dz}{z^{r+1}}$$

$$=\frac{1}{\Gamma(-r)}\int_0^{'\infty}\cos(2s+z)x\,\frac{dz}{z^{r+1}}\,;$$

et par suite, l'intégrale (41) peut être réduite à l'expression

$$\frac{1}{\Gamma(-r)}\int_0^{'\infty}Z\,\frac{dz}{z^{r+1}}\,,$$

la valeur de Z étant

$$Z=\int_0^\infty e^{-x^2}\cos(2s+z)x.\,dx=\frac{\pi^{\frac12}}{2}e^{-(s+\frac12 z)^2}\,.$$

On aura donc

$$(43)\qquad \int_0^\infty x^r e^{-x^2}\cos\left[\frac{r\pi}{2}-2sx\right]dx=\frac{\pi^{\frac12}e^{-s^2}}{\Gamma(-r)}\int_0^{'\infty}e^{-sz-\frac12 z^2}\frac{dz}{z^{r+1}}.$$

De plus, on tirera de la formule (31)

$$\frac{(s-x\sqrt{-1})^r+(s+x\sqrt{-1})^r}{2}=\frac{1}{\Gamma(r)}\int_0^{'\infty}e^{-sz}\cos xz\,\frac{dz}{z^{r+1}}\,,$$

et par conséquent, l'intégrale (41) prendra la forme

$$\frac{1}{\Gamma(-r)}\int_0^{'\infty}Z\,\frac{dz}{z^{r+1}}\,,$$

la valeur de Z étant

$$Z = \int_0^\infty e^{-x^2}\cos zx \, . \, dx = \frac{\pi^{\frac{1}{2}}}{2} e^{-\frac{1}{4}z^2} .$$

On aura donc

$$(44) \quad \int_0^\infty \frac{(s-x\sqrt{-1})^r + (s+x\sqrt{-1})^r}{2} e^{-x^2} dx = \frac{\pi^{\frac{1}{2}}}{\Gamma(-r)} \int_0^{\prime\infty} e^{-sz-\frac{1}{4}z^2} \frac{dz}{z^{r+1}} .$$

Si maintenant on compare l'équation (43) à l'équation (44), on trouvera

$$(45) \quad \int_0^\infty x^r e^{-x^2}\cos\left(\frac{r\pi}{2} - 2sx\right) dx = e^{-s^2} \int_0^\infty \frac{(s+x\sqrt{-1})^r + (s-x\sqrt{-1})^r}{2} e^{-x^2} dx .$$

On se trouve ainsi ramené à une formule que nous avons établie par une autre méthode dans le Bulletin de la Société philomatique de 1822.

Corollaire. Si, dans l'équation (45) on suppose $r = n$, n désignant un nombre entier, on aura

$$\cos\left(\frac{r\pi}{2} - 2sx\right) = (-1)^{\frac{n}{2}}\cos 2sx ,$$

si n est pair, et

$$\cos\left(\frac{r\pi}{2} - 2sx\right) = (-1)^{\frac{n-1}{2}}\sin 2sx ,$$

si n est impair. Si, dans la même hypothèse, on développe le second membre de la formule (45), et si l'on a égard à l'équation

$$(46) \quad \int_0^\infty x^{2n} e^{-x^2} dx = \frac{1 . 3 . 5 \ldots (2n-1)}{2^n} ,$$

on trouvera, pour des valeurs paires de n,

$$(47) \quad \left\{ \begin{array}{l} \displaystyle\int_0^\infty x^n e^{-x^2}\cos 2sx \, . \, dx = \\[2mm] (-1)^{\frac{n}{2}} \dfrac{\pi^{\frac{1}{2}} s^n e^{-s^2}}{2}\left[1 - \dfrac{n(n-1)}{1}\left(\dfrac{1}{2s}\right)^2 + \dfrac{n(n-1)(n-2)(n-3)}{1 . 2}\left(\dfrac{1}{2s}\right)^4 - \ldots\ldots\right] \end{array}\right\}$$

et pour des valeurs impaires de n

$$(48) \quad \left\{ \begin{array}{l} \displaystyle\int_0^\infty x^n e^{-x^2}\sin 2sx \, . \, dx = \\[2mm] (-1)^{\frac{n-1}{2}} \dfrac{\pi^{\frac{1}{2}} s^n e^{-s^2}}{2}\left[1 - \dfrac{n(n-1)}{1}\left(\dfrac{1}{2s}\right)^2 + \dfrac{n(n-1)(n-2)(n-3)}{1 . 2}\left(\dfrac{1}{2s}\right)^4 - \ldots\ldots\right] \end{array}\right\}$$

La formule (4) s'accorde avec l'équation (18) de la page 54.

SUR LES MOMENTS LINÉAIRES.

La théorie des *moments linéaires* se lie intimement, d'un côté, à la théorie des moments des forces, pris par rapport à un point fixe, et représentés par des surfaces planes ; de l'autre, à la théorie des couples établie par M. Poinsot : et fournit, comme cette dernière, les moyens de simplifier la solution d'un grand nombre de problêmes de mécanique. Elle a d'ailleurs l'avantage de faire disparaître les difficultés que présente, dans certains cas, le choix des signes qui doivent affecter les surfaces désignées sous le nom de moments. Enfin elle s'applique, non-seulement aux forces, mais encore à toutes les quantités qui ont pour mesure des longueurs portées sur des droites, dans des directions déterminées, par exemple, aux vitesses et aux quantités de mouvement. Nous nous bornerons, dans cet article, à exposer les principes de la nouvelle théorie, et nous considèrerons en particulier les moments linéaires d'une ou de plusieurs forces appliquées à un seul point. Pour que l'on puisse facilement comprendre ce que nous avons à dire à ce sujet, il est d'abord nécessaire de rappeler quelques définitions généralement adoptées.

Soit P une force quelconque appliquée au point matériel (A), et représentée par une longueur $\overline{AB}$ portée à partir du point (A) sur sa propre direction. Si, d'un autre point (O) pris à volonté dans l'espace, on abaisse une perpendiculaire sur la direction de la force P, le produit de cette perpendiculaire par la force elle-même représentera le double de la surface du triangle OAB, qui a pour base la force $\overline{AB}$, et pour sommet le point (O). Ce même produit, équivalent, comme on vient de le dire, au double de la surface OAB, est ce qu'on appelle le *moment* de la force P, par rapport au point (O). De plus, le plan du triangle OAB, ou, en d'autres termes, le plan qui passe par le point (O) et par la force $\overline{AB}$, est ce qu'on nomme le *plan du moment*. Cela posé, il est clair que le moment d'une force $\overline{AB}$ reste le même, lorsque, sans changer la direction de la force, on déplace le point (A) de manière à le transporter en un autre point (A') de la direction dont il s'agit. En effet, si, sur la droite $\overline{AB}$ prolongée, on prend $\overline{A'B'} = \overline{AB}$, les deux triangles OAB, $OA'B'$, auront des bases égales avec la même hauteur, et par conséquent des surfaces égales.

Le moment d'une force n'étant autre chose que le produit de cette force par la perpendiculaire abaissée d'un point donné sur sa direction, le point à partir duquel on abaisse la perpendiculaire, s'appelle l'origine ou le *centre des moments*. Le plus souvent, on place le centre des moments à l'origine même des coordonnées. La droite menée du centre des moments au point d'application de la force sera désignée sous le nom de *rayon vecteur*. Ce rayon vecteur est l'un des côtés du triangle OAB, dont la surface doublée équivaut au moment de la force $\overline{AB}$; d'où il est aisé de conclure qu'on obtiendra encore un produit égal à ce moment, si l'on multiplie le rayon vecteur $\overline{OA}$ par la perpendiculaire abaissée du point (B) sur ce rayon vecteur, ou, ce qui revient au même, par la projection de la force $\overline{AB}$ sur un plan perpendiculaire au rayon vecteur

Si l'on projette sur un plan quelconque le centre des moments et la force $\overline{AB}$, on obtiendra en même temps, pour projection du triangle OAB, un nouveau triangle qui aura pour sommet la projection du point (O), et pour base la projection de la force $\overline{AB}$. Ce nouveau triangle sera donc celui dont la surface doublée mesure le moment de la force projetée par rapport à la projection du centre des moments. Ainsi, le moment de la projection d'une force sur un plan quelconque est égal à la projection sur ce même plan d'une surface équivalente au moment de la force donnée et comprise dans le plan du moment. C'est ce que nous exprimerons en disant que *le moment de la projection d'une force ne diffère pas de la projection de son moment.*

Le plan du moment d'une force $\overline{AB} = P$ peut tourner dans deux sens différents autour du centre des moments. Si l'on vient à fixer ce même centre, et que le rayon vecteur se change en une droite rigide, la force appliquée à l'extrémité mobile de cette droite tendra évidemment à imprimer au plan du moment un seul des deux mouvements de rotation qu'il peut prendre. Supposons que ce mouvement s'effectue et que l'on ait élevé par le centre des moments un demi-axe perpendiculaire au plan : un spectateur qui posera les pieds sur le plan de manière à s'appuyer contre le demi-axe, verra les différents points du plan se mouvoir, en passant devant lui, de sa droite à sa gauche ou de sa gauche à sa droite; ce que nous exprimerons en disant que le mouvement de rotation a lieu *de droite à gauche ou de gauche à droite* (*). On doit observer au reste que si, par le centre des moments, on élevait à la fois deux demi-axes perpendiculaires au plan du moment, le même mouvement de rotation paraîtrait s'effectuer autour de l'un de ces demi-axes de droite à gauche, et autour de l'autre, de gauche à droite. Revenons maintenant au cas où l'on trace un seul demi-axe, et supposons que

---

(*) Le moyen que nous employons ici, et à l'aide duquel on distingue facilement les deux espèces de mouvements de rotation que peut prendre un plan tournant sur lui-même autour d'un point donné, est celui dont M. Ampère a fait usage dans la *Théorie de l'électricité dynamique.*

ce soit précisément celui autour duquel le mouvement de rotation s'effectue de droite à gauche. Si, à partir du centre des moments, on porte sur ce demi-axe une longueur numériquement égale au moment de la force P, on obtiendra ce que nous appellerons le moment *linéaire* de cette force. La *direction* de ce moment linéaire sera celle du demi-axe sur lequel il se compte; et son *intensité* aura pour mesure le moment même de la force P.

Concevons à présent que, dans le plan du moment de la force P, on fasse varier cette force en grandeur et en direction, de sorte qu'elle se change en une nouvelle force P' toujours appliquée au point (A) et propre à faire tourner le plan dans le même sens que la première, autour du centre des moments. Les moments linéaires des deux forces P, P', devront être portées sur le même demi-axe; et si l'on projette ces deux forces sur un plan mené par le point (A) perpendiculairement au rayon vecteur, les projections auront encore la même direction. Imaginons ensuite que le plan du moment de la force P' vienne à se détacher du plan du moment de la force P, en tournant d'une certaine quantité autour du rayon vecteur. Pendant ce mouvement, deux demi-axes perpendiculaires au rayon vecteur, aboutissant à deux points différents de ce rayon, et assujettis à tourner autour de ces points avec le plan du moment de la force P, décriront évidemment des angles égaux. Or, comme on peut supposer que ces deux demi-axes coïncident, le premier avec la projection de la force P' sur le plan mené par le point (A) perpendiculairement au rayon vecteur, le second avec le demi-axe mené par le point (O) et sur lequel on compte le moment linéaire de la même force, nous devons conclure qu'après l'arrivée de la force P' dans sa nouvelle position, les moments linéaires des forces P, P', comprendront entre eux le même angle que les projections de ces forces sur le plan perpendiculaire au rayon vecteur. Il est d'ailleurs essentiel d'observer qu'il suffit de choisir convenablement l'intensité de la force P', sa direction par rapport au rayon vecteur dans le plan de son moment, et la quantité dont on fait tourner ce même plan, pour que cette force, parvenue dans sa nouvelle position, coïncide avec une force quelconque menée par le point (A). On peut donc énoncer la proposition suivante :

Si deux forces quelconques appliquées au point (A) *sont projetées sur un plan perpendiculaire au rayon vecteur qui joint le point* (A) *avec le centre des moments, les projections formeront entre elles le même angle que les moments linéaires des forces données.*

Considérons maintenant, avec deux forces P, P', simultanément appliquées au point (A), la résultante R de ces deux forces. Soit toujours (O) le point pris pour centre des moments, et supposons que l'on construise tout-à-la fois les moments linéaires des forces P, P', R, avec les projections de ces forces sur le plan mené par le point (A) perpendiculairement au rayon vecteur. D'après ce qu'on vient de dire , les moments linéaires formeront entre eux les mêmes angles que les projections des forces correspondantes; et de plus ces moments linéaires seront, en vertu de leur définition même, respectivement égaux aux produits qu'on obtient en multipliant le rayon vecteur par les projections dont il s'agit. Cela posé, concevons, 1.º que les droites $\overline{AB}, \overline{AC}, \overline{AD}$, représentent en grandeur et en direction les projections des forces

$$P, P', R;$$

2.º que les droites $\overline{OE}, \overline{OF}, \overline{OG}$, représentent en grandeur et en direction leurs moments linéaires. Les trois dernières droites seront proportionnelles aux trois premières, et, prises deux à deux, elles formeront entre elles les mêmes angles. Par suite, les deux figures $ABCD$, $OEFG$, seront entièrement semblables. Or, la force projetée $\overline{AD}$ étant la résultante des forces projetées $\overline{AB}, \overline{AC}$, la figure $ABCD$ est nécessairement un parallélogramme; donc la figure $OEFG$ en sera un également. Donc le moment linéaire $\overline{OG}$ de la résultante R sera la diagonale du parallélogramme construit sur les moments linéaires des composantes; et, pour l'obtenir, il suffira de mener par l'extrémité du moment linéaire de la force P une droite égale et parallèle au moment linéaire de la force P', puis de joindre le centre des moments avec l'extrémité de cette droite. Ainsi les moments linéaires se *composent* comme les forces elles-mêmes, et à l'aide de la même construction. Cette remarque ne se borne pas au cas où l'on considère deux composantes; elle s'étend à un nombre quelconque de forces P, P', P'', etc........ Car il est clair qu'en répétant plusieurs fois de suite la construction indiquée d'une part sur les forces combinées deux à deux, de l'autre sur les moments linéaires correspondants, on obtiendra par le même procédé, 1.º la résultante de toutes ces forces, 2.º le moment linéaire de cette résultante. Enfin, la remarque subsiste, quelles que soient les directions des forces données et celles de leurs moments linéaires respectifs, et par conséquent dans le cas même où quelques-unes de ces directions viendraient à coïncider.

Pour indiquer que le moment linéaire de la résultante de plusieurs forces P, P', P''... résulte de la composition de leurs moments linéaires, nous le désignerons désormais sous le nom de *moment linéaire résultant*.

Dans le cas particulier où les plans des moments de deux forces coïncident, c'est-à-dire, lorsqu'un seul plan renferme à-la-fois le centre des moments et les deux forces, leurs moments linéaires se comptent évidemment sur un seul axe perpendiculaire au plan dont il s'agit. De plus, ils se comptent sur cet axe dans le même sens ou dans des sens opposés, suivant que les forces données tendent à faire tourner le plan qui les renferme dans le même sens ou en sens contraires. Si toutes les forces P, P', P''... appliquées au point matériel (A), se trouvaient comprises avec le centre des moments dans un plan unique, tous les moments linéaires se comptant alors sur le même axe, le moment linéaire de la résultante serait égal à la somme des moments linéaires des composantes, pris avec le signe $+$ ou avec le signe $-$, suivant que les forces correspondantes tendraient à faire tourner le plan de tous les moments dans le même sens que la résultante ou dans le sens inverse.

Revenons au cas où les moments linéaires des forces P, P', P'', etc., ont des directions quelconques. Dans ce cas, au lieu de construire géométriquement le moment linéaire de la résultante, on pourrait déterminer analytiquement son intensité et sa direction. En effet, soit R cette résultante, et désignons par

$$p, p', p'' \ldots\ldots r,$$

les perpendiculaires abaissées du centre des moments sur les directions des forces

$$P, P', P'' \ldots\ldots R.$$

Les moments linéaires des mêmes forces seront représentés par

$$Pp, P'p', P''p'' \ldots R r ;$$

et, si l'on suppose que ces moments linéaires forment respectivement, avec le demi-axe des x positives, les angles

$$\lambda, \lambda', \lambda'' \ldots\ldots l ;$$

avec le demi-axe des y positives, les angles

$$\mu, \mu', \mu'' \ldots\ldots m ;$$

avec le demi-axe des z positives, les angles

$$\nu, \nu', \nu'' \ldots\ldots n ,$$

les produits

$$Pp \cos \lambda, \ P'p' \cos \lambda', \ P''p'' \cos \lambda'' \ldots R r \cos l ,$$
$$Pp \cos \mu, \ P'p' \cos \mu', \ P''p'' \cos \mu'' \ldots R r \cos m ,$$
$$Pp \cos \nu, \ P'p' \cos \nu', \ P''p'' \cos \nu'' \ldots R r \cos n ,$$

seront ce qu'on peut appeler les *projections algébriques* des moments linéaires dont il s'agit, sur les axes des x, y, z. Cela posé, puisque le moment linéaire $R r$ est à l'égard des autres ce qu'est la résultante R à l'égard des forces $P, P', P'' \ldots$, les relations trouvées entre les projections algébriques des forces

$$ P, P'\, P''.\,.\,.\,.\,.\, R\,, $$

subsisteront nécessairement entre les projections algébriques des moments linéaires

$$ Pp,\, P'p',\, P''p''.\,.\,.\,.\,.\, Rr\,. $$

En conséquence, la projection algébrique sur chaque axe du moment linéaire résultant sera égale à la somme des projections algébriques sur le même axe des moments linéaires des composantes. On aura donc les trois équations.

$$ (1) \quad \left\{ \begin{aligned} &Rr\cos l = Pp\cos\lambda + P'p'\cos\lambda + P''p''\cos\lambda'' + \text{etc}.\,.\,.\,.\,., \\ &Rr\cos m = Pp\cos\mu + P'p'\cos\mu + P''p''\cos\mu'' + \text{etc}.\,.\,.\,.\,., \\ &Rr\cos n = Pp\cos\nu + P'p'\cos\nu' + P''p''\cos\nu'' + \text{etc}.\,.\,.\,.\,. \end{aligned} \right. $$

Si à ces trois équations on réunit la suivante

$$ (2) \qquad \cos^2 l + \cos^2 m + \cos^2 n = 1\,, $$

on obtiendra en tout quatre équations suffisantes pour déterminer les valeurs des quatre inconnues

$$ Rr,\, l,\, m,\, n\,, $$

c'est-à-dire, la direction et l'intensité du moment linéaire résultant, toutes les fois que l'on connaîtra en grandeur et en direction les moments linéaires des forces P, P', etc. Les seconds membres des équations (1) étant, dans cette hypothèse, des quantités connues, si, pour abréger, on les désigne par

$$ L,\, M,\, N\,, $$

ces équations deviendront respectivement

$$ (3) \qquad Rr\cos l = L\,, \quad Rr\cos m = M\,, \quad Rr\cos n = N\,. $$

Or on tire de ces dernières, en ayant égard à la formule (2),

$$ (4) \qquad (Rr)^2 = L^2 + M^2 + N^2. $$

Donc, par suite,

$$ (5) \qquad Rr = \sqrt{(L^2 + M^2 + N^2)}\,. $$

L'intensité Rr ou la grandeur du moment linéaire résultant étant ainsi déterminée, on obtiendra les angles l, m, n, que sa direction forme avec les demi-axes des coordonnées positives, par le moyen des équations

$$(6) \qquad \cos l = \frac{L}{Rr}, \cos m = \frac{M}{Rr}, \cos n = \frac{N}{Rr}.$$

Ces angles seront aigus ou obtus, suivant que les quantités L, M, N seront positives ou négatives.

Les calculs qui précèdent subsistent, quel que soit le point de l'espace que l'on ait pris pour centre des moments. Dans le cas particulier où ce centre coïncide avec l'origine des coordonnées, on peut exprimer les projections algébriques du moment linéaire de chaque force en fonction de l'intensité de cette force, des coordonnées de son point d'application et des angles que forme sa direction avec les demi-axes des coordonnées positives. On y parvient facilement à l'aide des considérations suivantes.

Le moment de la force P appliquée au point (A), savoir, Pp représente, comme on l'a dit ci-dessus, le double de la surface du triangle OAB qui a pour base la force $\overline{AB} = P$, et pour sommet le point (O), centre des moments, c'est-à-dire, dans le cas présent, l'origine des coordonnées. La surface de ce triangle est donc

$$\tfrac{1}{2} Pp.$$

En la multipliant par $\cos \lambda$, c'est-à-dire, par le cosinus de l'angle que forme la direction du moment linéaire avec le demi-axe des x positives, on obtient la moitié de la projection algébrique de ce moment linéaire. Or, le moment linéaire se comptant sur l'un des deux demi-axes perpendiculaires au plan du moment Pp, et l'axe des x étant perpendiculaire au plan des y, z, l'angle λ sera évidemment l'un de ceux que le plan du moment fait avec le plan des y, z, et qui, étant suppléments l'un de l'autre, ont, au signe près, le même cosinus. D'ailleurs, si l'on multiplie une surface plane par le cosinus de l'angle aigu compris entre le plan qui la renferme et un autre plan pris à volonté, on aura pour produit la projection de la surface sur le dernier plan. Donc le produit

$$\tfrac{1}{2} Pp \cos \lambda$$

sera égal, au signe près, à la projection du triangle OAB sur le plan des y, z. Donc, par suite, la projection algébrique du moment linéaire, savoir,

$$Pp \cos \lambda$$

sera égale, au signe près, au double de la surface du triangle projeté, ou, en d'autres

termes, au moment de la force P projetée elle-même sur le plan des y, z. Ajoutons que le produit $Pp \cos \lambda$ sera positif ou négatif, suivant que l'angle λ, formé
par la direction du moment linéaire avec le demi-axe des x positives sera aigu ou
obtus, c'est-à-dire, en d'autres termes, suivant que la force P tendra à faire tourner
le plan de son moment de droite à gauche ou de gauche à droite autour de la perpendiculaire au plan prolongée de manière à former avec la direction des x positives un
angle aigu, et, par conséquent, autour du demi-axe des x positives. Or, comme un
plan mené par ce demi-axe et par le point (A) laisserait d'un même côté la force P et
sa projection sur le plan des y, z, il est clair que cette projection tendra elle-même
à faire tourner le plan des y, z autour du demi-axe des x positives, de droite à
gauche dans le premier cas, et de gauche à droite dans le second. On peut donc conclure que le produit $Pp \cos \lambda$, c'est-à-dire, la projection algébrique du moment linéaire de la force P sur l'axe des x positives, sera égal au moment de la force
projetée sur le plan des y, z, ce dernier moment étant pris tantôt avec le signe $+$,
tantôt avec le signe $-$, suivant que la force projetée tendra à faire tourner le plan des
y, z de droite à gauche ou de gauche à droite autour du demi-axe des x positives.

On prouvera de même que la projection algébrique du moment linéaire de la force P
sur l'axe des y ou des z est égale au moment de la force P projetée sur celui
des plans coordonnés auxquels cet axe est perpendiculaire, le dernier moment étant pris
avec le signe $+$ ou avec le signe $-$, suivant que la force projetée tend à faire tourner
le plan dont il s'agit de droite à gauche ou de gauche à droite autour du demi-axe des
y ou des z positives.

Considérons maintenant l'angle solide trièdre qui a pour arêtes les trois demi-axes des
coordonnées positives, et concevons qu'un rayon mobile d'une longueur indéfinie, mené
par l'origine, fasse le tour de cet angle solide, en s'appliquant successivement sur les
trois faces. Son mouvement sur chaque face sera un mouvement de rotation, de droite à
gauche ou de gauche à droite, autour de l'arête perpendiculaire à cette face. De plus,
il est aisé de voir que les trois mouvemens de rotation sur les trois faces, c'est-à-dire, en
d'autres termes, sur les trois plans coordonnés, seront de même espèce. Par exemple,
si la disposition des demi-axes des coordonnées positives OX, OY, OZ, est celle qui
se trouve la plus usitée, les trois mouvemens de rotation auront lieu de droite à gauche
autour de ces trois demi-axes, lorsque le rayon mobile, en faisant le tour de l'angle solide, passera successivement de la position OX à la position OY, et de celle-ci
à la position OZ, pour revenir ensuite à la position OX. Si le demi-axe des z
positives se trouvait transporté de l'autre côté du plan des x, y, alors les mouvements
de rotation de droite à gauche auraient lieu dans le cas où le rayon mobile prendrait
successivement les trois positions

$$OX, OZ, OY.$$

11

pour revenir ensuite directement de la position OY à la position OX.

Afin de bien distinguer les deux espèces de mouvements que peut prendre un rayon mobile assujetti à passer par l'origine et à parcourir l'une après l'autre les trois faces de l'angle solide $OXYZ$, nous dirons que ce rayon mobile a dans chacun des plans coordonnés un mouvement *direct* de rotation, s'il passe successivement de la position OX à la position OY, et de celle-ci à la position OZ; nous dirons, dans le cas contraire, que le même rayon vecteur a un mouvement de rotation *rétrograde*. Cela posé, si l'on adopte la disposition la plus ordinaire pour les demi-axes des coordonnées positives, les mouvements directs de rotation autour de ces demi-axes auront lieu de droite à gauche, et les mouvements rétrogrades, de gauche à droite.

Je reviens aux projections algébriques du moment linéaire de la force P, et je vais d'abord chercher une nouvelle expression de la projection algébrique de ce moment sur l'axe des x, en admettant, pour fixer les idées, la disposition la plus commune des demi-axes des coordonnées positives. La force P pouvant être remplacée par ses trois composantes rectangulaires, la projection algébrique de son moment linéaire sur l'axe des x sera égale à la somme des projections algébriques sur le même axe des moments linéaires de ces trois composantes, ou, en d'autres termes, à la somme des moments des mêmes composantes projetées sur le plan des y, z, ces derniers moments étant pris avec le signe $+$ ou avec le signe $-$, suivant que les forces projetées tendront à imprimer au plan des y, z un mouvement de rotation direct ou rétrograde. Or, si l'on nomme α, β, γ les angles formés par la force P avec les axes des x, y, z, prolongés dans le sens des coordonnées positives, les trois composantes rectangulaires de P seront représentées par les valeurs numériques des trois produits

$$P \cos \alpha, \qquad P \cos \beta, \qquad P \cos \gamma.$$

Si d'ailleurs on projette ces composantes sur le plan des y, z, la première se trouvera réduite à zéro, tandis que les deux autres conserveront leurs intensités respectives. Enfin il est clair que les projections des deux dernières composantes agiront suivant des droites menées parallèlement aux axes des y et z par la projection du point d'application de la force P. Soient

$$x, \qquad y, \qquad z$$

les coordonnées de ce même point dans l'espace. La projection de la composante parallèle à l'axe des z aura un moment égal au produit de son intensité par la perpendiculaire abaissée de l'origine sur sa direction, c'est-à-dire, par la valeur numérique de y. Ce moment sera donc représenté par la valeur numérique du produit $P \cos \gamma \times y$. On prouvera de même que la projection de la composante parallèle à l'axe des y a un moment représenté par la valeur numérique du produit $P \cos \beta \times z$. Ajoutons que,

des deux projections dont il s'agit, la première tendra à produire un mouvement de rotation direct, si $P \cos \gamma$ et y sont de même signe, c'est-à-dire, si le produit $P y \cos \gamma$
est positif; la seconde, si $P \cos \gamma$ et z sont de signes différents, c'est-à-dire, en
d'autres termes, si le produit $P z \cos \beta$ est négatif. Les mouvements de rotation deviendraient rétrogrades dans les suppositions contraires. Par suite, pour obtenir les projections algébriques sur l'axe des x des moments linéaires que fournissent les deux
composantes de la force P parallèles aux axes des z et des y, il faudra prendre
le produit

$$P y \cos \gamma$$

avec le signe $+$, et le produit

$$P z \cos \beta$$

avec le signe $-$. La somme des deux résultats, savoir,

$$P \left(y \cos \gamma - z \cos \beta \right) ,$$

devant être équivalente à la projection algébrique sur l'axe des x du moment linéaire
de la force P, on aura nécessairement

$$P p \cos \lambda = P \left(y \cos \gamma - z \cos \beta \right).$$

On trouverait de même, en projetant les moments linéaires de la force P et de ses
composantes sur les axes des y et des z,

$$P p \cos \mu = P \left(z \cos \alpha - x \cos \gamma \right),$$

$$P p \cos \nu = P \left(x \cos \beta - y \cos \alpha \right).$$

Il est au reste essentiel d'observer que les trois équations

$$(7) \qquad \begin{cases} P p \cos \lambda = P \left(y \cos \gamma - \cos \beta \right), \\ P p \cos \mu = P \left(z \cos \alpha - \cos \gamma \right), \\ P p \cos \nu = P \left(x \cos \beta - \cos \alpha \right), \end{cases}$$

ont lieu seulement dans le cas où l'on adopte pour les demi-axes des coordonnées positives la disposition la plus ordinaire, c'est-à-dire, lorsque les mouvements de rotation
de droite à gauche autour de ces demi-axes sont en même temps des mouvements directs, et tendent à faire passer un rayon mobile

dans le plan des y, z, de la direction des y positives à la direction des z positives ;

dans le plan des z, x, de la direction des z positives à la direction des x positives ;

dans le plan des x, y, de la direction des x positives à la direction des y positives.

Si les mouvements de rotation de droite à gauche autour des mêmes demi-axes devenaient rétrogrades, alors il faudrait remplacer les formules (7) par les suivantes :

$$(8) \quad \begin{cases} Pp\cos\lambda = P(z\cos\beta - y\cos\gamma), \\ Pp\cos\mu = P(x\cos\gamma - z\cos\alpha), \\ Pp\cos\nu = P(y\cos\alpha - x\cos\beta). \end{cases}$$

Lorsque, dans chacune des équations (7), on supprime le facteur P commun aux deux membres, elles se réduisent à

$$(9) \quad p\cos\lambda = y\cos\gamma - z\cos\beta, \; p\cos\mu = z\cos\alpha - x\cos\gamma, \; p\cos\nu = x\cos\beta - y\cos\alpha.$$

On peut de la même manière réduire les équations (8) à

$$(10) \quad p\cos\lambda = z\cos\beta - y\cos\gamma, \; p\cos\mu = x\cos\gamma - z\cos\alpha, \; p\cos\nu = y\cos\alpha - x\cos\beta.$$

Enfin on peut comprendre les équations (9) et (10) dans la seule formule

$$(11) \quad \frac{y\cos\gamma - z\cos\beta}{\cos\gamma} = \frac{z\cos\alpha - x\cos\gamma}{\cos\mu} = \frac{x\cos\beta - y\cos\alpha}{\cos\nu} = \pm p,$$

la lettre p devant être affectée du signe $+$ ou du signe $-$, suivant que les mouvements de rotation de droite à gauche autour des demi-axes des coordonnées positives sont des mouvements directs ou rétrogrades. Ajoutons que, dans l'un et l'autre cas, les équations (9) ou (10), combinées avec la suivante,

$$(12) \quad \cos^2\lambda + \cos^2\mu + \cos^2\nu = 1,$$

donneront

$$(13) \quad p^2 = (y\cos\gamma - z\cos\beta)^2 + (z\cos\alpha - x\cos\gamma)^2 + (x\cos\beta - y\cos\alpha)^2$$
$$= x^2 + y^2 + z^2 - (x\cos\alpha + y\cos\beta + z\cos\gamma)^2.$$

On trouvera donc, pour l'expression de la perpendiculaire p abaissée du centre des moments sur la direction de la force P.

$$(14) \quad p = [(y \cos \gamma - z \cos \beta)^2 + (z \cos \alpha - x \cos \gamma)^2 + (x \cos \beta - y \cos \alpha)^2]^{\frac{1}{2}}$$

$$= [x^2 + y^2 + z^2 - (x \cos \alpha + y \cos \beta + z \cos \gamma)^2]^{\frac{1}{2}} .$$

Après avoir ainsi déterminé la valeur de p, on obtiendra celles des angles λ, μ, ν, par le moyen des formules

$$(15) \quad \cos \lambda = \pm \frac{y \cos \gamma - z \cos \beta}{p}, \quad \cos \mu = \pm \frac{z \cos \alpha - x \cos \gamma}{p}, \quad \cos \nu = \pm \frac{x \cos \beta - y \cos \alpha}{p},$$

dont les seconds membres devront être affectés simultanément du signe que l'on placera devant la lettre p dans la formule (11). Les valeurs précédentes de $\cos \lambda, \cos \mu, \cos \nu$, satisfont évidemment aux deux équations de condition

$$(16) \quad \cos \alpha \cos \lambda + \cos \beta \cos \mu + \cos \gamma \cos \nu = 0, \quad x \cos \lambda + y \cos \mu + z \cos \nu = 0 .$$

Or, comme les demi-axes des coordonnées positives forment les angles α, β, γ avec la direction de la force P, et les angles λ, μ, ν avec la direction du moment linéaire Pp, la somme

$$\cos \alpha \cos \lambda + \cos \beta \cos \mu + \cos \gamma \cos \nu$$

représente nécessairement le cosinus de l'angle compris entre les deux directions. Donc la première des deux équations (16) exprime que ce cosinus est nul, ou, ce qui revient au même, que les deux directions se coupent à angles droits. De même, puisque le rayon vecteur mené de l'origine au point d'application de la force P a pour projections algébriques sur les axes les coordonnées x, y, z, et forme par conséquent, avec les demi-axes des coordonnées positives, des angles qui ont pour cosinus respectifs

$$\frac{x}{\sqrt{(x^2 + y^2 + z^2)}}, \quad \frac{y}{\sqrt{(x^2 + y^2 + z^2)}}, \quad \frac{z}{\sqrt{(x^2 + y^2 + z^2)}},$$

l'angle compris entre la direction de ce rayon vecteur et celle du moment linéaire aura évidemment pour cosinus

$$\frac{x \cos \lambda + y \cos \mu + z \cos \nu}{\sqrt{(x^2 + y^2 + z^2)}} .$$

Donc la seconde des équations (16), qu'on obtient en égalant ce cosinus à zéro, exprime que la direction du moment linéaire est perpendiculaire à celle du rayon vecteur. Ainsi, en partant de cette seule remarque, que le moment linéaire se compte sur une droite perpendiculaire, non-seulement à la force P, mais encore au rayon vecteur, on aurait pu établir immédiatement les équations (16), desquelles on déduit la formule

$$(17) \qquad \frac{y \cos\gamma - z \cos\beta}{\cos\lambda} = \frac{z \cos\alpha - x \cos\gamma}{\cos\mu} = \frac{x \cos\beta - y \cos\alpha}{\cos\nu},$$

par l'élimination successive des trois coordonnées x, y, z. Ajoutons que l'équation (14) peut elle-même se démontrer directement. En effet, le rayon vecteur mené de l'origine au point d'application de la force P est représenté par

$$\sqrt{(x^2 + y^2 + z^2)};$$

et l'angle que forme la direction de ce rayon vecteur avec celle de la force P, ayant pour cosinus

$$\frac{x \cos\alpha + y \cos\beta + z \cos\gamma}{\sqrt{(x^2 + y^2 + z^2)}},$$

aura nécessairement pour sinus

$$\left[1 - \frac{(x \cos\alpha + y \cos\beta + z \cos\gamma)^2}{x^2 + y^2 + z^2}\right]^{\frac{1}{2}} = \frac{[x^2 + y^2 + z^2 - (x \cos\alpha + y \cos\beta + z \cos\gamma)^2]^{\frac{1}{2}}}{\sqrt{(x^2 + y^2 + z^2)}}.$$

Or, en multipliant ce sinus par le rayon vecteur, on obtiendra évidemment pour produit la valeur de la perpendiculaire p, telle que la donne l'équation (14).

Des formules (14) et (17) réunies, on déduit facilement la formule (11). Pour y parvenir, il suffit de s'appuyer sur un théorème d'algèbre en vertu duquel l'équation

$$\frac{a}{b} = \frac{a'}{b'} = \frac{a''}{b''} = \text{etc.},$$

entraîne toujours la suivante

$$\frac{a}{b} = \frac{a'}{b'} = \frac{a''}{b''} = \text{etc.} \ldots = \pm \frac{\sqrt{(a^2 + a'^2 + a''^2 + \ldots)}}{\sqrt{(b^2 + b'^2 + b''^2 + \ldots)}}.$$

[*Voyez l'Analyse algébrique*, note II, 14.e théorème.] Ce théorème, appliqué à la formule (17), reproduit [en vertu de l'équation (14)] la formule (11); mais il ne donne pas le moyen de décider quel signe on doit attribuer, dans la formule (11), à la quantité p.

Concevons maintenant que plusieurs forces

$$P, P', P'', \ldots\ldots$$

se trouvent simultanément appliquées au point (A) qui a pour coordonnées x, y, z. Désignons par R leur résultante, et par

$$\alpha, \beta, \gamma; \quad \alpha', \beta', \gamma'; \quad \alpha'', \beta'', \gamma''; \dots \quad a, b, c,$$

les angles que les directions des forces

$$P, \qquad P', \qquad P'' \dots\dots\dots R .$$

forment avec les demi-axes des coordonnées positives. Les équations (4) deviendront

$$(18) \begin{cases} R\,(y\cos c - z\cos b) = P\,(y\cos\gamma - z\cos\beta) + P'\,(y\cos\gamma' - z\cos\beta') + \text{etc.}\,, \\ R\,(z\cos a - x\cos c) = P\,(z\cos\alpha - x\cos\gamma) + P'\,(z\cos\alpha' - x\cos\gamma') + \text{etc.}\,, \\ R\,(x\cos b - y\cos a) = P\,(x\cos\beta - y\cos\alpha) + P'\,(x\cos\beta' - y\cos\alpha') + \text{etc.} \end{cases}$$

Or, si l'on fait varier le point d'application de toutes les forces, en transportant toutes ces forces parallèlement à elles-mêmes, les seules coordonnées x, y, z, varieront dans les équations (18). Ces équations doivent donc subsister, lorsqu'on y considère les coordonnées x, y, z, comme indéterminées; et par conséquent les coëfficients de x, y, z, doivent avoir les mêmes valeurs dans les deux membres de chaque équation. En égalant deux à deux ces coëfficients, on retrouve les formules (8) de la page 41. Ainsi, les trois équations relatives aux moments des forces entraînent celles qui se rapportent aux projections. Réciproquement, les formules (8) [page 41] étant données, il est clair qu'on en déduira immédiatement les équations (18).

Dans ce qui précède, nous avons supposé que le point (O), centre des moments, coïncidait avec l'origine des coordonnées. Imaginons à présent que l'on transporte ce même centre en un point (O') dont les coordonnées soient repectivement

$$x_0, y_0, z_0;$$

et cherchons à exprimer les projections algébriques du moment linéaire de la force P par le moyen des quantités

$$P; \quad \alpha, \beta, \gamma; \quad x, y, z; \quad x_0, y_0, z_0.$$

Pour y parvenir, on observera que, si l'on transportait à-la-fois le centre des moments et l'origine au point (O'), les coordonnées du point (A) par rapport à cette nouvelle origine étant alors exprimées par les différences

$$x - x_0, \; y - y_0, \; z - z_0,$$

les projections algébriques du moment linéaire de la force P par rapport à la même origine seraient égales [au signe près] aux trois produits

$$(19) \quad \begin{cases} P\,[(y-y_0)\cos\gamma - (z-z_0)\cos\beta], \\ P\,[(z-z_0)\cos\alpha - (x-x_0)\cos\gamma], \\ P\,[(x-x_0)\cos\beta - (y-y_0)\cos\alpha]. \end{cases}$$

Ces trois derniers produits, pris avec le signe $+$ dans le cas où les mouvements de rotation directs ont lieu de droite à gauche autour des demi-axes des coordonnées positives, et avec le signe $-$ dans le cas contraire, représentent donc les projections algébriques du moment linéaire de la force P par rapport au point (O').

Lorsqu'on donne à-la-fois les projections algébriques d'une force et les projections algébriques de son moment linéaire, on peut aisément en conclure l'intensité de la force, la droite suivant laquelle elle agit, et le sens dans lequel elle est dirigée. En effet, soient P la force en question, Pp son moment linéaire, et α,β,γ; λ,μ,ν, les angles que la force et son moment linéaire forment avec les demi-axes des coordonnées positives. Si l'on suppose connues les six quantités

$$(20) \qquad P\cos\alpha,\; P\cos\beta,\; P\cos\gamma,\; Pp\cos\lambda,\; Pp\cos\mu,\; Pp\cos\nu,$$

on en déduira immédiatement les valeurs des suivantes

$$(21) \qquad P,\; \alpha,\beta,\gamma;\; Pp,\; \lambda,\mu,\nu,$$

c'est-à-dire, les intensités de la force et du moment linéaire, avec les angles qui déterminent leurs directions respectives. On pourra donc construire, 1.º le moment linéaire en grandeur et en direction ; 2.º une force, non-seulement égale et parallèle à la force P, mais encore dirigée dans le même sens. Concevons cette force parallèle appliquée au centre des moments. Le plan mené par ce centre, perpendiculairement à la direction du moment linéaire, devra renfermer la force P et la force parallèle ; et par conséquent, cette dernière devra couper à angles droits la direction du moment linéaire, ce qui aura lieu, si l'équation de condition

$$(22) \qquad \cos\alpha\cos\lambda + \cos\beta\cos\mu + \cos\gamma\cos\nu = 0$$

est satisfaite. Cette condition étant supposée remplie, on divisera l'intensité Pp du moment linéaire par l'intensité de la force P, pour obtenir la perpendiculaire p abaissée sur la direction de cette force du centre des moments ; puis l'on tracera, dans le plan dont nous venons de parler, deux droites parallèles à la force déjà construite, et situées, de part et d'autre du centre des moments, à la distance p. La force cherchée P devra nécessairement agir suivant une de ces parallèles, dans le même sens que la force déjà construite, et de manière à faire tourner le plan de droite à gauche autour du centre des moments. L'obligation où l'on est de satisfaire à cette dernière condition, déterminera celle des deux parallèles que l'on doit préférer. Quant au point d'application de la force P sur cette parallèle, il restera complètement indéterminé; ce qu'il était facile de prévoir. Car, si l'on porte sur la même droite, mais à partir de deux points différents, deux forces égales et dirigées dans le même sens, leurs projections algébriques seront évidemment égales, et il en sera de même de leurs moments, ainsi que des projections algébriques de leurs moments linéaires.

Il est bon d'observer que l'équation (22), multipliée par P^2p, peut être présentée sous la forme

$$(23) \qquad P\cos\alpha . Pp\cos\lambda + P\cos\beta . Pp\cos\mu + P\cos\gamma . Pp\cos\nu = 0.$$

De plus, en attribuant des valeurs finies quelconques aux six quantités

$$P\cos\alpha, \quad P\cos\beta, \quad P\cos\gamma;$$
$$P\cos\lambda, \quad P\cos\mu, \quad P\cos\nu;$$

on en déduit évidemment des valeurs finies pour les suivantes

$$P, \ \alpha, \ \beta, \ \gamma;$$
$$Pp, \ \lambda, \ \mu, \ \nu;$$

et même pour la quantité

$$p \qquad \frac{Pp}{P};$$

à moins toutefois que la force P ne s'évanouisse, auquel cas ses projections algébriques sont toutes nulles simultanément. Donc, lorsqu'on fait abstraction de ce cas particulier, la seule condition nécessaire pour que six quantités, prises au hasard, puissent être censées représenter, 1.º les projections algébriques d'une force; 2.º les projections algébriques de son moment linéaire, se réduit à celle que fournit l'équation (23), c'est-à-dire, à l'évanouissement de la somme qu'on obtient en multipliant deux à deux les projections algébriques correspondantes, puis ajoutant les produits ainsi formés.

En vertu des principes que nous venons d'établir, il est clair que, si, plusieurs forces étant appliquées au même point, on donne, 1.º les sommes de leurs projections algébriques sur les axes des x, y et z; 2.º les sommes

$$L, M, N$$

des projections algébriques de leurs moments linéaires sur les mêmes axes, on pourra déterminer l'intensité de la résultante, la droite suivant laquelle elle agit, et le sens dans lequel elle est dirigée. Comme les six quantités

$$X, Y, Z;$$
$$L, M, N,$$

représenteront précisément les projections algébriques de cette résultante et de son moment linéaire, on devra obtenir une somme nulle, en les multipliant deux à deux et ajoutant les produits. On aura donc

$$(24) \qquad L X + M Y + N Z = 0.$$

De plus, la résultante ne pourra s'évanouir que dans le cas particulier où les trois quantités

$$X, Y, Z$$

seraient nulles simultanément. Soient toujours R cette résultante, Rr son moment linéaire, et a, b, c; l, m, n, les angles formés par sa direction et par celle du moment linéaire avec les demi-axes des coordonnées positives. La valeur de R, déterminée par la formule (11) de la page 41, sera finie et différente de zéro, à moins que les quantités X, Y, Z, ne s'évanouissent à-la-fois. Si l'on fait abstraction de ce cas particulier, les quantités

$$a, b, c, r$$

auront toujours des valeurs finies, déterminées par les formules (12) de la page 41, et par la suivante

$$(25) \qquad r = \frac{\sqrt{(L^2 + M^2 + N^2)}}{R} = \frac{\sqrt{(L^2 + M^2 + N^2)}}{\sqrt{(X^2 + Y^2 + Z^2)}} :$$

et il en sera encore de même des valeurs de l, m, n, fournies par les équations (6), à moins toutefois que r ne s'évanouisse, c'est-à-dire, à moins que les trois quantités

$$L, M, N$$

ne deviennent nulles en même temps. Mais, dans ce dernier cas, le moment linéaire

$$Rr$$

se réduisant à zéro, il n'y aurait plus lieu de chercher les angles l, m, n, que sa direction fait avec les demi axes des coordonnées positives. Dans la même hypothèse, la force R agirait suivant une droite menée par le centre des moments, de manière à former avec ces demi-axes les angles a, b, c. Ajoutons que, dans le cas général, la direction du moment linéaire Rr devant être perpendiculaire à celle de la résultante R, les valeurs de a, b, c, l, m, n, doivent vérifier l'équation de condition

$$(26) \qquad \cos a \cos l + \cos b \cos m + \cos c \cos n = 0.$$

Or, cette équation, en vertu des formules (12) [page 41] et des formules (6), se réduit à

$$(27) \qquad \frac{LX + MY + NZ}{R^2 r} = 0 ,$$

et par conséquent à l'équation (24).

Les valeurs de X, Y, Z, L, M, N, ou, ce qui revient au même, celles des quantités R, a, b, c, r, l, m, n, supposées connues, ne suffisent pas pour déterminer le point d'application de la force R. Soient ξ, η, ζ, les coordonnées de ce même point. Si l'on adopte, pour les demi-axes des coordonnées positives, la disposition la plus ordinaire, on pourra donner aux équations (3) la forme suivante

$$(28) \qquad \begin{cases} R\,(\eta \cos c - \zeta \cos b) = L , \\ R\,(\zeta \cos a - \xi \cos c) = M , \\ R\,(\xi \cos b - \eta \cos a) = N . \end{cases}$$

On en conclura, en ayant égard aux formules (9) de la page 41,

$$(29) \qquad \begin{cases} Z\eta - Y\zeta = L , \\ X\zeta - Z\xi = M , \\ Y\xi - X\eta = N , \end{cases}$$

Il semble, au premier abord, que ces trois dernières équations fournissent les moyens de déterminer les trois inconnues ξ, η, ζ en fonction des six quantités X, Y, Z, L, M, N. Mais il faut observer que, si l'on ajoute les équations (29), après avoir multiplié la première par X, la seconde par Y, la troisième par Z, on retrouvera la condition (24). Cette condition devant toujours être remplie par les valeurs données des quantités X, Y, Z, L, M, N, il en résulte que deux des équations (29) entraînent la troisième. Donc il n'existera en réalité que deux équations entre les coordonnées ξ, η, ζ. Ces deux équations étant du premier degré, les différens systèmes de valeurs qu'elles fourniront pour les coordonnées ξ, η, ζ correspondront à des points situés sur une même droite. Cette droite sera précisément celle suivant laquelle agit la résultante R. Sa projection sur le plan des y, z sera représentée par la première des équations (29), sur le plan des z, x, par la seconde, et sur le plan des x, y, par la troisième. Si l'on fait passer une parallèle à cette même droite par l'origine des coordonnées, les trois équations de la parallèle seront respectivement

$$(30) \qquad \eta Z - \zeta Y = 0, \quad \zeta X - \xi Z = 0, \quad \xi Y - \eta X = 0,$$

et pourront être remplacées par la formule

$$(31) \qquad \frac{\xi}{X} = \frac{\eta}{Y} = \frac{\zeta}{Z},$$

à laquelle on parviendrait directement en observant que cette parallèle est précisément la droite suivant laquelle agirait une force qui, appliquée à l'origine, aurait pour projections algébriques sur les axes, les quantités X, Y, Z.

Si l'on plaçait le centre des moments au point qui a pour coordonnées x_0, y_0, z_0, les équations (29) se trouveraient remplacées par les suivantes

$$(32) \qquad \begin{cases} (\eta - y_0)Z - (\zeta - z_0)Y = L, \\ (\zeta - z_0)X - (\xi - x_0)Z = M, \\ (\xi - x_0)Y - (\eta - y_0)X = N. \end{cases}$$

En supposant le même point situé sur la direction de la force R, on aurait à-la-fois

$$(33) \qquad L = 0, \quad M = 0, \quad N = 0;$$

ce qui permettrait de substituer aux équations (32) la formule

$$(34) \qquad \frac{\xi - x_0}{X} = \frac{\eta - y_0}{Y} = \frac{\zeta - z_0}{Z}$$

de laquelle on tire immédiatement la suivante

$$(35) \qquad \frac{\xi - x_0}{\cos a} = \frac{\eta - y_0}{\cos b} = \frac{\zeta - z_0}{\cos c}.$$

cette dernière présente, sous la forme la plus simple, les équations d'une droite qui passe par le point dont les coordonnées sont x_0, y_0, z_0, et qui, prolongée dans un certain sens, forme, avec les demi-axes des coordonnées positives, les angles a, b, c.

Dans d'autres articles, nous appliquerons la théorie des moments linéaires à différentes questions de statique ou de dynamique.

DE L'INFLUENCE QUE PEUT AVOIR,

SUR LA VALEUR D'UNE INTÉGRALE DOUBLE,

L'ORDRE DANS LEQUEL ON EFFECTUE LES INTÉGRATIONS.

Dans mon premier Mémoire sur les intégrales définies, présenté à l'Institut le 22 août 1814, j'ai remarqué qu'une intégaale double devient quelquefois indéterminée, et qu'alors elle prend deux valeurs différentes suivant l'ordre qu'on établit entre les deux intégrations. Or, la différence de ces deux valeurs peut être calcnlée directement, lorsqui'l s'agit de cas particuliers. Mais on peut aussi la déterminer en général et *à priori*, à l'aide des intégrales singulières dont j'ai développé la théorie dans le Mémoire de 1814, dans le Bulletin de la Société philomatique de 1822, et dans le résumé des Leçons sur le calcul infinitésimal. Je vais revenir un instant sur cette détermination, et je m'attacherai de préférence à quelques intégrales doubles dont la considération fournit les moyens d'évaluer un grand nombre d'intégrales définies.

Soient $\varphi(x,y)$, $\chi(x,y)$ deux fonctions propres à vérifier l'équation

$$(1) \qquad \frac{d\varphi(x,y)}{dx} = \frac{d\chi(x,y)}{dy}.$$

Désignons d'ailleurs par $F(x,y)$ l'un quelconque des deux membres de l'équation (1), par x_0, X deux valeurs réelles de la variable x, et par y_0, Y deux valeurs réelles de la variable y. Si la fonction $F(x,y)$ reste finie et continue pour toutes les valeurs des variables x et y renfermées entre les limites $x = x_0$, $x = X$, $y = y_0$, $y = Y$, on aura

$$(2) \qquad \int_{x_0}^{X}\int_{y_0}^{Y} F(x,y)\, dy\, dx = \int_{y_0}^{Y}\int_{x_0}^{X} F(x,y)\, dx\, dy,$$

ou, ce qui revient au même,

$$(3) \qquad \int_{x_0}^{X}[\varphi(x,Y) - \varphi(x,y_0)]\, dx = \int_{y_0}^{Y}[\chi(X,y) - \chi(x_0,y)]\, dx.$$

13

Si, au contraire, la fonction $F(x,y)$ devient infinie ou indéterminée pour un ou plusieurs systèmes de valeurs de x et de y compris entre les limites $x_0, X; y_0, Y$, l'équation (3) cessera d'être exacte, et l'on aura

$$(4) \qquad \int_{x_0}^{X} \int_{y_0}^{Y} F(x,y)\, dy\, dx = \int_{y_0}^{Y} \int_{x_0}^{X} F(x,y)\, dx\, dy - \Delta,$$

ou, ce qui revient au même,

$$(5) \qquad \int_{x_0}^{X} [\varphi(x,Y) - \varphi(x,y_0)]\, dx = \int_{y_0}^{Y} [\chi(X,y) - \chi(x_0,y)]\, dy - \Delta,$$

Δ désignant la somme de plusieurs intégrales singulières [voyez la 34.e Leçon de calcul infinitésimal]. Concevons, pour fixer les idées, que les systèmes de valeurs qui, entre les limites ci-dessus mentionnées, rendent la fonction $F(x,y)$ indéterminée ou infinie, se réduisent à un seul, savoir, $x = \xi$, $y = \eta$. Alors, en représentant par ε une quantité infiniment petite, on trouvera [voyez encore la 34.e Leçon de calcul infinitésimal]

$$(6) \qquad \Delta = \lim \int_{y_0}^{Y} [\chi(\xi + \varepsilon, y) - \chi(\xi - \varepsilon, y)]\, dy.$$

Il importe d'observer que la condition (1) sera toujours vérifiée, si l'on prend

$$(7) \qquad \varphi(x,y) = f(z)\, \frac{d}{dx}, \qquad \chi(x,y) = f(z)\, \frac{dz}{dy},$$

z désignant une fonction réelle ou imaginaire des variables x, y. Supposons en particulier

$$(8) \qquad z = x + y \sqrt{-1}, \qquad f(z) = \frac{1}{(z - a - b\sqrt{-1})^m},$$

a, b désignant deux constantes réelles, et m un nombre entier quelconque. Les formules (7) donneront

$$(9) \qquad \varphi(x,y) = \frac{1}{[x - a + (y - b)\sqrt{-1}]^m}, \qquad \chi(x,y) = \frac{\sqrt{-1}}{[x - a + (y - b)\sqrt{-1}]^m},$$

et la valeur de Δ, déterminée immédiatement par l'intégration, sera l'une de celles que nous allons indiquer.

Considérons d'abord le cas où le nombre m se réduit à l'unité. Dans ce cas, on a évidemment $\xi = a$, $\eta = b$.

$$(10) \qquad \varphi(x,y) = \frac{1}{x-a+(y-b)\sqrt{-1}}, \qquad \chi(x,y) = \frac{\sqrt{-1}}{x-a+(y-b)\sqrt{-1}},$$

et l'on tire de l'équation (5)

$$(11) \quad \Delta = \sqrt{-1} \int_{y_0}^{Y} \left(\frac{1}{X-a+(y-b)\sqrt{-1}} - \frac{1}{x_0-a+(y-b)\sqrt{-1}} \right) dy$$

$$- \int_{x_0}^{X} \left(\frac{1}{x-a+(Y-b)\sqrt{-1}} - \frac{1}{x-a+(y_0-b)\sqrt{-1}} \right) dx ,$$

ou , ce qui revient au même ,

$$(12) \quad \Delta = \int_{y_0}^{Y} \frac{(y-b)\,dy}{(X-a)^2+(y-b)^2} - \int_{y_0}^{Y} \frac{(y-b)\,dy}{(x_0-a)^2+(y-b)^2}$$

$$- \int_{x_0}^{X} \frac{(x-a)\,dx}{(x-a)^2+(Y-b)^2} + \int_{x_0}^{X} \frac{(x-a)\,dx}{(x-a)^2+(y_0-b)^2}$$

$$+ \sqrt{-1} \left\{ \begin{array}{l} \displaystyle \int_{y_0}^{Y} \frac{(X-a)\,dy}{(X-a)^2+(y-b)^2} + \int_{y_0}^{Y} \frac{(a-x_0)\,dy}{(a-x_0)^2+(y-b)^2} \\[2ex] \displaystyle + \int_{x_0}^{X} \frac{(Y-b)\,dx}{(x-a)^2+(Y-b)^2} + \int_{x_0}^{X} \frac{(b-y_0)\,dx}{(x-a)^2+(b-y_0)^2} \end{array} \right\} .$$

Si maintenant on effectue les intégrations indiquées, on reconnaîtra que, dans la formule (12), la partie réelle du second membre s'évanouit, et l'on trouvera simplement

$$(13) \quad \Delta = \left\{ \begin{array}{l} \operatorname{arctang} \dfrac{Y-b}{X-a} + \operatorname{arctang} \dfrac{b-y_0}{X-a} + \operatorname{arctang} \dfrac{Y-b}{a-x_0} + \operatorname{arctang} \dfrac{b-y_0}{a-x_0} \\[2ex] + \operatorname{arctang} \dfrac{X-a}{Y-b} + \operatorname{arctang} \dfrac{X-a}{b-y_0} + \operatorname{arctang} \dfrac{a-x_0}{Y-b} + \operatorname{arctang} \dfrac{a-x_0}{b-y_0} \end{array} \right\} \sqrt{-1} ,$$

pourvu que l'on adopte les notations dont nous nous sommes toujours servis, et que l'on désigne par $\operatorname{arctang} x$ celui des arcs compris entre les limites $-\frac{\pi}{2}, +\frac{\pi}{2}$, qui a pour tangente la variable x. Enfin, comme, en admettant ces notations, on aura pour des valeurs positives de x

$$\text{arctang}\, x + \text{arctang}\, \frac{1}{x} = \frac{\pi}{2},$$

et pour des valeurs négatives de x

$$\text{arctang}\, x + \text{arctang}\, \frac{1}{x} = -\frac{\pi}{2},$$

on conclura de l'équation (13), en supposant a renfermé entre les limites x_0, X, et b entre les limites y_0, Y,

$$(14) \qquad \Delta = 2\pi\sqrt{-1}\,;$$

au contraire, on trouvera, comme on devait s'y attendre,

$$(15) \qquad \Delta = 0,$$

si la quantité a est située hors des limites x_0, X, ou la quantité b hors des limites y_0, Y. Alors, en effet, les fonctions $\varphi(x,y)$, $\chi(x,y)$ déterminées par les formules (10), et par suite la fonction $F(x,y)$ cessent de prendre des valeurs infinies entre les limites $x = x_0$, $x = X$, $y = y_0$, $y = Y$. Donc alors la formule (5) doit se réduire à l'équation (3).

Si la quantité a était équivalente à l'une des limites x_0, X, la quantité b restant comprise entre y_0, et Y, ou si la quantité b était équivalente à l'une des limites y_0, Y, la quantité a demeurant comprise entre x_0 et X, l'une des quatre premières intégrales de la formule (12), et par suite la partie réelle de Δ deviendraient indéterminées. Mais, en réduisant les intégrales comprises dans les formules (11) et (12) à leurs valeurs *principales*, on ferait encore disparaître la partie réelle de Δ, et l'on tirerait de la formule (12)

$$(16) \qquad \Delta = \pi\sqrt{-1}.$$

Concevons, par exemple, que l'on ait $a = X$, et que b soit renfermé entre les limites y_0, Y. L'intégrale

$$(17) \qquad \int_{y_0}^{Y} \frac{(y-b)\,dy}{(X-a)^2+(y-b)^2} = \int_{y_0}^{Y} \frac{dy}{y-b}$$

aura une valeur générale indéterminée [voyez les 24.e et 25.e Leçons de calcul infinitésimal]. Mais, si l'on réduit cette intégrale à sa valeur principale, c'est-à-dire, à $l\left(\frac{Y-b}{b-y_0}\right)$, l'on tirera de la formule (12)

$$(18) \qquad \Delta =$$

$$\sqrt{-1}\left\{ \int_{y_0}^{Y} \frac{(a-x_0)\,dx}{(a-x_0)^2+(y-b)^2} + \int_{x_0}^{X} \frac{(Y-b)\,dx}{(x-a)^2+(Y-b)^2} + \int_{x_0}^{X} \frac{(b-y_0)\,dx}{(x-a)^2+(b-y_0)^2} \right\}$$

$$= \left\{ \begin{array}{l} \operatorname{arctang}\dfrac{Y-b}{a-x_0} + \operatorname{arctang}\dfrac{b-y_0}{a-x_0} \\[2ex] + \operatorname{arctang}\dfrac{a-x_0}{Y-b} + \operatorname{arctang}\dfrac{a-x_0}{b-y_0} \end{array} \right\} \sqrt{-1} \, ,$$

ou, ce qui revient au même, $\Delta = \pi\sqrt{-1}$. Il est bon d'observer que la valeur de Δ, fournie par l'équation (18), deviendrait nulle, si la quantité b cessait d'être renfermée entre les limites y_0, Y.

Si les quantités a et b étaient à-la-fois équivalentes, la première à l'une des limites x_0, X, la seconde à l'une des limites y_0, Y, il ne suffirait plus, pour faire disparaître la partie réelle de Δ, de réduire chacune des intégrales comprises dans les formules (11) et (12) à sa valeur principale. Concevons, pour fixer les idées, que l'on ait en même temps

$$(19) \qquad a = X , \quad b = Y ;$$

et de plus $x_0 < X$, $y_0 < Y$. Alors, dans le second membre de la formule (12), les deux intégrales

$$(20) \qquad \int_{y_0}^{Y} \frac{(y-b)\,dy}{(X-a)^2+(y-b)^2} = \int_{y_0}^{b} \frac{dy}{x-b} \, , \quad \int_{x_0}^{X} \frac{(x-a)\,dx}{(x-a)^2+(Y-b)^2} = \int_{x_0}^{a} \frac{dx}{x-a} \, ,$$

deviendront infinies, et leur différence indéterminée. Mais, si, dans les formules (11) et (12), l'on remplace les limites supérieures des intégrales relatives à x et à y, savoir, X et Y par les quantités $a - \varepsilon$ et $b - \varepsilon$, ε désignant un nombre infiniment petit, ou, en d'autres termes, si l'on suppose Δ déterminé par l'équation

$$(21) \qquad \Delta =$$

$$\sqrt{-1}\int_{y_0}^{b-\varepsilon}\left(\frac{1}{(y-b)\sqrt{-1}} - \frac{1}{x_0-a+(y-b)\sqrt{-1}} \right) dy - \int_{x_0}^{a-\varepsilon}\left(\frac{1}{x-a} - \frac{1}{x-a+(Y-b)\sqrt{-1}} \right) dx \, .$$

la formule (12) se trouvera réduite à

$$(22) \quad \Delta = \int_{y_0}^{b-\varepsilon} \frac{dy}{y-b} - \int_{y_0}^{b-\varepsilon} \frac{(y-b)\,dy}{(x_0-a)^2+(y-b)^2} - \int_{x_0}^{a-\varepsilon} \frac{dx}{x-a} + \int_{x_0}^{a-\varepsilon} \frac{(x-a)\,dx}{(x-a)^2+(y_0-b)^2}$$

$$+ \sqrt{-1}\left\{ \int_{y_0}^{b-\varepsilon} \frac{(a-x_0)\,dy}{(a-x_0)^2+(y-b)^2} + \int_{x_0}^{a-\varepsilon} \frac{(b-y_0)\,dx}{(x-a)^2+(b-y_0)^2} \right\}.$$

Si maintenant, après avoir effectué les intégrations indiquées dans la formule (22),
on suppose $\varepsilon = o$, on trouvera

$$(23) \qquad \Delta = \left| \arctan \frac{b-y_0}{a-x_0} + \arctan \frac{a-x_0}{b-y_0} \right| \sqrt{-1},$$

et par conséquent

$$(24) \qquad \Delta = \frac{\pi}{2} \sqrt{-1}.$$

On arrivera généralement au même résultat, si, la quantité a étant équivalente à
l'une des valeurs x_0, X de la variable x, et la quantité b à l'une des valeurs
y_0, Y de la variable y, on remplace, dans les formules (11) et (12), la limite x_0
ou X des intégrales relatives à x par $a \pm \varepsilon$, et la limite y_0 ou Y des intégrales relatives à y par $b \pm \varepsilon$.

Concevons à présent que, les fonctions $\varphi(x,y)$, $\chi(x,y)$ étant déterminées par
les équations (9), on laisse au nombre entier m une valeur quelconque. On tirera
de la formule (5)

$$(25) \quad \left\{ \begin{aligned} \Delta &= \int_{y_0}^{Y} \frac{\sqrt{-1}\,.dy}{[X-a+(y-b)\sqrt{-1}]^m} - \int_{y_0}^{Y} \frac{\sqrt{-1}\,.dy}{[x_0-a+(y-b)\sqrt{-1}]^m} \\ &- \int_{x_0}^{Y} \frac{dx}{[x-a+(Y-b)\sqrt{-1}]^m} + \int_{x_0}^{Y} \frac{dx}{[x-a+(y_0-b)\sqrt{-1}]^m} \end{aligned} \right\};$$

puis on en conclura, en effectuant les intégrations

$$(26) \qquad \Delta = o.$$

Toutefois, la valeur de Δ pourrait cesser d'être nulle, si la quantité a était équivalente à l'une des limites x_0, X, la quantité b restant comprise entre y_0 et Y,
ou si la quantité b était équivalente à l'une des limites y_0, Y, la quantité a de

meurant comprise entre x_0 et X. Supposons, par exemple, $a = X$, b étant renfermé entre les limites y_0, Y. Alors l'intégrale

$$(27) \qquad \int_{y_0}^{Y} \frac{\sqrt{-1}.dy}{[X-a+(y-b)\sqrt{-1}]^m} = \left(\frac{1}{\sqrt{-1}}\right)^{m-1} \int_{y_0}^{Y} \frac{dy}{(y-b)^m},$$

deviendra infinie, si m est un nombre pair, et indéterminée, si m est un nombre impair. Dans le premier cas, la valeur de Δ sera infinie. Dans le second, elle sera indéterminée; mais, pour la rendre nulle, il suffira de réduire les intégrales comprises dans la formule (25) à leurs valeurs principales. Les mêmes remarques s'appliquent aux autres suppositions précédemment indiquées. Dans chacune de ces suppositions, pour que la valeur de Δ, fournie par l'équation (25), s'évanouisse, il est nécessaire, et il suffit 1.° que le nombre m soit un nombre impair, 2.° que l'on réduise les intégrales renfermées dans le second membre de l'équation à leurs valeurs principales.

Si les quantités a et b étaient à-la-fois équivalentes, la première à l'une des limites x_0, X, la seconde à l'une des limites y_0, Y, il ne suffirait plus, pour faire disparaître la partie réelle de Δ, de réduire les intégrales comprises dans la formule (25) à leurs valeurs principales. Concevons, pour fixer les idées, que l'on ait en même temps

$$(19) \qquad a = X, \quad b = Y,$$

et de plus $x_0 < X$, $y_0 < Y$. Alors, dans le second membre de la formule (25), les deux intégrales

$$(28) \quad \left\{ \begin{array}{l} \displaystyle\int_{y_0}^{Y} \frac{\sqrt{-1}.dy}{[X-a+(y-b)\sqrt{-1}]^m} = \left(\frac{1}{\sqrt{-1}}\right)^{m-1} \int_{y_0}^{b} \frac{dy}{(y-b)^m}, \\[3ex] \displaystyle\int_{x_0}^{X} \frac{dx}{[x-a+(Y-b)\sqrt{-1}]^m} = \int_{x_0}^{X} \frac{dy}{(x-a)^m}, \end{array} \right.$$

deviendront infinies; et leur différence, savoir,

$$(30) \qquad \left(\frac{1}{\sqrt{-1}}\right)^{m-1} \int_{y_0}^{b} \frac{dy}{(y-b)^m} - \int_{x_0}^{X} \frac{dx}{(x-a)^m}$$

deviendra infinie, si le nombre entier $m-1$, divisé par 4, donne pour reste 1, 2 ou 3, et indéterminée, si $m-1$ est un multiple de 4. Ajoutons que, si, dans le dernier cas, on effectue les intégrations relatives à x et à y, non plus entre les limites $x = x_0$, $x = a$, $y = y_0$, $y = b$, mais entre les limites $x = x_0$, $x = a - \varepsilon$, $y = y_0$, $y = b - \varepsilon$, ε désignant un nombre infiniment petit, la formule (25) sera remplacée par la suivante

$$(30) \quad \left\{ \begin{aligned} \Delta &= \int_{y_0}^{b-\varepsilon} \frac{\sqrt{-1}\,.dy}{[(y-b)\sqrt{-1}]^m} - \int_{y_0}^{b-\varepsilon} \frac{\sqrt{-1}\,.dy}{[x_0 - a + (y-b)\sqrt{-1}]^m} \\ &\quad - \int_{x_0}^{a-\varepsilon} \frac{dx}{(x-a)^m} + \int_{x_0}^{a-\varepsilon} \frac{dx}{[x - a + (y_0 - b)\sqrt{-1}]^m}, \end{aligned} \right.$$

de laquelle, en posant après les intégrations $\varepsilon = 0$, on tirera encore

$$(26) \qquad \Delta = 0.$$

On arriverait généralement au même résultat, si, la quantité a étant réduite à l'une des valeurs x_0, X de la variable x, la quantité b à l'une des valeurs y_0, Y de la variable y, et le nombre $m - 1$ à un multiple de 4, on remplaçait, dans le second membre de la formule (25), la limite x_0 ou X des intégrales relatives à x par $a \pm \varepsilon$, et la limite y_0 ou Y des intégrales relatives à y par $b \pm \varepsilon$.

En résumant tout ce qui a été dit ci-dessus relativement aux valeurs de Δ déterminées par les équations (11) et (25), on obtient immédiatement les deux théorêmes que nous allons énoncer.

1.er Théorême. *Soient* a, b *deux quantités réelles*; x_0, X *deux limites réelles de la variable* x; y_0, Y *deux limites réelles de la variable* y; *et* Δ *une expression imaginaire dont la valeur soit fixée par l'équation*

$$(11) \quad \left\{ \begin{aligned} \Delta &= \sqrt{-1} \int_{y_0}^{Y} \left(\frac{1}{X - a + (y-b)\sqrt{-1}} - \frac{1}{x_0 - a + (y-b)\sqrt{-1}} \right) dy \\ &\quad - \int_{x_0}^{X} \left(\frac{1}{x - a + (Y-b)\sqrt{-1}} - \frac{1}{x - a + (y_0 - b)\sqrt{-1}} \right) dx. \end{aligned} \right.$$

On aura

$$\Delta = 0,$$

si la quantité a *est située hors des limites* x_0, X, *ou la quantité* b *hors des limites* y_0, Y. *On trouvera au contraire*

$$\Delta = 2\pi\sqrt{-1} ,$$

si l'on suppose à-la-fois la quantité a renfermée entre les limites x_0, X et la quantité b entre les limites y_0, Y. De plus, si, dans la dernière hypothèse, l'une des différences

$$X - a , \quad a - x_0 , \qquad Y - b , \quad b - y_0 ,$$

devient précisément égale à zéro, on aura simplement

$$\Delta = \pi\sqrt{-1} ,$$

pourvu que, dans le second membre de la formule (11), on réduise l'intégrale qui deviendra indéterminée à sa valeur principale. Enfin, si deux des différences

$$X - a , \quad a - x_0 , \qquad Y - b , \quad b - y_0 ,$$

s'évanouissent simultanément, on aura

$$\Delta = \frac{\pi}{2}\sqrt{-1} ,$$

pourvu que, dans le second membre de la formule (11), on remplace la limite x_0 ou X de l'intégrale relative à x par $a \pm \varepsilon$, la limite y_0 ou Y de l'intégrale relative à y par $b \pm \varepsilon$, et le nombre ε par zéro après les intégrations effectuées.

2.e Théorème. Soient toujours a, b deux quantités réelles; x_0, X deux limites réelles de la variable x; et y_0, Y deux limites réelles de la variable y. Soient en outre m un nombre entier quelconque, et Δ une expression imaginaire dont la valeur se déduise de l'équation

$$(25) \quad \left\{ \begin{array}{l} \Delta = \displaystyle\int_{y_0}^{Y} \frac{\sqrt{-1}.dy}{[X-a+(y-b)\sqrt{-1}]^m} - \int_{y_0}^{Y} \frac{\sqrt{-1}.dy}{[x_0-a+(y-b)\sqrt{-1}]^m} \\[3mm] \quad - \displaystyle\int_{x_0}^{X} \frac{dx}{[x-a+(Y-b)\sqrt{-1}]^m} + \int_{x_0}^{X} \frac{dx}{[x-a+(y_0-b)\sqrt{-1}]^m} \end{array} \right.$$

On aura

$$\Delta = 0 ,$$

si aucune des différences

$$X - a , \quad a - x_0 , \qquad Y - b , \quad b - y_0 ,$$

ne devient égale à zéro. Si l'une de ces différences s'évanouit, Δ prendra une

14

valeur infinie ou indéterminée, suivant que m *sera un nombre pair ou un nombre impair; et, dans le dernier cas, on pourra faire évanouir* Δ, *en réduisant, dans le second membre de la formule* (25), *l'intégrale qui deviendra indéterminée à sa valeur principale. Enfin, si deux des différences*

$$X - a, \quad a - x_0, \qquad Y - b, \quad b - y_0,$$

s'évanouissent simultanément, Δ *prendra une valeur infinie ou indéterminée, suivant que le nombre* m — 1 *sera ou ne sera pas divisible par* 4, *et, dans le dernier cas, on pourra encore faire évanouir* Δ, *en remplaçant la limite* x_0 *ou* X *des intégrales relatives à* x *par* $a \pm \varepsilon$, *la limite* y_0 *ou* Y *des intégrales relatives à* y *par* $b \pm \varepsilon$, *et le nombre* ε *par zéro après les intégrations effectuées.*

Si l'on suppose que des quatre quantités x_0, y_0, X, Y, les deux premières soient négatives et les deux dernières positives, alors, en posant $a = 0, b = 0$, dans les théorêmes 1 et 2, on en tirera

$$(31) \quad \sqrt{-1} \int_{y_0}^{Y} \left(\frac{1}{X + y\sqrt{-1}} - \frac{1}{x_0 + y\sqrt{-1}} \right) dy - \int_{x_0}^{X} \left(\frac{1}{x + Y\sqrt{-1}} - \frac{1}{x + y_0\sqrt{-1}} \right) dx = 2\pi\sqrt{-1},$$

$$(32) \quad \int_{y_0}^{Y} \frac{\sqrt{-1}.dy}{(X + y\sqrt{-1})^m} \int_{y_0}^{Y} \frac{\sqrt{-1}.dy}{(x_0 + y\sqrt{-1})^m} - \int_{x_0}^{X} \frac{dx}{(x + Y\sqrt{-1})^m} - \int_{x_0}^{X} \frac{dx}{(x + y_0\sqrt{-1})^m} = 0.$$

SUR DIVERSES RELATIONS QUI EXISTENT

ENTRE LES RÉSIDUS DES FONCTIONS

ET LES INTÉGRALES DÉFINIES.

Soit $f(x)$ une fonction donnée de x. Si l'on pose

$$(1) \qquad f(x) - \mathcal{E}\, \frac{((f(z)))}{x-z} = \varpi(x) ,$$

la fonction $\varpi(x)$ [voyez les pages 21 et 22] conservera en général une valeur finie pour toutes les valeurs finies, réelles ou imaginaires de la variable x. Par suite, si l'on intègre, par rapport aux variables x et y, les deux membres de l'équation identique

$$(2) \qquad \frac{d\,\varpi(x+y\sqrt{-1})}{dy} = \sqrt{-1}\, \frac{d\,\varpi(x+y\sqrt{-1})}{dx} ,$$

entre les limites $x = x_0$, $x = X$, $y = y_0$, $y = Y$, on trouvera

$$(3) \quad \int_{x_0}^{X} [\varpi(x+Y\sqrt{-1}) - \varpi(x+y_0\sqrt{-1})]\,dx = \sqrt{-1} \int_{y_0}^{Y} [\varpi(X+y\sqrt{-1}) - \varpi(x_0+y\sqrt{-1})]\,dy ;$$

puis, en remettant pour $\varpi(x)$ sa valeur tirée de l'équation (1), on aura

$$(4)\ \sqrt{-1} \int_{y_0}^{Y} [f(X+y\sqrt{-1}) - f(x_0+y\sqrt{-1})]\,dy - \int_{x_0}^{X} [f(x+Y\sqrt{-1}) - f(x_0+y\sqrt{-1})]\,dx = \Delta ,$$

la valeur de Δ étant

$$(5) \qquad \Delta =$$

$$\mathcal{E}\left(\left(f'(z)\right)\right)\left\{\sqrt{-1}\int_{y_0}^{X}\left(\frac{1}{X-z+y\sqrt{-1}}-\frac{1}{x_0-z+y\sqrt{-1}}\right)dy-\int_{x_0}^{X}\left(\frac{1}{x-z+Y\sqrt{-1}}-\frac{1}{x-z+y_0\sqrt{-1}}\right)dx\right\}$$

Soit maintenant $z = a + b\sqrt{-1}$ une quelconque des valeurs de z propres à vérifier l'équation

$$(6) \qquad \frac{1}{f'(z)} = 0 ;$$

et supposons que cette équation n'ait pas de racines égales, dont la valeur commune soit $a + b\sqrt{-1}$. En vertu du théorême 1.er de la page 92, la valeur de la différence

$$(7) \quad \sqrt{-1}\int_{y_0}^{Y}\left(\frac{1}{X-z+y\sqrt{-1}}-\frac{1}{x_0-z+y\sqrt{-1}}\right)dy-\int_{x_0}^{X}\left(\frac{1}{x-z+Y\sqrt{-1}}-\frac{1}{x-z+y_0\sqrt{-1}}\right)dx ,$$

correspondante à $z = a + b\sqrt{-1}$, se réduira simplement à zéro, si la quantité a est située hors des limites x_0, X, ou la quantité b hors des limites y_0, Y; et à $2\pi\sqrt{-1}$, si les quantités a, b restent comprises, la première entre x_0 et X, le seconde entre y_0 et Y, sans vérifier aucune des conditions

$$(8) \qquad a = x_0, \quad a = X, \qquad\qquad (9) \qquad b = y_0, \quad b = Y.$$

Donc, si l'équation (6) n'a point de racines égales, ni de racines dans lesquelles la partie réelle coïncide avec l'une des limites x_0, X, ou le coëfficient de $\sqrt{-1}$ avec l'une des limites y_0, Y, on pourra, dans le second membre de la formule (5), remplacer généralement l'expression (7) par $2\pi\sqrt{-1}$, pourvu que l'on écrive à droite et à gauche de la caractéristique $\mathcal{E}$, comme on l'a déjà fait à la page 15, les quantités x_0, X, y_0, Y, afin de resserrer le résidu intégral entre les limites convenables. On aura donc alors

$$(10) \qquad \Delta = 2\pi\sqrt{-1}\ \overset{X}{\underset{x_0}{\mathcal{E}}}\overset{Y}{\underset{y_0}{}}\left(\left(f'(z)\right)\right) ,$$

et par suite, l'équation (4) donnera

$$(11) \quad \left\{ \begin{aligned} &\sqrt{-1}\int_{y_0}^{Y}[f(X+y\sqrt{-1})-f(x_0+y\sqrt{-1})]dy-\int_{x}^{X}[f(x+Y\sqrt{-1})-f(x+y_0\sqrt{-1})]dx\\ &= 2\pi\sqrt{-1}\ \overset{X}{\underset{x_0}{\mathcal{E}}}\overset{Y}{\underset{y_0}{}}\left(\left(f(z)\right)\right). \end{aligned} \right.$$

Concevons maintenant que $z = a + b \sqrt{-1}$, étant une des racines inégales de l'équation (6), vérifie l'une des conditions (8), ou l'une des conditions (9). Les formules (4) et (5) continueront de subsister, si, dans chacune d'elles, on réduit l'intégrale indéterminée à sa valeur principale. De plus, en vertu du théorême déjà rappelé. la valeur de l'expression (7) correspondante à $z = a + b \sqrt{-1}$, sera zéro, si la quantité a est située hors des limites x_0, X, ou la quantité b hors des limites y_0, Y. et $\pi \sqrt{-1}$ dans le cas contraire. Donc, lorsque la racine $z = a + b \sqrt{-1}$ vérifie l'une des conditions (8) ou (9), l'expression (7) prend toujours la moitié de la valeur qu'elle aurait dans le cas contraire. D'ailleurs nous avons remarqué [page 17] que. dans le résidu intégral

$$(12) \qquad \underset{x_0 \quad y_0}{\overset{X \quad Y}{\mathcal{L}}} \left(\left(f(z) \right) \right),$$

le résidu partiel relatif à une semblable racine doit être pareillement réduit à la moitié de sa valeur. Donc, si l'équation (6) admet des racines de cette espèce, la formule (11) continuera de subsister, pourvu que l'on y réduise l'intégrale qui deviendra indéterminée à sa valeur principale.

Concevons encore que la valeur $z = a + b \sqrt{-1}$, étant une des racines inégales de l'équation (6), vérifie tout-à-la-fois l'une des conditions (8) et l'une des conditions (9). Les intégrales comprises dans les formules (4) et (5) deviendront infinies. De plus, ces formules continueront de subsister, si l'on remplace la limite x_0 ou X de l'intégrale relative à x par $a \pm \varepsilon$, la limite y_0 ou Y de l'intégrale relative à y par $b \pm \varepsilon$, et le nombre ε par zéro après les intégrations effectuées. Ajoutons qu'en vertu du théorême déjà rappelé, la valeur de l'expression (7), correspondante à $z = a + b \sqrt{-1}$, se réduira simplement à $\frac{\pi}{2} \sqrt{-1}$, c'est-à-dire, au quart de la valeur qu'elle recevrait si les quantités a, b demeuraient comprises, la première entre x_0 et X, la seconde entre y_0 et Y. Or, nous avons remarqué [page 17] que, dans l'expression (12). le résidu partiel relatif à une racine de l'équation (6) devait être précisément réduit au quart de sa valeur, lorsque, dans cette racine, la partie réelle coïncidait avec une des limites x_0, X, et le coëfficient de $\sqrt{-1}$ avec une des limites y_0, Y. Donc, si l'équation (6) admet des racines de cette espèce, la formule (11) continuera de subsister, pourvu que les limites des intégrales relatives à x et à y subissent les modifications ci-dessus indiquées. Il est d'ailleurs facile de s'assurer que, pour obtenir le résultat auquel ces modifications conduisent, il suffit de rapprocher l'une de l'autre les deux limites de chaque intégration, en diminuant ou augmentant chacune de ces limites de la quantité infiniment petite ε, puis de faire, après les intégrations effectuées, $\varepsilon = 0$.

La formule (11), établie comme on vient de le dire, suppose évidemment que l fonction $f(x + y\sqrt{-1})$ conserve une valeur unique et déterminée, au moins pour toutes les valeurs réelles des variables x, y comprises entre les limites $x = x_0$, $x = X$; $y = y_0$, $y = Y$. Cela posé, en résumant ce qui précède, on obtiendra immédiatement le théorème que nous allons énoncer.

1.er Théorème. *Soient x, y deux variables réelles, et $z = x + y\sqrt{-1}$ une variable imaginaire. Soient d'ailleurs x_0, X deux limites réelles de la variable x; y_0, Y deux limites réelles de la variable y; et $f(z)$ une fonction réelle ou imaginaire de z, qui conserve une valeur unique et déterminée pour toutes les valeurs de x et de y comprises entre les limites $x = x_0$, $x = X$, $y = y_0$, $y = Y$. Si l'équation*

$$(6) \qquad \frac{1}{f(z)} = 0$$

n'a pas de racines égales, on aura en général

$$(11) \quad \left\{ \begin{aligned} &\sqrt{-1} \int_{y_0}^{Y} [f(X + y\sqrt{-1}) - f(x_0 + y\sqrt{-1})]\, dy - \int_{x_0}^{X} [f(x + Y\sqrt{-1}) - f(x + y_0\sqrt{-1})]\, dx \\ &= 2\pi\sqrt{-1} \underset{x_0}{\overset{X}{\mathcal{E}}} \underset{y_0}{\overset{Y}{}} ((f(z))). \end{aligned} \right.$$

Ajoutons que si, dans la formule (11), l'une des deux intégrales devient indéterminée, il faudra la réduire à sa valeur principale; et que, si elles deviennent toutes deux infinies, on devra rapprocher l'une de l'autre les limites de chaque intégrale, en faisant croître ou décroître ces limites de la quantité infiniment petite ε, et supposer, après les intégrations effectuées, $\varepsilon = 0$.

Supposons maintenant que l'équation (6) ait plusieurs racines égales, dont la valeur commune soit $z = a + b\sqrt{-1}$, et désignons par m le nombre de ces racines. Il est clair que le résidu de

$$(15) \qquad \frac{f(z)}{x - z},$$

relatif à la valeur $a + b\sqrt{-1}$ de la variable z, sera le même que celui de la différence

$$\frac{f(z)}{x - z} - \frac{(z - a - b\sqrt{-1})^m f(z)}{(x - a - b\sqrt{-1})^m (x - z)} = \frac{f(z)}{x - a - b\sqrt{-1}} + \frac{(z - a - b\sqrt{-1}) f(z)}{(x - a - b\sqrt{-1})^2} + \dots + \frac{(z - a - b\sqrt{-1})^{m-1} f(z)}{(x - a - b\sqrt{-1})^m},$$

et par conséquent égal à

$$(14) \qquad \frac{A_1}{x-a-b\sqrt{-1}} + \frac{A_2}{(x-a-b\sqrt{-1})^2} + \cdots\cdots\cdots + \frac{A_m}{(x-a-b\sqrt{-1})^m},$$

si l'on représente par

$$(15) \qquad A_1, \qquad\qquad A_2,\ldots\ldots\ldots\ldots\ldots\ldots\ldots\ldots A_m$$

les résidus des fonctions

$$(16) \qquad f(z), \quad (z-a-b\sqrt{-1})f(z),\ldots\ldots (z-a-b\sqrt{-1})^{m-1}f(z),$$

relatifs à la valeur dont il s'agit. Par suite, dans le résidu intégral qui forme le second membre de l'équation (5), la partie relative à $z = a + b\sqrt{-1}$ sera

$$(17) \qquad A_1 s_1 + A_2 s_2 + \ldots\ldots\ldots\ldots + A_m s_m,$$

pourvu que l'on fasse généralement

$$(18) \quad \left\{ \begin{aligned} s_n &= \sqrt{-1} \int_{y_0}^{Y} \left(\frac{1}{[X-a+(y-b)\sqrt{-1}]^m} - \frac{1}{[x_0-a+(y-b)\sqrt{-1}]^m} \right) dy \\ &\quad - \int_{x_0}^{Y} \left(\frac{1}{[x-a+(Y-b)\sqrt{-1}]^m} - \frac{1}{[x-a+(y_0-b)\sqrt{-1}]} \right) dx. \end{aligned} \right.$$

Cela posé, concevons d'abord que la quantité a ait une valeur distincte de chacune des limites x_0, X, et la quantité b une valeur distincte de chacune des limites y_0, Y. En vertu du théorème 2 de la page 93, $s_2, s_3,\ldots s_m$ s'évanouiront. Quant à la valeur de s_1, ou, ce qui revient au même, de l'expression (7), elle sera toujours déterminée par le théorème 1.er [page 92]. Donc la formule (11) continuera de subsister comme dans le cas où l'équation (6) n'avait que des racines inégales.

Admettons, en second lieu, que les quantités a, b vérifient l'une des équations (8) ou (9). Alors, en vertu du théorème 2 [page 92], $s_2, s_4, s_6,\ldots$ acquerront des valeurs infinies, et $s_3, s_5, s_7,\ldots$ des valeurs indéterminées, que l'on pourra faire évanouir en réduisant chacune des intégrales indéterminées à sa valeur principale. Donc, pour que le polynome (17) se réduise à son premier terme $A_1 s_1$, il sera nécessaire, 1.º que le second, le troisième, le cinquième termes disparaissent, c'est-à-dire que l'on ait

$$(19) \qquad A_2 = 0, \quad A_4 = 0, \quad A_6 = 0, \text{ etc.},$$

2.º que l'on réduise les intégrales indéterminées à leurs valeurs principales. Si ces deux espèces de conditions sont remplies, la formule (11) continuera de subsister.

Admettons enfin que les quantités a, b vérifient tout-à-la-fois l'une des équations
(5) et l'une des équations (9). Alors, en vertu du théorême 2.e [page 93], s_2, s_3, s_4;
s_6, s_7, s_8; s_{10}, etc...., acquerront des valeurs infinies, et s_1, s_5, s_9..., des valeurs
indéterminées, que l'on pourra faire évanouir en remplaçant la limite x_0 ou X des
intégrales relatives à x par $a \pm \varepsilon$, la limite y_0 ou Y des intégrales relatives à
y par $b \pm \varepsilon$, et le nombre ε par zéro après les intégrations effectuées. Donc,
pour que le polynome (17) se réduise à son premier terme, il sera nécessaire, 1.° que
l'on ait

$$(20) \qquad A_2 = 0, \; A_3 = 0, \; A_4 = 0; \; A_6 = 0, \; A_7 = 0, \; A_8 = 0; \; A_{10} = 0, \text{ etc. :}$$

2.° que les limites des diverses intégrales soient modifiées comme on vient de le dire.
Si ces deux espèces de conditions sont remplies, la formule (11) continuera de subsister.

Il est essentiel d'observer que si, en supposant, dans la formule (18), le nombre n
plus grand que l'unité, on substitue, aux limites de l'intégrale relative à x ou à y,
les limites plus rapprochées qu'on obtient en augmentant ou diminuant x_0, X, y_0 et Y
de la quantité infiniment petite ε, la valeur de s_n, correspondante aux valeurs
principales des deux intégrales, et développée suivant les puissances ascendantes de
ε ne renfermera jamais de termes finis, mais seulement des termes infiniment petits
proportionnels à ε, à ε^2, à ε^3, etc., et de plus, quand elle deviendra infinie, un terme
proportionnel à $\dfrac{1}{\varepsilon^{n-1}}$. Donc, si l'on réduit les intégrales comprises dans les formules
(4) et (5) à leurs valeurs principales, et les limites de ces intégrales à des limites plus
rapprochées, respectivement équivalentes aux quantités x_0, X, y_0, Y, augmentées
ou diminuées de ε, la valeur de Δ, développée suivant les puissances ascendantes
de ε, aura pour terme fini la somme des produits de la forme $A_i s_i$; c'est-à-dire,
le produit

$$(21) \qquad 2\pi\sqrt{-1} \; \underset{x_0 \quad y_0}{\mathcal{L}}^{X \quad Y} ((f(z))) .$$

Par suite, si l'on fait évanouir ε, Δ ne pourra conserver une valeur finie qu'autant
qu'il se réduira au produit (21). On peut donc énoncer la proposition suivante.

2.° Théorême. *Les mêmes choses étant posées que dans le 1.er théorême, si la diffé-
rence*

$$(22) \qquad \sqrt{-1} \int_{Y_0}^{Y} [f(X + y\sqrt{-1}) - f(x_0 + y\sqrt{-1})] \, dy - \int_{x_0}^{X} [f(x + Y\sqrt{-1}) - f(x + y_0\sqrt{-1})] \, dx,$$

conserve une valeur finie et déterminée, dans le cas où l'on remplace les intégrales *qu'elle renferme par leurs valeurs principales, les limites de ces intégrales par des limites plus rapprochées, respectivement équivalentes aux quantités x_0, X, y_0, Y, augmentées ou diminuées de ε, et le nombre ε par zéro, après les intégrations effectuées, la valeur finie de la différence (22) sera précisément*

$$(21) \qquad 2\pi\sqrt{-1} \, \underset{x_0 \; y_0}{\overset{X \; Y}{\mathcal{L}}} \, ((f(z))).$$

En d'autres termes, la formule (11) se trouvera vérifiée.

Ce nouveau théorême ne suppose pas, comme le premier, que l'équation (6) admette seulement des racines inégales.

Si, pour fixer les idées, on suppose $x_0 < X$ et $y_0 < Y$, alors, en désignant par ε un nombre infiniment petit, on aura, en vertu du théorême 2.^{e}

$$(23) \quad
\begin{cases}
\sqrt{-1} \displaystyle\int_{y_0+\varepsilon}^{Y-\varepsilon} [f(X+y\sqrt{-1}) - f(x_0+y\sqrt{-1})]\, dy - \int_{x_0+\varepsilon}^{X-\varepsilon} [f(x+Y\sqrt{-1}) - f(x+y_0\sqrt{-1})]\, dx \\[2mm]
\qquad = 2\pi\sqrt{-1} \, \underset{x_0 \; y_0}{\overset{X \; Y}{\mathcal{L}}} \, ((f(z))).
\end{cases}$$

pourvu que le premier membre de la formule (23) ait une valeur finie, et que l'on réduise les intégrales comprises dans ce premier membre à leurs valeurs principales

Il nous reste à montrer quelques applications des formules (11) et (23).

D'abord, si l'on pose, dans la formule (11),

$$x_0 = 0, \quad X = a, \quad y_0 = 0, \quad Y = b,$$

ou bien

$$x_0 = -a, \quad X = 0, \quad y_0 = 0, \quad Y = b,$$

ou enfin

$$x_0 = -a, \quad X = a, \quad y_0 = 0, \quad Y = b,$$

a et b désignant deux quantités réelles, on obtiendra successivement les trois équations

$$(24) \quad
\begin{cases}
\displaystyle\int_0^a [f(x+b\sqrt{-1}) - f(x)]\, dx = \sqrt{-1} \int_0^b [f(a+y\sqrt{-1}) - f(y\sqrt{-1})]\, dy \\[2mm]
\qquad\qquad\qquad - 2\pi \, \underset{0 \; 0}{\overset{a \; b}{\mathcal{L}}} \, ((f(z)))\sqrt{-1},
\end{cases}$$

$$(25) \quad \int_{-a}^{0} [f(x+b\sqrt{-1})-f(x)]\,dx = \sqrt{-1} \int_{0}^{b} [f(y\sqrt{-1})-f(-a+y\sqrt{-1})]\,dy$$
$$- 2\pi \mathop{\mathcal{E}}_{-a\ 0}^{\ 0\ b} ((f(z)))\sqrt{-1},$$

$$(26) \quad \int_{-a}^{a} [f(x+b\sqrt{-1})-f(x)]\,dx = \sqrt{-1} \int_{0}^{b} [f(a+y\sqrt{-1})-f(-a+y\sqrt{-1})]\,dy$$
$$- 2\pi \mathop{\mathcal{E}}_{-a\ 0}^{\ a\ b} ((f(z)))\sqrt{-1},$$

dans lesquelles les intégrales indéterminées doivent toujours être réduites à leurs valeurs principales.

Soient encore

$$x_0 = a, \ X = b, \ y_0 = a, \ Y = b.$$

Si l'équation (6) n'a point de racine équivalente à l'une des expressions imaginaires

$$(27) \qquad a + a\sqrt{-1}, \ a + b\sqrt{-1}, \ b + a\sqrt{-1}, \ b + b\sqrt{-1},$$

on tirera immédiatement de la formule (11), en remplaçant la lettre y par la lettre x,

$$(28) \quad \int_{a}^{b} [f(x+b\sqrt{-1})-f(x+a\sqrt{-1})-\sqrt{-1}f(b+x\sqrt{-1})+\sqrt{-1}f(a+x\sqrt{-1})]\,dx$$
$$= - 2\pi \mathop{\mathcal{E}}_{a\ a}^{\ b\ b} ((f(z)))\sqrt{-1}.$$

Si, au contraire, l'on compte au nombre des racines de l'équation (6) une ou plusieurs des expressions (27), on tirera du 2.ᵉ théorème, ou de l'équation (23)

$$\int_{a-\varepsilon}^{b-\varepsilon} [f(x+b\sqrt{-1})-f(x+a\sqrt{-1})-\sqrt{-1}f(b+x\sqrt{-1})+\sqrt{-1}f(a+x\sqrt{-1})]\,dx$$
$$= - 2\pi \mathop{\mathcal{E}}_{a\ a}^{\ b\ b} ((f(z)))\sqrt{-1},$$

puis, en réduisant ε à zéro, on reproduira la formule (28). En conséquence, on peut énoncer la proposition suivante.

5.ᵉ Théorème. *On a généralement*

$$(28) \quad \begin{cases} \displaystyle\int_a^b [f(x+b\sqrt{-1}) - f(x+a\sqrt{-1}) - \sqrt{-1}\,f(b+x\sqrt{-1}) + \sqrt{-1}\,f(a+x\sqrt{-1})]\,dx \\[2mm] = -2\pi \, \overset{b}{\underset{a}{\mathcal{L}}}\overset{b}{\underset{a}{}}((f(z))), \end{cases}$$

pourvu que l'on réduise l'intégrale relative à x *à sa valeur principale.*

Supposons maintenant que la fonction $f(x+y\sqrt{-1})$ s'évanouisse pour $x = \pm\infty$, quelque soit y. Alors, si l'on prend

$$x_\circ = -\infty, \quad X = \infty, \quad y_\circ = a, \quad Y = b,$$

l'intégrale relative à y s'évanouira dans la formule (11), et l'on se trouvera conduit au nouveau théorême que nous allons énoncer.

4.e Théorême. *Si la fonction* $f(x+y\sqrt{-1})$ *s'évanouit pour* $x = \pm\infty$, *quel que soit* y, *on aura généralement*

$$(29) \quad \int_{-\infty}^{\infty} [f(x+b\sqrt{-1}) - f(x+a\sqrt{-1})]\,dx = -2\pi \, \overset{\infty}{\underset{-\infty}{\mathcal{L}}}\overset{b}{\underset{a}{}}((f(z)))\sqrt{-1},$$

pourvu que l'intégrale relative à x *soit réduite à sa valeur principale.*

On établira, sans plus de difficulté, la proposition suivante.

5.e Théorême. *Si la fonction* $f(x+y\sqrt{-1})$ *s'évanouit pour* $y = \pm\infty$, *quel que soit* x, *on aura généralement*

$$(30) \quad \int_{-\infty}^{\infty} [f(b+y\sqrt{-1}) - f(a+y\sqrt{-1})]\,dy = 2\pi \, \overset{b}{\underset{a}{\mathcal{L}}}\overset{\infty}{\underset{-\infty}{}}((f(z))),$$

pourvu que l'intégrale relative à y *soit réduite à sa valeur principale.*

Concevons à présent que la fonction $f(x+y\sqrt{-1})$ s'évanouisse, 1.° pour $x = \pm\infty$, quel que soit y; 2.° pour $y = \infty$, quel que soit x; et soit $\mathscr{F}$ la limite vers laquelle converge le produit

$$(31) \quad (x+y\sqrt{-1})f(x+y\sqrt{-1})$$

pour des valeurs croissantes de y; alors, en désignant par b un très-grand nombre, on aura sensiblement

$$(x+b\sqrt{-1})f(x+b\sqrt{-1}) = \mathscr{F}, \qquad f(x+b\sqrt{-1}) = \frac{\mathscr{F}}{x+b\sqrt{-1}},$$

$$\int_{-\infty}^{\infty} f(x + b\sqrt{-1})\,dx = \mathcal{F}\int_{-\infty}^{\infty} \frac{dx}{x + b\sqrt{-1}} = \mathcal{F}\int_{-\infty}^{\infty} \frac{x\,dx}{x^2 + b^2} - \mathcal{F}\sqrt{-1}\int_{-\infty}^{\infty} \frac{b\,dx}{x^2 + b^2}$$

$$= \mathcal{F}\int_{-\infty}^{\infty} \frac{x\,dx}{x^2 + b^2} - \pi\,\mathcal{F}\sqrt{-1}\,,$$

puis, en réduisant chaque intégrale à sa valeur principale,

$$\int_{-\infty}^{\infty} f(x + b\sqrt{-1})\,dx = -\pi\,\mathcal{F}\sqrt{-1}\,.$$

Cela posé, on tirera de la formule (29), en attribuant à la quantité a une valeur nulle, et à la quantité b une très-grande valeur,

$$(32) \qquad \int_{-\infty}^{\infty} f(x)\,dx = 2\pi\sqrt{-1}\left\{ \mathop{\mathcal{E}}_{-\infty}^{\infty}\mathop{}_{0}^{\infty}((f(z))) - \frac{1}{2}\mathcal{F}\right\}.$$

En supposant, dans l'équation (32), la constante $\mathcal{F}$ réduite à zéro, on établira le théorème suivant.

6.ᵉ Théorème. *Si la fonction* $f(x + y\sqrt{-1})$ *s'évanouit, 1.° pour* $x = \pm\infty$, *quel que soit* y; 2.° *pour* $y = \infty$, *quel que soit* x, *on aura généralement*

$$(33) \qquad \int_{-\infty}^{\infty} f(x)\,dx = 2\pi \mathop{\mathcal{E}}_{-\infty}^{\infty}\mathop{}_{0}^{\infty}((f(z)))\sqrt{-1}\,,$$

pourvu que l'intégrale soit réduite à sa valeur principale, et que le produit $(x + y\sqrt{-1})f(x + y\sqrt{-1})$ *s'évanouisse avec la fonction* $f(x + y\sqrt{-1})$, *en vertu de la supposition* $y = \infty$.

On pourrait aisément revenir du 6.ᵉ théorème à la formule (32). En effet, si la supposition $y = \infty$ réduit le produit (31), non plus à zéro, mais à une quantité finie $\mathcal{F}$, la même supposition fera évanouir le produit

$$(x + y\sqrt{-1})\left\{ f(x + y\sqrt{-1}) - \frac{\mathcal{F}}{x + y\sqrt{-1}}\right\} = (x + y\sqrt{-1})f(x + y\sqrt{-1}) - \mathcal{F}\,.$$

On aura donc, en vertu du 6.ᵉ théorème,

$$\int_{-\infty}^{\infty} \left\{ f(x) - \frac{\mathcal{F}}{x} \right\} dx = 2\pi \; \underset{-\infty}{\overset{\infty}{\mathcal{E}}} \; \underset{0}{\overset{\infty}{}} \left(\left(f(z) - \frac{\mathcal{F}}{x} \right) \right) \sqrt{-1} \; ,$$

puis, en réduisant chaque intégrale à sa valeur principale, et remplaçant, en consé-
séquence l'intégrale

$$\int_{-\infty}^{\infty} \frac{dx}{x}$$

par zéro, on trouvera

$$(34) \qquad \int_{-\infty}^{\infty} f(x)\, dx = 2\pi \; \underset{-\infty}{\overset{\infty}{\mathcal{E}}} \; \underset{0}{\overset{\infty}{}} \left(\left(f(z) - \frac{\mathcal{F}}{z} \right) \right) \sqrt{-1} \; .$$

Comme on a d'ailleurs, en vertu des principes du calcul des résidus [voyez les pages 11
et suivantes]

$$\underset{-\infty}{\overset{\infty}{\mathcal{E}}} \; \underset{0}{\overset{\infty}{}} \left(\left(f(z) - \frac{\mathcal{F}}{z} \right) \right) = \underset{-\infty}{\overset{\infty}{\mathcal{E}}} \; \underset{0}{\overset{\infty}{}} ((f(z))) - \frac{1}{2} \mathcal{E} \left(\left(\frac{\mathcal{F}}{z} \right) \right) = \underset{-\infty}{\overset{\infty}{\mathcal{E}}} \; \underset{0}{\overset{\infty}{}} ((f(z))) - \frac{\mathcal{F}}{2} \; .$$

il est clair que la formule (34) reproduira l'équation (32)

En supposant, dans les équations (24) et (25), $a = \infty$, puis, appliquant à ces
équations les raisonnements par lesquels nous avons déduit le 6.e théorême de la formule
(29), on sera immédiatement conduit à deux propositions nouvelles, que nous allons
énoncer.

7.e Théorême. *Si la fonction* $f(x + y\sqrt{-1})$ *s'évanouit,* 1.º *pour* $x = \infty$, *quel
que soit* y ; 2.º *pour* $y = \infty$, *quel que soit* x , *on aura*

$$(35) \qquad \int_{0}^{\infty} f(x)\, dx = \sqrt{-1} \int_{0}^{\infty} f(y\sqrt{-1})\, dy + 2\pi \; \underset{0}{\overset{\infty}{\mathcal{E}}} \; \underset{0}{\overset{\infty}{}} ((f(z))) \sqrt{-1} \; ,$$

pourvu que chaque intégrale soit réduite à sa valeur principale, et que le produit (31)
s'évanouisse avec la fonction $f(x + y\sqrt{-1})$ *en vertu de la supposition* $y = \infty$.

8.e Théorême. *Si la fonction* $f(x + y\sqrt{-1})$ *s'évanouit,* 1.º *pour* $x = -\infty$, *quel
que soit* y ; 2.º *pour* $y = \infty$, *quel que soit* x , *on aura*

$$(36) \qquad \int_{-\infty}^{0} f(x)\, dx = -\sqrt{-1} \int_{0}^{\infty} f(y\sqrt{-1})\, dy + 2\pi \; \underset{-\infty}{\overset{0}{\mathcal{E}}} \; \underset{0}{\overset{\infty}{}} ((f(z))) \sqrt{-1}$$

pourvu que chaque intégrale soit réduite à sa valeur principale, et que le produit (31)
s'évanouisse avec la fonction $f(x + y\sqrt{-1})$ *en vertu de la supposition* $y = \infty$,

Lorsque les formules (35) et (36) subsistent simultanément, en les ajoutant l'une à l'autre, on reproduit l'équation (33). De plus, si, dans la formule (35), on remplace la lettre y par la lettre x, on obtiendra la proposition suivante.

9.° Théorème. *Si la fonction* $f(x+y\sqrt{-1})$ *s'évanouit,* 1.° *pour* $x=\infty$, *quel que soit* y; 2.° *pour* $y=\infty$, *quel que soit* x, *on aura*

$$(37)\qquad \int_0^\infty [f(x)-\sqrt{-1}\,f(x\sqrt{-1})]\,dx = 2\pi \underset{0}{\overset{\infty}{\mathcal{E}}}\,\underset{0}{\overset{\infty}{}}\,((f(z)))\sqrt{-1},$$

pourvu que l'intégrale soit réduite à sa valeur principale, et que le produit (31) *s'évanouisse avec la fonction* $f(x+y\sqrt{-1})$ *en vertu de la supposition* $y=\infty$.

Comme on peut déduire l'équation (37) de la formule (28), en prenant $a=0$, $b=\infty$, il est clair que cette équation subsiste dans le cas même où la fonction $f(x)$ devient infinie pour $x=0$.

On pourrait présenter les diverses équations que nous venons d'établir sous différentes formes distinctes les unes des autres. Ainsi, par exemple, on reconnaîtra sans peine que l'équation (33) peut être remplacée par l'une des suivantes :

$$(38)\qquad \int_0^\infty \frac{f(x)+f(-x)}{2}\,dx = \pi \underset{-\infty}{\overset{\infty}{\mathcal{E}}}\,\underset{0}{\overset{\infty}{}}\,((f(z)))\sqrt{-1},$$

$$(39)\qquad \int_0^1 \frac{x\left[f(x)+f(-x)+\dfrac{1}{x}\left[f\left(\dfrac{1}{x}\right)+f\left(-\dfrac{1}{x}\right)\right]\right]}{2}\,\frac{dx}{x} = \pi \underset{-\infty}{\overset{\infty}{\mathcal{E}}}\,\underset{0}{\overset{\infty}{}}\,((f(z)))\sqrt{-1}.$$

On déduirait aisément des formules qui précèdent les valeurs de presque toutes les intégrales définies connues, et d'un grand nombre d'autres, spécialement de celles que nous avons considérées dans le Mémoire sur les intégrales définies prises entre des limites imaginaires [pages 61 et suivantes]. Ainsi, par exemple, on tirera immédiatement de la formule (38), en désignant par $f(x)$ une nouvelle fonction de x, et par r une constante positive,

$$\int_0^\infty \frac{f(x)-f(-x)}{2\sqrt{-1}}\,\frac{dx}{x} = \pi \underset{-\infty}{\overset{\infty}{\mathcal{E}}}\,\underset{0}{\overset{\infty}{}}\,\left(\left(\frac{f(z)}{z}\right)\right),$$

$$\int_0^\infty \frac{f(x)+f(-x)}{2}\,\frac{r\,dx}{x^2+r^2} = \pi \underset{-\infty}{\overset{\infty}{\mathcal{E}}}\,\underset{0}{\overset{\infty}{}}\,\left(\left(\frac{r\,f(z)}{z^2+r^2}\right)\right)\sqrt{-1},$$

$$\int_0^\infty \frac{f(x)+f(-x)}{2\sqrt{-1}}\,\frac{x\,dx}{x^2+r^2} = \pi \underset{-\infty}{\overset{\infty}{\mathcal{E}}}\,\overset{\infty}{\underset{0}{}}\left(\left(\frac{z\,f(z)}{z^2+r^2}\right)\right).$$

D'ailleurs, si la fonction $f(x+y\sqrt{-1})$ ne devient pas infinie pour des valeurs positives de y, on aura, en vertu des principes du calcul des résidus [voyez les pages 11 et suivantes],

$$\underset{-\infty}{\overset{\infty}{\mathcal{E}}}\,\overset{\infty}{\underset{0}{}}\left(\left(\frac{f(z)}{z}\right)\right) = \frac{1}{2}\,\mathcal{E}\,\frac{f(z)}{((z))} = \frac{1}{2}f(0)\,,$$

$$\underset{-\infty}{\overset{\infty}{\mathcal{E}}}\,\overset{\infty}{\underset{0}{}}\left(\left(\frac{rf(z)}{z^2+r^2}\right)\right) = \mathcal{E}\,\frac{rf(z)}{(z+r\sqrt{-1})\,((z-r\sqrt{-1}))} = \frac{f(r\sqrt{-1})}{2\sqrt{-1}}\,,$$

$$\underset{-\infty}{\overset{\infty}{\mathcal{E}}}\,\overset{\infty}{\underset{0}{}}\left(\left(\frac{zf(z)}{z^2+r^2}\right)\right) = \mathcal{E}\,\frac{zf(z)}{(z+r\sqrt{-1})\,((z-r\sqrt{-1}))} = \frac{f(r\sqrt{-1})}{2}\,.$$

On trouvera donc définitivement

$$(40)\qquad \int_0^\infty \frac{f(x)-f(-x)}{2\sqrt{-1}}\,\frac{dx}{x} = \frac{\pi}{2}f(0)\,,$$

$$(41)\qquad \int_0^\infty \frac{f(x)+f(-x)}{2}\,\frac{r\,dx}{x^2+r^2} = \frac{\pi}{2}f(r\sqrt{-1})\,,$$

$$(42)\qquad \int_0^\infty \frac{f(x)-f(-x)}{2\sqrt{-1}}\,\frac{x\,dx}{x^2+r^2} = \frac{\pi}{2}f(r\sqrt{-1})\,.$$

La formule (41) suppose seulement que la fonction $f(x+y\sqrt{-1})$ conserve une valeur finie, 1.° pour $x=\pm\infty$, quel que soit y; 2.° pour $y=\infty$, quel que soit x. Les formules (40) et (42) supposent en outre que $f(x+y\sqrt{-1})$ s'évanouit pour $y=\infty$. Si cette dernière condition n'était pas remplie, on devrait aux formules (40) et (42) substituer les deux suivantes

$$(43)\qquad \int_0^\infty \frac{f(x)-f(-x)}{2\sqrt{-1}}\,\frac{dx}{x} = \frac{\pi}{2}\left[f(0)-\mathscr{F}\right]\,,$$

$$(44)\qquad \int_0^\infty \frac{f(x)-f(-x)}{2\sqrt{-1}}\,\frac{x\,dx}{x^2+r^2} = \frac{\pi}{2}\left[f(r\sqrt{-1})-\mathscr{F}\right]\,,$$

qui se déduisent l'une et l'autre de l'équation (52), et dans lesquelles $\mathscr{F}$ désigne la valeur de $f(x + y\sqrt{-1})$ correspondante à $y = \infty$.

Si, dans les formules (40), (41), (42), (43), (44), on remplace $f(x)$ par l'une des fonctions

$$e^{a\,x\sqrt{-1}}, \quad (-x\sqrt{-1})^{a-1}\, e^{b\,x\sqrt{-1}}, \quad a\,e^{b\,x\sqrt{-1}} \quad \text{etc.....},$$

a et b étant des quantités positives, on obtiendra les équations

$$(45) \qquad \int_0^\infty \sin a x \, \frac{dx}{x} = \frac{\pi}{2},$$

$$(46) \qquad \int_0^\infty \cos a x \, \frac{r\,dx}{x^2 + r^2} = \frac{\pi}{2} e^{-ar}, \qquad \int_0^\infty \sin a x \, \frac{x\,dx}{x^2 + r^2} = \frac{\pi}{2} e^{-ar},$$

$$(47) \qquad \int_0^\infty x^{a-1} \sin\left(\frac{a\pi}{2} - b x\right) \frac{r\,dx}{x^2 + r^2} = \frac{\pi}{2} r^{a-1} e^{-br},$$

$$(48) \qquad \int_0^\infty e^{a \cos b x} \sin(a \sin b x) \frac{dx}{x} = \frac{\pi}{2}(e^a - 1), \; {}^{*}$$

$$(49) \quad \left\{ \begin{aligned} &\int_0^\infty e^{a \cos b x} \cos(a \sin b x) \frac{r\,dx}{x^2 + r^2} = \frac{\pi}{2} e^{a e^{-br}}, \\[2mm] &\int_0^\infty e^{a \cos b x} \sin(a \sin b x) \frac{x\,dx}{x^2 + r^2} = \frac{\pi}{2}(e^{a e^{-br}} - 1), \quad \text{etc...} \end{aligned} \right.$$

Les formules (46), qui ont été données pour la première fois par M. Laplace, et dont la seconde comprend comme cas particulier l'équation (45), sont elles-mêmes comprises dans la formule (47). Ajoutons que cette dernière suppose le nombre a renfermé entre

les limites 0, 2, et que, si l'on y fait $b = 0$, $r = 1$, on obtiendra une des intégrales les plus remarquables données par Euler, savoir,

$$(50) \qquad \int_0^\infty x^{a-1} \frac{dx}{1 + x^2} = \frac{\pi}{2 \sin \frac{a\pi}{2}}.$$

Si, dans l'équation (37), on remplaçait successivement $f(x)$ par les deux fonctions

$$\frac{e^{ax\sqrt{-1}}}{x} \qquad \frac{e^{ax\sqrt{-1}}}{x(x^4 + r^4)},$$

on en tirerait

$$(51) \qquad \int_0^\infty \frac{\cos ax - e^{-ax}}{x} \, dx = 0,$$

$$(52) \qquad \int_0^\infty \frac{\cos ax - e^{-ax}}{x} \cdot \frac{dx}{x^4 + r^4} = \frac{\pi}{2r^4} e^{-\frac{ar}{\sqrt{2}}} \sin \frac{ar}{\sqrt{2}},$$

Nous développerons dans d'autres articles les nombreuses conséquences des formules générales auxquelles nous sommes parvenus dans celui-ci ; et nous allons montrer, en finissant, comment, à l'aide de ces formules, on peut, dans beaucoup de cas, déterminer le résidu intégral d'une fonction donnée $f(z)$, c'est-à-dire, la somme de tous les résidus qui correspondent aux diverses racines de l'équation (6).

Concevons que la fonction $f(z)$ s'évanouisse pour des valeurs infinies réelles ou imaginaires de la variable z, c'est-à-dire, que la fonction $f(x + y\sqrt{-1})$ s'évanouisse, 1.° lorsqu'on suppose $x = \pm \infty$, 2.° lorsqu'on suppose $y = \pm \infty$; et admettons d'abord que, dans l'une et l'autre hypothèse, le produit

$$(x + y\sqrt{-1})f(x + y\sqrt{-1})$$

se réduise à la constante $\mathcal{G}$. On aura sensiblement, pour de très-grandes valeurs numériques de x ou de y,

$$(x + y\sqrt{-1})f(x + y\sqrt{-1}) = \mathcal{G}, \qquad f(x + y\sqrt{-1}) = \frac{\mathcal{G}}{x + y\sqrt{-1}}.$$

Donc alors, si l'on attribue aux quantités x_0, y_0, X, Y de très-grandes valeurs numériques, en supposant x_0 et y_0 négatives, X et Y positives, le premier membre de la formule (11) se confondra sensiblement avec la différence

16

$$(55) \qquad \sqrt{-1} \int_{y_0}^{Y} \left\{ \frac{\mathscr{F}}{X+y\sqrt{-1}} - \frac{\mathscr{F}}{x_0+y\sqrt{-1}} \right\} dy - \int_{x_0}^{X} \left\{ \frac{\mathscr{F}}{x+Y\sqrt{-1}} - \frac{\mathscr{F}}{x+y_0\sqrt{-1}} \right\} dx .$$

D'ailleurs, en vertu de la formule (31) de la page 94, cette même différence se réduit à

$$2\pi \mathscr{F}\sqrt{-1} .$$

Donc, si l'on prend

$$x_0 = -\infty , \quad X = \infty , \quad y_0 = -\infty , \quad Y = \infty ,$$

la formule (11) donnera

$$2\pi \mathscr{F}\sqrt{-1} = 2\pi \underset{-\infty}{\overset{\infty}{\mathcal{E}}} \underset{-\infty}{\overset{\infty}{}} ((f(z)))\sqrt{-1} ;$$

et, en divisant les deux membres par $2\pi\sqrt{-1}$, on obtiendra l'équation

$$(54) \qquad \underset{-\infty}{\overset{\infty}{\mathcal{E}}} \underset{-\infty}{\overset{\infty}{}} ((f(z))) = \mathscr{F},$$

que l'on peut écrire plus simplement comme il suit

$$(55) \qquad \mathcal{E}((f(z))) = \mathscr{F}.$$

Si l'on a $\mathscr{F} = 0$, ou, en d'autres termes, si le produit $zf(z)$ s'évanouit pour des valeurs infinies réelles ou imaginaires de la variable z, l'équation (55) deviendra

$$(56) \qquad \mathcal{E}((f(z))) = 0 .$$

On pourrait aisément revenir de la formule (56) à la formule (55). En effet, lorsque, pour des valeurs infinies réelles ou imaginaires de z, le produit $zf(z)$ se réduit non plus à zéro, mais à une quantité finie $\mathscr{F}$, il est clair que, pour ces mêmes valeurs de z, le produit

$$z\left\{ f(z) - \frac{\mathscr{F}}{z} \right\} = zf(z) - \mathscr{F}$$

s'évanouit. On a donc alors, en vertu de la formule (56),

$$\mathcal{E}\left(\left(f(z) - \frac{\mathscr{F}}{z} \right)\right) = 0 ,$$

ou , ce qui revient au même,

$$\mathcal{E}\left((f(z))\right) = \mathcal{E}\,\frac{\mathcal{F}}{((z))} = \mathcal{F}\;.$$

La formule (55) cesserait d'être exacte, si la valeur du produit

$$(31) \qquad\qquad (x + y\sqrt{-1})f(x + y\sqrt{-1}),$$

correspondante à des valeurs infinies positives ou négatives de la variable x ou y, changeait avec le signe de cette variable. Alors il faudrait à la formule (55) substituer l'une de celles que nous allons indiquer.

Supposons, en premier lieu, que, la fonction $f(z)$ étant nulle pour des valeurs infinies réelles ou imaginaires de z, le produit (31) se réduise à la constante $\mathcal{F}_1$ pour $x = -\infty$, et à la constante $\mathcal{F}_2$ pour $x = \infty$. Alors, en attribuant aux quantités $-a$ et $+b$ de très-grandes valeurs positives, on tirera de la formule (29)

$$\mathcal{E}\left((f(z))\right) =$$

$$\frac{\sqrt{-1}}{2\pi}\int_{-\infty}^{\infty}\left\{\frac{\mathcal{F}_2}{x+b\sqrt{-1}} - \frac{\mathcal{F}_1}{x+a\sqrt{-1}}\right\}dx = \frac{\mathcal{F}_1+\mathcal{F}_2}{2} + \frac{\sqrt{-1}}{2\pi}\int_{-\infty}^{\infty}\left\{\frac{\mathcal{F}_2}{x^2+b^2} - \frac{\mathcal{F}_1}{x^2+a^2}\right\}x\,dx,$$

puis, en remplaçant les intégrales par leurs valeurs principales,

$$(57) \qquad\qquad \mathcal{E}\left((f(z))\right) = \frac{\mathcal{F}_1+\mathcal{F}_2}{2}\;.$$

Supposons, en second lieu, que la fonction $f(z)$ étant nulle pour des valeurs infinies réelles ou imaginaires de z, le produit (31) se réduise à la constante $\mathcal{F}'$ pour $y = -\infty$, et à la constante $\mathcal{F}''$ pour $y = \infty$. Alors, en attribuant aux quantités $-a$ et $+b$ de très-grandes valeurs positives, et remplaçant les intégrales relatives à y par leurs valeurs principales, on tirera de la formule (30)

$$(58) \qquad\qquad \mathcal{E}\left((f(z))\right) = \frac{\mathcal{F}' + \mathcal{F}''}{2}\;.$$

Si l'on avait, dans la formule (57), $\mathcal{F}_2 = -\mathcal{F}_1$, ou, dans la formule (58) $\mathcal{F}'' = -\mathcal{F}'$, on retrouverait précisément l'équation (56). En conséquence, on peut énoncer la proposition suivante.

10.ᵉ **Théorème.** *Si la fonction* $f(z)$ *s'évanouit pour des valeurs infinies réelles ou imaginaires de la variable* z, *le résidu intégral de cette fonction sera nul, ou, en d'autres termes, on aura*

$$(56) \qquad \mathcal{E}\,((\,f(z)\,)) = 0 ,$$

pourvu que le produit $(x + y\sqrt{-1})\,f(x + y\sqrt{-1})$ *conserve une valeur finie pour des valeurs infinies positives ou négatives de l'une des variables* x, y, *et qu'il change de signe, sans changer de valeur numérique, dans le cas où la variable dont il s'agit passe de l'infini positif à l'infini négatif.*

Ce théorème, en raison de sa généralité, et des nombreuses applications qu'on en peut faire, paraît devoir mériter l'attention des géomètres. Si l'on remplace la fonction $f(z)$ par le rapport $\dfrac{f(z)}{z-x}$, la formule (56) donnera

$$\mathcal{E}\left(\left(\frac{f(z)}{z-x}\right)\right) = f(x) - \mathcal{E}\,\frac{((\,f(z)\,))}{x-z} = 0 ,$$

et l'on déduira facilement du théorème 10 une proposition nouvelle dont voici l'énoncé.

11.ᵒ **Théorème.** *Si la fonction* $f(z)$ *conserve une valeur finie pour des valeurs infinies réelles ou imaginaires de la variable* z, *on aura*

$$(59) \qquad f(x) = \mathcal{E}\,\frac{((\,f(z)\,))}{x-z} ,$$

pourvu que la fonction $f(x + y\sqrt{-1})$ *change de signe, sans changer de valeur numérique, lorsqu'on passera de la supposition* $x = -\infty$, *à la supposition* $x = \infty$, *ou bien de la supposition* $y = -\infty$ *à la supposition* $y = \infty$.

Si la fonction $f(x + y\sqrt{-1})$ se réduisait, pour $x = -\infty$, à la constante $\mathcal{F}_1$, et, pour $x = \infty$, à une constante $\mathcal{F}_2$ différente de $-\mathcal{F}_1$, alors il faudrait à la formule (59) substituer l'équation

$$(60) \qquad f(x) = \mathcal{E}\,\frac{((\,f(z)\,))}{x-z} + \frac{\mathcal{F}_1 + \mathcal{F}_2}{2} ,$$

qui se déduit immédiatement de la formule (57).

De même, si la fonction $f(x + y\sqrt{-1})$ se réduisait pour $y = -\infty$ à la constante $\mathcal{F}'$, et pour $y = \infty$ à la constante $\mathcal{F}''$ différente de $-\mathcal{F}'$, il faudrait à la formule (59) substituer l'équation

$$(61) \qquad f(x) = \underset{}{\mathcal{E}} \, \frac{((f(z)))}{x-z} + \frac{\mathcal{F}' + \mathcal{F}''}{2} \, ,$$

qui se déduit immédiatement de la formule (58).

Il est important d'observer que les équations (54), (56) et (59) s'accordent avec les formules (63), (64) et (57) des pages 22 et 23. La seule différence consiste en ce que, dans les formules dont il s'agit, on supposait la fonction $f(z)$ réduite à une fraction rationnelle.

Nous avons déjà remarqué que l'équation (59) fournit le moyen de décomposer dans tous les cas possibles une fraction rationnelle en fractions simples. On en déduit avec la même facilité un grand nombre de formules dont quelques-unes étaient déjà connues, par exemple, celle qui sert à développer en série la cotangente de l'arc x. On tire en effet de l'équation (59)

$$\cot x = \underset{}{\mathcal{E}} \, \frac{\cos z}{(x-z)\,((\sin z))} = \frac{1}{x} + \frac{1}{x-\pi} + \frac{1}{x-2\pi} + \frac{1}{x-3\pi} + \text{etc}\ldots$$
$$+ \frac{1}{x+\pi} + \frac{1}{x+2\pi} + \frac{1}{x+3\pi} + \text{etc}\ldots$$

et par suite

$$(62) \qquad \cot x = \frac{1}{x} - 2x \left\{ \frac{1}{\pi^2 - x^2} + \frac{1}{4\pi^2 - x^2} + \frac{1}{9\pi^2 - x^2} + \text{etc}\ldots \right\}$$

On trouvera de même, en supposant $a < \pi$,

$$(63) \qquad \frac{\cos ax}{\sin \pi x} = \underset{}{\mathcal{E}} \, \frac{\cos az}{(x-z)\,((\sin \pi z))} = \frac{1}{\pi x} + \frac{2x}{\pi} \left\{ \frac{\cos a}{1-x^2} - \frac{\cos 2a}{4-x^2} + \frac{\cos 3a}{9-x^2} - \ldots \right\}$$

$$(64) \qquad \frac{\sin ax}{\sin \pi x} = \underset{}{\mathcal{E}} \, \frac{\sin az}{(x-z)\,((\sin \pi z))} = \frac{2}{\pi} \left\{ \frac{\sin a}{1-x^2} - \frac{2\sin 2a}{4-x^2} + \frac{3\sin 3a}{9-x^2} - \ldots \right\}$$

Lorsqu'on suppose précisément $a = \pi$, l'équation (63) continue de subsister, tandis que la formule (64) devient inexacte. Mais alors, pour développer la fonction $\dfrac{\sin ax}{\sin \pi x} = 1$, il faut employer l'équation (61), au lieu de l'équation (59), et, comme on a, dans ce cas, $\mathcal{F}' = 1$, $\mathcal{F}'' = 1$, il en résulte que le second membre de la formule (64) doit être augmenté de la quantité $\dfrac{\mathcal{F}' + \mathcal{F}''}{2} = 1$. Or, en opérant de cette manière, on obtient effectivement, à la place de la formule (64), une équation identique.

DÉMONSTRATION

D'UN THÉORÊME CURIEUX SUR LES NOMBRES.

(Extrait du Bulletin de la Société philomatique.)

On trouve dans un numéro du Bulletin de la société philomatique l'énoncé d'une propriété remarquable des fractions ordinaires observée par M. J. Farey.

Cette propriété n'est qu'un simple corollaire d'un théorème curieux que je vais commencer par établir.

THÉORÊME. *Si, après avoir rangé dans leur ordre de grandeur les fractions irréductibles dont le dénominateur n'excède pas un nombre entier donné, on prend à volonté, dans la suite ainsi formée, deux fractions consécutives, leurs dénominateurs seront premiers entre eux, et elles auront pour différence une nouvelle fraction dont le numérateur sera l'unité.*

Démonstration. Soit $\dfrac{a}{b}$ la plus petite des deux fractions que l'on considère, et n le nombre entier donné. Soient de plus a' et b' les plus grandes valeurs entières que l'on puisse attribuer aux variables x et y dans l'équation indéterminée

$$(1) \qquad\qquad bx - ay = 1,$$

en supposant toutefois $b' < n$. La fraction $\dfrac{a}{b}$ étant irréductible par hypothèse, et la valeur de b' vérifiant l'équation

$$b\,a' - a\,b' = 1,$$

b et b' seront nécessairement premiers entre eux, et l'on aura de plus

$$\frac{a'}{b'} - \frac{a}{b} = \frac{1}{bb'}.$$

La fraction $\dfrac{a'}{b'}$ jouira donc, relativement à la fraction $\dfrac{a}{b}$, des propriétés énoncées dans le théorême ; et, pour établir ce même théorême, il suffira de prouver que, parmi toutes les fractions irréductibles dont le dénominateur n'excède pas n, celle qui surpasse immédiatement $\frac{a}{b}$ est précisément $\frac{a'}{b'}$. On y parvient de la manière suivante.

Les diverses valeurs de y qui résolvent l'équation (1) forment la progression arithmétique

$$\ldots, b' - 2b, \ b' - b, \ b', \ b' + b, \ b' + 2b \ldots;$$

et, puisque b' est la plus grande de ces valeurs qui soit comprise dans n, on a nécessairement

$$n < b' + b.$$

Soit maintenant $\frac{f}{g}$ une fraction irréductible et plus grande que $\frac{a}{b}$ prises parmi celles dont le dénominateur n'excède par n. Si l'on fait, pour abréger,

$$(2) \qquad\qquad bf - ag = m,$$

on aura

$$\frac{f}{g} - \frac{a}{b} = \frac{m}{bg}.$$

Ainsi, la différence des fractions $\frac{f}{g}$, $\frac{a}{b}$ sera généralement exprimée par $\frac{m}{bg}$; et, si l'on donne à m une valeur constante en laissant varier g, cette différence aura la plus petite valeur possible, lorsque g aura la plus grande valeur possible. D'ailleurs les diverses valeurs de g qui satisfont à l'équation (2) sont évidemment comprises dans la progression arithmétique

$$\ldots\ldots mb' - 2b, \ mb' - b, \ mb', \ mb' + b, \ mb' + 2b \ldots\ldots$$

dont le terme $mb' + b$, égal ou supérieur à $b' + b$, est par suite supérieur à n : et, comme g ne doit pas excéder n, il est clair qu'il sera tout au plus égal au terme mb' ; d'où il suit que la fraction $\frac{m}{bg}$ ne pourra devenir inférieure à

$$\frac{m}{mb'b} = \frac{1}{bb'}.$$

Donc, parmi toutes les fractions supérieures à $\frac{a}{b}$, et dont le dénominateur n'excède pas n, la plus petite est celle dont la différence avec $\frac{a}{b}$ est égale à $\frac{1}{b\,b'}$, c'est-à-dire, la fraction $\frac{a'}{b'}$.

Corollaire. Si, parmi les fractions dont il s'agit dans le théorème, on en prend trois de suite à volonté, en désignant ces trois fractions par

$$\frac{a}{b}, \quad \frac{a'}{b'}, \quad \frac{a''}{b''},$$

on aura

$$a'b - ab' = 1, \quad a''b' - a'b'' = 1,$$

et par suite

$$a'b - ab' = a''b' - a'b'';$$

d'où l'on conclut

$$\frac{a + a''}{b + b''} = \frac{a'}{b'}.$$

Cette dernière équation n'est autre chose que l'expression analytique de la propriété observée par M. J. Farey.

SUR LES MOMENTS LINÉAIRES

DE PLUSIEURS FORCES APPLIQUÉES A DIFFÉRENTS POINTS.

Considérons plusieurs forces

$$P, \quad P', \quad P'', \quad \text{etc}\ldots\ldots,$$

respectivement appliquées à différents points dont les coordonnées rectangulaires soient respectivement

$$x, y, z; \quad x', y', z'; \quad x'', y'', z''; \quad \text{etc}\ldots\ldots$$

Supposons de plus ces mêmes forces dirigées de manière à former, avec le demi-axe des x positives, les angles

$$\alpha, \quad \alpha', \quad \alpha'', \quad \text{etc}\ldots\ldots;$$

avec le demi-axe des y positives, les angles

$$\beta, \quad \beta', \quad \beta'', \quad \text{etc}\ldots\ldots;$$

enfin avec le demi-axe des z positives, les angles

$$\gamma, \quad \gamma', \quad \gamma'', \quad \text{etc}\ldots\ldots$$

Les projections algébriques de la force P sur les axes seront

$$P\cos\alpha, \quad P\cos\beta, \quad P\cos\gamma;$$

tandis que les projections algébriques de son moment linéaire se trouveront représentées, si l'on place le centre des moments à l'origine des coordonnées, par les trois produits

$$P(y\cos\gamma - z\cos\beta), \quad P(z\cos\alpha - x\cos\gamma), \quad P(x\cos\beta - y\cos\alpha),$$

et, si l'on place le centre des moments au point qui a pour coordonnées x_0, y_0, z_0, par les trois suivants

$$P[(y-y_0)\cos\gamma-(z-z_0)\cos\beta], \quad P[(z-z_0)\cos\alpha-(x-x_0)\cos\gamma], \quad P[(x-x_0)\cos\beta-(y-y_0)\cos\alpha].$$

On peut remarquer d'ailleurs que, pour obtenir ces trois derniers produits, il suffit d'ajouter respectivement aux trois premiers les quantités

$$P\,(y_0\cos\gamma - z_0\cos\beta)\,, \quad P\,(z_0\cos\alpha - x_0\cos\gamma)\,, \quad P\,(x_0\cos\beta - y_0\cos\alpha)\,,$$

prises en signes contraires, c'est-à-dire, en d'autres termes, les projections algébriques sur les axes coordonnés du moment linéaire d'une force égale et parallèle à P, mais dirigée en sens contraire, et appliquée au point (x_0, y_0, z_0), ce moment linéaire étant calculé pour le cas où l'on place le centre des moments à l'origine des coordonnées. De cette remarque on déduit immédiatement la proposition suivante.

Si, en plaçant le centre des moments à l'origine des coordonnées, on construit, 1.° le moment linéaire de la force P, 2.° le moment linéaire d'une force égale et parallèle, mais dirigée en sens contraire, et appliquée au point (x_0, y_0, z_0), le moment linéaire résultant, transporté parallèlement à lui-même, de manière que son origine coïncide avec le point (x_0, y_0, z_0), représentera, en grandeur et en direction, le moment linéaire de la force P par rapport à ce même point.

Nous dirons, avec M. Poinsot, que deux forces forment *un couple*, lorsqu'elles seront égales et parallèles, mais dirigées en sens contraires suivant deux droites différentes; et le *moment* de ce couple ou son *moment linéaire* sera ce que devient le moment ou le moment linéaire de l'une des forces, quand on prend le point d'application de l'autre pour centre des moments. Cela posé, le moment du couple sera évidemment égal au produit de l'une des forces par leur distance mutuelle, c'est-à-dire, en d'autres termes, à la surface du parallélogramme construit sur les deux forces; et le plan du moment du couple sera précisément le plan de ce parallélogramme, ou, si l'on veut, celui qui renferme les deux forces données. De plus, le moment linéaire du couple élevé par le point d'application de l'une des forces, se comptera sur le demi-axe perpendiculaire au plan du couple, et autour duquel l'autre force tend à produire un mouvement de rotation de droite à gauche. Enfin, comme, dans la proposition ci-dessus établie, les points d'application des deux forces P et l'origine des coordonnées peuvent être des points quelconques de l'espace, il est clair que cette proposition se réduira simplement à celle que je vais énoncer.

1.ᵉʳ **Théorème.** *Lorsque deux forces forment un couple, le moment linéaire résultant, pour le système de ces deux forces, est égal et parallèle au moment du couple et dirigé dans le même sens, quel que soit le point de l'espace que l'on prenne pour centre des moments.*

Revenons maintenant au système des forces P, P', P''.... appliquées à différents points de l'espace. Soient respectivement

$$X , \quad Y , \quad Z$$
$$L , \quad M , \quad N$$

les sommes des projections algébriques de ces mêmes forces, et celles des projections algébriques de leurs moments linéaires, dans le cas où l'on place le centre des moments à l'origine des coordonnées. On aura

$$(1) \quad \begin{cases} X = P\cos\alpha + P'\cos\alpha' + \text{etc.}, \ Y = P\cos\beta + P'\cos\beta' + \text{etc}, \ Z = P\cos\gamma + P'\cos\gamma' + \text{etc.} \\ L = P(y\cos\gamma - z\cos\beta) + \text{etc.}, \ M = P(z\cos\alpha - x\cos\gamma) + \text{etc.}, \ N = P(x\cos\beta - y\cos\alpha) + \text{etc.} \end{cases}$$

Cela posé, si, par un point quelconque on mène des forces $P, P', P''\dots$ égales et parallèles aux forces données, leur résultante, que je désignerai par R aura pour valeur

$$(2) \qquad R = \sqrt{(X^2 + Y^2 + Z^2)},$$

et formera, avec les demi-axes des coordonnées positives, des angles a, b, c déterminés par les équations

$$(3) \qquad \cos a = \frac{X}{R}, \quad \cos b = \frac{Y}{R}, \quad \cos c = \frac{Z}{R}.$$

De plus, si, en prenant le point dont il s'agit pour centre des moments, on construit les moments linéaires des forces données, on pourra composer ces moments entre eux de manière à obtenir en définitive un moment linéaire résultant. Soit K ce dernier moment, et désignons par l, m, n les angles que forme sa direction avec les demi-axes des coordonnées positives. Si le point pris pour centre des moments se confond avec l'origine des coordonnées, on aura évidemment

$$(4) \qquad K = \sqrt{(L^2 + M^2 + N^2)},$$

$$(5) \qquad \cos l = \frac{L}{K}, \quad \cos m = \frac{M}{K}, \quad \cos n = \frac{N}{K};$$

puisque les projections algébriques du moment linéaire résultant devront être respectivement égales aux sommes des projections algébriques de tous les autres. Si le même point, supposé distinct de l'origine, avait pour coordonnées

$$x_0, \quad y_0, \quad z_0,$$

il faudrait, d'après ce qui a été dit ci-dessus, lui appliquer des forces égales et paralléies aux forces $P, P' P''...$, mais dirigées en sens contraires. En joignant ces nouvelles forces au système des forces données, et composant les uns avec les autres les moments linéaires de toutes les forces pris par rapport à l'origine, on formerait un moment linéaire résultant égal et parallèle à celui que l'on cherche, et dirigé dans le même sens. Or, les nouvelles forces étant égales et parallèles aux forces données, mais dirigées en sens contraires, leur résultante serait égale et directement opposée à la force R. Par suite, les sommes des projections algébriques de leurs moments linéaires seraient respectivement égales aux projections algébriques du moment linéaire de la force R prises en signes contraires, c'est-à-dire, à

$$R(z_0 \cos b - y_0 \cos c) = z_0 Y - y_0 Z,$$

$$R(x_0 \cos c - z_0 \cos a) = x_0 Z - z_0 X,$$

$$R(y_0 \cos a - x_0 \cos b) = y_0 X - x_0 Y.$$

Donc, si à ces trois dernières expressions on ajoute les quantités L, M, N, on aura pour sommes les projections algébriques du moment linéaire représenté par K. Donc, en plaçant le centre des moments au point qui a pour coordonnées x_0, y_0, z_0, on trouvera

$$(6) \quad \begin{cases} K \cos l = L - y_0 Z + z_0 Y, \\ K \cos m = M - z_0 X + x_0 Z, \\ K \cos n = N - x_0 Y + y_0 X. \end{cases}$$

On aurait pu obtenir immédiatement les seconds membres de ces dernières équations en exprimant, au moyen des quantités X, Y, Z, L, M, N, les sommes des projections algébriques des moments linéaires des forces $P, P', P''....$ par rapport au point qui a pour coordonnées x_0, y_0, z_0, c'est-à-dire, en d'autres termes, les trois polynomes

$$P[(y - y_0) \cos \gamma - (z - z_0) \cos \beta] + P'[(y' - y_0) \cos \gamma' - (z' - z_0) \cos \beta'] + \text{etc.},$$

$$P[(z - z_0) \cos \alpha - (x - x_0) \cos \gamma] + P'[(z' - z_0) \cos \alpha' - (x' - x_0) \cos \gamma'] + \text{etc.},$$

$$P[(x - x_0) \cos \beta - (y - y_0) \cos \alpha] + P'[(x' - x_0) \cos \beta' - (y' - y_0) \cos \alpha'] + \text{etc.}...$$

On tire d'ailleurs des équations (6)

$$(7) \qquad K = \sqrt{[(L - y_0 Z + z_0 Y)^2 + (M - z_0 X + x_0 Z)^2 + (N - x_0 X + y_0 X)^2]}.$$

$$(8) \qquad \cos l = \frac{L - y_0 Z + z_0 Y}{K}, \qquad \cos m = \frac{M - z_0 X + x_0 Z}{K}, \qquad \cos n = \frac{N - x_0 Y + y_0 X}{K}.$$

Pour plus de commodité, la résultante $\overset{\cdot}{R}$ à laquelle se réduit le système des forces $P, P', P''\ldots$ lorsque toutes ces forces sont transportées parallèlement à elles-mêmes et appliquées à un même point, sera nommée désormais la *force principale* du système. Le moment linéaire K résultant de la composition des moments linéaires des forces données sera de même appelé *moment linéaire principal.* Cela posé, il est clair que la direction et l'intensité du moment linéaire principal dépendront de la position du centre des moments; tandis que la direction et l'intensité de la force principale seront indépendantes de son point d'application. De plus, quand on aura construit le moment linéaire principal relatif à l'origine des coordonnées, il suffira de le composer avec le moment linéaire de la force principale appliquée au point dont les coordonnées sont $x_0, y_0, z_0,$ en sens contraire de sa direction naturelle, puis de transporter à ce dernier point l'origine du moment linéaire résultant, pour obtenir le moment linéaire principal relatif à ce même point. On en conclura facilement que *la projection du moment linéaire principal sur la direction de la force principale est une quantité constante, indépendante de la position du centre des moments.* Au reste, cette proposition, que je dois à M. Coriolis, peut encore être démontrée de la manière suivante.

Pour déterminer la projection du moment linéaire principal sur la direction de la force principale, il suffit de multiplier le moment lui-même par le cosinus de l'angle compris entre sa direction et celle de la force, et de prendre la valeur numérique du produit. Or, le cosinus de l'angle compris entre les deux directions est équivalent à la somme

$$\cos a \cos l + \cos b \cos m + \cos c \cos n ,$$

laquelle, en vertu des équations (3) et (8), se réduit à la fraction

$$\frac{LX + MY + NZ}{KR} .$$

Donc, la projection cherchée sera équivalente à la valeur numérique de cette fraction multipliée par X, c'est-à-dire, à

$$\pm \frac{LX + MY + NZ}{R} .$$

Cette dernière expression, ainsi que l'on s'y attendait, ne dépend point des coordonnées du centre des moments, mais seulement des six quantités

$$X, Y, Z, L, M, N$$

qui conservent les mêmes valeurs, quelle que soit la position de ce centre.

La projection du moment linéaire principal sur la direction de la force principale, étant une quantité invariable, représente la plus petite valeur que puisse admettre ce moment linéaire, ou, en d'autres termes, son *minimum*. Pour obtenir ce minimum, il faut évidemment placer le centre des moments dans une position telle que la direction du moment linéaire principal devienne parallèle à celle de la force principale. Cette condition sera remplie, si l'on a

$$\frac{\cos l}{\cos a} = \frac{\cos m}{\cos b} = \frac{\cos n}{\cos c},$$

ou, ce qui revient au même,

$$\frac{L - y_0 Z + z_0 Y}{X} = \frac{M - z_0 X + x_0 Z}{Z} = \frac{N - x_0 Y + y_0 X}{Z}.$$

Par conséquent, si l'on nomme

$$\xi, \quad \eta, \quad \zeta$$

les coordonnées d'un point qui, pris pour centre des moments, remplisse la condition énoncée, on aura

$$(9) \qquad \frac{L - \eta Z + \xi Y}{X} = \frac{M - \zeta X + \xi Z}{Y} = \frac{N - \xi Y + \eta X}{Z} = \frac{LX + MY + NZ}{R^2}.$$

Cette dernière formule équivaut aux trois équations

$$(10) \qquad \begin{cases} L - \eta Z + \zeta Y = \dfrac{X}{R}\,\dfrac{LX + MY + NZ}{R}, \\[2ex] M - \zeta X + \xi Z = \dfrac{Y}{R}\,\dfrac{LX + MY + NZ}{R}, \\[2ex] N - \xi Y + \eta X = \dfrac{Z}{R}\,\dfrac{LX + MY + NZ}{R}. \end{cases}$$

Comme ces trois équations sont du premier degré relativement aux coordonnées ξ, η, ζ, et que la troisième équation se déduit immédiatement des deux autres, il est clair qu'elles appartiennent à une droite, sur laquelle il suffira de placer le centre des moments, pour que le moment linéaire principal devienne un minimum. Cette droite sera désignée désormais sous le nom d'*axe principal*.

Lorsque le système des forces données se réduit à une seule, les six quantités

$$X, \; Y, \; Z, \; L, \; M, \; N$$

appartiennent à cette force unique, et représentent les projections algébriques de cette force sur les axes, et celles de son moment linéaire par rapport à l'origine. Dans la même hypothèse, on a nécessairement

$$LX + MY + NZ = 0,$$

et par suite les équations (10) se réduisent aux suivantes

$$(11) \qquad Z\eta - Y\zeta = L, \quad X\zeta - Z\xi = M, \quad Y\xi - X\eta = N;$$

c'est-à-dire, aux équations de la droite suivant laquelle agit la force donnée. Donc alors l'axe principal se confond avec cette droite.

Lorsque le système des forces données se réduit à deux forces P, P', on a

$$X = P\cos\alpha + P'\cos\alpha', \quad Y = P\cos\beta + P'\cos\beta', \quad Z = P\cos\gamma + P'\cos\gamma'.$$

Alors la force principale est la résultante des forces P, P' transportées parallèlement à elles-mêmes et appliquées à un même point, tandis que le moment linéaire principal est la diagonale du parallélogramme construit sur les moments linéaires des deux forces données. Dans la même hypothèse, la force principale s'évanouit, lorsque les deux forces P, P' forment un couple; auquel cas on a nécessairement

$$(12) \qquad \begin{cases} X = 0, \ Y = 0, \ Z = 0 \\[4pt] P' = P \\[4pt] \cos\alpha' = -\cos\alpha, \ \cos\beta' = -\cos\beta, \ \cos\gamma' = -\cos\gamma. \end{cases}$$

Dans ce cas particulier, les projections algébriques du moment linéaire principal deviennent indépendantes de la position du centre des moments; par suite, le moment linéaire principal conserve toujours la même valeur, et n'admet plus de minimum, ensorte que l'axe principal disparaît entièrement. La valeur constante du moment linéaire principal est alors équivalente au moment linéaire du couple, c'est-à-dire, au moment linéaire de l'une des forces, quand on place le centre des moments sur la direction de l'autre force, ainsi que nous l'avons déjà expliqué. On arriverait aux mêmes conclusions, en observant que, dans le cas présent, les projections algébriques du moment linéaire principal se réduisent, en vertu des formules (12), à

$$L = P[(y - y')\cos\gamma - (z - z')\cos\beta)],$$
$$M = P[(z - z')\cos\alpha - (x - x')\cos\gamma)],$$
$$N = P[(x - x')\cos\beta - (y - y')\cos\alpha)],$$

c'est-à-dire, aux projections algébriques du moment linéaire de la force P, dans le cas où l'on prend pour centre des moments le point d'application de la force P'.

Si, pour le système des forces P, P', la force principale et le moment linéaire principal s'évanouissaient en même temps, on en conclurait que ces deux forces sont égales et agissent suivant une même droite, mais en sens contraires.

En général, quel que soit le nombre des forces P, P', P''.... lorsque X, Y, Z s'évanouissent, la grandeur et la direction du moment linéaire principal deviennent indépendantes de la position du centre des moments. Par suite, si, la force principale étant nulle, le moment linéaire principal se réduit à zéro pour une certaine position du centre des moments, il s'évanouira également pour toutes les autres.

Considérons, pour fixer les idées, un système composé seulement de trois forces P, P', P''. Si, pour ce système, les six quantités

$$X, Y, Z, L, M, N$$

s'évanouissent, non-seulement la force principale s'évanouira, mais il en sera de même du moment linéaire principal, quel que soit le centre des moments. Cela posé, concevons que l'on fasse coïncider le centre des moments avec le point d'application de la force P''. Dans ce cas, le moment linéaire de la force P'' étant nul, ceux des deux autres forces devront être égaux et dirigés suivant une même droite, mais en sens contraires, afin que le moment résultant se réduise à zéro. Par suite, les directions des forces P' et P'' devront être comprises dans un plan unique mené perpendiculairement à la droite dont il s'agit par le point d'application de la force P''. Ce plan unique, renfermant les points d'application des trois forces P, P', P'', sera nécessairement le plan du triangle formé avec ces trois points; et, comme au point d'application de la force P'' on peut substituer à volonté celui de la force P, ou celui de la force P', on déduira évidemment des remarques que nous venons de faire la proposition suivante

2.ᵉ Théorème. *Si pour le système des trois forces P, P', P'' les six quantités*

$$X, Y, Z, L, M, N$$

s'évanouissent, chacune des trois forces sera comprise dans le plan du triangle qui renferme les trois points d'application.

USAGE DES MOMENTS LINÉAIRES

DANS LA RECHERCHE DES ÉQUATIONS D'ÉQUILIBRE D'UN SYSTÈME INVARIABLE

ENTIÈREMENT LIBRE DANS L'ESPACE.

Cherchons d'abord les conditions d'équilibre de deux points matériels (A), (A') sollicités au mouvement par deux forces P, P', et liés entre eux par une droite invariable $\overline{AA'}$. Si l'équilibre subsiste entre les forces appliquées aux extrémités de cette droite, on ne le troublera pas, en fixant l'une de ces extrémités, par exemple, le point (A'). Dans cette supposition, le point (A), restant seul mobile, ne pourra décrire que la surface d'une sphère; et la force P, pour le maintenir en équilibre, devra être normale à cette surface, par conséquent dirigée suivant le rayon $\overline{AA'}$ ou suivant son prolongement. On prouverait de même, en fixant le point (A), que la force P' doit encore être dirigée suivant le rayon $\overline{AA'}$ prolongé dans un sens ou dans un autre. Concevons maintenant que, les forces P, P' agissant l'une et l'autre suivant la droite qui joint leurs points d'application, on rende à ces deux points leur mobilité primitive. Pour que l'équilibre continue de subsister, il sera évidemment nécessaire que la droite soit tirée à ses extrémités par les deux forces dans deux sens opposés, et autant dans un sens que dans l'autre. Par suite, les deux forces devront être égales et dirigées en sens contraires. Réciproquement, si les deux forces P, P', appliquées aux extrémités de la droite invariable $\overline{AA'}$, sont égales entre elles, et agissent suivant cette droite, mais en sens opposés, il y aura évidemment équilibre.

Lorsque deux forces sont égales et agissent suivant une même droite en sens contraires, leurs moments linéaires sont nécessairement égaux et directement opposés. En conséquence, pour le système composé de ces deux forces, le moment linéaire principal s'évanouit aussi bien que la force principale. Réciproquement, si, pour un système composé de deux forces P, P', la force principale et le moment linéaire principal s'évanouissent, on pourra en conclure que ces deux forces sont égales et agissent en sens contraires suivant la droite qui joint leurs points d'application. Donc alors, si cette droite est invariable, elles se feront équilibre.

18

Pour traduire en analyse les conditions d'équilibre que nous venons de trouver, désignons par

$$x, y, z; \ x', y', z'$$

les coordonnées des points (A), (A'); et par

$$\alpha, \beta, \gamma; \ \alpha', \beta', \gamma'$$

les angles que forment les directions des forces P, P' avec les demi-axes des coordonnées positives. Enfin, soient respectivement

$$X, \quad Y, \quad Z$$
$$L, \quad M, \quad N$$

les sommes des projections algébriques des deux forces sur les axes des x, y, z, et les sommes des projections algébriques sur les mêmes axes de leurs moments linéaires; dans le cas où l'on place le centre des moments à l'origine des coordonnées. La force principale étant représentée par

$$\sqrt{(X^2 + Y^2 + Z^2)},$$

et le moment linéaire principal par

$$\sqrt{(L^2 + M^2 + N^2)},$$

il sera nécessaire, et il suffira pour l'équilibre que l'on ait à-la-fois et désignant par m le nombre des racines de l'équation

$$(1) \quad \begin{cases} X^2 + Y^2 + Z^2 = 0 & \text{et} \\ L^2 + M^2 + N^2 = 0; \end{cases}$$

ou, ce qui revient au même,

$$(2) \quad \begin{cases} X = 0, \quad Y = 0, \quad Z = 0; & \text{et} \\ L = 0, \quad M = 0, \quad N = 0. \end{cases}$$

Si, dans ces dernières équations, on remet pour X, Y, Z, L, M, N leurs valeurs respectives, on trouvera

$$(3) \qquad P\cos\alpha + P'\cos\alpha' = 0, \quad P\cos\beta + P'\cos\beta' = 0, \quad P\cos\gamma + P'\cos\gamma' = 0 .$$

$$(4) \quad \begin{cases} P[y\cos\gamma - z\cos\beta] + P'[y'\cos\gamma' - z'\cos\beta'] = 0, \, P[z\cos\alpha - x\cos\gamma] + P'[z'\cos\alpha' - x'\cos\gamma'] = 0. \\[4pt] P[x\cos\beta - y\cos\alpha) + P'[x'\cos\beta' - y'\cos\alpha'] = 0. \end{cases}$$

En vertu des équations (3), les équations (4) deviennent

$$(5) \quad P[(y-y')\cos\gamma - (z-z')\cos\beta] = 0, \; P[(z-z')\cos\alpha - (x-x')\cos\gamma] = 0, \; P[(x-x)\cos\beta - (y-y')\cos\alpha] = 0 ;$$

et peuvent être remplacées par les deux équations comprises dans la formule

$$(6) \qquad \frac{P\cos\alpha}{x - x'} = \frac{P\cos\beta}{y - y'} = \frac{P\cos\gamma}{z - z'} .$$

En conséquence, les six équations d'équilibre que nous avons d'abord trouvées se réduisent à cinq, savoir, aux équations (3) et à celles que comprend la formule (6). Les équations (3) expriment que les forces P, P' sont égales et agissent en sens opposés, suivant la même droite, ou suivant des droites parallèles. La formule (6) exprime que la force P agit suivant la droite qui joint les points d'application des deux forces. Ajoutons que les équations (5) et la formule (6) peuvent être remplacées par une seule formule, savoir,

$$(7) \qquad \frac{P\cos\alpha}{x - x'} = \frac{P\cos\beta}{y - y'} = \frac{P\cos\gamma}{z - z'} = \frac{P'\cos\alpha'}{x' - x} = \frac{P'\cos\beta'}{y' - y} = \frac{P'\cos\gamma'}{z' - z} .$$

En vertu de ce qui précède, une force P, appliquée au point (A) et agissant suivant la droite $\overline{AA'}$, fera équilibre à une seconde force $P' = P$ appliquée à un autre point (A') de la même droite, et dirigée suivant cette droite, mais en sens contraire, pourvu que l'on suppose les deux points liés invariablement entre eux. Cet équilibre subsisterait encore, si l'on transportait le point d'application de la force P de (A) en (A'), sans changer la direction de cette force, puisqu'alors on aurait au point (A') deux forces égales et directement opposées. Le point (A') pouvant d'ailleurs être choisi arbitrairement sur la direction de la force P, nous devons conclure qu'une force dirigée suivant une droite dont tous les points sont supposés liés invariablement les uns aux autres, produit toujours le même effet, en quelque point de cette droite qu'on la suppose appliquée. C'est ce qu'on peut encore exprimer en disant que deux forces appliquées aux extrémités d'une droite invariable, et agissant suivant cette droite dans le même sens, sont *équivalentes*.

Il est essentiel d'observer qu'en transportant le point d'application d'une force partout où l'on voudra sur la direction de cette force, on ne changera jamais ni ses projections algébriques, ni celles de son moment linéaire.

Si, la droite $\overline{AA'}$ demeurant toujours invariable, l'extrémité (A) de cette droite était soumise à l'action de plusieurs forces P, Q, etc...., et l'extrémité (A') à l'action de plusieurs autres forces P', Q', etc...., il serait nécessaire, et il suffirait pour l'équilibre que la résultante des forces P, Q, etc...., fût égale à la résultante des forces P', Q', etc...., et que ces deux résultantes fussent dirigées suivant la même droite $\overline{AA'}$, mais en sens contraires. Par suite, il serait nécessaire et il suffirait que, pour le système de toutes les forces données, la force principale et le moment linéaire principal se trouvassent réduits à zéro. Si l'on désigne toujours par

$$X, \quad Y, \quad Z$$
$$L, \quad M, \quad N$$

les sommes des projections algébriques des forces données sur les axes, et celles de leurs moments linéaires, les deux conditions qu'on vient d'énoncer seront encore exprimées par les deux équations

$$(1) \qquad \begin{cases} X^2 + Y^2 + Z^2 = 0, \\ L^2 + M^2 + N^2 = 0, \end{cases}$$

auxquelles on peut substituer les suivantes

$$(2) \qquad \begin{cases} X = 0, \ Y = 0, \ Z = 0, \\ L = 0, \ M = 0, \ N = 0. \end{cases}$$

Il semble donc, au premier abord, qu'il y ait, dans le cas présent, six équations d'équilibre. Mais on prouvera sans peine, comme on l'a déjà fait dans un cas semblable, que la sixième équation se déduit des cinq autres.

Cherchons maintenant les conditions d'équilibre d'un triangle invariable, c'est-à-dire, de trois points $(A), (A'), (A'')$ liés par trois droites invariables et soumis à l'action de trois forces données P, P', P''. Si l'équilibre subsiste, il ne sera pas troublé, lorsqu'on fixera deux sommets du triangle, par exemple les points $(A), (A')$. Dans cette supposition, le point (A), restant seul mobile, ne pourra décrire qu'un cercle dont le plan sera perpendiculaire à celui du triangle, et dont le centre se trouvera situé sur la droite $\overline{AA'}$. De plus, la force P'', devant maintenir le point (A'') en équilibre sur la circonférence du cercle, sera nécessairement perpendiculaire à la tangente au cercle menée par le point (A''), et par conséquent comprise dans le plan du triangle donné. On arriverait encore à la même conclusion , en observant que, si la force P'' n'était pas comprise dans le plan du triangle, elle ferait tourner le plan autour de l'axe $\overline{A\,A'}$ devenu fixe en vertu de l'hypothèse admise. Cela posé, on pourra construire un parallélogramme qui ait pour diagonale la force P'', et dont les côtés coïncident en direction avec les droites $\overline{A''A}$, $\overline{A''A'}$ ou avec leurs prolongements. Par suite on pourra décomposer la force P'' appliquée au sommet (A'') en deux autres qui agissent suivant les côtés adjacents. Soient Q, Q' les deux composantes dont il s'agit. Il sera permis de transporter la force Q agissant suivant le côté $\overline{A''A}$ du point (A'') au point (A), et la force Q' agissant suivant le côté $\overline{A''A'}$ du point (A'') au point (A'). On obtiendra par ce moyen, au lieu des trois forces P, P', P'' appliquées aux trois sommets d'un triangle invariable, quatre forces P, Q, P', Q' appliquées aux deux extrémités d'une droite invariable, et qui devront encore se faire équilibre. Donc, pour le système des quatre dernières forces, la force principale et le moment linéaire principal devront s'évanouir. D'ailleurs, la décomposition de la force P'' en deux autres, et le transport de ces deux composantes ne peuvent changer en aucune manière ni la force principale ni le moment linéaire principal du système des trois forces P, P', P''. Donc aussi, lorsque le triangle invariable est en équilibre, cette force principale et ce moment linéaire principal s'évanouissent. Cela posé, si l'on appelle

$$X , \quad Y , \quad Z$$
$$L , \quad M , \quad N$$

les sommes des projections algébriques des forces P, P', P'', et celles des projections algébriques de leurs moments linéaires, on aura, dans le cas d'équilibre,

$$(1) \qquad \sqrt{(X^2 + Y^2 + Z^2)} = 0 , \qquad \sqrt{(L^2 + M^2 + N^2)} = 0 \, ;$$

et par suite

$$(2) \qquad \begin{cases} X = 0 , & Y = 0 , & Z = 0 , \\ L = 0 , & M = 0 , & N = 0 . \end{cases}$$

Réciproquement on peut affirmer que le triangle invariable sera en équilibre, toutes les fois que les équations (2) seront satisfaites, c'est-à-dire, en d'autres termes, toutes les fois que, pour le système des trois forces appliquées aux trois sommets du triangle, la force principale et le moment linéaire principal se réduiront à zéro. En effet, dans cette hypothèse, les directions des trois forces seront, ainsi qu'on l'a précédemment démontré [page 124], comprises dans le plan du triangle. Par suite, on pourra décomposer la force P'' en deux autres dirigées vers les points $(A), (A')$, et transporter ces dernières composantes de manière à les appliquer aux points dont il s'agit. On substituera par ce moyen au système des trois forces données un système de quatre forces appliquées aux deux extrémités (A), (A') d'une droite invariable; et, comme la force principale et le moment linéaire principal ne changeront pas de valeurs dans le passage du premier système au second, ces deux quantités seront encore nulles pour le nouveau système, d'où l'on peut conclure qu'il y aura équilibre.

Si, le triangle $A A' A''$ restant invariable, chacun de ses sommets était soumis à l'action de plusieurs forces, on pourrait remplacer les différentes forces appliquées à chaque sommet par une résultante unique. Cela posé, comme le système des trois résultantes ainsi obtenues aurait la même force principale et le même moment linéaire principal que le système des forces données, on trouverait toujours que les conditions nécessaires et suffisantes pour l'équilibre se réduisent à l'évanouissement de cette force principale et de ce moment linéaire principal, ou, ce qui revient au même, à l'évanouissement des six quantités que l'on obtient en ajoutant, 1.° les projections algébriques des forces données, 2.° les projections algébriques de leurs moments linéaires.

Dans les deux cas que nous venons de considérer, et qui sont relatifs à l'équilibre du triangle invariable, la sixième équation d'équilibre ne se déduit plus des cinq autres, comme il arrive quand on considère l'équilibre d'une droite invariable.

Soient maintenant (A), (A'), (A'') .... des points liés invariablement les uns aux autres, et en tel nombre que l'on voudra. Ces points formeront ce qu'on appelle un *système invariable*. Cela posé, cherchons les conditions d'équilibre de plusieurs forces

$$P, P', P'' ....$$

respectivement appliquées à ces mêmes points; et désignons encore par

$$X, Y, Z, L, M, N$$

les sommes des projections algébriques de ces forces et de leurs moments linéaires, le centre des moments étant toujours placé à l'origine des coördonnées. Si l'on suppose d'abord que le plan mené par les trois points (A), (A'), (A'') ...., ne renferme aucun des autres points donnés, chacune des forces P''', P'', etc.... pourra être remplacée par trois composantes respectivement dirigées suivant trois arêtes d'une pyramide qui aurait pour base le triangle $A A' A''$, et le point d'application de chacune de ces composantes pourra être transporté à l'un des trois sommets du triangle dont il s'agit. Quand, à l'aide de ces deux espèces d'opérations, on aura substitué au système des forces données celui de plusieurs forces appliquées aux trois sommets d'un triangle invariable, il sera nécessaire, et il suffira pour l'équilibre que la force principale et le moment principal relatifs au nouveau système s'évanouissent. Or, cette force principale et ce moment linéaire principal se trouvent représentés pour le premier système par les deux quantités

$$\sqrt{(X^2 + Y^2 + Z^2)}\,, \qquad \sqrt{(L^2 + M^2 + N^2)}\,;$$

et comme, en passant du premier système au second, on ne change ni les sommes des projections algébriques des forces; c'est-à-dire, les quantités

$$X\,, \quad Y\,, \quad Z\,;$$

ni les sommes des projections algébriques de leurs moments linéaires, c'est-à-dire, les quantités

$$L\,, \quad M\,, \quad N\,;$$

il est clair que les conditions nécessaires et suffisantes pour l'équilibre seront exprimées par les deux formules

$$(1) \qquad \sqrt{(X^2 + Y^2 + Z^2)} = 0\,, \qquad \sqrt{(L^2 + M^2 + N^2)} = 0\,,$$

auxquelles on peut substituer les six équations

$$(2) \qquad \begin{cases} X = 0\,, \; Y = 0\,, \; Z = 0\,; \\ L = 0\,, \; M = 0\,, \; N = 0\,. \end{cases}$$

Si l'une des forces P''', P^{IV}, etc..... avait son point d'application situé dans le plan du triangle $A A' A''$, il arriverait de deux choses l'une. Ou cette force se trouverait elle-même comprise dans le plan du triangle, et alors elle pourrait être remplacée par deux composantes appliquées à deux sommets de ce triangle, par exemple, aux points (A), (A'). Ou elle serait dirigée suivant une droite qui couperait le plan, et pourrait alors être appliquée à un nouveau point de cette droite que l'on supposerait invariablement lié avec tous les points du système. Ce nouveau point étant situé hors du plan du triangle, toute difficulté disparaîtrait. Dans l'un et l'autre cas, on parviendra évidemment aux conclusions que nous avons précédemment obtenues. On arriverait aussi au même résultat, en substituant au triangle $A A' A''$ un triangle quelconque dont les trois sommets seraient liés invariablement au système des points donnés. Donc en définitive, pour que des forces quelconques appliquées aux différents points d'un système invariable se fassent équilibre, il est nécessaire et il suffit que la force principale et le moment linéaire principal s'évanouissent, ou, en d'autres termes, que les sommes des projections algébriques des forces données et des projections algébriques de leurs moments linéaires se réduisent à zéro. Lorsque le système des forces données ne satisfait pas aux conditions d'équilibre, on peut à ce premier système de forces en joindre un autre choisi de manière que l'équilibre se trouve rétabli. Soient, dans cette hypothèse,

$$X_1, \ Y_1, \ Z_1, \ L_1, \ M_1, \ N_1$$

ce que deviennent les quantités

$$X, \ Y, \ Z, \ L, \ M, \ N$$

lorsqu'on passe du premier système au second. On aura nécessairement

$$(8) \quad \begin{cases} X + X_1 = 0, \quad Y + Y_1 = 0, \quad Z + Z_1 = 0; \\ L + L_1 = 0, \quad M + M_1 = 0, \quad N + N_1 = 0; \end{cases}$$

ou, ce qui revient au même

$$(9) \quad \begin{cases} X_1 = -X, \quad Y_1 = -Y, \quad Z_1 = -Z, \\ L_1 = -L, \quad M_1 = -M, \quad N_1 = -N. \end{cases}$$

Réciproquement, si les équations qui précèdent subsistent, la réunion des deux systèmes produira l'équilibre. Donc, pour que deux systèmes de forces appliqués à des points liés invariablement les uns aux autres se fassent mutuellement équilibre, il est nécessaire et il suffit que, dans le passage du premier système au second, les sommes des projections algébriques des forces et des projections algébriques de leurs moments linéaires conservent les mêmes valeurs numériques, mais changent de signes.

SUR QUELQUES FORMULES

RELATIVES A LA DÉTERMINATION

DU RÉSIDU INTÉGRAL D'UNE FONCTION DONNÉE.

Soit $f(z)$ une fonction donnée de la variable z. Si le produit

$$(1) \qquad z f(z)$$

s'évanouit pour des valeurs infinies, réelles ou imaginaires de cette variable, on aura [voyez la page 110]

$$(2) \qquad \underset{}{\mathcal{E}}\,((f(z))) = 0.$$

Si, au contraire, le produit (1) se réduit, pour des valeurs infinies de z, à la constante $\mathcal{F}$, on trouvera

$$(3) \qquad \underset{}{\mathcal{E}}\,((f(z))) = \mathcal{F}.$$

Or, si l'on pose $z = \dfrac{1}{u}$, le produit (1) se changera dans le rapport

$$(4) \qquad \frac{f\left(\frac{1}{u}\right)}{u},$$

et la constante désignée par $\mathcal{F}$ coïncidera évidemment avec la valeur de ce rapport correspondante à $u = 0$, ou, ce qui revient au même, avec le résidu de la fonction

$$(5) \qquad \frac{f\left(\frac{1}{u}\right)}{u^2},$$

relatif à une valeur nulle de u. On aura donc

$$\mathcal{F} = \underset{}{\mathcal{E}}\,\frac{f\left(\frac{1}{u}\right)}{((u^2))} = \underset{}{\mathcal{E}}\,\frac{f\left(\frac{1}{z}\right)}{((z^2))},$$

et la formule (5) pourra être remplacée par la suivante

$$(6) \qquad \mathcal{E}\,((f(z)\,)) = \mathcal{E}\,\frac{f\left(\frac{1}{z}\right)}{((z^2))}\,,$$

Or, cette dernière ne doit pas être restreinte au cas où le produit $z f(z)$ conserve une valeur finie pour des valeurs infinies de z; mais elle subsiste généralement lorsque le résidu de la fonction (5), correspondant à une valeur nulle de u, se réduit à une constante déterminée. C'est ce que nous allons faire voir.

Si l'on suppose le signe $\mathcal{E}$ relatif à la variable s, on aura, en vertu des principes établis à la page 21,

$$(7) \qquad \frac{f\left(\frac{1}{u}\right)}{u^2} = \mathcal{E}\,\frac{f\left(\frac{1}{s}\right)}{((s^2))\,(u-s)} + U\,,$$

U représentant une fonction de u qui conservera une valeur finie pour $u = 0$; puis, en développant l'expression

$$\mathcal{E}\,\frac{f\left(\frac{1}{s}\right)}{((s^2))\,(u-s)}\,,$$

et désignant par m le nombre des racines de l'équation

$$(8) \qquad \frac{1}{f\left(\frac{1}{s}\right)} = 0$$

qui se réduisent à zéro, on trouvera

$$(9) \qquad \frac{f\left(\frac{1}{u}\right)}{u^2} = \frac{1}{u}\,\mathcal{E}\,\frac{f\left(\frac{1}{s}\right)}{((s^2))} + \frac{1}{u^2}\,\mathcal{E}\,\frac{s f\left(\frac{1}{s}\right)}{((s^2))} + \cdots + \frac{1}{u^{m+2}}\,\mathcal{E}\,\frac{s^{m+1} f\left(\frac{1}{s}\right)}{((s^2))} + U\,.$$

Si, de plus, on remet pour u sa valeur $\frac{1}{z}$, et si l'on pose

$$(10) \qquad U\,u^2 = \varpi(z) \qquad \text{ou} \qquad U = z^2\,\varpi(z)\,,$$

on tirera de l'équation (9), multipliée par u^2,

$$(11) \qquad f(z) = \frac{1}{z}\,\mathcal{E}\,\frac{f\left(\frac{1}{s}\right)}{((s^2))} + \mathcal{E}\,\frac{f\left(\frac{1}{s}\right)}{((s))} + \cdots + z^m\,\mathcal{E}\,\frac{s^m f\left(\frac{1}{s}\right)}{((s))} + \varpi(z)\,.$$

Si maintenant on prend le résidu intégral de chacun des membres de la formule (11) par rapport à z, et si l'on a égard aux équations

$$\mathcal{E}\left(\left(\frac{1}{z}\right)\right)=1,\quad \mathcal{E}((1))=0,\quad \mathcal{E}((z))=0\ldots,\quad \mathcal{E}((z^m))=0,$$

on trouvera

$$(12)\qquad \mathcal{E}\,f(z)=\mathcal{E}\,\frac{f\left(\frac{1}{s}\right)}{((s^2))}+\mathcal{E}\,((\varpi(z))).$$

D'ailleurs, puisque la fonction U conserve une valeur finie, quand on suppose $u=0$, la même supposition fera nécessairement évanouir le produit

$$U\,u=z\,\varpi(z).$$

On aura donc

$$(13)\qquad \mathcal{E}\,((\varpi(z)))=0\,;$$

et par conséquent l'équation (12) entraînera la suivante

$$(14)\qquad \mathcal{E}\,f(z)=\mathcal{E}\,\frac{f\left(\frac{1}{s}\right)}{((s^2))}\,,$$

qui ne diffère pas de la formule (6). On pourrait encore établir la même formule à l'aide des raisonnements que nous allons indiquer.

Si l'on remplace immédiatement, dans la formule (7), u par $\frac{1}{z}$, et si l'on a égard à l'équation

$$\frac{1}{z(1-zs)}=\frac{1}{z}+\frac{s}{1-zs}\,,$$

on trouvera

$$(15)\qquad f(z)=\frac{1}{z}\,\mathcal{E}\,\frac{f\left(\frac{1}{s}\right)}{((s^2))}+\mathcal{E}\,\frac{f\left(\frac{1}{s}\right)}{((s))(1-zs)}+\varpi(z)$$

De plus, on reconnaîtra facilement que l'expression

$$(16) \qquad \mathcal{E}\,\frac{f\left(\frac{1}{s}\right)}{((s))(1-zs)},$$

considérée comme fonction de la variable z, donne pour résidu intégral relatif à cette variable une quantité nulle. En effet, ce dernier résidu ne pourrait différer de zéro, que dans le cas où, en désignant par ζ une valeur finie de z, et par $s=\varepsilon$, $z=\zeta+\varepsilon'$, des valeurs de s et de z, infiniment rapprochées, l'une de zéro, l'autre de ζ, on obtiendrait, pour le développement de la fonction

$$\frac{f\left(\frac{1}{s}\right)}{s.(1-zs)}=\frac{f\left(\frac{1}{\varepsilon}\right)}{\varepsilon[1-\varepsilon(\zeta+\varepsilon')]}$$

suivant les puissances ascendantes de ε et de ε', une série de termes dont l'un serait réciproquement proportionnel au produit $\varepsilon\varepsilon'$. Or, il est clair que le développement dont il s'agit ne renfermera point de terme de cette espèce. Cela posé, si l'on prend le résidu intégral, relatif à z, de chacun des deux membres de la formule (15), on retrouvera évidemment l'équation (14), ou, ce qui revient au même, la formule (6).

Concevons à présent que, dans la formule (6), on substitue à la fonction $f(z)$ le rapport

$$\frac{f(z)}{z-x}.$$

On en tirera

$$\mathcal{E}\left(\left(\frac{f(z)}{z-x}\right)\right)=f(x)+\mathcal{E}\,\frac{((f(z)))}{z-x}=\mathcal{E}\,\frac{f\left(\frac{1}{z}\right)}{((z))(1-zx)},$$

et par suite

$$(17) \qquad f(x)=\mathcal{E}\,\frac{((f(z)))}{x-z}+\mathcal{E}\,\frac{f\left(\frac{1}{z}\right)}{((z))(1-zx)}.$$

Telle est l'équation que l'on devra substituer à la formule (59) de la page 112, si la fonction $f(z)$ devient infinie en même temps que la variable z.

Lorsque $f(x)$ est une fonction entière de x, le résidu intégral

$$\mathcal{E}\,\frac{((f(z)))}{x-z}$$

s'évanouit, attendu que $f(z)$ conserve une valeur finie pour une valeur finie quelconque de la variable z, et l'équation (17) se réduit à

$$(18) \qquad f(x) = \underset{}{\mathcal{E}} \, \frac{f\left(\frac{1}{z}\right)}{((z))\,(1-zx)} \, .$$

Il est facile de vérifier cette dernière formule. En effet, supposons

$$(19) \qquad f(x) = a\,x^{m} + b\,x^{m-1} + c\,x^{m-2} + \ldots + k\,x + l,$$

$a, b, c \ldots, k, l$ désignant des coëfficients constants, et m un nombre entier. En vertu de ce qui a été dit [page 12], le second membre de la formule (18) ne sera autre chose que le terme indépendant de la quantité infiniment petite ε, dans le développement du produit

$$(20) \qquad \frac{f\left(\frac{1}{\varepsilon}\right)}{1-\varepsilon x} = \left(\frac{a}{\varepsilon^{m}} + \frac{b}{\varepsilon^{m-1}} + \frac{c}{\varepsilon^{m-2}} + \ldots + \frac{k}{\varepsilon} + l\right)(1 + \varepsilon x + \varepsilon^{2} x^{2} + \text{etc.}\ldots)$$

en série ordonnée suivant les puissances ascendantes de cette même quantité. Or. le terme dont il s'agit est évidemment égal au polynome (19).

Concevons à présent que $f(x)$ représente une fonction rationnelle de la variable x, en sorte que l'on ait

$$(21) \qquad f(x) = \frac{\mathrm{f}(x)}{\mathrm{F}(x)} \, ,$$

$\mathrm{f}(x)$ et $\mathrm{F}(x)$ désignant deux fonctions entières de la même variable. Si le degré de $\mathrm{f}(x)$ est inférieur à celui de $\mathrm{F}(x)$, le résidu

$$(22) \qquad \underset{}{\mathcal{E}} \, \frac{f\left(\frac{1}{z}\right)}{((z))\,(1-zx)}$$

s'évanouira, et la formule (17), réduite à

$$(23) \qquad f(x) = \underset{}{\mathcal{E}} \, \frac{((f(z)))}{x-z} \, ,$$

suffira, comme on l'a dit (page 22), pour la décomposition de la fraction rationnelle $f(x)$ en fractions simples. Au contraire, si le degré de $\mathrm{f}(x)$ surpasse le degré de $\mathrm{F}(x)$, la fonction

$$\frac{\mathrm{f}(x)}{\mathrm{F}(x)}$$

se trouvera décomposée par l'équation (17) en deux parties dont l'une, savoir,

$$(24) \qquad \mathcal{S}\, \frac{((\,f(z)\,))}{x-z}$$

représentera la somme des fractions simples dont l'addition fournit le reste de la division de $f(x)$ par $F(x)$, tandis que l'autre partie, c'est-à-dire, l'expression (22), représentera le quotient de cette même division.

Supposons, pour fixer les idées,

$$(25) \qquad f(x) = \frac{1 + x^4}{x + x^3}\,.$$

On tirera de l'équation (17)

$$(26) \qquad \frac{1 + x^4}{x + x^3} = \mathcal{S}\, \frac{1 + z^4}{((z + z^3))\,(x - z)} + \mathcal{S}\, \frac{1 + z^4}{(1 + z^2)\,((z^2))\,(1 - xz)}\,.$$

On trouvera d'ailleurs

$$\mathcal{S}\, \frac{1 + z^4}{((z + z^3))\,(x - z)} = \mathcal{S}\, \frac{1 + z^4}{((z\,(z - \sqrt{-1})\,(z + \sqrt{-1})\,))}\, \frac{1}{x - z} = \frac{1}{x} - \frac{1}{x - \sqrt{-1}} - \frac{1}{x + \sqrt{-1}}\,, \quad \text{et}$$

$$\mathcal{S}\, \frac{1 + z^4}{(1 + z^2)\,((z^2))\,(1 - xz)} = x\,.$$

Par conséquent la formule (26) donnera

$$(27) \qquad \frac{1 + x^4}{x + x^3} = \frac{1}{x} - \frac{1}{x - \sqrt{-1}} - \frac{1}{x + \sqrt{-1}} + x\,,$$

ce qui est exact.

Concevons enfin que la fonction $f(x)$ devienne transcendante. Alors, pour que la formule (17) subsiste, il sera nécessaire que l'expression (22) se réduise à une constante déterminée. C'est ce qui arrivera, par exemple, si l'on suppose

$$(28) \qquad f(x) = \cot \frac{1}{x}\,.$$

Dans ce cas particulier, on trouvera

$$\mathcal{S}\, \frac{((\,f(z)\,))}{x-z} = \mathcal{S}\, \frac{\sin \frac{1}{z}}{(x-z)\left(\left(\cos \frac{1}{z}\right)\right)} = - \frac{1}{\pi^2}\, \frac{1}{x - \frac{1}{\pi}} - \frac{1}{4\pi^2}\, \frac{1}{x - \frac{1}{2\pi}} - \frac{1}{9\pi^2}\, \frac{1}{x - \frac{1}{3\pi}} - \text{etc}\ldots$$

$$- \frac{1}{\pi^2}\, \frac{1}{x + \frac{1}{\pi}} - \frac{1}{4\pi^2}\, \frac{1}{x + \frac{1}{2\pi}} - \frac{1}{9\pi^2}\, \frac{1}{x + \frac{1}{3\pi}} - \text{etc}\ldots,$$

ou, ce qui revient au même,

$$\mathcal{L}\,\frac{((f(z)))}{x-z} = -2x \left\{ \frac{1}{\pi^2 x^2-1} + \frac{1}{4\pi^2 x^2-1} + \frac{1}{9\pi^2 x^2-1} + \text{etc.}\dots \right\},$$

et de plus, en désignant par ε un nombre infiniment petit,

$$\mathcal{L}\,\frac{f\left(\frac{1}{z}\right)}{((z))(1-zx)} = \mathcal{L}\,\frac{\cot z}{((z))(1-zx)} = \frac{d\left(\frac{\varepsilon\cot\varepsilon}{1-\varepsilon x}\right)}{d\varepsilon} = x\,\frac{\varepsilon\cot\varepsilon}{(1-\varepsilon x)^2} + \frac{\varepsilon}{(1-\varepsilon x)\cos^2\varepsilon} = x.$$

Par suite, la formule (17) donnera

$$(29)\qquad \cot\frac{1}{x} = x - 2x \left\{ \frac{1}{\pi^2 x^2-1} + \frac{1}{4\pi^2 x^2-1} + \frac{1}{9\pi^2 x^2-1} + \text{etc.}\dots \right\}$$

On trouvera encore de même

$$(30)\qquad \frac{\sin\dfrac{a}{x-a}}{\sin\dfrac{a^2}{x^2-a^2}} = 1 + \frac{x}{a}$$

$$+ax\left\{\begin{array}{l} \dfrac{\sin\sqrt{[\pi(\pi+1)]}}{\sqrt{[\pi(\pi+1)]}}\,\dfrac{1}{a^2+\pi(a^2-x^2)} + \dfrac{\sin\sqrt{[2\pi(2\pi+1)]}}{\sqrt{[2\pi(2\pi+1)]}}\,\dfrac{1}{a^2+2\pi(a^2-x^2)} \\[2ex] + \dfrac{\sin\sqrt{[3\pi(3\pi+1)]}}{\sqrt{[3\pi(3\pi+1)]}}\,\dfrac{1}{a^2+3\pi(a^2-x^2)} + \text{etc.}\dots\dots\dots\dots\dots \\[2ex] + \dfrac{\sin\sqrt{[\pi(\pi-1)]}}{\sqrt{[\pi(\pi-1)]}}\,\dfrac{1}{a^2-\pi(a^2-x^2)} + \dfrac{\sin\sqrt{[2\pi(2\pi-1)]}}{\sqrt{[2\pi(2\pi-1)]}}\,\dfrac{1}{a^2-2\pi(a^2-x^2)} \\[2ex] + \dfrac{\sin\sqrt{[3\pi(3\pi-1)]}}{\sqrt{[3\pi(3\pi-1)]}}\,\dfrac{1}{a^2-3\pi(a^2-x^2)} + \text{etc.}\dots\dots\dots\dots\dots \end{array}\right.$$

Les deux équations qui précèdent suffisent pour montrer le parti que l'on peut tirer de la formule (17). Nous ajouterons que, si, dans l'équation (29), on remplace x par $\frac{1}{x}$, on se trouvera précisément ramené à la formule (62) de la page 115.

SUR UN THÉORÊME

RELATIF AU CONTACT DES COURBES.

Lorsque deux courbes se touchent en un point donné (P), et que l'on marque sur ces courbes, prolongées dans le même sens, deux points (Q), (R), situés à des distances égales et infiniment petites du point de contact, ces distances sont les deux côtés d'un triangle isocèle; et, comme chacune d'elles forme avec la tangente aux deux courbes un angle très-petit, on peut affirmer que la base du triangle isocèle est sensiblement perpendiculaire à ces mêmes courbes. On ne devra plus en dire autant, si le rapport entre les cordes ou distances $\overline{PQ}, \overline{PR}$, supposées infiniment petites, n'était pas rigoureusement égal à l'unité, mais en différait très-peu; et, dans ce dernier cas, on pourrait seulement assurer que la distance $\overline{QR}$ forme avec chacune des cordes $\overline{PQ}, \overline{PR}$ un angle sensible. Ainsi, quoique le rapport entre ces cordes se rapproche beaucoup de l'unité, quand les deux arcs deviennent rigoureusement égaux, on pourrait douter que, dans cette hypothèse, la distance $\overline{QR}$ fût sensiblement normale aux deux courbes données. C'est néanmoins ce que l'on peut facilement démontrer à l'aide des considérations suivantes.

Supposons que les longueurs égales portées sur la première et la seconde courbe à partir du point de contact, aboutissent, d'une part, au point (x, y, z), de l'autre, au point (ξ, η, ζ). Soient de plus s et ς les arcs renfermés, 1.º entre un point fixe de la première courbe et le point (x, y, z), 2.º entre un point fixe de la seconde courbe et le point (ξ, η, ζ). Tandis que les coordonnées $x, y, z; \xi, \eta, \zeta$ varieront simultanément, la différence

$$s - \varsigma$$

restera invariable, et l'on aura en conséquence $\varsigma = s + const.$.

$$(1) \qquad\qquad d\varsigma = ds.$$

Soient d'ailleurs α, β, γ les angles que forme, avec les demi-axes des coordonnées positives, la tangente commune aux deux courbes, prolongée dans le même sens que les arcs s et ς; ν la longueur de la droite menée du point (ξ, η, ζ) au point (x, y, z); enfin λ, μ, ν les angles que forme cette droite avec les demi-axes des coordonnées positives. On aura sensiblement

$$(2) \quad \cos \alpha = \frac{dx}{ds} = \frac{d\xi}{d\varsigma}, \qquad \cos \beta = \frac{dy}{ds} = \frac{d\eta}{d\varsigma}, \qquad \cos \gamma = \frac{dz}{ds} = \frac{d\zeta}{d\varsigma}.$$

$$(3) \quad \varkappa = \sqrt{[(x - \xi)^2 + (y - \eta)^2 + (z - \zeta)^2]}.$$

$$(4) \quad \cos \lambda = \frac{\xi - x}{\varkappa}, \qquad \cos \mu = \frac{\eta - y}{\varkappa}, \qquad \cos \nu = \frac{\zeta - z}{\varkappa};$$

et l'on tirera des formules (2) réunies à l'équation (1)

$$dx^2 + dy^2 + dz^2 = d\xi^2 + d\eta^2 + d\zeta^2,$$

ou, ce qui revient au même,

$$(5) \quad (dx + d\xi)(dx - d\xi) + (dy + d\eta)(dy - d\eta) + (dz + d\zeta)(dz - d\zeta) = 0.$$

Or, les équations (2) donneront

$$(6) \quad \frac{dx + d\xi}{\cos \alpha} = \frac{dy + d\eta}{\cos \beta} = \frac{dz + d\zeta}{\cos \gamma} = ds + d\varsigma = 2\,ds.$$

De plus, en faisant converger h vers la limite zéro, dans la formule (3) de l'addition placée à la suite des Leçons sur le calcul infinitésimal, on en conclut que, *dans le voisinage d'une valeur particulière de x, qui fait évanouir deux fonctions données, le rapport entre ces fonctions diffère très-peu du rapport entre leurs dérivées, et par conséquent du rapport entre leurs différentielles, quand même ces différentielles et ces dérivées s'évanouiraient à leur tour pour la valeur particulière dont il s'agit.* En appliquant ce principe aux seconds membres des formules (4), on reconnaîtra que les quantités $\cos \lambda$, $\cos \mu$, $\cos \nu$, peuvent être déterminées approximativement par les formules

$$(7) \quad \cos \lambda = \frac{dx - d\xi}{d\varkappa}, \qquad \cos \mu = \frac{dy - d\eta}{d\varkappa}, \qquad \cos \nu = \frac{dz - d\zeta}{d\varkappa}.$$

On aura donc à très-peu près

$$(8) \quad \frac{dx - d\xi}{\cos \lambda} = \frac{dy - d\eta}{\cos \mu} = \frac{dz - d\zeta}{\cos \nu} = d\varkappa.$$

Cette dernière équation sera d'autant plus exacte que les points (x, y, z) et (ξ, η, ζ) se trouveront plus rapprochés du point de contact des deux courbes. Si maintenant on remplace, dans la formule (5), les sommes

$$dx + d\xi, \qquad dy + d\eta, \qquad dz + d\zeta$$

par les quantités $\cos \alpha$, $\cos \beta$, $\cos \gamma$, qui sont entre elles dans les mêmes rapports, et les différences

$$ dx - d\xi, \qquad dy - d\eta, \qquad dz - d\zeta $$

par des quantités proportionnelles à ces différences, savoir, $\cos \lambda$, $\cos \mu$, et $\cos \nu$, on trouvera définitivement

(9) $$\cos \alpha \cos \lambda + \cos \beta \cos \mu + \cos \gamma \cos \nu = 0 ,$$

Or, la formule (9) exprime que la droite menée du point (x, y, z) au point (ξ, η, ζ) est sensiblement perpendiculaire à la tangente commune aux deux courbes, ou, ce qui revient au même, sensiblement parallèle au plan normal. On peut donc énoncer le théorème suivant, qui est fort utile dans la théorie des contacts des courbes.

1.ᵉʳ Théorème. *Étant donné deux courbes qui se touchent, si, à partir du point de contact, on porte sur ces courbes, prolongées dans le même sens, des longueurs égales, mais très-petites, la droite qui joindra les extrémités de ces longueurs sera sensiblement perpendiculaire à la tangente commune aux deux courbes.*

Lorsque, dans ce théorème, on remplace la seconde courbe par une droite tangente à la première, il se transforme en un autre dont voici l'énoncé.

2.ᵉ Théorème. *Si, à partir d'un point donné sur une courbe, on porte sur cette courbe et sur sa tangente, prolongées dans le même sens, des longueurs égales et très-petites, la droite qui joindra les extrémités de ces longueurs sera sensiblement perpendiculaire à la tangente, ou, ce qui revient au même, sensiblement parallèle au plan normal.*

Concevons, pour fixer les idées, que l'on désigne par i chacune des longueurs égales portées sur la courbe et sur sa tangente à partir du point donné. Les angles formés avec les demi-axes des coordonnées positives par la droite qui joindra les extrémités de ces deux longueurs, seront des fonctions de i ; et, si l'on fait converger i vers la limite zéro, ces angles convergeront en général vers certaines limites, et s'approcheront indéfiniment de ceux qui déterminent la direction d'une certaine normale avec laquelle la droite dont il s'agit tendra de plus en plus à se confondre. Cette normale, qui mérite d'être remarquée, est celle que nous appellerons *normale principale*. Pour en fixer la direction, il suffirait de recourir aux formules (7) et au principe énoncé à la page (141). On peut aussi arriver très-facilement au même but par la méthode que nous allons indiquer.

Désignons par x, y, z les coordonnées du point de la courbe qui coïncide, non plus avec l'extrémité, mais avec l'origine de la longueur i, c'est-à-dire, les coordonnées du point par lequel on mène une tangente à la courbe. Soit toujours s l'arc compté sur la courbe entre le point (x, y, z), et un point fixe placé de manière que la longueur i serve de prolongement à l'arc s. Soient encore α, β, γ les angles que forme, avec les demi-axes des coordonnées positives, la tangente au point (x, y, z) prolongée dans le même sens que l'arc s. Si l'on prend cet arc pour variable indépendante, l'extrémité de la longueur i, portée sur la courbe, aura évidemment pour coordonnées trois expressions de la forme

$$(10) \quad \left\{ \begin{aligned} & x + i\frac{dx}{ds} + \frac{i^2}{2}\left(\frac{d^2x}{ds^2} + I\right), \quad y + i\frac{dy}{ds} + \frac{i^2}{2}\left(\frac{d^2y}{ds^2} + J\right), \\ & z + i\frac{dz}{ds} + \frac{i^2}{2}\left(\frac{d^2z}{ds^2} + K\right), \end{aligned} \right.$$

I, J, K devant s'évanouir avec i; tandis que l'extrémité d'une autre longueur égale à i, portée sur la tangente, et comptée dans le même sens que la première, aura pour coordonnées

$$(11) \quad \left\{ \begin{aligned} & x + i\cos\alpha = x + i\frac{dx}{ds}, \quad y + i\cos\beta = y = i\frac{dy}{ds}, \\ & z + i\cos\gamma = z + i\frac{dz}{ds}. \end{aligned} \right.$$

Cela posé, si l'on nomme δ la distance comprise entre les extrémités des deux longueurs, et λ, μ, ν les angles formés avec les demi-axes des coordonnées positives par la droite qui, partant de l'extrémité de la seconde longueur, se dirige vers l'extrémité de la première, on aura évidemment

$$(12) \quad \delta = \frac{i^2}{2}\sqrt{\left[\left(\frac{d^2x}{ds^2} + I\right)^2 + \left(\frac{d^2y}{ds^2} + J\right)^2 + \left(\frac{d^2z}{ds^2} + K\right)^2\right]},$$

$$(13) \quad \cos\lambda = \frac{i^2}{2\delta}\left(\frac{d^2x}{ds^2} + I\right), \ \cos\mu = \frac{i^2}{2\delta}\left(\frac{d^2y}{ds^2} + J\right), \ \cos\nu = \frac{i^2}{2\delta}\left(\frac{d^2z}{ds^2} + K\right),$$

et par suite

$$(14) \quad \left\{ \begin{aligned} & \frac{\cos\lambda}{\dfrac{d^2x}{ds^2} + I} = \frac{\cos\mu}{\dfrac{d^2y}{ds^2} + J} = \frac{\cos\nu}{\dfrac{d^2z}{ds^2} + K} \\ & = \frac{1}{\sqrt{\left[\left(\dfrac{d^2x}{ds^2} + I\right)^2 + \left(\dfrac{d^2y}{ds^2} + J\right)^2 + \left(\dfrac{d^2z}{ds^2} + K\right)^2\right]}}. \end{aligned} \right.$$

Si maintenant on fait converger i vers la limite zéro, les valeurs numériques de I, J, K décroîtront indéfiniment, et, en passant aux limites, on tirera de la formule (14)

$$(15) \qquad \frac{\cos \lambda}{d^2 x} = \frac{\cos \mu}{d^2 y} = \frac{\cos \nu}{d^2 z} = \frac{1}{\sqrt{[(d^2 x)^2 + (d^2 y)^2 + (d^2 z)^2]}} .$$

Les angles λ, μ, ν déterminés par cette dernière formule sont ceux qui se trouvent compris entre la normale principale, prolongée dans un certain sens, et les demi-axes des coordonnées positives. La même formule devrait être remplacée par la suivante

$$(16) \qquad \frac{\cos \lambda}{d^2 x} = \frac{\cos \mu}{d^2 y} = \frac{\cos \nu}{d^2 z} = - \frac{1}{\sqrt{[(d^2 x)^2 + (d^2 y)^2 + (d^2 z)^2]}} ,$$

si la normale principale avait été prolongée en sens contraire. Ajoutons que les équations (15) et (16) sont renfermées l'une et l'autre dans la seule équation

$$(17) \qquad \frac{\cos \lambda}{d^2 x} = \frac{\cos \mu}{d^2 y} = \frac{\cos \nu}{d^2 z} .$$

D'ailleurs, on a évidemment

$$(18) \qquad \cos \alpha = \frac{dx}{ds} , \quad \cos \beta = \frac{dy}{ds} , \quad \cos \gamma = \frac{dz}{ds} ,$$

et l'on en conclut, en prenant toujours l'arc s pour variable indépendante, que la formule (17) peut être réduite à

$$(19) \qquad \frac{\cos \lambda}{d \cos \alpha} = \frac{\cos \mu}{d \cos \beta} = \frac{\cos \nu}{d \cos \gamma} .$$

Si l'on cessait de prendre l'arc s pour variable indépendante, la formule (17) deviendrait inexacte. Mais la formule (19) existerait toujours; et, en substituant dans celle-ci, à la place de $\cos \alpha, \cos \beta, \cos \gamma$, leurs valeurs tirées des formules (19), on trouverait

$$(20) \qquad \frac{\cos \lambda}{d \left(\dfrac{dx}{ds} \right)} = \frac{\cos \mu}{d \left(\dfrac{dy}{ds} \right)} = \frac{\cos \nu}{d \left(\dfrac{dz}{ds} \right)} .$$

Nous observerons, en finissant, que la normale principale est toujours celle sur laquelle se compte le rayon de courbure de la courbe proposée. Dans le cas où cette courbe devient plane, la normale principale reste comprise dans le plan de la courbe.

SUR LES DIVERS ORDRES

DE QUANTITÉS INFINIMENT PETITES.

Dans quelques-unes des questions qui se rattachent au calcul infinitésimal, et particulièrement dans les questions relatives au contact des courbes et des surfaces, il peut être utile de considérer, non-seulement des quantités infiniment petites du premier, du second, du troisième ordre, etc., mais encore des infiniment petits dont les ordres soient représentés par des nombres fractionnaires ou même irrationnels. La seule difficulté qu'on éprouve alors est de se former une idée précise de l'ordre d'une quantité infiniment petite. Toutefois cette difficulté disparaîtra, si l'on définit l'ordre dont il s'agit comme nous allons le faire.

Désignons par a un nombre constant, rationnel ou irrationnel; par i une quantité infiniment petite; et par r un nombre variable. Dans le système de quantités infiniment petites dont i sera la *base*, une fonction de i représentée par $f(i)$ sera un infiniment petit de l'*ordre* a, si la limite du rapport

$$(1) \qquad \frac{f(i)}{i^r}$$

est nulle pour toutes les valeurs de r plus petites que a, et infinie pour toutes les valeurs de r plus grandes que a.

Cette définition admise, si l'on désigne par n le nombre entier égal ou immédiatement supérieur à l'ordre a de la quantité infiniment petite $f(i)$, le rapport

$$\frac{f(i)}{i^n}$$

sera le premier terme de la progression géométrique

$$(2) \qquad f(i), \quad \frac{f(i)}{i}, \quad \frac{f(i)}{i^2}, \quad \frac{f(i)}{i^3}, \quad \text{etc.} \ldots$$

qui cessera d'être une quantité infiniment petite ; d'où l'on conclut , en raisonnant comme dans l'addition placée à la suite des Leçons sur le calcul infinitésimal , que $f'^{(n)}(i)$ sera la première des fonctions

$$(3) \qquad f(i) , \quad f'(i) . \quad f''(i) , \quad f'''(i) , \quad \text{etc.} \ldots ,$$

qui cessera de s'évanouir avec i .

Quant au rapport

$$(4) \qquad \frac{f(i)}{i^a}$$

que l'on déduit de l'expression (1) en posant $r = a$, il peut avoir une limite finie , ou nulle , ou infinie. Ainsi, par exemple ,

$$i^a e^i , \qquad \frac{i^a e^i}{l(i)} , \qquad i^a e^i \, l(i)$$

sont trois quantités infiniment petites de l'ordre a , et les quotients qu'on obtient en les divisant par i^a , savoir ,

$$e^i , \qquad \frac{e^i}{l(i)} , \qquad e^i \, l(i)$$

ont pour limites respectives

$$1 , \qquad 0 , \qquad \frac{1}{0} .$$

Cela posé, on établira sans peine les propriétés des quantités infiniment petites , et en particulier les différents théorèmes que nous allons énoncer.

THÉORÈME 1.er *Si , dans un système quelconque, l'on considère deux quantités infiniment petites d'ordres différents, pendant que ces deux quantités s'approcheront indéfiniment de zéro, celle qui sera d'un ordre plus élevé finira par obtenir constamment la plus petite valeur numérique.*

Démonstration. Concevons que , dans le système dont la base est i , l'on désigne par $I = f(i)$ et par $J = F(i)$ deux quantités infiniment petites, la première de l'ordre a , la seconde de l'ordre b ; et supposons $a < b$. Si l'on attribue au nombre variable r une valeur comprise entre a et b , les deux rapports

$$\frac{I}{i^r} , \qquad \frac{J}{i^r}$$

auront pour limites respectives, le premier $\dfrac{1}{0}$, le second, zéro; et par suite, le quotient de ces rapports, ou la fraction

$$\frac{J}{I},$$

aura une limite nulle. Donc la valeur numérique du numérateur J décroîtra beaucoup plus rapidement que celle du dénominateur I, et cette dernière finira par devenir constamment supérieure à l'autre.

THÉORÊME 2. *Soient* a, b, c..... *les nombres qui indiquent, dans un système déterminé, les ordres de plusieurs quantités infiniment petites, et* a *le plus petit de ces nombres. La somme des quantités dont il s'agit sera un infiniment petit de l'ordre* a.

Démonstration. Soit toujours i la base du système adopté. Soient de plus I, J, etc.... les quantités données, la première de l'ordre a, la seconde de l'ordre b, etc.... Le rapport de la somme $I + J +$ etc.... à la quantité I, savoir,

$$1 + \frac{J}{I} + \text{etc.....},$$

aura pour limite l'unité, attendu que les termes $\dfrac{J}{I}$, etc.... auront des limites nulles. Par suite, le produit

$$\left(1 + \frac{J}{I} + \text{etc....} \right) \frac{I}{i^r} = \frac{I + J + \text{etc....}}{i^r}$$

aura la même limite que le rapport

$$\frac{I}{i^r},$$

et, puisque ce dernier rapport a une limite nulle ou infinie, suivant qu'on suppose $r < a$ ou $r > a$, on pourra en dire autant du rapport

$$\frac{I + J + \text{etc....}}{i^r}.$$

Donc $I + J +$ etc.... sera une quantité infiniment petite de l'ordre a.

Corollaire. Les raisonnements par lesquels nous venons d'établir le théorême 1.er, montrent évidemment que, pour de très-petites valeurs numériques de la base i, la somme de plusieurs quantités infiniment petites, rangées de manière que leurs ordres forment une suite croissante, est positive ou négative, suivant que son premier terme est lui-même positif ou négatif.

Théorème 3. *Dans un système quelconque, le produit de deux quantités infiniment petites dont les ordres sont désignés par* a *et par* b, *est une autre quantité infiniment petite de l'ordre* $a + b$.

Démonstration. Soient toujours i la base du système que l'on considère, et I, J les quantités données, la première de l'ordre a, la seconde de l'ordre b. Les rapports

$$\frac{I}{i^r}, \qquad \frac{J}{i^s},$$

auront des limites nulles, toutes les fois que l'on supposera $r < a$, $s < b$; des limites infinies, toutes les fois que l'on supposera $r > a$, $s > b$; et l'on pourra en dire autant du produit

$$\frac{I}{i^r} \cdot \frac{J}{i^s} = \frac{IJ}{i^{r+s}}.$$

Il en résulte évidemment que le rapport

$$\frac{IJ}{i^{r+s}}$$

aura une limite nulle pour $r + s < a + b$, et une limite infinie pour $r + s > a + b$. Donc le produit IJ sera une quantité infiniment petite de l'ordre $a + b$.

Nota. Si l'un des facteurs se réduisait à une quantité finie, le produit serait évidemment du même ordre que l'autre facteur.

Corollaire. Dans un système quelconque, le produit de plusieurs quantités infiniment petites dont les ordres sont désignés par $a, b, c, \ldots$ est une autre quantité infiniment petite de l'ordre $a + b + c \ldots$

Théorème 4. *Si trois quantités infiniment petites sont telles que, la première étant prise pour base, la seconde soit de l'ordre* a, *et que, la seconde étant prise pour base, la troisième soit de l'ordre* b, *celle-ci, dans le système qui a pour base la première, sera d'un ordre équivalent au produit* ab.

Démonstration. Soient i, I et J les trois quantités données; en sorte que les deux rapports

$$\frac{I}{i^r}, \qquad \frac{J}{I^s}$$

aient des limites nulles quand on suppose à-la-fois $r < a$, $s < b$, et des limites infinies quand on suppose à-la-fois $r > a$, $s > b$. Il est clair que le produit

$$\left(\frac{I}{i^r} \right)^s \frac{J}{I^s} = \frac{J}{i^{rs}}$$

aura une limite nulle pour $rs < ab$, une limite infinie pour $rs > ab$; et par suite, que, si l'on prend i pour base, J sera une quantité infiniment petite de l'ordre ab.

Corollaire 1.er Le rapport entre les ordres de deux quantités infiniment petites J et I reste le même, quelle que soit la base du système que l'on adopte, et ce rapport est équivalent au nombre b, qui indique l'ordre de la première quantité, quand on prend pour base la seconde. Donc, si, après avoir déterminé pour une certaine base les ordres de plusieurs quantités infiniment petites, on vient à changer de base, les nombres qui indiquent ces divers ordres croîtront ou décroîtront tous à-la-fois dans un rapport donné.

Corollaire 2.e Si l'on suppose, dans le théorême 4, que la quantité J se réduise à la quantité i, on aura évidemment $ab = 1$, $b = \dfrac{1}{a}$. Donc, si dans le système dont la base est i, la quantité I est un infiniment petit de l'ordre a, i sera de l'ordre $\dfrac{1}{a}$ dans le système qui aura pour base la quantité I. Ainsi, par exemple, lorsque I, considéré comme fonction de i, est un infiniment petit du premier ordre, on peut en dire autant de i considéré comme fonction de I.

Le second corollaire, réuni au premier, entraîne évidemment le suivant.

Corollaire 3.e Si deux quantités infiniment petites sont telles que, l'une étant prise pour base, l'autre soit du premier ordre, le nombre qui exprimera l'ordre d'une quantité quelconque restera le même dans les deux systèmes qui auront pour base les deux quantités données.

On parvient encore assez facilement à démontrer, ainsi que nous l'avons fait à la page 170 des Leçons sur le calcul infinitésimal, un théorême qui peut être employé avec succès dans la théorie des intégrales singulières des équations différentielles, et que nous allons rappeler ici.

Théorême 5. *Si l'on désigne par i et par $f(i)$ deux quantités infiniment petites, zéro sera la valeur unique ou l'une des valeurs que recevra le produit*

$$(5) \qquad \frac{f(i)}{f'(i)}$$

lorsqu'on y fera évanouir la quantité i.

Nous ajouterons que, si la fonction $f(i)$, dans le système de quantités infiniment petites dont i représente la base, est un infiniment petit de l'ordre a, le nombre a sera ordinairement la valeur unique, ou du moins l'une des valeurs que recevra le produit de i par la fraction (5) renversée, c'est-à-dire, le rapport

$$6) \qquad \frac{i\,f'(i)}{f(i)} = i\,\frac{d.\operatorname{l}f(i)}{di} ,$$

lorsqu'on y fera évanouir la quantité i. C'est ce qui arrivera en particulier, si l'on prend pour $f(i)$ l'une des fonctions

$$i^a e^i , \quad \frac{i^a}{\operatorname{l}(i)} , \quad i^a \operatorname{l}(i) , \quad i^a \operatorname{ll}(i) , \quad i^a \sin \frac{1}{i} , \quad \text{etc.} \dots$$

Toutefois il existe des fonctions auxquelles cette remarque n'est pas applicable. On peut citer, comme exemple, la fonction imaginaire

$$i^a \left(\cos \frac{1}{i} + \sqrt{-1} \sin \frac{1}{i} \right) .$$

En effet, si l'on pose

$$7) \qquad f(i) = i^a \left(\cos \frac{1}{i} + \sqrt{-1} \sin \frac{1}{i} \right) = i^a e^{\frac{1}{i}\sqrt{-1}} .$$

$f(i)$ sera infiniment petit de l'ordre a; et l'on trouvera

$$8) \qquad \frac{i\,f'(i)}{f(i)} = a - \frac{1}{i}\sqrt{-1} .$$

Or, il est clair que cette dernière expression acquerra une valeur infinie pour une valeur nulle de la quantité i.

SUR LES CONDITIONS D'ÉQUIVALENCE

DE DEUX SYSTÈMES DE FORCES

APPLIQUÉES A DES POINTS LIÉS INVARIABLEMENT LES UNS AUX AUTRES.

On dit en mécanique que deux systèmes de forces, dont les points d'application se trouvent assujettis à des liaisons quelconques, sont *équivalents*, lorsqu'un troisième système, choisi de manière à faire équilibre au premier, fait en même temps équilibre au second. Cela posé, si les points d'application ont été liés invariablement les uns aux autres, il est clair que, dans le passage du premier système au troisième, ou du second au troisième, les six quantités ci-dessus représentées [pag. 119 et suiv.] par

$$X, \quad Y, \quad Z, \quad L, \quad M, \quad N$$

devront conserver les mêmes valeurs numériques, mais changer de signe. Par conséquent, dans le passage du premier système au second, elles conserveront les mêmes valeurs numériques et les mêmes signes. Ainsi, pour que deux systèmes de forces appliquées à des points liés par des droites invariables soient équivalents, il est nécessaire et il suffit que de part et d'autre les projections algébriques des forces et de leurs moments linéaires fournissent les mêmes sommes; ce qui revient à dire que ces deux systèmes doivent avoir la même force principale et le même moment linéaire principal.

Concevons maintenant que, pour un système de forces appliquées à des points liés invariablement les uns aux autres, on connaisse les six quantités

$$X, \quad Y, \quad Z, \quad L, \quad M, \quad N.$$

Pour que ce système soit réductible à une force unique, ou, en d'autres termes, pour qu'on puisse le remplacer par une force équivalente, il sera nécessaire et il suffira que les six quantités données soient propres à représenter les projections algébriques d'une seule force et de son moment linéaire. Par suite, il sera nécessaire et il suffira que l'on ait en même temps

$$(152)$$

$$(1) \qquad X^2 + Y^2 + Z^2 \gtrless 0 ,$$

$$(2) \qquad LX + MY + NZ = 0 .$$

Ces conditions étant supposées remplies, la force équivalente au système donné sera ce qu'on nomme sa *résultante;* et cette résultante ne sera autre chose que la force principale appliquée à l'un des points de la droite dont les coordonnées ξ, n, ζ vérifient les trois équations

$$(3) \qquad \left\{ \begin{aligned} n Z - \zeta Y &= L , \\ \zeta X - \xi Z &= M , \\ \xi Y - n X &= N . \end{aligned} \right.$$

Si l'on avait à-la-fois

$$(4) \qquad X = 0 , \quad Y = 0 , \quad Z = 0 ,$$

l'équation (2) serait toujours vérifiée. Mais la formule (1) se trouverait remplacée par la suivante

$$(5) \qquad X^2 + Y^2 + Z^2 = 0 .$$

Dans ce cas, le système donné sera évidemment réductible à deux forces égales et parallèles, mais dirigées en sens contraires de manière à former un couple. En effet, pour obtenir un couple équivalent au système dont il s'agit, il suffira de choisir ce couple de telle sorte que son moment linéaire ait pour projections algébriques sur les axes les trois quantités

$$L , \quad M , \quad N .$$

Pour y parvenir, on tracera un demi-axe qui forme avec eux des coordonnées positives des angles dont les cosinus soient respectivement

$$\frac{L}{\sqrt{(L^2 + M^2 + N^2)}} , \quad \frac{M}{\sqrt{(L^2 + M^2 + N^2)}} , \quad \frac{N}{\sqrt{(L^2 + M^2 + N^2)}} ;$$

on mènera par un point quelconque de l'espace un plan perpendiculaire à ce demi-axe, et par deux points pris arbitrairement dans ce plan deux parallèles quelconques; enfin on divisera le radical

$$\sqrt{(L^2 + M^2 + N^2)}$$

par la distance des deux parallèles, puis l'on portera sur elles, dans des sens opposés, deux forces égales représentées par le quotient, et dirigées de manière que chacune tende à faire tourner le plan de droite à gauche, soit autour du demi-axe primitivement construit, soit autour d'un demi-axe parallèle dont l'origine coïnciderait avec le point d'application de l'autre force. Il résulte de ces observations qu'après avoir obtenu un couple équivalent au système donné, on pourra, sans changer l'effet de ce couple relativement à l'équilibre, transporter son plan parallèlement à lui-même partout où l'on voudra, et faire varier arbitrairement dans ce plan non-seulement les points d'application des deux forces, mais encore les droites suivant lesquelles elles agissent. Ces droites étant supposées connues, on en déduira immédiatement l'intensité de chaque force. Il est bien entendu que les points d'application des deux forces du couple sont censés liés invariablement l'un à l'autre et à tous les points que l'on considère.

Si, pour le système de forces donné, l'équation (2) cessait d'être vérifiée, on pourrait substituer à ce système la réunion de deux autres qui donneraient pour les sommes des projections algébriques des forces et de leurs moments linéaires, le premier les six quantités

$$X, Y, Z, o, o, o,$$

et le second les six quantités

$$o, o, o, L, M, N.$$

Le premier des deux nouveaux systèmes pourrait être remplacé par la force principale appliquée à l'origine des coordonnées, et le second par un couple. Par suite, cette force et ce couple réunis seraient équivalents au système donné. De plus, il serait permis de faire passer le plan du couple par l'origine, et même d'appliquer à cette origine une des forces du couple, en la supposant dirigée suivant une droite quelconque. Ajoutons que l'origine des coordonnées peut être transportée en un point quelconque de l'espace, d'où il suit que le système donné, quelles que soient les valeurs de X, Y, Z, L, M, N, pourra toujours être remplacé par la force principale appliquée à un point quelconque de l'espace et par un couple. On arriverait aux mêmes conclusions, en considérant ce système comme formé par la réunion de deux autres, pour lesquels les sommes des projections algébriques des forces et de leurs moments linéaires seraient respectivement de la forme

$$X, Y, Z, \quad y_o Z - z_o Y, \quad z_o X - x_o Z, \quad x_o Y - y_o Y,$$

$$o, o, o, L - y_o Z + z_o Y, M - z_o X + x_o Z, N - x_o Y + y_o X.$$

Le couple qui, joint à la force principale, peut remplacer un système donné, est ce que nous nommerons le couple principal de ce système. D'après ce qu'on vient de dire, ce couple principal dépend du point d'application de la force principale, et son moment linéaire est égal et parallèle au moment linéaire principal, quand on prend le point dont il s'agit pour centre des moments.

Comme, dans le cas où l'on applique au même point la force principale et une force

22

du couple principal , rien n'empêche de composer ensuite ces deux forces entre elles , il est clair qu'on pourra, si l'on veut , substituer au système donné , au lieu d'une force et d'un couple , un système composé de deux forces seulement.

Nous terminerons cet article en faisant observer que l'équation (2) est satisfaite dans deux cas dignes de remarque, savoir, 1.° quand les forces données sont parallèles à une même droite, par exemple, à l'axe des z, puisqu'on a dans cette hypothèse $X = 0$, $Y = 0$, $N = 0$; 2.° quand elles sont comprises dans un même plan, par exemple, dans le plan des x,y, puisqu'on a dans ce cas $L = 0$, $M = 0$, $Z = 0$. On en conclut que, dans l'une et l'autre hypothèses, le système donné peut être réduit soit à une force unique, soit à un couple de deux forces parallèles à l'axe des z, ou comprises dans le plan des x,y. Ajoutons que, les quantités

$$X , \ Y , \ Z , \ L , \ M , \ N ,$$

ayant des valeurs quelconques , on pourra toujours décomposer le système qui leur correspond en deux autres tellement choisis que ces mêmes quantités deviennent respectivement pour le premier système

$$0 , \ 0 , \ Z , \ L , \ M , \ 0 ,$$

et pour le second

$$X , \ Y , \ 0 , \ 0 , \ 0 , \ N ;$$

par conséquent en deux systèmes, dont l'un renferme seulement des forces parallèles à l'axe des z, et l'autre des forces comprises dans le plan des x,y.

USAGE DES MOMENTS LINÉAIRES

DANS LA RECHERCHE DES ÉQUATIONS D'ÉQUILIBRE D'UN SYSTÈME INVARIABLE,

ASSUJETTI A CERTAINES CONDITIONS.

Dans l'article précédent, nous avons fait voir qu'un système de forces appliquées à des points liés invariablement les uns aux autres pouvait toujours être remplacé par la force principale appliquée à un point quelconque de l'espace, et par un couple; qu'en outre il était permis de supposer l'une des forces du couple appliquée au même point que la force principale, et dirigée suivant une droite quelconque menée arbitrairement par ce point. En partant de ces principes, on trouve facilement les conditions d'équilibre d'un système invariable retenu par un ou deux points fixes.

Concevons d'abord que le système invariable soit retenu par un point fixe, et prenons ce point fixe pour origine des coordonnées. Soient, à l'ordinaire,

$$X, \ Y, \ Z, \ L, \ M, \ N$$

les sommes des projections algébriques des forces données, et des projections algébriques de leurs moments linéaires, l'origine étant prise pour centre des moments. Le système de ces mêmes forces pourra être remplacé par la force principale

$$(1) \qquad R = \sqrt{(X^2 + Y^2 + Z^2)}$$

appliquée à l'origine, et par un couple de deux forces Q, qui agiront en sens contraires suivant deux droites parallèles séparées l'une de l'autre par la distance D, l'intensité Q de chaque force étant liée à la distance D par l'équation

$$(2) \qquad Q D = \sqrt{(L^2 + M^2 + N^2)}.$$

Ajoutons qu'il sera permis d'appliquer la première force du couple, aussi bien que la force R, au point fixe pris pour origine des coordonnées. Alors ces deux forces se trouveront immédiatement détruites par la résistance du point fixe, et la seconde force du couple pourra seule produire un mouvement de rotation autour de ce point. Pour que toute espèce de tendance à un semblable mouvement disparaisse, ou, en d'autres termes, pour que l'équilibre subsiste, il sera nécessaire, et il suffira que la seconde force du couple s'évanouisse ou passe par l'origine, c'est-à-dire, que l'un des facteurs, Q et D, du produit QD, s'évanouisse. Par suite, il sera nécessaire et il suffira que ce produit lui-même se réduise à zéro ; ce qui donnera l'équation

$$L^2 + M^2 + N^2 = 0,$$

à laquelle on pourra substituer les trois suivantes

$$(3) \qquad L = 0, \ M = 0, \ N = 0.$$

En conséquence des six équations d'équilibre qui se rapportent à un système invariable libre dans l'espace, les trois dernières subsistent seules, lorsque ce système est assujetti à tourner autour d'un point fixe, et que ce point fixe est pris pour origine des coordonnées. Ces trois dernières équations expriment que pour le système des forces données, le moment linéaire principal relatif à l'origine s'évanouit.

Si le système des forces données était composé simplement de deux forces P, P', son moment linéaire principal ne pourrait être nul qu'autant que les moments linéaires des deux forces seraient égaux et directement opposés, ou, ce qui revient au même, qu'autant que les deux forces seraient comprises dans un même plan passant par l'origine, et auraient dans ce plan des moments égaux. On arriverait aux mêmes conclusions, en partant des équations (3), qui, dans le cas présent, prendraient la forme

$$P p \cos \lambda + P' p' \cos \lambda' = 0 ,$$

$$P p \cos \mu + P' p' \cos \mu' = 0 ,$$

$$P p \cos \nu + P' p' \cos \nu' = 0 .$$

L'équilibre que nous considérons ici est évidemment celui d'un levier coudé qui a pour point d'appui l'origine des coordonnées, et pour bras les droites invariables menées de cette origine aux points d'application des forces P, P'. Les deux forces, devant avoir des moments égaux dans le cas d'équilibre, seront alors en raison inverse des perpendiculaires abaissées de l'origine sur leurs directions. Si le levier est droit, et que les deux forces soient parallèles, on pourra substituer à la raison inverse des perpendiculaires la raison inverse des deux bras de levier.

Passons maintenant à l'équilibre d'un système invariable autour de deux points fixes.

ou , ce qui revient au même, autour d'un axe fixe; et prenons cet axe pour axe des z. En conservant les mêmes notations que ci-dessus , on pourra toujours remplacer le système des forces données par la force principale

$$R = \sqrt{(X^2 + Y^2 + Z^2)}$$

appliquée à l'origine, et par deux forces Q formant un couple dont le moment QD sera déterminé par l'équation

$$QD = \sqrt{(L^2 + M^2 + N^2)}.$$

L'origine se trouvant située sur l'axe fixe, et par suite étant elle-même fixe, si on lui applique, ce qui est permis, la première force du couple aussi bien que la force R, la seconde force du couple pourra seule produire un mouvement de rotation du système invariable autour de l'axe fixe. Pour que ce mouvement devienne impossible, il sera nécessaire et il suffira que la seconde force du couple agisse suivant une droite qui coupe l'axe des z, ou, en d'autres termes, que le plan du couple passe par l'axe des z. Cette condition sera remplie si le moment linéaire du couple est perpendiculaire à l'axe des z, auquel cas sa projection algébrique sur cet axe, c'est-à-dire, la quantité N, devra se réduire à zéro. Donc, pour le système invariable assujetti à tourner autour de l'axe des z, une seule équation d'équilibre subsiste, savoir, l'équation

$$(4) \qquad\qquad N = 0.$$

On prouverait de même que l'équation

$$M = 0$$

exprime la condition unique d'équilibre dans le cas où l'on fixe l'axe des y, et l'équation

$$L = 0,$$

dans le cas où l'on fixe l'axe des x.

Si le système invariable pouvait, non-seulement tourner autour de l'axe des z, mais encore glisser parallèlement à cet axe, il faudrait à l'équation d'équilibre

$$(4) \qquad\qquad N = 0$$

joindre la suivante

$$(5) \qquad\qquad Z = 0.$$

En effet, les forces du couple pouvant être censées agir suivant deux droites parallèles entre elles, mais perpendiculaires à l'axe ; pour qu'il n'y eût pas, dans l'hypothèse admise, de mouvement dans le sens de l'axe, il serait nécessaire, et il suffirait que la force principale R devînt elle-même perpendiculaire à l'axe. Or, cette condition se trouve exprimée par la formule (5).

Si plusieurs points du système invariable étaient assujettis à demeurer dans un plan fixe donné de position, par exemple, dans le plan des x,y, on décomposerait le système de forces qui correspond aux six quantités

$$X,\ Y,\ Z,\ L,\ M,\ N$$

en deux autres tellement choisis, que ces six quantités devinssent respectivement

$$o,\ o,\ Z,\ L,\ M,\ o$$

pour le premier, et

$$X,\ Y,\ o,\ o,\ o,\ N$$

pour le second. Le premier des nouveaux systèmes de forces serait réductible ou à une force unique parallèle à l'axe des z, ou à un couple de deux forces qui, se trouvant comprises dans un plan parallèle à l'axe, pourraient être censées dirigées dans ce plan suivant deux droites parallèles à ce même axe ; et, comme, dans l'hypothèse admise, les forces parallèles à l'axe des z ou perpendiculaires au plan des x,y ne sauraient produire aucun effet, il est clair que les forces du second système seraient les seules qui pussent troubler l'équilibre. Or, ce second système peut évidemment se réduire soit à une force unique comprise dans le plan des x,y, soit à un couple de deux forces renfermées dans ce même plan, à moins que les trois quantités

$$X,\ Y,\ N$$

ne s'évanouissent, c'est-à-dire, à moins que l'on n'ait à-la-fois

$$(6) \qquad\qquad X = o,\ Y = o,\ N = o.$$

Si ces trois équations ne sont pas vérifiées, la force ou le couple équivalent au second système tendra certainement à produire un mouvement de translation ou de rotation des points situés dans le plan des x,y, et l'équilibre ne pourra subsister. Au contraire, si les conditions (6) sont remplies, les forces comprises dans le plan des x,y pourront être remplacées par une résultante nulle, d'où il suit qu'elles se feront mutuellement équilibre. Par conséquent, dans l'hypothèse admise, les conditions d'équilibre se réduisent aux équations (6).

Il est bon de remarquer que l'espèce d'équilibre dont nous venons de nous occuper en ce moment, comprend, comme cas particulier, l'équilibre de plusieurs forces situées dans le plan des x, y, et appliquées dans ce plan à un système de points invariable, que l'on suppose entièrement libre.

De même, l'équilibre d'un système invariable assujetti à tourner autour de l'axe des z, comprend, comme cas particulier, l'équilibre de plusieurs forces situées dans le plan des x, y, et appliquées dans ce plan à un système invariable de points, assujetti à tourner autour de l'origine.

Il suffit, au reste, de comparer cet article et l'article précédent au chapitre II de la statique de M. Poinsot, pour reconnaître l'analogie et la liaison qui existent entre la théorie des moments linéaires et la théorie des couples.

SUR UN THÉORÊME D'ANALYSE.

(*Extrait du Bulletin de la Société philomathique.*)

Théorême. *Soient*

$$(1) \qquad \mathrm{f}(x) = k(x-a)(x-b)(x-c)\ldots = kx^m + lx^{m-1} + \ldots + px + q,$$

et

$$(2) \qquad \mathrm{F}(x) = K(x-A)(x-B)(x-C)\ldots = Kx^n + Lx^{n-1} + \ldots + Px + Q,$$

deux polynomes en x, *le premier du degré* m, *le second du degré* n; *soit d'ailleurs* R *une quantité constante. On pourra toujours former deux autres polynomes* u, v, *le premier du degré* $n-1$, *le second du degré* $m-1$, *et qui seront propres à vérifier l'équation*

$$(3) \qquad u\,\mathrm{f}(x) + v\,\mathrm{F}(x) = R.$$

Démonstration. En vertu de la formule d'interpolation de Lagrange, la somme des produits de la forme

$$R\,\frac{(x-b)(x-c)\ldots(x-A)(x-B)(x-C)\ldots}{(a-b)(a-c)\ldots(a-A)(a-B)(a-C)\ldots} = R\,\frac{\dfrac{\mathrm{f}(x)}{x-a}\,\mathrm{F}(x)}{\mathrm{f}'(a).\mathrm{F}(a)},$$

et des produits de la forme

$$R\,\frac{(x-a)(x-b)(x-c)\ldots(x-B)(x-C)\ldots}{(A-a)(A-b)(A-c)\ldots(A-B)(A-C)\ldots} = R\,\frac{\mathrm{f}(x)\dfrac{\mathrm{F}(x)}{x-A}}{\mathrm{f}(A).\mathrm{F}'(A)},$$

sera équivalente à R. Par conséquent on vérifiera l'équation (3) en prenant

$$(4) \qquad u = R\left\{\frac{\left(\dfrac{\mathrm{F}(x)}{x-A}\right)}{\mathrm{f}(A).\mathrm{F}'(A)} + \frac{\left(\dfrac{\mathrm{F}(x)}{x-B}\right)}{\mathrm{f}(B).\mathrm{F}'(B)} + \frac{\left(\dfrac{\mathrm{F}(x)}{x-C}\right)}{\mathrm{f}(C).\mathrm{F}'(C)} + \text{etc}\ldots\right\}, \quad \text{et}$$

$$(5) \qquad v = R\left\{\frac{\left(\dfrac{\mathrm{f}(x)}{x-a}\right)}{\mathrm{F}(a).\mathrm{f}'(a)} + \frac{\left(\dfrac{\mathrm{f}(x)}{x-b}\right)}{\mathrm{F}(b).\mathrm{f}'(b)} + \frac{\left(\dfrac{\mathrm{f}(x)}{x-c}\right)}{\mathrm{F}(c).\mathrm{f}'(c)} + \text{etc}\ldots\right\}.$$

Donc, etc.

Nota. Si l'on voulait déterminer directement les polynomes u et x de manière à vérifier l'équation (8), et, en réduisant leurs degrés aux plus petits nombres possibles, il suffirait d'observer qu'en vertu de cette équation l'on doit avoir,

$$\text{pour} \quad x = A, \ u = \frac{R}{f(A)}; \qquad \text{pour} \quad x = B, \ u = \frac{R}{f(B)}; \ \text{etc.} \dots$$

$$\text{pour} \quad x = a, \ v = \frac{R}{F(a)}; \qquad \text{pour} \quad x = b, \ v = \frac{R}{F(b)}; \ \text{etc.} \dots$$

On connaît donc n valeurs différentes de u, et m valeurs différentes de v. Cela posé, les polynomes les plus simples que l'on puisse prendre pour u et v devront être en général le premier du degré $n - 1$, le second du degré $m - 1$; et si on les détermine, par la formule de Lagrange, à l'aide des valeurs particulières que nous venons d'obtenir, on retrouvera précisément les équations (4) et (5).

*Corollaire 1.*er Supposons que l'on prenne

$$(6) \quad R = k^m K^n (a-A)(a-B)(a-C)\dots(b-A)(b-B)(b-C)\dots(c-A)(c-B)(c-C)\dots,$$

ou, ce qui revient au même,

$$(7) \qquad R = k^m F(a).F(b).F(c)\dots = (-1)^{mn} K^n f(A).f(B).f(C)\dots$$

Le premier des deux produits

$$F(a).F(b).F(c)\dots, \quad f(A).f(B).f(C)\dots$$

sera évidemment une fonction entière et symétrique des racines de l'équation $f(x) = 0$, et par conséquent une fonction entière des quantités

$$K, L\dots, P, Q; \frac{l}{k}\dots\dots, \frac{p}{k}, \frac{q}{k};$$

tandis que le second sera une fonction entière des quantités

$$k, l\dots, p, q; \frac{L}{K}\dots\dots, \frac{P}{K}, \frac{Q}{K}.$$

Ces conditions ne peuvent être remplies simultanément qu'autant que la valeur de R, déterminée par la formule (7) est une fonction entière des quantités $k, l\dots, p, q$; $K, L\dots, P, Q$. Ajoutons que, si l'on adopte cette valeur de R, les équations (4) et (5) se réduiront à

$$(8) \quad u = (-1)^{mn} K^n \frac{f(B).f(C).f(D)\ldots(B-C)(B-D)\ldots(C-D)\ldots(x-B)(x-C)(x-D)\ldots+\text{etc.}}{(A-B)(A-C)(A-D)\ldots(B-C)(B-D)\ldots(C-D)\ldots},$$

$$(9) \quad v = k^m \frac{F(b).F(c).F(d)\ldots(b-c)(b-d)\ldots(c-d)\ldots(x-b)(x-c)(x-d)\ldots+\text{etc.}}{(a-b)(a-c)(a-d)\ldots(b-c)(b-d)\ldots(c-d)\ldots}.$$

Or, les deux termes de la fraction que renferme l'équation (8) sont des fonctions *alternées* des quantités $A, B, C, D\ldots$, c'est-à-dire, des fonctions qui obtiennent des valeurs alternativement positives et négatives, mais toutes égales, au signe près, lorsqu'on échange ces quantités entre elles. De plus, la fonction alternée qui représente le dénominateur, étant la plus simple de son espèce, divisera celle qui forme le numérateur [voyez la première partie du *Cours de l'Ecole polytechnique*, page 75]. Il en résulte que le rapport $\frac{u}{K^n}$ sera une fonction symétrique et entière des racines de l'équation $F(x) = 0$. Donc par suite u sera une fonction entière des quantités

$$k, l\ldots p, q; K, \frac{L}{K}\ldots, \frac{P}{Q}, \frac{Q}{R},$$

et de la variable x. Par la même raison v sera une fonction entière des quantités

$$K, L\ldots P, Q; k, \frac{l}{k}\ldots, \frac{p}{k}, \frac{q}{k},$$

et de la variable x. On doit en conclure que u et v seront équivalents ou à deux fonctions entières des quantités $x, k, l\ldots, p, q; K, L\ldots, P, Q$; ou à deux semblables fonctions divisées, la première par une puissance de K, la seconde par une puissance de k. Or, R désignant déjà une fonction entière des quantités $k, l\ldots, p, q; K, L\ldots, P, Q$, et les quantités u, v devant satisfaire à l'équation (5), la seconde supposition ne saurait être admise. Donc, si l'on attribue à R la valeur fournie par l'équation (6) ou (7), R, u et v seront des fonctions entières des quantités $k, l\ldots, p, q; K, L\ldots, P, Q$, et de la variable x, qui entrera seulement dans u et v. De plus, il est aisé de voir que, dans ces fonctions entières, les coëfficients numériques seront toujours des nombres entiers.

Corollaire 2.e Dans le cas où l'on suppose $k = 1$, $K = 1$, les équations (6) et (7) se réduisent aux suivantes :

$$(10) \quad R = (a-A)(a-B)(a-C)\ldots(b-A)(b-B)(b-C)\ldots(c-A)(c-B)(c-C)\ldots$$

$$(11) \quad R = F(a).F(b).F(c)\ldots = (-1)^{mn} f(A).f(B).f(C).$$

Ce cas particulier, auquel on ramène facilement tous les autres, est celui que nous avons considéré dans le Mémoire présenté à l'Institut le 22 février 1824.

Corollaire 3.ᵉ Pour que les deux polynomes $f(x)$, $F(x)$ se changent en deux fonctions entières de x et y, la première du degré m, la seconde du degré n, il est nécessaire et il suffit que les quantités $k, l\ldots, p, q$ et $K, L\ldots, P, Q$ deviennent des fonctions entières de y, des degrés représentés par les nombres $0, 1\ldots m-1, m$, et par les nombres $0, 1\ldots n-1, n$. Alors, les rapports

$$\frac{l}{y}\ldots, \frac{p}{y^{m-1}}, \frac{q}{y^m}; \quad \frac{L}{y}\ldots, \frac{P}{y^{n-1}}, \frac{Q}{y^n}$$

se réduisant à des quantités finies pour des valeurs infinies de y, on pourra en dire autant des valeurs de x propres à vérifier les deux équations

$$k x^m + \frac{l}{y} x^{m-1} + \ldots + \frac{p}{y^{m-1}} x + \frac{q}{y^m} = 0, \quad \text{et} \quad K x^n + \frac{L}{y} x^{n-1} + \ldots + \frac{P}{y^{n-1}} x + \frac{Q}{y^n} = 0,$$

c'est-à-dire des rapports

$$\frac{a}{y}, \frac{b}{y}, \frac{c}{y}\ldots\frac{A}{y}, \frac{B}{y}, \frac{C}{y}\ldots,$$

et du suivant

$$\frac{R}{y^{mn}} = \left(\frac{a}{y} - \frac{A}{y}\right)\left(\frac{a}{y} - \frac{B}{y}\right)\left(\frac{a}{y} - \frac{C}{y}\right)\cdot\cdot\left(\frac{b}{y} - \frac{A}{y}\right)\left(\frac{b}{y} - \frac{B}{y}\right)\left(\frac{b}{y} - \frac{C}{y}\right)\cdot\cdot\left(\frac{c}{y} - \frac{A}{y}\right)\left(\frac{c}{y} - \frac{B}{y}\right)\left(\frac{c}{y} - \frac{C}{y}\right)\cdot\cdot$$

Cela posé, la valeur de R, fournie par l'équation (6) ou (7), sera évidemment une fonction entière de y, d'un degré inférieur ou tout au plus égal au produit mn. De plus, si, dans cette hypothèse, on écrit $f(x,y)$, $F(x,y)$, au lieu de $f(x)$ et de $F(x)$, la formule (3) deviendra

$$(12) \qquad\qquad u f(x,y) + v F(x,y) = R,$$

et il est clair que toutes les valeurs de y, qui permettront de vérifier simultanément les équations

$$(13) \qquad\qquad f(x,y) = 0, \quad F(x,y) = 0,$$

devront satisfaire à l'équation

$$(14) \qquad\qquad R = 0.$$

Corollaire 4.ᵉ Il suit du corollaire précédent, qu'étant données deux équations al-

gébriques en x et y, l'une du degré m, l'autre du degré n, on pourra toujours en déduire, par l'élimination de x, une équation en y, dont le degré sera
tout au plus égal au produit mn. De plus, on formera aisément le premier membre
de l'équation en y, par la méthode fondée sur la considération des fonctions symé-
triques.

*Corollaire 5.*ᵉ Lorsque les quantités $k, l \ldots, p, q$; $K, L \ldots, P, Q$, c'est-à-dire,
les coëfficients des deux polynomes $f(x)$ et $F(x)$ se réduisent, aux signes près, à
des nombres entiers, on peut en dire autant des coëfficients des fonctions u et v déterminées par les formules (8) et (9); et la valeur numérique de la quantité R,
donnée par l'équation (6) ou (7), est pareillement un nombre entier. Dans ce cas, si
une même valeur entière de x rend les polynomes $f(x)$ et $F(x)$ divisibles par
un certain nombre p, on conclura de la formule (3) que p est un *diviseur entier* de R. En d'autres termes, si l'on adopte la notation de M. Gauss, les formules

$$(15) \qquad f(x) \equiv 0 \ (\text{mod. } p) \qquad \text{et} \qquad F(x) \equiv 0 \ (\text{mod. } p)$$

entraîneront la suivante

$$(16) \qquad R \equiv 0 \ (\text{mod. } p).$$

À l'aide de cette dernière formule, on déterminera facilement tous les nombres entiers
qui pourront être *communs diviseurs* des deux polynomes $f(x)$ et $F(x)$. Le plus
grand de ces nombres entiers, ou *le plus grand commun diviseur entier* des deux polynomes, sera précisément la valeur numérique de R. Si cette valeur numérique se
réduit à l'unité, les deux polynomes n'auront jamais de communs diviseurs; ils en
auront une infinité, si elle se réduit à zéro.

*Corollaire 6.*ᵉ À l'aide des principes ci-dessus établis, on prouverait aisément que,
si l'on donne plusieurs polynomes ou fonctions entières de $x, y, z \ldots$ dont le nombre
surpasse d'une unité celui des variables qu'ils renferment, et dont les coëfficients soient
entiers, on pourra former un nombre entier qui sera divisible par les diviseurs communs
de tous ces polynomes. Si l'on considère en particulier trois polynomes de la forme

$$(17) \qquad F(x,y), \qquad f(x) \qquad \text{et} \qquad f(y),$$

on trouvera que le plus grand nombre entier qui puisse les diviser simultanément est
égal, au signe près, à la valeur de R déterminée par l'équation

$$(18) \quad R = K^{m'(m+1)} F(a,a) F(a,b) F(a,c) \ldots : F(b,a) F(b,b) F(b,c) \ldots F(c,a) F(c,b) F(c,c) \ldots,$$

$a, b, c \ldots$ désignant les racines de l'équation $f(x) = 0$.

· *Corollaire 7.*° Tout nombre premier p, divisant nécessairement le binome

$$(19) \qquad x^p - x = x \left(x - \cos \frac{2\pi}{p-1} - \sqrt{-1} \sin \frac{2\pi}{p-1} \right) \left(x - \cos \frac{4\pi}{p-1} - \sqrt{-1} \sin \frac{2\pi}{p-1} \right) \dots (x - 1) ,$$

quelle que soit la valeur entière de x, il suit du corollaire 5, que tout diviseur premier p d'un polynome $F(x)$ divisera le produit

$$(20) \qquad R = F(o) F \left(\cos \frac{2\pi}{p-1} + \sqrt{-1} \sin \frac{2\pi}{p-1} \right) F \left(\cos \frac{4\pi}{p-1} + \sqrt{-1} \sin \frac{4\pi}{p-1} \right) \dots F(1) ,$$

qui peut être présenté sous la forme

$$(21) \qquad R = \pm A B C \dots (A^{p-1} - 1)(B^{p-1} - 1)(C^{p-1} - 1) \dots ,$$

lorsque, le coëfficient du premier terme de $F(x)$ se réduisant à l'unité, l'on désigne par $A, B, C \dots$ les racines de l'équation $F(x) = o$. Si l'on suppose en particulier

$$F(x) = \frac{x^n + 1}{x + 1} ,$$

[n étant un nombre premier quelconque], on trouvera

$$R = o, \qquad \text{ou} \qquad R = \pm 2,$$

suivant que p sera ou ne sera pas de la forme de $nx + 1$. Donc les nombres premiers impairs de cette forme sont les seuls qui puissent diviser le binome $x^n + 1$, sans diviser $x + 1$. Cette proposition était déjà connue.

Corollaire 8.° Tout nombre premier p, divisant les deux binomes $x^p - x$, et $y^p - y$, quelles que soient les valeurs entières de x et y, ne pourra diviser le polynome $F(x, y)$, sans diviser le nombre qui représente, au signe près, le second membre de l'équation (18), dans le cas où l'on prend pour $a, b, c \dots$ les racines de l'équation $x^p - x = o$.

On pourrait étendre considérablement les applications du théorême ci-dessus démontré [page 160]; mais nous nous bornerons pour le moment à celles que nous venons d'indiquer.

Post-scriptum. Le théorême qui fait l'objet de cet article, peut être facilement déduit du calcul des résidus. En effet, si, dans la formule (59) de la page 112, on pose

$$f(x) = \frac{R}{f(x) \cdot F(x)},$$

R désignant une quantité constante, et $f(x)$, $F(x)$ deux fonctions entières de x, on trouvera

$$\frac{R}{f(x) \cdot F(x)} = \mathcal{E}\, \frac{R}{x-z}\, \frac{1}{((f(z) \cdot F(z)))} = \mathcal{E}\, \frac{R}{(x-z)f(z)}\, \frac{1}{((F(z)))} + \mathcal{E}\, \frac{R}{(x-z)F(z)}\, \frac{1}{((f(z)))},$$

et par suite

$$(22) \qquad R = f(x)\, \mathcal{E}\, \frac{R F(x)}{(x-z)f(z)}\, \frac{1}{((F(z)))} + F(x)\, \mathcal{E}\, \frac{R f(x)}{(x-z)F(z)}\, \frac{1}{((f(z)))}.$$

On aura donc

$$(5) \qquad\qquad\qquad u\,f(x) + v\,F(x) = R,$$

pourvu que l'on suppose

$$(23) \qquad u = \mathcal{E}\, \frac{R F(x)}{(x-z)f(z)}\, \frac{1}{((F(z)))}, \qquad v = \mathcal{E}\, \frac{R f(x)}{(x-z)F(z)}\, \frac{1}{((f(z)))}.$$

Or, les valeurs de u et v, déterminées par les équations (23), se réduisent évidemment à des fonctions entières de x, dont les degrés sont inférieurs d'une unité aux degrés des fonctions proposées $F(x)$ et $f(x)$.

SUR QUELQUES TRANSFORMATIONS APPLICABLES

AUX RÉSIDUS DES FONCTIONS,

ET SUR LE CHANGEMENT DE VARIABLE INDÉPENDANTE DANS LE CALCUL DES RÉSIDUS.

Nous avons déjà remarqué [page 134] que l'on peut, dans un grand nombre de cas, substituer au résidu intégral d'une fonction donnée un résidu relatif à une valeur nulle de la variable. Des substitutions du même genre peuvent encore être effectuées à l'aide de quelques autres formules que nous allons faire connaître.

Considérons d'abord une fonction $f(z)$ qui devienne infinie par $z = z_1$; et supposons que l'on puisse assigner au nombre entier m une valeur telle que le produit

$$(1) \qquad (z - z_1)^m f(z)$$

s'évanouisse; ce qui arrivera nécessairement, si la fonction $f(z)$ est développable en une série ordonnée suivant les puissances ascendantes et entières, mais positives ou négatives, de la variable z. Je dis que le résidu de la fonction donnée $f(z)$, relatif à la valeur $z = z_1$ s'évanouira, en sorte qu'on aura

$$(2) \qquad \underset{}{\mathcal{E}} \frac{(z - z_1)\, f'(z)}{((z - z_1))} = 0.$$

Effectivement, si l'on représente par $\mathrm{f}(z)$ le produit (1), ou, en d'autres termes, si l'on pose

$$(3) \qquad f(z) = \frac{\mathrm{f}(z)}{(z - z_1)^m},$$

on trouvera

$$(4) \qquad f'(z) = \frac{\mathrm{f}'(z)}{(z - z_1)^m} - m\, \frac{\mathrm{f}(z)}{(z - z_1)^{m+1}},$$

et par suite

$$\underset{}{\mathcal{E}} \frac{(z - z_1)\, f'(z)}{((z - z_1))} = \underset{}{\mathcal{E}} \frac{\mathrm{f}'(z)}{(((z - z_1)^m))} - m\, \underset{}{\mathcal{E}} \frac{\mathrm{f}(z)}{(((z - z_1)^{m+1}))} = \frac{\mathrm{f}^{(m)}(z_1)}{1.2.3\ldots(m-1)} - m\, \frac{\mathrm{f}^{(m)}(z_1)}{1.2.3\ldots m} = 0.$$

On pourrait encore démontrer la formule (1) de la manière suivante. Si l'on développe la fonction (3) en une série ordonnée suivant les puissances ascendantes de $z - z_1$, on trouvera

$$(5) \qquad f(z) = \frac{f(z_1)}{(z - z_1)} + \frac{1}{1} \frac{f'(z_1)}{(z - z_1)^{m-1}} + \dots + \frac{1}{1.2.3\dots(m-1)} \frac{f^{(m-1)}(z_1)}{z - z_1}$$
$$+ \frac{1}{1.2.3\dots m} f^{(m)}(z_1) + \frac{1}{1.2.3\dots m(m+1)} (z - z_1) f^{(m+1)}(z_1) + \text{etc}\dots,$$

et par conséquent

$$(6) \qquad f'(z) = - m \frac{f(z_1)}{(z - z_1)^{m+1}} - \frac{m-1}{1} \frac{f'(z_1)}{(z - z_1)^m} - \dots - \frac{1}{1.2.3\dots(m-1)} \frac{f^{(m-1)}(z_1)}{(z - z_1)^2}$$
$$+ \frac{1}{1.2.3\dots m(m+1)} f^{(m+1)}(z_1) + \text{etc}\dots.$$

Or, le second membre de la formule (6) ne renfermant point de terme proportionnel à la première puissance de $\dfrac{1}{z - z_1}$, on en conclut immédiatement que le résidu de la fonction dérivée $f'(z)$, relatif à la valeur z_1 de la variable z, se réduit à zéro.

Concevons maintenant que l'équation

$$(7) \qquad \frac{1}{f(z)} = 0$$

admette plusieurs racines réelles ou imaginaires $z_1, z_2, z_3 \dots$, et désignons par ζ l'une quelconque d'entre elles. ζ sera encore une racine de l'équation

$$(8) \qquad \frac{1}{f'(z)} = 0 .$$

Car, si l'on représente par i une quantité infiniment petite, la fonction

$$(9) \qquad \frac{1}{f(\zeta + i)}$$

s'évanouira pour $i = 0$; et, en vertu du théorème (5) de la page 149, le rapport de cette fonction à sa dérivée, c'est-à-dire, la fraction

$$(10) \qquad \frac{\dfrac{1}{f(\zeta + i)}}{- \dfrac{f'(\zeta + i)}{[f(\zeta + i)]^2}} = - \frac{f(\zeta + i)}{f'(\zeta + i)}$$

s'évanouira de même avec i ; ce qui ne peut avoir lieu qu'autant que la fonction $f'(z)$ deviendra infinie, avec $f(z)$, pour $z = \zeta$. On peut ajouter que, si la fonction $f'(z)$ devient infinie, et fournit un résidu différent de zéro, pour une valeur donnée s de la variable z, s sera nécessairement une racine de l'équation (7). En effet, soit A le résidu dont il s'agit, et

$$(11) \qquad f'(z) = \frac{A_r}{(z-s)^r} + \frac{A_{r-1}}{(z-s)^{r-1}} + \dots + \frac{A}{z-s} + A_0 + A'(z-s) + \text{etc.} \dots,$$

le développement de $f'(z)$ suivant les puissances ascendantes de $z - s$. On trouvera, en intégrant les deux membres de la formule (11),

$$(12) \quad f(z) = -\frac{1}{r-1}\frac{A_r}{(z-s)^{r-1}} - \frac{1}{r-2}\frac{A_{r-1}}{(z-s)^{r-2}} - \dots + A \mathrm{l}(z-s) + A_0(z-s) + \text{etc.} + \text{const.};$$

et, puisqu'en vertu de l'hypothèse admise, le premier au moins des coëfficients $A, A_2, \dots,$ A_{r-1}, A_r obtiendra une valeur différente de zéro, il est clair que la fonction $f'(z)$ deviendra infinie pour $z = s$. Cela posé, si, pour chaque valeur ζ de z, propre à vérifier l'équation (7), on peut choisir le nombre entier m, de manière que la valeur du produit

$$(13) \qquad (z - \zeta)^m f(z),$$

correspondante à $z = \zeta$, soit finie et différente de zéro, on aura évidemment, en vertu de la formule (2),

$$(14) \qquad \mathcal{E}((f'(z))) = 0 .$$

De même, en désignant par x_0, X, y_0, Y des quantités quelconques, on trouvera

$$(15) \qquad \underset{x_0 \quad y_0}{\overset{X \quad Y}{\mathcal{E}}} ((f'(z))) = 0 ;$$

si la condition que nous venons d'énoncer se trouve remplie au moins pour les racines de l'équation (7), dans lesquelles la partie réelle est comprise entre les limites x_0, X, et le coëfficient de $\sqrt{-1}$ entre les limites y_0, Y.

Supposons maintenant

$$(16) \qquad f(z) = \varphi(z) \cdot \chi(z).$$

On aura

$$(17) \qquad f'(z) = \varphi(z)\,\chi'(z) + \varphi'(z)\,\chi(z) \,.$$

Par conséquent les équations (14) et (15) donneront

$$(18) \qquad \mathcal{E}\,((\varphi(z)\cdot\chi'(z)\,)) = -\,\mathcal{E}\,((\varphi'(z)\cdot\chi(z)\,)) \,.$$

et

$$(19) \qquad \overset{X}{\underset{x_0}{\mathcal{E}}}\,\overset{Y}{\underset{y_0}{}}\,((\varphi(z)\cdot\chi'(z)\,)) = -\,\overset{X}{\underset{x_0}{\mathcal{E}}}\,\overset{Y}{\underset{y_0}{}}\,((\varphi'(z)\cdot\chi(z)\,)) \,.$$

La formule (18) ou (19) subsiste, lorsque les racines des deux équations

$$(20) \qquad \frac{1}{\varphi(z)} = 0 \,, \qquad\qquad (21) \qquad \frac{1}{\chi(z)} = 0$$

vérifient les conditions auxquelles nous supposions précédemment assujetties les racines de l'équation (7). Si ces conditions étaient seulement vérifiées pour les racines de l'équation (20), il faudrait à la formule (18) ou (19) substituer l'une des suivantes

$$(22) \qquad \mathcal{E}\,((\varphi(z)\,))\cdot\chi'(z) = -\,\mathcal{E}\,((\varphi'(z)\,))\cdot\chi(z) \,,$$

$$(23) \qquad \overset{X}{\underset{x_0}{\mathcal{E}}}\,\overset{Y}{\underset{y_0}{}}\,((\varphi(z)\,))\cdot\chi'(z) = -\,\overset{X}{\underset{x_0}{\mathcal{E}}}\,\overset{Y}{\underset{y_0}{}}\,((\varphi'(z)\,))\cdot\chi(z) \,.$$

Les formules (18), (19), (21) et (22), peuvent être appliquées avec succès au développement des fonctions en séries. Leur emploi, dans le calcul des résidus, offre des avantages semblables à ceux que l'on retire, dans le calcul infinitésimal, de l'intégration par parties.

Nous terminerons cet article en établissant les formules à l'aide desquelles on peut opérer, dans le calcul des résidus, un changement de variable indépendante.

Soit z_1 une valeur de z propre à vérifier l'équation (7). Soit de plus t_1 une valeur correspondante de la variable t liée à la variable z par l'équation

$$(24) \qquad z = \psi(t) \,;$$

et concevons que l'on veuille transformer le résidu

$$(25) \qquad \mathcal{E}\,\frac{(z-z_1)\,f(z)}{((z-z_1))} \,,$$

de manière que le signe $\mathcal{E}$ se rapporte, non plus à la variable z, mais à la variable t considérée comme indépendante. Si l'équation (7) n'a qu'une seule racine égale à z_1, le produit

$$(26) \qquad (z - z_1) f(z) = [\psi(t) - \psi(t_1)] f[\psi(t)]$$

obtiendra une valeur finie pour $z = z_1$, ou, ce qui revient au même, pour $t = t_1$, et cette valeur sera précisément celle du résidu (25). D'ailleurs on a généralement, pour $t = t_1$,

$$(27) \qquad \frac{\psi(t) - \psi(t_1)}{t - t_1} = \psi'(t),$$

et par suite

$$(28) \quad [\psi(t) - \psi(t_1)] f[\psi(t)] = (t - t_1) f[\psi(t)] \frac{\psi(t) - \psi(t_1)}{t - t_1} = (t - t_1) f[\psi(t)] \cdot \psi'(t),$$

à moins que la fonction dérivée $\psi'(t)$ ne prenne une valeur nulle ou infinie pour $t = t_1$. Donc, si l'on excepte ce dernier cas, le résidu (25) coïncidera nécessairement avec la valeur du produit

$$(29) \qquad (t - t_1) f[\psi(t)] \psi'(t),$$

correspondante à $t = t_1$, et par conséquent avec le résidu de la fonction

$$f[\psi(t)] \cdot \psi'(t)$$

relatif à la valeur t_1 de la variable t. On aura donc alors

$$(30) \qquad \mathcal{E} \frac{(z - z_1) f(z)}{((z - z_1))} = \mathcal{E} \frac{(t - t_1) \cdot f[\psi(t)] \cdot \psi'(t)}{((t - t_1))}.$$

Concevons maintenant que l'équation (7) admette m racines égales à z_1, m étant un nombre entier quelconque. Alors, si l'on représente par $f(z)$ le produit

$$(1) \qquad (z - z_1)^m f(z),$$

on trouvera

$$(31) \quad f(z) = \frac{f(z_1)}{(z - z_1)^m} + \frac{1}{1} \frac{f'(z_1)}{(z - z_1)^{m-1}} + \ldots + \frac{1}{1.2.3 \ldots (m-2)} \frac{f^{(m-2)}(z_1)}{(z - z_1)^2} + \frac{1}{1.2.3 \ldots (m-1)} \frac{f^{(m-1)}(z_1)}{z - z_1}$$

$$+ \frac{1}{1.2.3 \ldots m} f^{(m)}(z_1) + \frac{z - z_1}{1.2.3 \ldots m (m+1)} f^{(m+1)}(z_1) + \text{etc} \ldots,$$

et par suite

$$(52) \qquad f(z) = \mathscr{F}'(z) + \frac{1}{1.2.3\ldots(m-1)} \frac{f^{(m-1)}(z_i)}{z - z_i},$$

pourvu que l'on suppose

$$(53) \quad \mathscr{F}(z) = - \frac{f(z_i)}{(m-1)(z-z_i)^{m-1}} - \frac{1}{1} \frac{f'(z_i)}{(m-2)(z-z_i)^{m-2}} - \ldots - \frac{1}{1.2.3\ldots(m-2)} \frac{f^{(m-2)}(z_i)}{z-z_i}$$

$$+ \frac{z-z_i}{1.2.3\ldots m} f^{(m)}(z_i) + \frac{1}{2} \frac{(z-z_i)^2}{1.2.3\ldots m(m+1)} f^{(m+1)}(z_i) + \text{etc.}\ldots$$

Or, on tirera de l'équation (52), en y remplaçant z par $\psi(t)$,

$$(54) \qquad f[\psi(t)] = \mathscr{F}'[\psi(t)] + \frac{1}{1.2.3\ldots(m-1)} \cdot \frac{f^{(m-1)}(z_i)}{\psi(t) - \psi(t_i)};$$

et l'on en conclura

$$(55) \qquad \mathcal{L}\, \frac{(t-t_i)\, f[\psi(t)] \cdot \psi'(t)}{((t-t_i))} =$$

$$\mathcal{L}\, \frac{(t-t_i)\, \dfrac{d\mathscr{F}[\psi(t)]}{dt}}{((t-t_i))} + \frac{f^{(m-1)}(z_i)}{1.2.3\ldots(m-1)} \, \mathcal{L}\, \frac{(t-t_i)\psi'(t)}{((t-t_i))[\psi(t) - \psi(t_i)]}.$$

D'ailleurs, $\mathscr{F}(z)$ étant une fonction de z développable suivant les puissances ascendantes de $z - z_i$, $\mathscr{F}[\psi(t)]$ sera en général une fonction développable suivant les puissances ascendantes, non-seulement de la différence $\psi(t) - \psi(t_i)$, mais encore de $t - t_i$. On aura donc, en vertu de l'équation (2),

$$(56) \qquad \mathcal{L}\, \frac{(t-t_i)\, \dfrac{d\mathscr{F}[\psi(t)]}{dt}}{((t-t_i))} = 0,$$

et par conséquent la formule (55) donnera

$$(57) \qquad \mathcal{L}\, \frac{(t-t_i)\, f[\psi(t)]\, \psi'(t)}{((t-t_i))} = \frac{f^{(m-1)}(z_i)}{1.2.3\ldots(m-1)} \, \mathcal{L}\, \frac{(t-t_i)\psi'(t)}{((t-t_i))[\psi(t) - \psi(t_i)]}.$$

De plus, si la fonction $\psi'(t)$ prend une valeur finie et différente de zéro pour $t = t_i$, on pourra en dire autant du rapport

$$(58) \qquad \frac{\psi(t) - \psi(t_i)}{t - t_i},$$

dont les logarithmes réels ou imaginaires seront en général des fonctions de t développables suivant les puissances ascendantes de $t - t_1$: et, comme, en désignant par $\varpi(t)$ un de ces logarithmes pris dans le système dont la base est e, on trouvera

$$(39) \qquad \frac{\psi'(t)}{\psi(t) - \psi(t_1)} - \frac{1}{t - t_1} = \varpi'(t), \qquad \text{ou} \qquad \frac{\psi'(t)}{\psi(t) - \psi(t_1)} = \varpi'(t) + \frac{1}{t - t_1},$$

on aura, [en vertu de l'équation (2)],

$$(40) \qquad \mathcal{E} \frac{(t - t_1)\psi'(t)}{((t - t_1))[\psi(t) - \psi(t_1)]} = \mathcal{E} \frac{(t - t_1)\varpi'(t)}{((t - t_1))} + \mathcal{E} \frac{1}{((t - t_1))} = \mathcal{E} \frac{1}{((t - t_1))} = 1.$$

Cela posé, la formule (37) se réduira évidemment à

$$(41) \qquad \mathcal{E} \frac{(t - t_1) f[\psi(t)]\psi'(t)}{((t - t_1))} = \frac{f^{(m-1)}(z_1)}{1.2.3\ldots(m-1)} = \mathcal{E} \frac{(z - z_1) f(z)}{((z - z_1))},$$

c'est-à-dire à l'équation (30).

Si la fonction $\psi(t)$ obtenait, pour $t = t_1$, une valeur nulle ou infinie, on pourrait en dire autant de la fraction (38) ; et l'équation (30) cesserait d'avoir lieu. Concevons que, dans cette même hypothèse, la fraction

$$(42) \qquad \frac{\psi(t) - \psi(t_1)}{(t - t_1)^\mu},$$

dans laquelle μ désigne un nombre quelconque, obtienne une valeur finie différente de zéro. On trouvera, en désignant par $\varpi(t)$ l'un des logarithmes Népériens réels ou imaginaires de la fraction (42), et en ayant égard à la formule (2),

$$(43) \qquad \frac{\psi'(t)}{\psi(t) - \psi(t_1)} - \frac{\mu}{t - t_1} = \varpi'(t), \qquad \text{ou} \qquad \frac{\psi'(t)}{\psi(t) - \psi(t_1)} = \varpi'(t) + \frac{\mu}{t - t_1};$$

$$(44) \qquad \mathcal{E} \frac{(t - t_1)\psi'(t)}{((t - t_1))[\psi(t) - \psi(t_1)]} = \mathcal{E} \frac{(t - t_1)\varpi'(t)}{((t - t_1))} + \mu \, \mathcal{E} \frac{1}{((t - t_1))} = \mu.$$

Par suite, la formule (37) donnera

$$(45) \qquad \mathcal{E} \frac{(t - t_1) f[\psi(t)]\psi'(t)}{((t - t_1))} = \mu \, \mathcal{E} \frac{(z - z_1) f(z)}{((z - z_1))}.$$

Telle est l'équation qui, dans l'hypothèse admise, devra remplacer la formule (5o).

Supposons à présent que, l'équation (7) ayant plusieurs racines réelles ou imaginaires $z_1, z_2, z_3 \ldots$, on propose de transformer le résidu intégral

$$(46) \qquad \mathcal{E}\,((\,f(z)\,)),$$

en un résidu dans lequel le signe $\mathcal{E}$ se rapporte à la variable t. Si l'équation (24) fournit pour chaque valeur de z une seule valeur de la variable t, on aura évidemment, en vertu de la formule (5o),

$$(47) \qquad \mathcal{E}\,((\,f(z)\,)) = \mathcal{E}\,((\,f[\psi(t)].\psi'(t)\,)).$$

Si, au contraire, m désignant un nombre entier quelconque, l'équation (24) fournit, pour chaque valeur de z, m valeurs de la variable t, on aura, toujours en vertu de la formule (5o),

$$(48) \qquad \mathcal{E}\,((\,f(z)\,)) = m\,\mathcal{E}\,((\,f[\psi(t)].\psi'(t)\,)).$$

Il résulte d'ailleurs de la formule (45) que l'équation (48) s'étend au cas même où plusieurs des valeurs de t, tirées de l'équation (24), deviendraient égales entre elles pour une valeur ζ de z propre à vérifier la formule (7), c'est-à-dire, au cas où l'équation

$$(49) \qquad \psi(t) - \zeta = 0,$$

résolue par rapport à t, aurait des racines égales.

Si, la fonction $f(z)$ étant donnée par l'équation (16), on voulait remplacer la variable z par la variable t, non dans l'expression (46), mais dans la suivante

$$(5o) \qquad \mathcal{E}\,((\,\varphi(z)\,))\chi(z),$$

il faudrait évidemment substituer à l'équation (5o) ou (48) l'une des deux formules

$$(51) \qquad \mathcal{E}\,((\,\varphi(z)\,))\chi(z) = \mathcal{E}\,((\,\varphi[\psi(t)].\psi'(t)\,))\chi[\psi(t)].$$

$$(52) \qquad \mathcal{E}\,((\,\varphi(z)\,))\chi(z) = m\,\mathcal{E}\,((\,\varphi[\psi(t)].\psi'(t)\,))\chi[\psi(t)].$$

$$(175)$$

Il est bon d'observer que, dans les formules (30), (45), (47), etc...., la fonction dérivée $\psi'(t)$ n'est autre chose que la valeur de $\dfrac{dz}{dt}$, tirée de l'équation (24).

Pour montrer une application des formules obtenues dans cet article, supposons que l'on ait

$$(53) \qquad f(z) = \frac{1}{1+z^2}\, f\left(\frac{1+z\sqrt{-1}}{1-z\sqrt{-1}}\right)\ ,$$

et que, $z = z_i$ désignant une racine de l'équation (7), on propose de transformer le résidu

$$(25) \qquad \mathcal{E}\,\frac{(z-z_i)\,f(z)}{((z-z_i))}\ ,$$

en substituant à la variable imaginaire z une autre variable imaginaire t liée à la première par l'équation de condition

$$(54) \qquad \frac{1+z\sqrt{-1}}{1-z\sqrt{-1}} = t\ ,$$

que l'on peut écrire comme il suit

$$(55) \qquad z = \frac{1-t}{1+t}\,\sqrt{-1}\ .$$

Il est clair que, dans cette hypothèse, à la valeur z_i de la variable z correspondra une seule valeur t_i de la variable t. On devra donc recourir, pour la transformation du résidu (25), à la formule (30). D'ailleurs, on tirera de l'équation (54)

$$(56) \qquad \frac{dt}{t} = \frac{d(1+z\sqrt{-1})}{1+z\sqrt{-1}} - \frac{d(1-z\sqrt{-1})}{1-z\sqrt{-1}} = \frac{2\sqrt{-1}\,dz}{1+z^2}\ ,$$

et par conséquent

$$(57) \qquad \frac{1}{1+z^2}\,\frac{dz}{dt} = \frac{1}{2t\sqrt{-1}}\ .$$

Cela posé, on conclura de la formule (30), en y remplaçant $\psi'(t)$ par $\dfrac{dz}{dt}$,

$$(58) \qquad \mathcal{E}\,\frac{z-z_i}{((z-z_i))}\,\frac{1}{1+z^2}\,f\left(\frac{1+z\sqrt{-1}}{1-z\sqrt{-1}}\right) = \frac{1}{2\sqrt{-1}}\,\mathcal{E}\,\frac{t-t_i}{((t-t_i))}\,\frac{f(t)}{t}\ .$$

L'équation (58), combinée avec l'équation (55) de la page (104), conduit, comme nous le montrerons plus tard, à des résultats dignes de remarque.

On pourrait encore, à l'aide des principes ci-dessus établis, opérer un changement de variable indépendante dans un résidu pris entre des limites données. Seulement les limites placées à droite et à gauche du signe $\mathcal{E}$ dans le nouveau résidu, ne seraient plus celles de la nouvelle variable t, et du coëfficient de $\sqrt{-1}$ dans la même variable. C'est au reste ce que nous expliquerons avec plus de détail dans un autre article.

SUR LES DIVERS ORDRES DE CONTACT

DES LIGNES ET DES SURFACES.

L'illustre auteur de la mécanique analytique a établi sur de nouvelles bases la théorie du contact des lignes et des surfaces. Il a fait voir que, si deux courbes planes, représentées par deux équations entre des coordonnées rectangulaires x, y, renferment un même point (P), pour lequel les dérivées de l'ordonnée y prises par rapport à x, depuis la dérivée du premier ordre jusqu'à la dérivée de l'ordre n, ne changent pas de valeurs, quand on substitue la seconde courbe à la première, une troisième courbe ne pourra passer entre les deux autres, à moins que les quantités $y', y''\ldots y^{(n)}$, relatives à la troisième courbe, ne reprennent, pour le point (P), les valeurs déjà calculées. Donc, si cette condition n'est pas remplie, les deux premières courbes seront plus rapprochées l'une de l'autre que la troisième. Telles sont les considérations que Lagrange emploie pour donner une idée de ce rapprochement des courbes que l'on nomme communément contact ou osculation, et que la manière ordinaire de concevoir le calcul différentiel faisait regarder comme une coïncidence plus ou moins rigoureuse, plus ou moins étendue, quoique, à proprement parler, comme l'observe cet auteur, la coïncidence de deux courbes tangentes ne s'étende pas au-delà du point de contact. Dans la théorie de Lagrange, l'ordre de contact des deux courbes planes n'est autre chose que le nombre n, c'est-à-dire, le nombre des termes successifs de la série

$$(1) \qquad y', y'', y'''\ldots,$$

qui conservent les mêmes valeurs relatives au point de contact, lorsqu'on substitue la seconde courbe à la première. Ajoutons que l'auteur étend cette théorie non-seulement aux courbes à double courbure, mais encore aux surfaces courbes. Il mesure l'ordre de contact de deux courbes à double courbure, représentées comme par deux équations entre trois coordonnées rectangulaires x, y, z, à l'aide du nombre des termes successifs qui, dans chacune des séries

$$(1) \qquad y', y'', y'''\ldots,$$

$$(2) \qquad z', z'', z'''\ldots,$$

conservent les mêmes valeurs, relatives au point de contact, lorsqu'on substitue la seconde courbe à la première; et il en conclut que, si deux courbes tracées dans l'espace
ont entre elles un contact de l'ordre n, une troisième ne pourra passer entre elles,
sans avoir avec ces mêmes courbes un contact de l'ordre n ou d'un ordre plus
élevé. Pareillement, il mesure l'ordre de contact de deux surfaces courbes dont chacune est représentée par une seule équation entre trois coordonnées rectangulaires
x, y, z, à l'aide du nombre équivalent à l'ordre des dérivées partielles de z qui
forment les derniers termes de la suite

$$(3) \qquad \frac{dz}{dx}, \frac{dz}{dy}; \frac{d^2z}{dx^2}, \frac{d^2z}{dxdy}, \frac{d^2z}{dy^2}; \frac{d^3z}{dx^3}, \frac{d^3z}{dx^2dy}, \frac{d^3z}{dxdy^2}, \frac{d^3z}{dy^3}; \text{etc.....}$$

en supposant que l'on arrête cette suite à l'instant même où l'on rencontre un ordre de
dérivées qui ne conservent pas toutes les mêmes valeurs, relatives au point de contact,
quand on substitue l'une des surfaces à l'autre; puis il attribue au contact de l'ordre
n, entre deux surfaces données, ce principal caractère qu'une troisième surface ne
peut passer entre les deux premières, sans avoir avec elles un contact du même ordre,
ou d'un ordre plus élevé.

Quoique la théorie que nous venons de rappeler ait l'avantage de présenter généralement une idée assez nette du contact de deux courbes planes, elle paraît laisser
encore, sous le rapport de la rigueur et de la précision, quelque chose à désirer.
D'abord elle fait entrer, dans la définition de l'ordre de contact de deux courbes ou
surfaces courbes, l'indication du système de coordonnées que l'on emploie, tandis
qu'en réalité cet ordre dépend uniquement de la nature des deux courbes ou des deux
surfaces. Lorsqu'on adopte cette même théorie, le rapprochement plus ou moins considérable de deux courbes qui se touchent est mesuré par l'intervalle qui sépare deux
points situés sur ces deux courbes dans le voisinage du point de contact, mais à des
distances de ce point inégales entre elles, et dont le rapport varie avec la direction
des axes coordonnés. De plus, quand il s'agit de courbes à double courbure, on ne voit
pas bien clairement ce qu'on doit entendre par une courbe qui passe ou ne passe pas
entre deux autres. Une difficulté du même genre existe à l'égard des surfaces courbes.
Pour la faire mieux comprendre, considérons les deux surfaces du troisième degré
représentées par les deux équations

$$(4) \qquad z = -x^4 - y^4, \qquad\qquad (5) \qquad z = x^4 + y^4.$$

Ces deux surfaces qui se touchent à l'origine, où elles ont entre elles un contact du
troisième ordre, en offriront un du premier ordre seulement avec la surface cylindrique
représentée par l'équation

(6)
$$z = x^3.$$

Donc, en vertu des principes ci-dessus mentionnés, la surface cylindrique ne saurait passer entre les deux autres. C'est pourtant ce qui arrivera, du moins pour la portion de la surface cylindrique qui sera très-voisine de l'axe des y, et, en particulier, pour les points situés sur cet axe. Car ces points seront compris entre les courbes suivant lesquelles les surfaces (4) et (5) se trouvent coupées par le plan des y, z, c'est-à-dire, entre les deux courbes renfermées dans le plan des y, z et déterminées par les équations

(7)
$$z = -y^4, \qquad (8) \qquad z = y^4.$$

Enfin, la comparaison des valeurs que fournissent deux courbes ou deux surfaces tangentes l'une à l'autre pour les différents termes des séries (1), (2) ou (5), ne suffit plus à la détermination de l'ordre du contact, lorsque l'angle formé par la tangente commune aux deux courbes avec l'axe des x, ou par le plan tangent commun aux deux surfaces avec le plan des x, y, est précisément un angle droit. Concevons, par exemple, que l'on veuille comparer deux à deux les trois courbes représentées par les équations

(9)
$$x = y^2, \qquad (10) \qquad x = y^4, \qquad (11) \qquad x = y^6.$$

Ces trois courbes qui se touchent, et dont la tangente commune coïncide avec l'axe des y, fourniront, pour les dérivées successives de l'ordonnée y, des valeurs qui deviendront toutes infinies quand on supposera $x = o$. Cependant le contact de la première courbe avec chacune des deux autres sera seulement du premier ordre, et le contact des deux dernières sera seulement du troisième ordre.

Les difficultés que nous venons d'indiquer disparaissent, lorsque, pour établir la théorie du contact des courbes et des surfaces, on a recours aux principes que nous allons exposer.

D'abord on définit aisément la tangente à une courbe, en la considérant comme la droite de laquelle s'approche de plus en plus une sécante, qui coupe la courbe en deux points, tandis que l'un de ces points demeure fixe et que l'autre s'approche indéfiniment du premier. Il est d'ailleurs facile de prouver qu'en général les tangentes menées par un point d'une surface courbe à différentes courbes tracées sur cette surface sont comprises dans un même plan, et l'on établit ainsi l'existence de ce qu'on appelle le plan tangent à une surface courbe. Enfin, on dit que deux courbes ou deux surfaces courbes se touchent en un point donné, quand elles ont en ce point la même tangente ou le même plan tangent.

Cela posé, considérons deux courbes planes ou à double courbure qui se touchent en un certain point. Si de ce point comme centre, et avec un rayon infiniment petit désigné par i, on décrit une sphère, la surface de la sphère coupera les deux courbes en deux nouveaux points très-voisins l'un de l'autre, et le rapprochement plus ou moins considérable des deux courbes, à la distance i du point de contact, aura évidemment pour mesure la longueur infiniment petite comprise entre les deux points dont il s'agit, ou, ce qui revient au même, la corde de l'arc de grand cercle renfermé entre les deux courbes. Ajoutons que les rayons menés aux extrémités de cet arc seront dirigés suivant des droites qui formeront des angles très-petits avec la tangente commune aux deux courbes; d'où il résulte que l'angle compris entre ces rayons sera lui-même une quantité très-petite. Soit ω ce dernier angle. L'arc de grand cercle compris entre les deux courbes aura pour mesure le produit

$$(12) \qquad i\omega,$$

et la corde de cet arc sera équivalente à

$$(13) \qquad 2\,i\sin\frac{\omega}{2}.$$

Si les deux courbes changent de forme de telle manière que, se touchant toujours au point donné, elles se rapprochent davantage l'une de l'autre dans le voisinage de ce point, les valeurs de l'expression (13), correspondantes à de très-petites valeurs de i, diminueront nécessairement; ce qui suppose que la fonction de i représentée par ω diminuera elle-même. Si, au contraire, en vertu du changement de forme, le rapprochement des deux courbes devient moindre, les valeurs de ω correspondantes à de très-petites valeurs de i croîtront nécessairement. On peut donc affirmer que, dans le voisinage du point de contact, *le rapprochement des deux courbes sera plus ou moins considérable, et leur contact plus ou moins intime, suivant que les valeurs de ω, correspondantes à de très-petites valeurs de i, seront plus ou moins grandes.* De ce principe joint au théorème 1.ᵉʳ de la page 146, on déduira immédiatement la proposition suivante.

1.ᵉʳ Théorème. *Si deux courbes se touchent en un point donné* (P)*, et que l'on marque sur ces deux courbes deux points* (Q)*,* (R) *situés à la distance infiniment petite* i *du point de contact, le rapprochement entre les deux courbes, dans le voisinage de ce point, sera d'autant plus considérable, que l'ordre de la quantité infiniment petite* ω*, destinée à représenter l'angle compris entre les rayons vecteurs* $\overline{PQ}$*,* $\overline{PR}$*, sera plus élevé.*

Démonstration. En effet, si la forme des deux courbes ou de l'une d'entre elles vient à changer, de manière que l'ordre de la quantité infiniment petite ω s'élève, la valeur numérique de ω, dans le voisinage du point de contact diminuera, en vertu du théorème 1.er de la page 146, et par suite le rapprochement entre les deux courbes deviendra plus grand qu'il n'étoit d'abord.

Le théorème 1.er étant démontré, il est naturel de prendre l'ordre de la quantité infiniment petite ω, considérée comme fonction de la base i, pour indiquer ce qu'on peut appeler l'ordre de contact des deux courbes proposées. Soit a cet ordre. Puisque le rapport

$$\frac{\sin \frac{1}{2}\omega}{\frac{1}{2}\omega}$$

a l'unité pour limite, le produit

$$\omega \frac{\sin \frac{1}{2}\omega}{\frac{1}{2}\omega} = 2 \sin \frac{\omega}{2}$$

sera encore une quantité infiniment petite de l'ordre a, tandis que les expressions (12) et (13) seront, en vertu du théorème 3 de la page 148, des quantités infiniment petites de l'ordre $a + 1$. On peut donc énoncer la proposition suivante.

2.e THÉORÈME. *Lorsque deux courbes se touchent en un point donné* (P), *l'ordre du contact est inférieur d'une unité à l'ordre de la quantité infiniment petite qui représente la distance entre deux points* (Q), (R) *situés sur les deux courbes, également éloignés du point de contact, et dont la distance à ce point est un infiniment petit du premier ordre.*

Il importe d'observer que la droite $\overline{QR}$ menée du point (Q) au point (R), étant la base d'un triangle isocèle, et opposée, dans ce triangle, au très-petit angle ω, sera sensiblement perpendiculaire aux rayons vecteurs $\overline{PQ}, \overline{PR}$, et par suite à la tangente commune aux deux courbes. Ajoutons que la surface du triangle PQR sera, d'après un théorème connu de trigonométrie, équivalente au produit des côtés égaux $\overline{PQ}, \overline{PR}$ par le sinus de l'angle compris entre eux, c'est-à-dire, à l'expression

$$(14) \qquad\qquad \frac{1}{2} i^2 \sin \omega,$$

et par conséquent à une quantité infiniment petite, dont l'ordre $a + 2$ surpassera de deux unités l'ordre du contact des deux courbes.

Considérons à présent le cas particulier où les courbes données se réduisent à deux courbes planes comprises dans le plan des x, y; et concevons que, par les points (Q), (R), situés sur ces deux courbes à des distances égales, et infiniment petites, du point de contact, on mène deux droites parallèles dont chacune forme avec la tangente commune un angle fini δ. De ces deux parallèles, l'une se trouvera plus rapprochée que l'autre du point de contact. Supposons, pour fixer les idées, que ce soit la droite menée par le point (Q) pris sur la première courbe, et que cette droite coupe la seconde courbe en (S). Dans le triangle QRS, le côté $\overline{RS}$, sensiblement parallèle à la tangente commune, puisqu'il représentera une corde dont les extrémités situées sur la seconde courbe seront très-voisines du point de contact, formera évidemment avec les côtés $\overline{QR}$, $\overline{QS}$, des angles finis, dont le premier différera très-peu d'un angle droit, et le second de l'angle δ. On aura donc, en désignant par I et J des quantités infiniment petites,

$$(15) \qquad \overline{QS} = \frac{\sin\left(\frac{\pi}{2} + I\right)}{\sin\left(\delta + J\right)} \qquad \overline{QR} = \frac{\sin\left(\frac{\pi}{2} + I\right)}{\sin\left(\delta + J\right)} \cdot 2\,i\,\sin\frac{\omega}{2}.$$

De plus, comme le rapport entre la perpendiculaire abaissée du point (P) sur la droite $\overline{QS}$, ou sur son prolongement, et le rayon vecteur $\overline{PQ} = i$ sera sensiblement égal à $\cos\left(\frac{\pi}{2} - \delta\right) = \sin\delta$, cette perpendiculaire pourra être représentée par un produit de la forme

$$(16) \qquad i\,(\sin\delta \pm \varepsilon),$$

$\pm\varepsilon$ désignant encore une quantité infiniment petite. Cela posé, admettons que, les deux courbes ayant entre elles un contact de l'ordre a, l'on considère le rayon vecteur i comme infiniment petit du premier ordre. Il est clair que l'expression (16) sera encore un infiniment petit du premier ordre, tandis que l'expression (15) sera de l'ordre $a + 1$. Ajoutons que l'ordre de cette dernière ne variera pas [voyez le 3.ᵉ corollaire du théorème 4 de la page 148] si l'on prend pour base l'expression (16), ou une quantité telle que l'expression (16) reste infiniment petite du premier ordre. Ces remarques suffisent pour établir un nouveau théorème que nous allons énoncer.

3.ᵉ THÉORÈME. *L'ordre de contact de deux courbes planes qui se touchent en un point donné (P) est inférieur d'une unité à l'ordre de la distance infiniment petite comprise entre les points (Q), (S), où les deux courbes sont rencontrées par une sécante qui forme un angle fini et sensiblement différent de zéro avec la tangente commune, dans tout système où la distance du point de contact à la sécante dont il s'agit est un infiniment petit du premier ordre.*

Si les deux courbes sont représentées par deux équations entre des coordonnées rectangulaires x, y, et si la tangente commune n'est pas parallèle à l'axe des y, alors, en supposant la sécante parallèle à ce même axe, on déduira du théorème 3 la proposition suivante :

4.ᵉ *Théorème. Pour obtenir l'ordre de contact de deux courbes planes qui se touchent en un point où la tangente commune n'est pas parallèle à l'axe des* y, *il suffit de mener une ordonnée très-voisine du point de contact, et de chercher le nombre qui représente l'ordre de la portion infiniment petite d'ordonnée comprise entre les deux courbes, dans le cas où l'on considère la distance du point de contact à l'ordonnée comme infiniment petite du premier ordre. Ce nombre, diminué d'une unité, indique l'ordre de contact.*

Corollaire 1.ᵉʳ Soient

$$(17) \qquad y = f(x), \qquad y = F(x)$$

les équations des deux courbes planes. Elles auront un point correspondant à une valeur donnée de x, et en ce point une tangente commune, non parallèle à l'axe des y, si, pour la valeur donnée de x, les équations des deux courbes fournissent des valeurs égales et finies, non-seulement de l'ordonnée y, mais encore de sa dérivée y', en sorte que les équations

$$(18) \qquad f(x) = F(x)$$

et

$$(19) \qquad f'(x) = F'(x)$$

soient vérifiées, et que les deux membres de chacune d'elles conservent des valeurs finies. Dans cette hypothèse, la différence

$$(20) \qquad F(x) - f(x),$$

qui s'évanouira pour la valeur de x relative au point commun, deviendra infiniment petite quand x recevra un accroissement infiniment petit; et, si l'on considère cet accroissement comme étant du premier ordre, l'ordre de la quantité infiniment petite qui représentera la nouvelle valeur de $F(x) - f(x)$, surpassera d'une unité l'ordre de contact des deux courbes.

Corollaire 2.ᵉ Si les deux courbes se touchent en un point de l'axe des y, mais sans avoir cet axe pour tangente commune, il suffira, d'après ce qu'on vient de dire, pour déterminer l'ordre du contact, de chercher le nombre qui indiquera l'ordre de la différence

$$F(x) - f(x),$$

en considérant l'abscisse x comme une quantité infiniment petite du premier ordre, et de diminuer ce nombre d'une unité. En opérant ainsi, on reconnaîtra que les paraboles

$$(21) \qquad y = x^2, \qquad y = x^3,$$

ont à l'origine des coordonnées un contact du premier ordre, tandis qu'au même point les deux courbes

$$(22) \qquad y = x^{n+1}, \qquad y = x^{n+2},$$

auront un contact de l'ordre n, et les deux courbes

$$(23) \qquad y = x^{\frac{4}{3}}, \qquad y = x^{\frac{5}{4}}$$

un contact de l'ordre $\dfrac{5}{4} - 1 = \dfrac{1}{4}$.

Corollaire 3.° Supposons que les courbes (17) aient un point commun correspondant à l'abscisse x, et en ce point une tangente, commune non parallèle à l'axe des y, avec un contact de l'ordre a. Soit d'ailleurs n le nombre entier égal ou immédiatement supérieur à a. La différence

$$(20) \qquad F(x) - f(x)$$

sera nulle; et, si l'on désigne par i un accroissement infiniment petit du premier ordre, attribué à l'abscisse x, l'expression

$$(24) \qquad F(x + i) - f(x + i)$$

sera [en vertu du corollaire 1.er] un infiniment petit de l'ordre $a + 1$. Or, les dérivées de cette expression par rapport à i étant respectivement

$$F'(x + i) - f'(x + i), \qquad F''(x + i) - f''(x + i), \text{ etc.} \ldots,$$

il résulte de ce qui a été dit ci-dessus [pages 145 et 146] que

$$F^{(n+1)}(x + i) - f^{(n+1)}(x + i)$$

sera la première des expressions

$$F(x + i) - f(x + i), \quad F'(x + i) - f'(x + i), \quad F''(x + i) - f''(x + i), \text{ etc.} \ldots,$$

qui cessera de s'évanouir avec i. En d'autres termes,

$$F^{(n+1)} - f^{(n+1)}(x)$$

sera la première des différences

$$F(x) - f(x), \quad F'(x) - f'(x), \quad F''(x) - f''(x), \text{ etc}....,$$

qui obtiendra une valeur différente de zéro. On aura donc pour le point commun

$$(25) \quad F(x) = f(x), \; F'(x) = f'(x), \; F''(x) = f''(x), \ldots F^{(n)}(x) = f^{(n)}(x).$$

Par conséquent, lorsque deux courbes planes se touchent en un point où la tangente commune n'est pas parallèle à l'axe des y, non-seulement pour le point dont il s'agit l'ordonnée y et sa dérivée y' ne changent pas de valeurs dans le passage de la première courbe à la seconde, mais il en est encore de même des dérivées successives y'', y'''...., jusqu'à celle dont l'ordre coïncide avec le nombre entier égal ou immédiatement supérieur à l'ordre du contact.

Corollaire 4.e Si, les deux courbes ayant un contact de l'ordre a, la tangente commune devenait parallèle à l'axe des y, alors, en attribuant à l'abscisse du point de contact un accroissement infiniment petit du premier ordre, on ne trouverait pas généralement pour la valeur correspondante de la différence $F(x) - f(x)$ un infiniment petit de l'ordre $a + 1$. Néanmoins on pourrait encore déterminer l'ordre du contact par la méthode dont nous avons fait usage, pourvu que l'on substituât la variable y à la variable x, et réciproquement. Ainsi, par exemple, pour montrer que les deux courbes

$$(26) \qquad y = x^{\frac{5}{5}}, \qquad y = x^{\frac{5}{4}},$$

qui touchent à l'origine de l'axe des y, ont en ce point un contact de l'ordre $\frac{1}{3}$, il suffira d'observer que leurs équations, résolues par rapport à x, prennent les formes

$$x = y^{\frac{5}{3}}, \qquad x = y^{\frac{4}{5}},$$

et que la différence $y^{\frac{4}{3}} - y^{\frac{5}{3}}$ est un infiniment petit de l'ordre

$$\frac{4}{3} = 1 + \frac{1}{3},$$

quand on considère y comme un infiniment petit du premier ordre. Quant à la différence $F(x) - f(x)$, elle se réduit, dans cet exemple, à

$$x^{\frac{3}{5}} - x^{\frac{3}{4}};$$

et lorsque l'on considère x comme un infiniment petit du premier ordre, elle est une quantité infiniment petite, non plus de l'ordre $\dfrac{4}{3}$, mais de l'ordre $\dfrac{3}{5}$ seulement.

*Corollaire 5.*ᵉ Lorsque la tangente commune n'est pas parallèle à l'axe des y, et que l'ordre de contact est un nombre entier, il suffit, pour déterminer cet ordre, de chercher quelle est la dernière des équations

$$(27) \qquad f(x) = F(x), \quad f'(x) = F'(x), \quad f''(x) = F''(x), \text{ etc.} \ldots,$$

qui se trouve vérifiée par l'abscisse du point de contact. L'ordre des dérivées comprises dans cette dernière équation sera précisément le nombre demandé.

Passons maintenant au cas général où l'on considère deux courbes à double courbure qui se touchent en un point (P). Soient toujours (Q), (R) deux points situés sur ces courbes à des distances égales et infiniment petites du point de contact. Soient encore i la valeur commune de ces distances, ω l'angle très-petit qu'elles forment entre elles; et supposons que l'on projette les deux courbes, avec le triangle PQR, sur un plan qui ne soit pas sensiblement perpendiculaire au plan de ce triangle. Les deux courbes projetées auront évidemment la même tangente, ou, en d'autres termes, seront tangentes l'une à l'autre. Désignons par (p), (q), (r) les projections des trois points (P), (Q), (R) par δ l'angle compris entre les plans des triangles PQR, pqr, et par φ, χ, ψ les angles que les droites $\overline{PQ}$, $\overline{PR}$, $\overline{QR}$ forment respectivement avec leurs projections $\overline{pq}$, $\overline{pr}$, $\overline{qr}$. On aura

$$(28) \quad \left\{ \begin{array}{l} \overline{pq} = \overline{PQ}\cos\varphi = i\cos\varphi, \quad \overline{pr} = \overline{PR}\cos\chi = i\cos\chi, \\[2mm] \overline{qr} = \overline{QR}\cos\psi = 2\,i\sin\dfrac{\omega}{2}\,.\,\cos\psi. \end{array} \right.$$

D'ailleurs, on prouve facilement que *la projection de la surface d'un triangle sur un plan quelconque est équivalente à cette surface multipliée par le cosinus de l'angle aigu compris entre le plan du triangle et le plan sur lequel on projette, ou, ce qui revient au même, par le cosinus de l'angle aigu compris entre des droites perpendiculaires aux deux plans dont il s'agit.* Donc la surface du triangle pqr aura pour mesure le produit

$$(29) \qquad \frac{1}{2}\,i^2\sin\omega\,.\,\cos\delta = i^2\sin\frac{1}{2}\omega\,.\,\cos\frac{1}{2}\omega\,.\,\cos\delta,$$

et le sinus de l'angle $\overline{pqr}$ sera équivalent au quotient qu'on obtient en divisant le double de cette surface par le produit $\overline{pq} \times \overline{qr}$, c'est-à-dire, à la fraction

$$(30) \qquad \frac{\cos \frac{1}{2}\omega . \cos \delta}{\cos \varphi . \cos \psi} .$$

Donc le produit de ce cosinus par la droite $\overline{pq}$, ou la perpendiculaire abaissée du point (p) sur la droite $\overline{qr}$, sera représenté par

$$(31) \qquad i \, \frac{\cos \frac{1}{2}\omega . \cos \delta}{\cos \psi} ,$$

Or, la valeur de l'angle ω étant très-petite, et celles des angles φ, χ, ψ étant sensiblement différentes de $\frac{\pi}{2}$, les quantités

$$\cos \frac{1}{2}\omega , \quad \cos \delta , \quad \cos \varphi , \quad \cos \chi , \quad \cos \psi$$

auront des valeurs sensibles. Cela posé, il suffira de jeter les yeux sur les formules (28) et sur l'expression (31) pour reconnaître, 1.° que la distance $\overline{qr}$ est, dans l'hypothèse admise, une quantité infiniment petite de l'ordre $a + 1$, et qu'elle forme avec la distance $\overline{pq}$ un angle pqr sensiblement différent de zéro; 2.° que la distance $\overline{qr}$ est un infiniment petit du premier ordre. Observons encore que la tangente commune aux deux courbes projetées, se confondant à très-peu près avec la droite $\overline{pq}$, formera elle-même avec la sécante $\overline{qr}$ un angle fini et sensible. Donc [en vertu du théorème 3.°] *les courbes projetées auront entre elles, ainsi que les courbes proposées, un contact de l'ordre* a.

Si le plan du triangle pqr devenait sensiblement perpendiculaire au plan du triangle PQR, mais en continuant de former un angle sensible avec les côtés $\overline{PQ}, \overline{PR}$, et par conséquent avec la tangente commune aux deux courbes données, le contact entre les deux courbes projetées ne pourrait être que d'un ordre égal ou supérieur au nombre a. Alors, en effet, les distances $\overline{pq}, \overline{pr}$ seraient encore des quantités infiniment petites du premier ordre, tandis que la distance $\overline{qr}$ serait infiniment petite de l'ordre $a + 1$, ou d'un ordre supérieur. Or, imaginons que, dans cette nouvelle hypothèse, une sphère soit décrite du point (p) comme centre avec un rayon égal à $\overline{pq}$, et que cette sphère coupe la seconde des deux courbes projetées en (s).

Si l'on joint le point (*s*) avec les points (*q*) et (*r*), la droite $\overline{rs}$ sera sensiblement parallèle à la tangente commune aux deux courbes projetées, puisque ses extrémités seront situées sur l'une de ces courbes à des distances infiniment petites du point (*p*). Au contraire, la droite $\overline{qr}$, ou, en d'autres termes, la base du triangle isocèle *p q s*, sera sensiblement perpendiculaire à la même tangente. Donc le triangle *q r s* sera sensiblement rectangle en (*s*), et par suite la longueur $\overline{qs}$, sensiblement égale au produit $\overline{qs}\cos(rqs)$, sera, ainsi que la longueur $\overline{qr}$, un infiniment petit de l'ordre $a+1$, ou d'un ordre supérieur. Donc, en vertu du théorême 2, *l'ordre de contact des deux courbes projetées sera nécessairement égal ou supérieur au nombre a.*

Concevons à présent que, tous les points de l'espace étant rapportés à trois axes coordonnés des *x*, *y* et *z*, on projette successivement les deux courbes données sur le plan des *x*, *y*, et sur le plan des *x*, *z*. Supposons d'ailleurs que l'angle compris entre l'axe des *x* et la tangente commune aux deux courbes diffère sensiblement d'un angle droit. Cette tangente ne pourra être sensiblement perpendiculaire ni au plan des *x*, *y*, ni au plan des *x*, *z*, attendu que l'un et l'autre passent par l'axe des *x*. De plus, ces derniers plans ne pourront être, tous les deux à-la-fois, sensiblement perpendiculaires au plan du triangle *PQR*. Car, dans ce cas, leur ligne d'intersection, c'est-à-dire l'axe des *x*, formerait nécessairement un angle très-peu différent de $\dfrac{\pi}{2}$ avec les droites $\overline{PQ}$, $\overline{PR}$ comprises dans le plan *PQR*, et par conséquent avec la tangente commune aux deux courbes. Cela posé, il résulte des principes ci-dessus établis que, dans l'hypothèse admise, le contact des deux courbes projetées, 1.° sur le plan des *x*, *y*; 2.° sur le plan des *x*, *z*, sera toujours de l'ordre *a*, ou d'un ordre supérieur, et sur l'un des deux plans au moins, de l'ordre *a* seulement. On peut donc énoncer la proposition suivante.

THÉORÊME 5. *Pour obtenir l'ordre de contact de deux courbes qui se touchent en un point où la tangente commune ne forme pas un angle droit avec l'axe des x, il suffit de chercher les nombres qui indiquent les ordres de contact des projections des deux courbes sur le plan des x, y, et sur le plan des x, z. Chacun de ces nombres, s'ils sont égaux, ou, le plus petit d'entre eux, s'ils sont inégaux, indiquera l'ordre de contact des courbes proposées.*

Corollaire 1.ᵉʳ Le théorême qui précède subsiste également, dans le cas où les variables *x*, *y*, *z* désignent des coordonnées rectangulaires, et dans le cas où ces variables représentent des coordonnées obliques.

Corollaire 2.ᵉ Lorsque deux courbes à double courbure se touchent en un point où la tangente ne forme pas un angle droit avec l'axe des x, la détermination de l'ordre du contact se trouve réduite par le 5.ᵉ théorème à la recherche de l'ordre de contact de deux courbes planes, c'est-à-dire, à un problème déjà résolu.

*Corollaire 3.*ᵉ Supposons que deux courbes, représentées chacune par deux équations entre les coordonnées rectangulaires ou obliques x, y, z, aient entre elles un point commun correspondant à l'abscisse x, et en ce point une tangente commune non perpendiculaire à l'axe des x, avec un contact de l'ordre a. Soit d'ailleurs n le nombre entier égal ou immédiatement supérieur à a. Enfin, admettons que l'on prenne l'abscisse x pour variable indépendante, et que l'on désigne par $y', y'', y'''...$ $z', z'', z'''...$ les dérivées successives des variables y et z considérées comme fonctions de x. En vertu du 5.ᵉ théorème, les quantités

$$(32) \qquad \begin{cases} y, & y', & y'', & \dots & y^{(n)}, \\ y, & z', & z'', & \dots & z^{(n)} \end{cases}$$

conserveront les mêmes valeurs, pour le point dont il s'agit, dans le passage de la première courbe à la seconde, tandis que chacune des quantités

$$(33) \qquad y^{(n+1)}, \qquad z^{(n+1)},$$

ou au moins l'une des deux changera de valeur.

*Corollaire 4.*ᵉ Lorsque la tangente commune aux deux courbes ne forme pas un angle droit avec l'axe des x, et que l'ordre de contact est un nombre entier, il suffit, pour déterminer cet ordre, de chercher la plus grande valeur qu'on puisse attribuer au nombre entier n, en choisissant ce nombre de manière que les quantités (32) demeurent toutes invariables pour le point de contact dans le passage d'une courbe à l'autre. Cette valeur de n indique précisément l'ordre demandé.

*Corollaire 5.*ᵉ Si la tangente commune aux deux courbes formait un angle droit avec l'axe des x, elle ne pourrait être à-la-fois perpendiculaire au plan des x, y et au plan des x, z. Par suite elle formerait un angle différent de $\frac{\pi}{2}$ avec l'axe des y, et avec l'axe des z, ou au moins avec l'un de ces deux axes. Donc, pour déterminer, dans cette hypothèse, l'ordre de contact des deux courbes à l'aide du 5.ᵉ théorème, il suffirait de substituer à l'axe des x l'axe des y ou l'axe des z, et de remplacer en même temps le plan des x, z, ou des x, y, par le plan des y, z.

Le 5.ᵉ théorème, à l'aide duquel on fixe aisément l'ordre de contact des deux courbes à double courbure, peut être remplacé par un autre théorème qui n'est sujet à aucune restriction, et que nous allons établir en peu de mots.

Soit toujours (P) le point commun à deux courbes qui se touchent. Soient encore (Q), (R) deux autres points situés sur la première et sur la seconde courbe, également éloignés du point de contact, et dont les distances à ce point se réduisent à une longueur infiniment petite, désignée par i. Enfin, concevons qu'à partir du point (P) on porte sur la seconde courbe un arc PS, qui ait la même longueur que l'arc PQ, qui soit dirigé dans le même sens, et qui aboutisse au point (S). La sécante $\overline{QS}$, en vertu du théorème 1.er de la page 142, sera sensiblement perpendiculaire, ainsi que la sécante $\overline{PR}$, à la tangente commune. De plus, la corde $\overline{RS}$, étant comprise entre deux points de la seconde courbe très-rapprochés du point de contact, sera sensiblement parallèle à cette tangente. Par conséquent, dans le triangle rectiligne QRS, les côtés $\overline{QR}$ et $\overline{QS}$ formeront avec le troisième côté $\overline{RS}$ des angles dont chacun différera très-peu d'un angle droit. Donc le rapport entre les deux premiers côtés, ou, ce qui revient au même, le rapport entre les sinus des angles opposés différera très-peu de l'unité; et l'on aura, en désignant par I une quantité infiniment petite,

$$(34) \qquad \overline{QS} = \overline{QR}(1+I) = (1+I)\, 2\, i \sin \frac{\omega}{2}.$$

D'autre part, comme le rapport entre l'arc $\overline{PQ}$ et la corde $\overline{PQ} = i$ aura pour limite l'unité, on trouvera encore, en désignant par J une quantité infiniment petite,

$$(35) \qquad \mathrm{arc}\, PQ = (1+J)\, i.$$

Cela posé, admettons que, les deux courbes ayant entre elles un contact de l'ordre a, l'on considère le rayon vecteur i comme infiniment petit du premier ordre. Il est clair que l'arc PQ sera encore un infiniment petit du premier ordre, tandis que la distance $\overline{QS}$ sera de l'ordre $a+1$. Ajoutons que l'ordre de cette distance ne variera pas [voyez le 3.e corollaire du théorème 4 de la page 148], si l'on prend pour base l'arc PQ ou une quantité telle que l'arc PQ reste infiniment petit du premier ordre. Ces remarques suffisent pour établir le nouveau théorème que nous allons énoncer.

Théorème 6.e *Pour obtenir l'ordre de contact de deux courbes qui se touchent en un point donné, il suffit de chercher le nombre qui représente l'ordre de la distance infiniment petite comprise entre les extrémités de deux longueurs égales portées sur les deux courbes à partir du point de contact, dans le cas où ces mêmes longueurs deviennent infiniment petites du premier ordre. Le nombre dont il s'agit, diminué d'une unité, indique toujours l'ordre du contact.*

Corollaire 1.ᵉʳ Soit i la quantité infiniment petite qui représente chacune des deux longueurs mentionnées dans le 6.ᵉ théorême. Désignons en outre par x, y, z et par ξ, n, ζ les coordonnées des points auxquels ces longueurs aboutissent sur la première et la seconde courbe. Enfin, soit

$$(36) \qquad s = \sqrt{[(x - \xi)^2 + (y - n)^2 + (z - \zeta)^2]}$$

la longueur de la droite menée du point (ξ, n, ζ) au point (x, y, z). Si l'on considère i comme un infiniment petit du premier ordre, et si l'on appelle a l'ordre de contact des deux courbes, la distance s sera [en vertu du 6.ᵉ théorême] un infiniment petit de l'ordre $a + 1$. Par suite, le carré de cette distance, ou la somme

$$(37) \qquad (x - \xi)^2 + (y - n)^2 + (z - \zeta)^2$$

sera un infiniment petit de l'ordre $2a + 2$; ce qui exige que des trois différences

$$(38) \qquad x - \xi, \qquad y - n, \qquad z - \zeta,$$

l'une au moins soit de l'ordre $a + 1$, les deux autres étant du même ordre ou d'un ordre plus élevé. On arriverait à la même conclusion, en observant que les valeurs numériques des expressions (38) représentent les projections de la distance s sur les axes des x, y et z. En effet, il est aisé de reconnaître qu'*une distance infiniment petite et sa projection sur un axe quelconque sont en général des quantités de même ordre. Seulement l'ordre de la projection peut surpasser l'ordre de la distance, dans le cas où celle-ci devient perpendiculaire à l'axe.* Mais il est clair que cette dernière condition ne saurait être remplie à-la-fois pour les trois axes des x, des y et des z.

Corollaire 2.ᵉ Conservons les mêmes notations que dans le corollaire précédent. Soit toujours a l'ordre de contact des deux courbes données, et désignons par n le nombre entier égal ou immédiatement supérieur à a. Puisque, la quantité i étant regardée comme infiniment petite du premier ordre, l'une des trois différences

$$(39) \qquad x - \xi, \qquad y - n, \qquad z - \zeta$$

devra être de l'ordre $a + 1$, les deux autres étant du même ordre ou d'un ordre plus élevé; il résulte de ce qui a été dit [page 146] que, si l'on prend i pour variable indépendante,

$$(40) \quad \begin{cases} x - \xi \;,\; \dfrac{d(x-\xi)}{di} \;,\; \dfrac{d^2(x-\xi)}{di^2} \;,\ldots\ldots\; \dfrac{d^n(x-\xi)}{di^n} \;, \\[2ex] y - \eta \;,\; \dfrac{d(y-\eta)}{di} \;,\; \dfrac{d^2(y-\eta)}{di^2} \;,\ldots\ldots\; \dfrac{d^n(y-\eta)}{di^n} \;, \\[2ex] z - \zeta \;,\; \dfrac{d(z-\zeta)}{di} \;,\; \dfrac{d^2(z-\zeta)}{di^2} \;,\ldots\ldots\; \dfrac{d^n(z-\zeta)}{di^n} \;, \end{cases}$$

s'évanouiront avec i, tandis que chacune des dérivées

$$(41) \quad \dfrac{d^{n+1}(x-\xi)}{di^{n+1}} \;,\; \dfrac{d^{n+1}(y-\eta)}{di^{n+1}} \;,\; \dfrac{d^{n+1}(z-\zeta)}{di^{n+1}} \;,$$

ou du moins l'une d'entre elles cessera de s'évanouir pour $i = 0$. Soient d'ailleurs s et ς les arcs renfermés, 1.° entre un point fixe de la première des courbes données et le point mobile (x, y, z); 2.° entre un point de la seconde courbe et le point (ξ, η, ζ); et admettons que ces nouveaux arcs soient dirigés dans le même sens que l'arc i. Comme les trois variables i, s et ς différeront entre elles de quantités constantes, on aura

$$(42) \quad di = ds = d\varsigma \,;$$

et l'on pourra prendre pour variable indépendante, quand il s'agira de la première courbe, s au lieu de i; quand il s'agira de la seconde courbe, ς au lieu de i. Cela posé, les expressions (40) et (41) deviendront respectivement

$$(43) \quad \begin{cases} x - \xi \,,\; \dfrac{dx}{ds} - \dfrac{d\xi}{d\varsigma} \,,\; \dfrac{d^2x}{ds^2} - \dfrac{d^2\xi}{d\varsigma^2} \,,\ldots\; \dfrac{d^nx}{ds^n} - \dfrac{d^n\xi}{d\varsigma^n} \,, \\[2ex] y - \eta \,,\; \dfrac{dy}{ds} - \dfrac{d\eta}{d\varsigma} \,,\; \dfrac{d^2y}{ds^2} - \dfrac{d^2\eta}{d\varsigma^2} \,,\ldots\; \dfrac{d^ny}{ds^n} - \dfrac{d^n\eta}{d\varsigma^n} \,, \\[2ex] z - \zeta \,,\; \dfrac{dz}{ds} - \dfrac{d\zeta}{d\varsigma} \,,\; \dfrac{d^2z}{ds^2} - \dfrac{d^2\zeta}{d\varsigma^2} \,,\ldots\; \dfrac{d^nz}{ds^n} - \dfrac{d^n\zeta}{d\varsigma^n} \,, \end{cases}$$

et

$$(44) \quad \dfrac{d^{n+1}x}{ds^{n+1}} - \dfrac{d^{n+1}\xi}{d\varsigma^{n+1}} \,,\; \dfrac{d^{n+1}y}{ds^{n+1}} - \dfrac{d^{n+1}\eta}{d\varsigma^{n+1}} \,,\; \dfrac{d^{n+1}z}{d\varsigma^{n+1}} - \dfrac{d^{n+1}\zeta}{d\varsigma^{n+1}} \,.$$

En égalant les quantités (43) à zéro, l'on formera les équations

$$(45)\quad\begin{cases} x=\xi\,, & \dfrac{dx}{ds}=\dfrac{d\xi}{d\varsigma}\,, & \dfrac{d^2x}{ds^2}=\dfrac{d^2\xi}{d\varsigma^2}\,, & \cdots\cdots & \dfrac{d^nx}{ds^n}=\dfrac{d^n\xi}{d\varsigma^n}\,, \\[2ex] y=n\,, & \dfrac{dy}{ds}=\dfrac{dn}{d\varsigma}\,, & \dfrac{d^2y}{ds^2}=\dfrac{d^2n}{d\varsigma^2}\,, & \cdots\cdots & \dfrac{d^ny}{ds^n}=\dfrac{d^nn}{d\varsigma^n}\,, \\[2ex] z=\zeta\,, & \dfrac{dz}{ds}=\dfrac{d\zeta}{d\varsigma}\,, & \dfrac{d^2z}{ds^2}=\dfrac{d^2\zeta}{d\varsigma^2}\,, & \cdots\cdots & \dfrac{d^nz}{ds^n}=\dfrac{d^n\zeta}{d\varsigma^n}\,, \end{cases}$$

qui devront toutes se vérifier pour le point de contact des courbes proposées, tandis que, pour le même point, chacune des expressions (44), ou au moins l'une d'entre elles, obtiendra une valeur différente de zéro. Si maintenant on observe qu'on peut sans inconvénient substituer, quand il s'agit de la seconde courbe, les lettres x, y, z et s aux lettres ξ, n, ζ et ς, on arrivera immédiatement au théorême que nous allons énoncer.

7.ᵉ Théorême. *Étant proposées deux courbes qui se touchent en un point, si l'on considère les coordonnées x, y, z de chacune d'elles comme des fonctions de l'arc s pris pour variable indépendante, et si l'on suppose cet arc compté sur chaque courbe de telle manière qu'il se prolonge dans le même sens pour les deux courbes au-delà du point de contact; non-seulement, pour le point dont il s'agit, les variables x, y, z, et leurs dérivées du premier ordre*

$$\frac{dx}{ds}\,, \qquad \frac{dy}{ds}\,, \qquad \frac{dz}{ds}\,,$$

ne changeront pas de valeurs dans le passage de la première courbe à la seconde; mais il en sera encore de même des dérivées successives

$$\frac{d^2x}{ds^2}\,, \quad \frac{d^3x}{ds^3}\,, \cdots\cdots \frac{d^2y}{ds^2}\,, \quad \frac{d^3y}{ds^3}\,, \cdots\cdots \frac{d^2z}{ds^2}\,, \quad \frac{d^3z}{ds^3}\,, \cdots\cdots$$

jusqu'à celles dont l'ordre sera indiqué par le nombre entier égal ou immédiatement supérieur à l'ordre du contact. Celles-ci seront les dernières qui rempliront la condition énoncée, en sorte que les trois suivantes, ou au moins l'une des trois, changeront de valeur, quand on passera d'une courbe à l'autre.

Corollaire 1.ᵉʳ Si les deux courbes ont entre elles un contact de l'ordre n, n désignant un nombre entier, alors, dans le passage de la première courbe à la seconde, chacune des quantités

$$(46) \quad \begin{cases} x, & \dfrac{dx}{ds}, & \dfrac{d^2x}{ds^2}, & \cdots & \dfrac{d^n x}{ds^n}, \\[2ex] y, & \dfrac{dy}{ds}, & \dfrac{d^2y}{ds^2}, & \cdots & \dfrac{d^n y}{ds^n}, \\[2ex] z, & \dfrac{dz}{ds}, & \dfrac{d^2z}{ds^2}, & \cdots & \dfrac{d^n z}{ds^n}, \end{cases}$$

conservera la même valeur pour le point de contact, tandis que chacune des trois dérivées

$$(47) \qquad \frac{d^{n+1} x}{ds^{n+1}}, \qquad \frac{d^{n+1} y}{ds^{n+1}}, \qquad \frac{d^{n+1} z}{ds^{n+1}},$$

ou, au moins l'une des trois, prendra une valeur nouvelle.

On pourrait aisément revenir du théorème 7 aux théorêmes 4 et 5. On pourrait aussi en déduire généralement les conditions auxquelles doivent satisfaire les dérivées des coordonnées de deux courbes quelconques, pour que ces deux courbes aient entre elles un contact d'un certain ordre, dans le cas où l'on prend pour variable indépendante, non plus l'abscisse x ou l'arc s, mais une fonction quelconque des coordonnées x, y, z. Toutefois, comme, pour y parvenir, il suffirait d'avoir recours à un changement de variable indépendante, nous ne nous étendrons pas sur ce sujet, qui ne présente aucune difficulté réelle, et nous passerons immédiatement à l'exposition des principes qui nous paraissent devoir être adoptés dans la théorie des contacts des surfaces courbes.

Considérons deux surfaces qui se touchent en un point donné (P). Si, par le point (P), on mène un plan normal aux deux surfaces, les deux lignes d'intersection seront tangentes l'une à l'autre; et, si l'on fait tourner ce plan autour de la normale, les deux lignes dont il s'agit changeront en général de position et de forme. Quant au nombre qui représentera l'ordre de contact de ces deux lignes, il pourra ou demeurer toujours le même, ou changer de valeur avec la position du plan normal. Or, ce nombre, quand il est invariable, ou sa valeur *minimum*, dans le cas contraire, sert à mesurer ce qu'on appelle *l'ordre de contact* des deux surfaces. Soit a cet ordre; et supposons que, les deux surfaces étant coupées par un plan normal quelconque, c'est-à-dire par un plan qui renferme la normale commune, on nomme $(Q), (R)$ les points où les courbes d'intersection, prolongées dans un certain sens, sont rencontrées par un arc de cercle décrit du point (P) comme centre avec un rayon très-petit désigné par i. Si l'on considère ce rayon comme infiniment petit du premier ordre, la distance $\overline{QR}$, variable avec la position du plan normal, sera elle-même une quantité infiniment petite, d'un ordre marqué par un nombre constant ou variable dont $a + 1$ représentera la valeur unique ou la valeur *minimum*.

Concevons maintenant que, par le point (Q) situé sur la première surface, on mène une sécante parallèle à une droite qui forme avec le plan tangent commun aux deux surfaces un angle δ sensiblement différent de zéro, mais inférieur ou tout au plus égal à $\frac{\pi}{2}$, et que cette sécante coupe la seconde surface en (S). Dans le triangle QRS, le côté $\overline{RS}$, sensiblement parallèle au plan tangent, puisqu'il sera compris entre deux points de la seconde surface très-rapprochés du point de contact, formera évidemment avec les côtés $\overline{QR}$, $\overline{QS}$ des angles finis, dont le premier différera très-peu d'un angle droit, tandis que le second sera égal ou supérieur à δ. Donc, si l'on désigne par I une quantité infiniment petite, et par Δ un angle compris entre les limites δ et $\frac{\pi}{2}$, on aura

$$\overline{QS} = \frac{\sin\left(\frac{\pi}{2} + I\right)}{\sin \Delta}\, \overline{QR}.$$

Or, il résulte de cette dernière formule que la distance infiniment petite $\overline{QS}$ sera, pour toutes les positions du plan normal, de même ordre que la distance $\overline{QR}$. De plus, comme le rapport entre la perpendiculaire abaissée du point (P) sur la droite $\overline{QS}$ ou sur son prolongement, et le rayon vecteur $\overline{PQ} = i$, sera équivalent au sinus de l'angle PQS formé par la droite $\overline{QS}$ avec une droite $\overline{PQ}$ sensiblement parallèle au plan tangent, et par conséquent une quantité finie différente de zéro, cette perpendiculaire sera évidemment une quantité infiniment petite du premier ordre. De ces diverses remarques on déduit immédiatement la proposition suivante.

8.ᵉ Théorème. *L'ordre de contact de deux surfaces qui se touchent en un point donné* (P) *est inférieur d'une unité à la valeur unique ou à la valeur minimum du nombre qui représente l'ordre de la distance infiniment petite comprise entre les points* (Q), (S), *où elles sont rencontrées par une sécante qui forme avec le plan tangent commun à ces deux surfaces un angle sensible, lorsque l'on considère la distance du point de contact à la sécante dont il s'agit comme un infiniment petit du premier ordre.*

Supposons que l'on ait mené par le point (P) un plan quelconque qui forme un angle sensible avec le plan tangent. Ce plan coupera les deux surfaces suivant deux nouvelles courbes. De plus, on pourra concevoir que la sécante ci-dessus mentionnée coïncide avec une droite comprise dans ce même plan; et alors, en comparant le théorème précédent au 5.ᵉ théorème, on établira sans peine une proposition que nous allons énoncer.

9.ᵉ **Théorème.** *Lorsque deux surfaces ont entre elles en un point donné un contact de l'ordre* a, *tout plan normal ou oblique, qui forme un angle sensible avec le plan tangent commun à ces deux surfaces, les coupe suivant deux courbes qui ont entre elles un contact de l'ordre* a *ou d'un ordre supérieur.*

Il importe d'observer ici, non - seulement que les sections faites dans les deux surfaces, par un plan normal ou oblique qui renferme le point commun, peuvent avoir entre elles un contact d'un ordre beaucoup plus élevé que le nombre a, mais qu'elles peuvent même, dans certains cas, se confondre entièrement l'une avec l'autre. Alors le nombre, qui représente l'ordre de contact des deux sections, prend une valeur infinie. Ajoutons que ces deux sections se réduisent quelquefois à une seule droite. On peut offrir pour exemple la génératrice commune à deux surfaces coniques ou cylindriques qui se touchent en un point donné.

Si les deux surfaces sont représentées par deux équations entre les coordonnées rectilignes x, y, z, et si le plan tangent mené par le point commun n'est pas sensiblement parallèle à l'axe des z, alors, en supposant la sécante $\overline{QS}$ parallèle à ce même axe, on déduira immédiatement du théorème 8 la proposition suivante.

10.ᵉ **Théorème.** *Pour obtenir l'ordre de contact de deux surfaces qui se touchent en un point où le plan tangent n'est pas parallèle à l'axe des* z, *il suffit de mener une ordonnée très-voisine du point de contact, et de chercher la valeur unique ou la valeur minimum du nombre constant ou variable qui représente l'ordre de la portion infiniment petite d'ordonnée comprise entre les deux surfaces, dans le cas où l'on considère la distance du point de contact à l'ordonnée comme infiniment petite du premier ordre. Cette valeur unique, ou cette valeur minimum, diminuée d'une unité, indique l'ordre du contact.*

Corollaire 1.ᵉʳ Soient

$$(48) \qquad z = f(x, y), \qquad\qquad (49) \qquad z = F(x, y)$$

les équations des deux surfaces. Elles auront un point commun correspondant à un système de valeurs données des variables x, y, et en ce point un plan tangent commun, non parallèle à l'axe des z, si, pour les valeurs proposées de x, y, les formules (48) et (49) fournissent des valeurs égales et finies, non-seulement de l'ordonnée z, mais encore de ses dérivées partielles $p = \dfrac{dz}{dx}$, $q = \dfrac{dz}{dy}$, en sorte que les équations

$$(50) \qquad\qquad f(x, y) = F(x, y),$$

et

$$(51) \qquad \frac{d\,f(x,y)}{d\,x} = \frac{dF(x,y)}{d\,x}, \quad \frac{d\,f(x,y)}{d\,y} = \frac{dF(x,y)}{d\,y},$$

soient vérifiées, et que les deux membres de chacune d'elles conservent des valeurs finies. Dans cette hypothèse, la différence

$$(52) \qquad F(x,y) - f(x,y),$$

qui s'évanouira pour les valeurs de x et de y relatives au point commun, deviendra infiniment petite, quand les variables $x,\,y$ recevront des accroissements infiniment petits $\Delta x,\,\Delta y$; et, si l'on considère la distance

$$(53) \qquad \sqrt{(\Delta x^2 + \Delta y^2)}$$

comme étant un infiniment petit du premier ordre, l'ordre de la quantité infiniment petite, qui représentera la nouvelle valeur de

$$F(x,y) - f(x,y),$$

surpassera d'une unité l'ordre de contact des deux surfaces. Il importe d'ailleurs d'observer que l'expression (53) sera une quantité infiniment petite du premier ordre, si chacun des accroissements $\Delta x,\,\Delta y$ est un infiniment petit de cet ordre, ou si l'un d'eux est du premier ordre, l'autre étant nul ou d'un ordre supérieur.

Corollaire 2.ᵉ Si les deux surfaces se touchent en un point de l'axe des z, mais de manière que cet axe ne soit pas renfermé dans le plan tangent mené par le point de contact, il suffira, d'après ce qu'on vient de dire, pour déterminer l'ordre du contact, de chercher le nombre qui indiquera l'ordre de la différence $F(x,y) - f(x,y)$, en considérant les deux variables $x,\,y$ comme des infiniment petits du premier ordre, et de diminuer ce nombre d'une unité. En opérant ainsi, on reconnaîtra que les quatre surfaces représentées par les quatre équations

$$z = x^2 + y^2, \qquad z = x^3 + y^3, \qquad z = x^2 + y^3, \qquad z = x^4 + y^2,$$

ont toutes entre elles, à l'origine des coordonnées, un contact du premier ordre, tandis qu'au même point les deux surfaces

$$z = x^n + y^n, \qquad z = x^{n+1} + y^{n+1},$$

ont un contact de l'ordre n, et les deux surfaces

$$z = x^{\frac{4}{3}} + y^{\frac{4}{3}}, \qquad z = x^{\frac{5}{4}} + y^{\frac{5}{4}}$$

un contact de l'ordre $\dfrac{5}{4} - 1 = \dfrac{1}{4}$.

Corollaire 3.°, Supposons que les surfaces (47) et (48) aient un point commun correspondant aux coordonnées x, y, et en ce point un plan tangent commun, non parallèle à l'axe des z, avec un contact de l'ordre a. Soit d'ailleurs n le nombre entier égal ou immédiatement supérieur à a. La différence

$$(54) \qquad F(x, y) - f(x, y)$$

s'évanouira ; et, si l'on désigne par $\Delta x, \Delta y$ des accroissements infiniment petits du premier ordre attribués aux coordonnées x, y, l'expression

$$(55) \qquad F(x + \Delta x, \ y + \Delta y) - f(x + \Delta x, \ y + \Delta y)$$

sera [en vertu du corollaire 1.ᵉʳ] un infiniment petit de l'ordre $a + 1$. D'ailleurs, pour que les accroissements $\Delta x, \Delta y$ soient infiniment petits du premier ordre, il suffira de prendre

$$(56) \qquad \Delta x = \alpha \, dx, \qquad \Delta x = \alpha \, dy,$$

en désignant par α une quantité infiniment petite du premier ordre, et en donnant aux différentielles dx, dy, des valeurs finies. Alors l'expression (54) se présentera sous la forme

$$(57) \qquad F(x + \alpha \, dx, \ y + \alpha \, dy) - f(x + \alpha \, dx, \ y + \alpha \, dy).$$

Donc, si l'on considère la variable α comme infiniment petite du premier ordre, l'expression (57) sera, dans l'hypothèse admise, un infiniment petit de l'ordre $a + 1$, quelles que soient d'ailleurs les valeurs finies attribuées aux différentielles dx et dy.

Concevons maintenant que l'on pose, pour abréger,

$$(58) \qquad F(x + \alpha \, dx, \ y + \alpha \, dy) - f(x + \alpha \, dx, \ y + \alpha \, dy) = \psi(\alpha).$$

En vertu de ce qui a été dit [page 146] $\psi^{(n+1)}(\alpha)$ sera la première des fonctions

$$\psi(\alpha), \qquad \psi'(\alpha), \qquad \psi''(\alpha), \text{ etc.} \ldots$$

qui cessera de s'évanouir avec α; en d'autres termes, $\psi^{(n+1)}(o)$ sera la première des quantités

$$\psi(o), \quad \psi'(o), \quad \psi''(o), \text{ etc.....}$$

qui obtiendra une valeur différente de zéro. On aura donc

$$(59) \qquad \psi(o) = o, \quad \psi'(o) = o, \quad \psi''(o) = o, \dots \quad \psi^{(n)}(o) = o.$$

D'ailleurs, en ayant égard aux principes établis dans la 14.e leçon de calcul infinitésimal, on trouvera

$$(6o) \qquad \left\{ \begin{aligned} \psi(o) &= F(x,y) - f(x,y), \\ \psi'(o) &= dF(x,y) - df(x,y), \\ \psi''(o) &= d^2 f(x,y) - d^2 f(x,y), \\ &\text{etc.} \dots \dots \\ \psi^{(n)}(o) &= d^n F(x,y) - d^n f(x,y). \end{aligned} \right.$$

Donc, on aura, pour le point commun aux deux surfaces,

$$(6\mathbf{1}) \qquad \left\{ \begin{aligned} F(x,y) &= f(x,y), \\ dF(x,y) &= df(x,y), \\ d^2 F(x,y) &= d^2 f(x,y), \\ &\text{etc.} \dots \dots \\ d^n F(x,y) &= d^n f(x,y); \end{aligned} \right.$$

ou, ce qui revient au même,

$$F(x,y) = f(x,y),$$

$$(62) \qquad \left\{ \begin{aligned} & \frac{dF(x,y)}{dx} dx + \frac{dF(x,y)}{dy} dy = \frac{f(x,y)}{dx} dx + \frac{df(x,y)}{dy} dy, \\[4pt] & \frac{d^2 F(x,y)}{dx^2} dx^2 + 2 \frac{d^2 F(x,y)}{dxdy} dxdy + \frac{d^2 F(x,y)}{dy^2} dy^2 \\[4pt] & = \frac{d^2 f(x,y)}{dx^2} dx^2 + 2 \frac{d^2 f(x,y)}{dxdy} dxdy + \frac{d^2 f(x,y)}{dy^2} dy^2, \\[4pt] & \text{etc.} \dots \dots \\[4pt] & \frac{d^n F(x,y)}{dx^n} dx^n + \frac{n}{\mathbf{1}} \frac{d^n F(x,y)}{dx^{n-1}dy} dx^{n-1} dy + \dots + \frac{d^n F(x,y)}{dy^n} dy^n \\[4pt] & = \frac{d^2 f(x,y)}{dx^n} dx^n + \frac{n}{\mathbf{1}} \frac{d^n f(x,y)}{dx^{n-1}dy} dx^{n-1} dy + \dots + \frac{d^n f(x,y)}{dy^n} dy^n. \end{aligned} \right.$$

Ces dernières formules, devant subsister, quelles que soient les valeurs finies attribuées aux différentielles dx, dy, entraîneront évidemment les équations

$$F(x,y) = f(x,y),$$

$$(65) \begin{cases} \dfrac{dF(x,y)}{dx} = \dfrac{df(x,y)}{dx}, \quad \dfrac{dF(x,y)}{dy} = \dfrac{df(x,y)}{dy}, \\[2mm] \dfrac{d^2F(x,y)}{dx^2} = \dfrac{d^2f(x,y)}{dx^2}, \quad \dfrac{d^2F(x,y)}{dxdy} = \dfrac{d^2f(x,y)}{dxdy}, \quad \dfrac{d^2F(x,y)}{dy^2} = \dfrac{d^2f(x,y)}{dy^2}, \\[2mm] \text{etc.}\ldots \\[2mm] \dfrac{d^nF(x,y)}{dx^n} = \dfrac{d^nf(x,y)}{dx^2}, \quad \dfrac{d^nF(x,y)}{dx^{n-1}dy} = \dfrac{d^nf(x,y)}{dx^{n-1}dy}, \ldots\ldots\ldots\ldots\ldots\ldots \\[2mm] \ldots\ldots\ldots\ldots\ldots\ldots \dfrac{d^nf(x,y)}{dxdy^{n-1}} = \dfrac{d^nf(x,y)}{dxdy^{n-1}}, \quad \dfrac{d^nF(x,y)}{dy^n} = \dfrac{d^nf(x,y)}{dy^n}. \end{cases}$$

Par conséquent, lorsque deux surfaces se touchent en un point où le plan tangent n'est pas parallèle à l'axe des z, non-seulement pour le point dont il s'agit, l'ordonnée z, considérée comme fonction des deux variables indépendantes x, y, et ses dérivées partielles du premier ordre, savoir,

$$(64) \qquad \frac{dz}{dx}, \qquad \frac{dz}{dy},$$

ne changent pas de valeurs, dans le passage de la première surface à la seconde; mais il en est encore de même des dérivées partielles

$$(65) \begin{cases} \dfrac{d^2z}{dx^2}, \qquad \dfrac{d^2z}{dxdy}, \qquad \dfrac{d^2z}{dy^2}, \\[3mm] \dfrac{d^3z}{dx^3} \qquad \dfrac{d^3z}{dx^2dy}, \qquad \dfrac{d^3z}{dxdy^2}, \qquad \dfrac{d^3z}{dy^3}, \\[3mm] \text{etc.}\ldots\ldots\ldots \end{cases}$$

jusqu'à celles dont l'ordre coïncide avec le nombre entier égal ou immédiatement supérieur à l'ordre du contact : en d'autres termes, si l'on désigne par n ce nombre entier, l'ordonnée z et ses différentielles totales des divers ordres jusqu'à celle de l'ordre n, c'est-à-dire les quantités

$$(66) \qquad z, \qquad dz, \qquad d^2z, \ldots\ldots d^{n-1}z, \qquad d^nz,$$

conserveront les mêmes valeurs dans le passage de la première surface à la seconde, quelles que soient les valeurs assignées aux différentielles dx, dy des variables indépendantes.

Corollaire 4.e Si, les deux surfaces ayant un contact de l'ordre a, le plan tangent commun devenait parallèle à l'axe des z, alors, en attribuant aux valeurs des coordonnées x, y, qui se rapportent au point de contact, des accroissements infiniment petits du premier ordre, on ne trouverait pas généralement pour les valeurs correspondantes de la différence

$$F(x, y) - f(x, y)$$

un infiniment petit de l'ordre $a + 1$. Néanmoins, on pourrait encore déterminer l'ordre du contact par la méthode dont nous avons fait usage, en substituant l'une des variables x, y à la variable z. Ainsi, par exemple, pour montrer que les deux surfaces

$$z = x^{\frac{1}{3}} (1 - y^2)^{\frac{1}{3}}, \qquad z = x^{\frac{1}{4}} (1 - y^3)^{\frac{1}{4}},$$

qui touchent à l'origine le plan des y, z, ont en ce point un contact du second ordre, il suffira d'observer que leurs équations résolues par rapport à x prennent les formes

$$x = \frac{z^3}{1 - y^2}, \qquad x = \frac{z^4}{1 - y^3},$$

et que la différence

$$\frac{z^4}{1 - y^3} - \frac{z^3}{1 - y^2}$$

est un infiniment petit du troisième ordre, quand l'on considère y et z comme des infiniment petits du premier ordre. Quant à la différence $F(x, y) - f(x, y)$, elle se réduit dans cet exemple à

$$x^{\frac{1}{4}} (1 - y^3)^{\frac{1}{4}} - x^{\frac{1}{3}} (1 - y^2)^{\frac{1}{3}},$$

et lorsque l'on considère x et y comme des infiniment petits du premier ordre, elle est une quantité infiniment petite, non plus du troisième ordre, mais de l'ordre $\frac{1}{4}$ seulement.

Corollaire 5.e Lorsque le plan tangent commun aux deux surfaces n'est pas parallèle à l'axe des z, et que l'ordre du contact est un nombre entier, il suffit, pour déterminer cet ordre, de chercher quelle est la dernière des équations

$$(67) \qquad F(x,y) = f(x,y), \, dF(x,y) = df(x,y), \, d^2 F(x,y) = d^2 f(x,y), \text{ etc.},$$

qui se trouve vérifiée pour le point de contact, indépendamment des valeurs attribuées aux différentielles dx, dy des variables indépendantes. L'ordre des différentielles totales comprises dans cette dernière équation sera précisément l'ordre demandé.

⸻ ❦ ⸻

28

APPLICATION DU CALCUL DES RÉSIDUS

A L'INTÉGRATION DES ÉQUATIONS DIFFÉRENTIELLES

LINÉAIRES ET A COEFFICIENTS CONSTANTS.

Concevons d'abord qu'il s'agisse d'intégrer l'équation différentielle

$$(1) \qquad \frac{d^n y}{dx^n} + a_1 \frac{d^{n-1} y}{dx^{n-1}} + a_2 \frac{d^{n-2} y}{dx^{n-2}} + \ldots + a_{n-1} \frac{dy}{dx} + a_n y = 0,$$

$a_1, a_2, \ldots a_{n-1}, a_n$ désignant des coëfficients constants; et faisons, pour abréger

$$(2) \qquad F(r) = r^n + a_1 r^{n-1} + a_2 r^{n-1} + \ldots + a_{n-1} r + a_n.$$

Il est clair que, pour vérifier l'équation (1), il suffira de prendre

$$(3) \qquad y = \underset{}{\mathcal{E}} \frac{\varphi(r) . e^{rx}}{((F(r)))},$$

$\varphi(r)$ désignant une fonction arbitraire de r qui ne devienne pas infinie pour des valeurs de r propres à vérifier la formule

$$(4) \qquad F(r) = 0.$$

Effectivement, si l'on substitue la valeur précédente de y dans le premier membre de l'équation (1), ce premier membre se trouvera réduit à

$$(5) \qquad \underset{}{\mathcal{E}} \frac{F(r) . \varphi(r) . e^{rx}}{((F(r)))} = 0.$$

D'ailleurs, les valeurs de $\varphi(r)$, $\varphi'(r)$, etc...., qui correspondent aux diverses racines égales ou inégales de l'équation (4), pouvant être choisies arbitrairement, il est aisé de reconnaître que la valeur de y, fournie par l'équation (3), renfermera un nombre n de constantes arbitraires. Donc, l'équation (3) sera l'intégrale générale de l'équation (1).

Considérons maintenant l'équation différentielle

$$(6) \quad \frac{d^n y}{d x^n} + a_1 \frac{d^{n-1} y}{d x^{n-1}} + a_2 \frac{d^{n-2} y}{d x^{n-2}} + \ldots + a_{n-1} \frac{d y}{d x} + a_n y = f(x).$$

On posera

$$(7) \quad y = \mathcal{E} \frac{\psi(r,x) \cdot e^{rx}}{((\,F(r)\,))}.$$

Pour que les dérivées de cette dernière valeur de y, depuis la dérivée du premier ordre jusqu'à celle de l'ordre $n-1$, conservent la forme qu'elles prendraient si l'on remplaçait $\psi(r,x)$ par $\varphi(r)$, il suffira d'admettre que l'on a, pour toutes les valeurs entières de m inférieures à $n-1$,

$$(8) \quad \mathcal{E} \, e^{rx} \frac{d\psi(r,x)}{dx} \frac{r^m}{((\,F(r)\,))} = 0.$$

Ajoutons que, si cette condition est remplie, on tirera de l'équation (6), en y substituant la valeur de y donnée par la formule (7),

$$(9) \quad \mathcal{E} \, e^{rx} \frac{d\psi(r,x)}{dx} \frac{r^{n-1}}{((\,F(r)\,))} = f(x).$$

Toute la question se réduit donc à déterminer la fonction $\psi(r,x)$ de manière qu'elle vérifie les équations (8) et (9). Or, comme on aura généralement [en vertu de la formule (63) de la page 23], et en prenant $m < n-1$,

$$(10) \quad \mathcal{E} \frac{r^m}{((\,F(r)\,))} = 0,$$

$$(11) \quad \mathcal{E} \frac{r^{n-1}}{((\,F(r)\,))} = 1,$$

il est clair que les conditions (8) et (9) seront remplies, si l'on suppose

$$(12) \quad e^{rx} \frac{d\psi(r,x)}{dx} = f(x),$$

$$(13) \quad \psi(r,x) = \int_{x_0}^{x} e^{-rz} f(z)\, dz + \varphi(r),$$

x_0 désignant une valeur particulière de x, et $\varphi(r)$ une fonction arbitraire de r. Par suite, l'équation (7) donnera

$$(14) \qquad y = \mathcal{E}\, \frac{\psi(r) \cdot e^{rx}}{((\mathrm{F}(r)))} + \mathcal{E}\, \frac{\int_{x_0}^{x} e^{r(x-z)} f(z)\, dz}{((\mathrm{F}(r)))}\,.$$

Cette dernière formule est précisément l'intégrale générale de l'équation (6).

Exemple. Si l'équation (6) se réduit à

$$(15) \qquad \frac{d^2 y}{dx^2} - 2\,\frac{dy}{dx} + y = f(x)\,,$$

on trouvera $\mathrm{F}(r) = (r-1)^2$, et la formule (14) donnera

$$(16) \qquad y = \mathcal{E}\, \frac{\varphi(r) \cdot e^{rx}}{(((r-1)^2))} + \mathcal{E}\, \frac{\int_{x_0}^{x} e^{r(x-z)} f(z)\, dz}{(((r-1)^2))}$$

$$= e^x [\varphi'(1) + x\varphi(1)] + \int_{x_0}^{x} (x-z)\, e^{x-z} f(z)\, dz\,.$$

On aura donc, en désignant par $\mathcal{C}$, $\mathcal{C}'$ les constantes arbitraires $\varphi(1)$, $\varphi'(1)$,

$$(17) \qquad y = (\mathcal{C}' + \mathcal{C}x)\, e^x + \int_{x_0}^{x} (x-z)\, e^{x-z} f(z)\, dz\,.$$

On voit par cet exemple avec quelle facilité le calcul des résidus s'applique à l'intégration des équations (1) et (6), lors même que l'équation (4) a des racines égales.

Nous montrerons, dans un autre article, les avantages que présentent les formules (3) et (14), relativement à la détermination des constantes arbitraires.

SUR LES LIMITES

PLACÉES A DROITE ET A GAUCHE DU SIGNE $\mathcal{E}$

DANS LE CALCUL DES RÉSIDUS.

Soient x,y deux variables réelles. Soient de plus

$$(1) \qquad z = x + y\sqrt{-1}$$

une variable imaginaire, et $f(z)$ une fonction quelconque de z. En vertu des conventions adoptées [page 15], la notation

$$(2) \qquad \underset{x_0}{\overset{X}{\mathcal{E}}}\,\underset{y_0}{\overset{Y}{}}\,((\,f(z)\,))$$

représentera le résidu de la fonction $f(z)$ pris entre les limites $x = x_0$, $x = X$, $y = y_0$, $y = Y$, c'est-à-dire la somme des résidus de $f(z)$ relatifs aux racines de l'équation

$$(3) \qquad \frac{1}{f(z)} = 0 \,,$$

dans lesquelles la partie réelle demeure comprise entre les limites x_0, X, et le coëfficient de $\sqrt{-1}$ entre les limites y_0, Y.

Concevons maintenant que, $\varphi(x,y)$ et $\chi(x,y)$ désignant deux fonctions réelles des variables x,y, on veuille indiquer la somme des résidus de $f(z)$ correspondants à celles des racines de l'équation (3) que l'on peut déduire de la formule

$$(4) \qquad z = \varphi(x,y) + \sqrt{-1}\,\chi(x,y) \,,$$

en attribuant à la variable x des valeurs comprises entre les limites x_0, X, et à la variable y des valeurs comprises entre les limites y_0, Y. Alors nous ferons usage de la notation

$$(5) \qquad \underset{x=x_0}{\overset{x=X}{\mathcal{E}}}\,\underset{y=y_0}{\overset{y=Y}{}}\,((f(z)\,)) \,, \qquad \text{ou} \qquad (6) \qquad \underset{y=y_0}{\overset{y=Y}{\mathcal{E}}}\,\underset{x=x_0}{\overset{x=X}{}}\,((f(z)\,)) \,,$$

à la suite de laquelle nous placerons entre deux crochets l'équation (4), que nous nommerons l'*équation caractéristique*, parce qu'elle caractérise la relation établie entre la variable imaginaire z et les variables réelles x, y qui ne doivent pas dépasser les limites exprimées dans la notation (5) ou (6). Ainsi, par exemple, la notation

$$(7) \qquad \mathop{\mathcal{E}}_{\substack{x=x_0 \\ y=y_0}}^{\substack{x=X \\ y=Y}} ((f(z))), \qquad [z = e^x(\cos y + \sqrt{-1}\sin y)]$$

indiquera la somme des résidus de $f(z)$ relatifs à celles des racines de l'équation (3), que l'on déduit de la formule

$$(8) \qquad z = e^x(\cos y + \sqrt{-1}\sin y)$$

en attribuant à x des valeurs intermédiaires entre les quantités x_0, X, et à y des valeurs intermédiaires entre les quantités y_0, Y. Ajoutons que les variables réelles et la variable imaginaire pourront être représentées indifféremment soit par les lettres x, y, z, soit par d'autres lettres arbitrairement choisies. Par conséquent, on pourra employer la notation

$$(9) \qquad \mathop{\mathcal{E}}_{\substack{r=r_0 \\ p=p_0}}^{\substack{r=R \\ p=P}} ((f(z))), \qquad [z = r(\cos p + \sqrt{-1}\sin p)]$$

pour exprimer la somme des résidus de $f(z)$ relatifs à celles des racines de l'équation (3) que l'on déduit de la formule

$$(10) \qquad z = r(\cos p + \sqrt{-1}\sin p),$$

en attribuant à la variable r supposée réelle des valeurs comprises entre les limites r_0, R, et à la variable p supposée réelle des valeurs comprises entre les limites p_0, P.

Il est bon d'observer que, dans les notations (7), (9), etc...., on peut échanger entre elles, comme on l'a fait en passant de la notation (5) à la notation (6), les lettres placées à droite et à gauche du signe $\mathcal{E}$, et destinées à indiquer les variables réelles ainsi que leurs limites.

Lorsque l'équation caractéristique se réduira simplement à la formule (1), nous remplacerons, comme nous l'avons fait jusqu'à présent, la notation (5) ou (6) par la notation (2), dans laquelle les limites placées à gauche du signe $\mathcal{E}$ indiqueront toujours les valeurs extrêmes de la partie réelle de la variable z.

Lorsque l'équation caractéristique se réduit à la formule (10), et que la variable r

demeure positive entre les limites r_0, R, cette variable est précisément le module de l'expression imaginaire désignée par la lettre z. Dans ce cas particulier, auquel se rapportent des formules dignes de remarque, et qui mérite une attention spéciale, nous remplacerons, pour abréger, la notation (9) par la suivante

$$(11) \qquad \underset{(r_0)}{\overset{(R)}{\mathcal{E}}}\;\underset{(p_0)}{\overset{(P)}{}}((f(z)))\,,$$

dans laquelle les limites placées entre parenthèses à la gauche du signe $\mathcal{E}$ indiqueront toujours les valeurs extrêmes du module de la variable imaginaire z. Comme, pour obtenir toutes les valeurs possibles de cette même variable, il suffit de faire varier, dans la formule (10), le module r entre les limites $r = 0$, $r = \infty$, et l'angle p entre deux limites de la forme $p = p_0$, $p = P = p_0 + 2\pi$, il est clair que le résidu intégral de $f(z)$ pourra être désigné par la notation

$$(12) \qquad \underset{(0)}{\overset{(\infty)}{\mathcal{E}}}\;\underset{(p_0)}{\overset{(p_0+2\pi)}{}}((f(z)))\,,$$

qui se réduit, lorsqu'on prend $p_0 = -\pi$, à la suivante

$$(13) \qquad \underset{(0)}{\overset{(\infty)}{\mathcal{E}}}\;\underset{(-\pi)}{\overset{(\pi)}{}}((f(z)))\,.$$

On aura en conséquence

$$(14) \qquad \mathcal{E}((f(z))) = \underset{-\infty}{\overset{\infty}{\mathcal{E}}}\;\underset{-\infty}{\overset{\infty}{}}((f(z))) = \underset{(0)}{\overset{(\infty)}{\mathcal{E}}}\;\underset{(-\pi)}{\overset{(\pi)}{}}((f(z)))\,.$$

On trouverait de la même manière

$$(15) \qquad \underset{-\infty}{\overset{\infty}{\mathcal{E}}}\;\underset{-\infty}{\overset{0}{}}((f(z))) = \underset{(0)}{\overset{(\infty)}{\mathcal{E}}}\;\underset{(-\pi)}{\overset{(0)}{}}((f(z)))\,,$$

$$(16) \qquad \underset{-\infty}{\overset{\infty}{\mathcal{E}}}\;\underset{0}{\overset{\infty}{}}((f(z))) = \underset{(0)}{\overset{(\infty)}{\mathcal{E}}}\;\underset{(0)}{\overset{(\pi)}{}}((f(z)))\,,$$

$$(17) \qquad \underset{-\infty}{\overset{0}{\mathcal{E}}}\;\underset{-\infty}{\overset{\infty}{}}((f(z))) = \underset{(0)}{\overset{(\infty)}{\mathcal{E}}}\;\underset{\left(\frac{\pi}{2}\right)}{\overset{\left(\frac{3\pi}{2}\right)}{}}((f(z)))\,,$$

$$(18) \qquad \overset{\infty}{\underset{0}{\overset{\infty}{\underset{-\infty}{\mathcal{E}}}}} \, ((f(z))) = \overset{(\infty)}{\underset{(0)}{\overset{\left(\frac{\pi}{2}\right)}{\underset{\left(-\frac{\pi}{2}\right)}{\mathcal{E}}}}} \, ((f(z))).$$

Admettons encore que l'on veuille indiquer la somme des résidus de $f(z)$ correspondants à celles des racines de l'équation (3) que l'on peut déduire de la formule (4), dans le cas où l'on prend pour x et y des coordonnées rectilignes de points situés dans le plan des x, y entre deux courbes et deux droites représentées par les quatre équations

$$(19) \qquad y = f(x), \qquad (20) \qquad y = F(x), \qquad (21) \qquad x = x_0, \qquad (22) \qquad x = X.$$

Alors à la notation (5) ou (6) nous substituerons l'une ou l'autre des deux suivantes

$$(23) \qquad \overset{x=X}{\underset{x=x_0}{\overset{y=F(x)}{\underset{y=f(x)}{\mathcal{E}}}}} \, ((f(z))), \qquad [z = \varphi(x,y) + \sqrt{-1}\,\chi(x,y)],$$

$$(24) \qquad \overset{y=F(x)}{\underset{y=f(x)}{\overset{x=X}{\underset{x=x_0}{\mathcal{E}}}}} \, ((f(z))), \qquad [z = \varphi(x,y) + \sqrt{-1}\,\chi(x,y)].$$

Ces dernières se présenteront elles-mêmes sous les formes

$$(25) \qquad \overset{x=X}{\underset{x=x_0}{\overset{y=Y}{\underset{y=y_0}{\mathcal{E}}}}} \, ((f(z))), \qquad [z = \varphi(x,y) + \sqrt{-1}\,\chi(x,y)],$$

ou

$$(26) \qquad \overset{y=Y}{\underset{y=y_0}{\overset{x=X}{\underset{x=x_0}{\mathcal{E}}}}} \, ((f(z))), \qquad [z = \varphi(x,y) + \sqrt{-1}\,\chi(x,y)],$$

si l'on pose, pour abréger, $f(x) = y_0$, $F(x) = Y$. Par conséquent, les notations (5) et (6) peuvent être étendues à des cas dans lesquels y_0 et Y désignent des fonctions de la variable x, tandisque x_0 et X continuent de représenter des quantités constantes. Si l'on supposait, au contraire, que x_0, X désignent deux fonctions $f(y)$, $F(y)$ de la variable y, et y_0, Y deux quantités constantes, chacune des notations

$$(27) \qquad \overset{x=F(y)}{\underset{x=f(y)}{\overset{y=Y}{\underset{y=y_0}{\mathcal{E}}}}} \, ((f(z))), \qquad [z = \varphi(x,y) + \sqrt{-1}\,\chi(x,y)],$$

(209)

$$(28) \quad \mathop{\mathcal{E}}_{\substack{y=Y \\ y=y_0}} {\substack{x=\mathrm{F}(y) \\ x=\mathrm{f}(y)}} ((f(z))), \qquad [z=\varphi(x,y)+\sqrt{-1}\,\chi(x,y)],$$

exprimeroit la somme des résidus de $f(z)$, correspondants à celles des racines de l'équation (3) que l'on peut déduire de la formule (4), dans le cas où l'on prend pour x et y des coordonnées relatives à des points situés dans le plan des x, y, entre deux courbes et deux droites représentées par les quatre équations

$$(29) \quad x=\mathrm{f}(y), \qquad (30) \quad x=\mathbf{F}(y), \qquad (31) \quad y=y_0, \qquad (32) \quad y=Y.$$

D'après les conventions que nous venons d'adopter, il est facile de voir ce qu'exprimeraient les notations (23) ou (24), et (25) ou (26), etc....., si l'on considérait les variables réelles x, y ou r, p, etc....., comme représentant, non plus des coordonnées rectilignes, mais des coordonnées d'un autre genre. Ainsi, par exemple, si l'on désigne par r et p des coordonnées polaires, c'est-à-dire, le rayon vecteur mené d'un point fixe à un point mobile, et l'angle formé par ce rayon vecteur avec un axe fixe, on reconnaîtra sans peine que la notation

$$(33) \quad \mathop{\mathcal{E}}_{\substack{r=\mathrm{F}(p) \\ r=\mathrm{f}(p)}} {\substack{p=P \\ p=p_0}} ((f(z))), \qquad [z=\varphi(p,r)+\sqrt{-1}\,\chi(p,r)]$$

exprime la somme des résidus de $f(z)$ relatifs à celles des racines de l'équation (5) que l'on peut déduire de la formule

$$(34) \quad z=\varphi(p,r)+\sqrt{-1}\,\chi(p,r),$$

dans le cas où l'on prend pour r et p les coordonnées polaires de points situés dans un plan fixe entre deux courbes et deux droites représentées par les quatre équations

$$(35) \quad r=\mathrm{f}(p), \qquad (36) \quad r=\mathbf{F}(p), \qquad (37) \quad p=p_0, \qquad (38) \quad p=P.$$

Au contraire, la notation

$$(39) \quad \mathop{\mathcal{E}}_{\substack{r=R \\ r=r_0}} {\substack{p=\mathrm{F}(r) \\ p=\mathrm{f}(r)}} ((f(z))), \qquad [z=\varphi(p,r)+\sqrt{-1}\,\chi(p,r)]$$

exprimerait la somme des résidus de $f(z)$ relatifs à celles des racines de l'équation (3) que l'on peut déduire de la formule (34), en prenant pour r et p les coordonnées polaires de points situés dans un plan fixe entre deux cercles et deux courbes représentés par les quatre équations

$$(40) \quad p=p_0, \qquad (41) \quad p=P, \qquad (42) \quad r=\mathrm{f}(p), \qquad (43) \quad r=\mathbf{F}(p).$$

Lorsque l'équation (4) se réduira simplement à la formule (1), nous remplacerons , pour abréger, les notations (23) et (27) par les suivantes

$$(44) \qquad {}_{x_0}^{\;X}\mathcal{E}_{f(x)}^{F(x)}((f(z))) , \qquad\qquad (45) \qquad {}_{f(y)}^{F(y)}\mathcal{E}_{y_0}^{\;Y}((f(z))) ,$$

dans lesquelles nous placerons toujours, à la gauche du signe $\mathcal{E}$, les limites de la partie réelle de la variable z.

De même, lorsque l'équation (34) se réduira simplement à la formule (10), nous remplacerons les notations (33) et (39) par les suivantes

$$(46) \qquad {}_{[f(p)]}^{[F(p)]}\mathcal{E}_{(p_0)}^{(P)}((f(z))) , \qquad\qquad (47) \qquad {}_{(r_0)}^{(R)}\mathcal{E}_{[F(r)]}^{[f(r)]}((f(z))) ,$$

dans lesquelles nous placerons toujours, à la gauche du signe $\mathcal{E}$, les limites du module de la variable z.

Les principes que nous venons d'exposer sont immédiatement applicables à la transformation des résidus pris entre des limites données, dans le cas où l'on opère un changement de variable indépendante. Ainsi, par exemple, si l'on suppose que les variables imaginaires z et t soient liées entre elles par l'équation

$$(48) \qquad\qquad z = \psi(t) ,$$

et qu'à chaque valeur de z corresponde une valeur de t, on aura, en vertu des mêmes principes, et de ceux que nous avons précédemment établis [page 170 et suiv.],

$$(49) \qquad {}_{x_0}^{\;X}\mathcal{E}_{y_0}^{\;Y}((f(z))) = {}_{x=x_0}^{x=X}\mathcal{E}_{y=y_0}^{y=Y}((f[\psi(t)] . \psi'(t))) ,$$

l'équation caractéristique, relative aux variables x, y, t, étant

$$(50) \qquad\qquad x + y \sqrt{-1} = \psi(t) .$$

Concevons en particulier que $\psi(t)$ représente une des valeurs de z propres à vérifier la formule

$$(51) \qquad\qquad t = e^z ,$$

et soit en outre

$$(52) \qquad f(z) = e^z f(e^z).$$

On aura

$$(53) \qquad \psi'(t) = \frac{dz}{dt} = \frac{1}{t} \, ;$$

et la formule (49) donnera

$$(54) \qquad \underset{x_0 \ y_0}{\overset{X \ Y}{\mathcal{E}}} ((e^z f(e^z))) = \underset{x=x_0 \ y=y_0}{\overset{x=X \ y=Y}{\mathcal{E}}} ((f(t))) , \qquad \left[t = e^{x + y\sqrt{-1}} \right],$$

puis, en posant, pour plus de commodité,

$$(55) \qquad e^x = r, \qquad e^{x_0} = r_0, \qquad e^X = R, \qquad y = p, \qquad y_0 = p_0, \qquad Y = P,$$

on trouvera

$$(56) \qquad \underset{x_0 \ y_0}{\overset{X \ Y}{\mathcal{E}}} ((e^z f(e^z))) = \underset{r=r_0 \ p=p_0}{\overset{r=R \ p=P}{\mathcal{E}}} ((f(t))) , \qquad [t = r(\cos p + \sqrt{-1} \sin p)] ,$$

ou, ce qui revient au même,

$$(57) \qquad \underset{x_0 \ y_0}{\overset{X \ Y}{\mathcal{E}}} ((e^z f(e^z))) = \underset{(r_0) \ (p_0)}{\overset{(R) \ (P)}{\mathcal{E}}} ((f(t))).$$

A l'aide de l'équation (57), on déduira sans peine de la formule (11) [page 98] de nouveaux résultats dignes de remarque. En effet, si, dans la formule dont il s'agit, on pose $f(z) = e^z f(e^z)$, on en tirera

$$(58) \left\{ \begin{aligned} & \sqrt{-1} \int_{y_0}^{Y} \left\{ e^X f\left(e^{X+y\sqrt{-1}} \right) - e^{x_0} f\left(e^{x_0+y\sqrt{-1}} \right) \right\} e^{y\sqrt{-1}} \, dy \\ & - \int_{x_0}^{X} \left\{ e^{Y\sqrt{-1}} f\left(e^{x+Y\sqrt{-1}} \right) - e^{y_0\sqrt{-1}} f\left(e^{x+y_0\sqrt{-1}} \right) \right\} e^{x} \, dx = 2\pi\sqrt{-1} \, \underset{x_0 \ y_0}{\overset{X \ Y}{\mathcal{E}}} \left(\left(e^z f(e^z) \right) \right); \end{aligned} \right.$$

puis, en ayant égard aux équations (55) et (57), on trouvera

$$(59) \left\{ \begin{aligned} & \sqrt{-1} \int_{p_0}^{P} \left\{ R f\left(R e^{p\sqrt{-1}} \right) - r_0 f\left(r_0 e^{p\sqrt{-1}} \right) \right\} e^{p\sqrt{-1}} \, dp \\ & - \int_{r_0}^{R} \left\{ e^{P\sqrt{-1}} f\left(r e^{P\sqrt{-1}} \right) - e^{p_0\sqrt{-1}} f\left(r e^{p_0\sqrt{-1}} \right) \right\} \, dr = 2\pi\sqrt{-1} \, \underset{(r_0) \ (p_0)}{\overset{(R) \ (P)}{\mathcal{E}}} ((f(t))). \end{aligned} \right.$$

La formule (59) suppose évidemment que la fonction

$$(60) \qquad f\left(r e^{p\sqrt{-1}}\right) = f[\, r\,(\cos p + \sqrt{-1}\,\sin p)\,]$$

conserve une valeur unique et déterminée, tant qu'elle ne devient pas infinie, au moins pour toutes les valeurs réelles des variables r, p, comprises entre les limites $r = r_0$, $r = R$, $p = p_0$, $p = P$. Si l'on pose dans la même formule

$$r_0 = 0, \qquad R = 1, \qquad p = 0, \qquad P = \pi,$$

on obtiendra la suivante

$$(61) \qquad \sqrt{-1}\int_0^\pi e^{p\sqrt{-1}} f\left(e^{p\sqrt{-1}}\right) dp + \int_0^1 [f(r) - f(-r)]\, dr = 2\pi\sqrt{-1} \; \mathop{\mathcal{E}}_{(0)\ (0)}^{(1)\ (\pi)} ((f(t))),$$

que l'on peut encore écrire comme il suit

$$(62) \qquad \int_0^\pi e^{p\sqrt{-1}} f\left(e^{p\sqrt{-1}}\right) dp = \sqrt{-1}\int_{-1}^1 f(r)\, dr + 2\pi \; \mathop{\mathcal{E}}_{(0)\ (0)}^{(1)\ (\pi)} ((f(t))).$$

Si l'on posait, au contraire $P = p_0 + 2\pi$, on aurait

$$e^{P\sqrt{-1}} = e^{p_0\sqrt{-1}},$$

et la formule (59) donnerait

$$(63) \qquad \int_{p_0}^{p_0+2\pi} \left\{ R f\left(R e^{p\sqrt{-1}}\right) - r_0 f\left(r_0 e^{p\sqrt{-1}}\right) \right\} e^{p\sqrt{-1}}\, dp = 2\pi \; \mathop{\mathcal{E}}_{(r_0)\ (p_0)}^{(R)\ (p_0+2\pi)} ((f(t))).$$

Cette dernière, dont les deux membres ont des valeurs indépendantes de l'angle désigné par p_0, se réduira simplement à

$$(64) \qquad \int_{-\pi}^\pi \left\{ R f\left(R e^{p\sqrt{-1}}\right) - r_0 f\left(r_0 e^{p\sqrt{-1}}\right) \right\} e^{p\sqrt{-1}}\, dp = 2\pi \; \mathop{\mathcal{E}}_{(r_0)\ (-\pi)}^{(R)\ (\pi)} ((f(t))),$$

si l'on prend $p_0 = \pi$. Enfin, si l'on prend $r_0 = 0$, $R = 1$; et, si l'on admet que le produit $t f(t)$ s'évanouisse pour $t = 0$, on tirera de l'équation (62)

(213)

$$(65) \qquad \int_{-\pi}^{\pi} e^{p\sqrt{-1}} f\left(e^{p\sqrt{-1}}\right) dp = 2\pi \underset{(0)\ (-\pi)}{\overset{(1)\ (\pi)}{\mathcal{L}}} \left(\left(f(t)\right)\right).$$

Les formules (59), (61) et (65) coïncident avec des équations que j'ai données dans le Bulletin de la société philomatique de 1822, dans le 19.ᵉ cahier du Journal de l'école royale polytechnique, et dans le mémoire sur les intégrales définies prises entre des limites imaginaires. Il est essentiel d'observer qu'en évaluant l'expression

$$(66) \qquad \underset{(r_0)\ (p_0)}{\overset{(R)\ (P)}{\mathcal{L}}} \left(\left(f(t)\right)\right)$$

comprise dans le second membre de l'équation (59), on devra, si r_0 n'est pas nulle, réduire à moitié chacun des résidus relatifs aux valeurs de la variable t, qui, étant propres à vérifier l'équation

$$(67) \qquad \frac{1}{f(t)} = 0 ,$$

auraient pour module l'une des quantités positives r_0, R, ou correspondraient à l'un des arcs p_0, P. C'est une convention que l'on est forcé d'admettre, si l'on veut que les formules

$$(68) \qquad \underset{(r_0)\ (p_0)}{\overset{(R)\ (P)}{\mathcal{L}}} \left(\left(f(t)\right)\right) = \underset{(r_0)\ (p_0)}{\overset{(\rho)\ (P)}{\mathcal{L}}} \left(\left(f(t)\right)\right) + \underset{(\rho)\ (p_0)}{\overset{(R)\ (P)}{\mathcal{L}}} \left(\left(f(t)\right)\right) .$$

$$(69) \qquad \underset{(r_0)\ (p_0)}{\overset{(R)\ (P)}{\mathcal{L}}} \left(\left(f(t)\right)\right) = \underset{(r_0)\ (p_0)}{\overset{(R)\ (\varpi)}{\mathcal{L}}} \left(\left(f(t)\right)\right) + \underset{(r_0)\ (\varpi)}{\overset{(R)\ (P)}{\mathcal{L}}} \left(\left(f(t)\right)\right)$$

s'étendent au cas même où quelques-unes des racines de l'équation (67) correspondraient soit au module ρ, soit à l'arc ϖ. De plus, pour que ces formules subsistent, dans le cas où la valeur numérique de la différence $P - p_0$ devient égale ou supérieure à π, il faut évidemment supposer que la notation (66) représente alors la somme des résidus relatifs aux divers systèmes de valeurs de r et de p, qui rendent l'expression imaginaire

$$(70) \qquad t = r\left(\cos p + \sqrt{-1}\sin p\right),$$

propre à vérifier l'équation (67) ; d'où il suit que, dans cette somme, le résidu relatif à chaque racine devra être multiplié par le nombre m, s'il existe entre les

30

limites p_0, P, m arcs différents correspondants à cette racine. Si un ou deux de ces arcs se réduisaient à l'une des limites p_0, P, il faudrait remplacer le coëfficient m, par $m - \frac{1}{2}$ dans le premier cas, par $m - 1$ dans le second. Ainsi, par exemple, dans la somme représentée par la notation

$$(71) \qquad \underset{(r_0)}{\overset{(R)}{}} \mathcal{E} \underset{(-\pi)}{\overset{(\pi)}{}} ((f(t))) ,$$

un résidu relatif à une racine négative de l'équation (67) prendrait pour coëfficient l'unité, quoique cette racine répondît à-la-fois aux deux arcs $p = -\pi$, $p = +\pi$. Ajoutons que, pour étendre la formule (56) à toutes les hypothèses que l'on peut faire sur les valeurs des racines de l'équation (67), il est à propos d'exclure toujours de la somme représentée par la notation

$$(72) \qquad \underset{(0)}{\overset{(R)}{}} \mathcal{E} \underset{(p_0)}{\overset{(P)}{}} ((f(t)))$$

le résidu correspondant à une valeur nulle de $t = e^z$, ou, ce qui revient au même, à une valeur infinie et négative de la variable z. Ces diverses conventions étant admises, on reconnaîtra sans peine que la formule (59) continue de subsister, 1.° lorsque la valeur numérique de la différence $P - p_0$ devient supérieure à 2π; 2.° lorsque la limite r_0 s'évanouit.

La formule (65) fait dépendre l'évaluation de l'intégrale

$$(73) \qquad \int_{-\pi}^{+\pi} e^{p\sqrt{-1}} f\left(e^{p\sqrt{-1}} \right) dp$$

de la recherche des résidus de la fonction $f(t)$ correspondants à celles des racines de l'équation

$$(67) \qquad \frac{1}{f(t)} = 0 ,$$

qui présentent une valeur numérique ou un module inférieur à l'unité. Elle fournit, comme la formule (55) de la page 104, les valeurs d'un grand nombre d'intégrales définies, et peut se déduire directement de la même formule, ainsi qu'on va le faire voir.

Si, dans la formule (55) de la page 104, on pose

$$f(z) = \frac{1}{1 + z^2} f\left(\frac{1 + z\sqrt{-1}}{1 - z\sqrt{-1}} \right) ,$$

$$(75) \qquad \int_{-\infty}^{\infty} f\left(\frac{1+z\sqrt{-1}}{1-z\sqrt{-1}}\right) \frac{dz}{1+z^2} = 2\pi\sqrt{-1} \; \underset{-\infty}{\overset{\infty}{\mathcal{E}}}\, \underset{0}{\overset{\infty}{}} \left(\left(\frac{1}{1+z^2}\, f\left(\frac{1+z\sqrt{-1}}{1-z\sqrt{-1}}\right)\right)\right).$$

Si l'on substitue maintenant à la variable imaginaire z un autre variable imaginaire t, qui soit liée à z par l'équation

$$(76) \qquad \frac{1+z\sqrt{-1}}{1-z\sqrt{-1}} = t, \qquad\qquad \text{ou} \qquad\qquad (77) \qquad z = \frac{1-t}{1+t}\sqrt{-1},$$

et aux variables réelles p, r par la suivante

$$(78) \qquad t = r\left(\cos p + \sqrt{-1}\,\sin p\right),$$

r étant positif, on trouvera

$$(79) \qquad \frac{1-r\cos p - r\sin p.\sqrt{-1}}{1+r\cos p + r\sin p.\sqrt{-1}}\,\sqrt{-1} = \frac{2\,r\sin p}{(1+r\cos p)^2+(r\sin p)^2} + \frac{1-r^2}{(1+r\cos p)^2+(r\sin p)^2}\,\sqrt{-1}$$

$$(80) \qquad \frac{1}{1+z^2}\,\frac{dz}{dt} = \frac{1}{2\,t\sqrt{-1}}.$$

Or, il résulte évidemment de l'équation (79) que les diverses valeurs de z, dans lesquelles le coëfficient de $\sqrt{-1}$ reste positif, correspondent aux diverses valeurs de t, qui présentent un module r inférieur à l'unité. Par conséquent, on tirera des équations (49) et (74)

$$(81) \qquad \underset{-\infty}{\overset{\infty}{\mathcal{E}}}\, \underset{0}{\overset{\infty}{}} \left(\left(\frac{1}{1+z^2}\, f\left(\frac{1+z\sqrt{-1}}{1-z\sqrt{-1}}\right)\right)\right) = \frac{1}{2\sqrt{-1}}\, \underset{(0)}{\overset{(1)}{\mathcal{E}}}\, \underset{(-\pi)}{\overset{(\pi)}{}} \left(\left(\frac{f(t)}{t}\right)\right),$$

et la formule (75) pourra être réduite à

$$(82) \qquad \int_{-\infty}^{\infty} f\left(\frac{1+z\sqrt{-1}}{1-z\sqrt{-1}}\right) \frac{dz}{1+z^2} = \pi\, \underset{(0)}{\overset{(1)}{\mathcal{E}}}\, \underset{(-\pi)}{\overset{(\pi)}{}} \left(\left(\frac{f(t)}{t}\right)\right).$$

Si l'on fait dans cette dernière

$$(83) \qquad z = \operatorname{tang} \tfrac{1}{2}\, p,$$

on aura

$$(84) \qquad \frac{1 + z\sqrt{-1}}{1 - z\sqrt{-1}} = \frac{\cos\frac{p}{2} + \sqrt{-1}\sin\frac{p}{2}}{\cos\frac{p}{2} - \sqrt{-1}\sin\frac{p}{2}} = e^{p\sqrt{-1}} \,, \qquad \frac{dz}{1 + z^2} = \frac{1}{2}\,dp \,,$$

et l'on conclura de la formule (82)

$$(85) \qquad \int_{-\pi}^{\pi} f\left(e^{p\sqrt{-1}}\right) . dp = 2\pi \mathop{\underset{(0)}{\overset{(1)}{\mathcal{E}}}}\nolimits_{(-\pi)}^{(\pi)} \left(\left(\frac{f(t)}{t}\right)\right) ;$$

puis, en remplaçant la fonction $f(t)$ par le produit $tf(t)$, on retrouvera la formule (65).

L'équation (85) peut encore s'écrire comme il suit

$$(86) \qquad \int_{0}^{\pi} \frac{f\left(e^{p\sqrt{-1}}\right) + f\left(e^{-p\sqrt{-1}}\right)}{2}\,dp = \pi \mathop{\underset{(0)}{\overset{(1)}{\mathcal{E}}}}\nolimits_{(-\pi)}^{(\pi)} \left(\left(\frac{f(t)}{t}\right)\right) .$$

Il est essentiel d'observer qu'en évaluant l'expression

$$(87) \qquad \mathop{\underset{(0)}{\overset{(1)}{\mathcal{E}}}}\nolimits_{(-\pi)}^{(\pi)} \left(\left(\frac{f(t)}{t}\right)\right) ,$$

on devra réduire à moitié chacun des résidus relatifs aux valeurs de la variable t, qui auront l'unité pour module ou pour valeur numérique. Ajoutons que les formules (81), (85), (86), doivent être restreintes au cas où le résidu partiel

$$(88) \qquad \mathcal{E}\,\frac{f(t)}{((t))} = 2\sqrt{-1}\,\mathcal{E}\,\frac{1}{\left(1 - z\sqrt{-1}\right)\left(\left(1 + z\sqrt{-1}\right)\right)}\,f\left(\frac{1 + z\sqrt{-1}}{1 - z\sqrt{-1}}\right)$$

s'évanouit. Si ce même résidu acquerrait une valeur différente de zéro, alors, en excluant de la somme représentée par la notation (87) le résidu correspondant à une valeur nulle de t, on obtiendrait, à la place des formules (81), (85), (86), de nouvelles équations, savoir,

$$(89) \qquad \mathop{\underset{-\infty}{\overset{\infty}{\mathcal{E}}}}\nolimits_{0}^{\infty} \left(\left(\frac{1}{1 + z^2}\,f\left(\frac{1 + z\sqrt{-1}}{1 - z\sqrt{-1}}\right)\right)\right) = \frac{1}{2\sqrt{-1}}\left\{ \mathcal{E}\,\frac{f(t)}{((t))} + \mathop{\underset{(0)}{\overset{(1)}{\mathcal{E}}}}\nolimits_{(-\pi)}^{(\pi)} \left(\left(\frac{f(t)}{t}\right)\right) \right\} ,$$

$$(90) \qquad \int_{-\pi}^{\pi} f\left(e^{p\sqrt{-1}}\right) dp = 2\pi \left\{ \mathcal{E}\,\frac{f(t)}{((t))} + \mathop{\underset{(0)}{\overset{(1)}{\mathcal{E}}}}\nolimits_{(-\pi)}^{(\pi)} \left(\left(\frac{f(t)}{t}\right)\right) \right\} ,$$

$$(91) \qquad \int_0^\pi \frac{f\left(e^{p\sqrt{-1}}\right)+f\left(e^{-p\sqrt{-1}}\right)}{2}\,dp = \pi\left\{ \mathcal{E}\,\frac{f(t)}{((t))} + \underset{(\mathrm{o})}{\overset{(1)}{\mathcal{E}}}\;\underset{(-\pi)}{\overset{(\pi)}{}}\left(\left(\frac{f(t)}{t}\right)\right)\right\}.$$

Enfin, si la fonction $f(t)$ prend une valeur finie pour $t = \mathrm{o}$, les formules (90) et (91) pourront être réduites à

$$(92) \qquad \int_{-\pi}^\pi f\left(e^{p\sqrt{-1}}\right)dp = 2\pi\left\{ f(\mathrm{o}) + \underset{(\mathrm{o})}{\overset{(1)}{\mathcal{E}}}\;\underset{(-\pi)}{\overset{(\pi)}{}}\left(\left(\frac{f(t)}{t}\right)\right)\right\},$$

$$(93) \qquad \int_0^\pi \frac{f\left(e^{p\sqrt{-1}}\right)+f\left(e^{-p\sqrt{-1}}\right)}{2}\,dp = \pi\left\{ f(\mathrm{o}) + \underset{(\mathrm{o})}{\overset{(1)}{\mathcal{E}}}\;\underset{(-\pi)}{\overset{(\pi)}{}}\left(\left(\frac{f(t)}{t}\right)\right)\right\}.$$

Nous terminerons cet article, en montrant quelques applications des formules (85) et (92).

Faisons d'abord successivement

$$(94) \qquad f(t) = \mathrm{f}(s+t), \qquad\qquad (95) \qquad f(t) = \frac{\mathrm{f}(s+t)}{t^n},$$

s désignant une constante réelle ou imaginaire, et $\mathrm{f}(t)$ une nouvelle fonction de t qui conserve une valeur finie, pour toutes les valeurs réelles ou imaginaires de t, dont les modules sont inférieurs à l'unité. Les formules (85) et (92) donneront

$$(96) \qquad \int_{-\pi}^\pi \mathrm{f}\left(s+e^{-p\sqrt{-1}}\right)dp = 2\pi\,\mathrm{f}(s).$$

$$(97) \qquad \int_{-\pi}^\pi e^{-np\sqrt{-1}}\,\mathrm{f}\left(s+e^{-p\sqrt{-1}}\right)dp = \frac{2\pi}{1.2.3\ldots n}\frac{d^n\mathrm{f}(s)}{ds^n}.$$

Si l'on fait en particulier $\mathrm{f}(s) = e^{s\cdot c}$, on tirera de la formule (97)

$$(98) \qquad x^n = \frac{1.2.3\ldots n}{2\pi}\int_{-\pi}^\pi e^{-np\sqrt{-1}}\,e^{x e^{p\sqrt{-1}}}\,dp\,;$$

et par suite, en supposant $\Delta x = h$,

$$(99) \qquad \Delta^n x^n = \frac{1.2.3\ldots n}{2\pi} \int_{-\pi}^{\pi} \left(e^{h e^{p\sqrt{-1}}} - 1 \right)^m e^{-n p\sqrt{-1} + x e^{p\sqrt{-1}}} \, dp.$$

Si, dans la formule (96), on réduit la constante s à zéro, on aura simplement

$$(100) \qquad \int_{-\pi}^{\pi} \mathrm{f}\left(e^{-p\sqrt{-1}} \right) dp = 2\pi \mathrm{f}(0),$$

ou, ce qui revient au même,

$$(101) \qquad \int_{0}^{\pi} \frac{\mathrm{f}\left(e^{p\sqrt{-1}} \right) + \mathrm{f}\left(e^{-p\sqrt{-1}} \right)}{2} \, dp = \pi \mathrm{f}(0).$$

Concevons maintenant que l'on fasse successivement

$$(102) \qquad f(t) = \frac{\mathrm{f}(t)}{1 - st}, \qquad\qquad (103) \qquad f(t) = \frac{\mathrm{f}(t)}{1 - \frac{s}{t}},$$

s désignant toujours une constante réelle ou imaginaire, et la fonction $\mathrm{f}(t)$ étant assujettie à la condition que nous avons indiquée. On tirera de la formule (92), 1.° en supposant la valeur numérique ou le module de s inférieur à l'unité,

$$(104) \qquad \int_{-\pi}^{\pi} \frac{\mathrm{f}\left(e^{p\sqrt{-1}} \right)}{1 - s e^{p\sqrt{-1}}} \, dp = 2\pi \mathrm{f}(0),$$

$$(105) \qquad \int_{-\pi}^{\pi} \frac{\mathrm{f}\left(e^{p\sqrt{-1}} \right)}{1 - s e^{-p\sqrt{-1}}} \, dp = 2\pi \mathrm{f}(s);$$

2.° en supposant la valeur numérique ou le module de s plus grand que l'unité,

$$(106) \qquad \int_{-\pi}^{\pi} \frac{\mathrm{f}\left(e^{p\sqrt{-1}} \right)}{1 - s e^{p\sqrt{-1}}} \, dp = 2\pi \left\{ \mathrm{f}(0) - \mathrm{f}\left(\frac{1}{s} \right) \right\},$$

$$(107) \qquad \int_{-\pi}^{\pi} \frac{\mathrm{f}\left(e^{p\sqrt{-1}} \right)}{1 - s e^{-p\sqrt{-1}}} \, dp = 0.$$

Si la valeur numérique ou le module de s devenait égal à l'unité, alors, en réduisant chacune des intégrales prises entre les limites $-\pi$, $+\pi$ à sa valeur principale, en tirerait des formules (85) et (92)

$$(108)\qquad \int_{-\pi}^{\pi} \frac{\mathrm{f}\left(e^{p\sqrt{-1}}\right)}{1-se^{p\sqrt{-1}}}\, dp = 2\pi\left\{\mathrm{f}(0) - \frac{1}{2}\,\mathrm{f}\left(\frac{1}{s}\right)\right\}.$$

$$(109)\qquad \int_{-\pi}^{\pi} \frac{\mathrm{f}\left(e^{p\sqrt{-1}}\right)}{1-se^{-p\sqrt{-1}}}\, dp = \pi\,\mathrm{f}(s).$$

Si l'on combine, par voie d'addition et de soustraction, les formules précédentes, on en déduira immédiatement, quel que soit s, les valeurs des intégrales

$$\int_{0}^{\pi} \frac{1-s\cos p}{1-s\cos p+s^{2}}\cdot\frac{\mathrm{f}\left(e^{p\sqrt{-1}}\right)+\mathrm{f}\left(e^{-p\sqrt{-1}}\right)}{2}\, dp =$$

$$\frac{1}{2}\int_{-\pi}^{\pi}\left(\frac{1}{1-se^{p\sqrt{-1}}} + \frac{1}{1-se^{-p\sqrt{-1}}}\right)\mathrm{f}\left(e^{p\sqrt{-1}}\right)\, dp,$$

$$\int_{0}^{\pi} \frac{s\sin p}{1-2s\cos p+s^{2}}\cdot\frac{\mathrm{f}\left(e^{p\sqrt{-1}}\right)-\mathrm{f}\left(e^{-p\sqrt{-1}}\right)}{2\sqrt{-1}}\, dp =$$

$$\frac{1}{2}\int_{-\pi}^{\pi}\left(\frac{1}{1-se^{-p\sqrt{-1}}} - \frac{1}{1-se^{p\sqrt{-1}}}\right)\mathrm{f}\left(e^{p\sqrt{-1}}\right)\, dp;$$

et par suite, en ayant égard à l'équation (101), les valeurs des intégrales

$$\int_{0}^{\pi} \frac{\mathrm{f}\left(e^{p\sqrt{-1}}\right)+\mathrm{f}\left(e^{-p\sqrt{-1}}\right)}{2}\cdot\frac{dp}{1-s\cos p+s^{2}},$$

$$\int_{0}^{\pi} \frac{\mathrm{f}\left(e^{p\sqrt{-1}}\right)+\mathrm{f}\left(e^{-p\sqrt{-1}}\right)}{2}\cdot\frac{\cos p\, dp}{1-2s\cos p+s^{2}},\quad \int_{0}^{\pi} \frac{\mathrm{f}\left(e^{p\sqrt{-1}}\right)-\mathrm{f}\left(e^{-p\sqrt{-1}}\right)}{2\sqrt{-1}}\cdot\frac{\sin p\, dp}{1-2s\cos p+s^{2}}.$$

On trouvera de cette manière, 1.º en supposant la valeur numérique ou le module de s inférieur à l'unité

$$(110)\qquad \int_{0}^{\pi} \frac{\mathrm{f}\left(e^{p\sqrt{-1}}\right)+\mathrm{f}\left(e^{-p\sqrt{-1}}\right)}{2}\cdot\frac{dp}{1-2s\cos p+s^{2}} = \pi\,\frac{\mathrm{f}(s)}{1-s^{2}},$$

$$(111)\quad\begin{cases}\displaystyle\int_0^\pi \frac{f\left(e^{p\sqrt{-1}}\right)+f\left(e^{-p\sqrt{-1}}\right)}{2}\;\frac{\cos p\,dp}{1-2s\cos p+s^2} = \frac{\pi}{2s}\left[\frac{1+s^2}{1-s^2}\,f(s)-f(0)\right],\\[3ex]\displaystyle\int_0^\pi \frac{f\left(e^{p\sqrt{-1}}\right)-f\left(e^{-p\sqrt{-1}}\right)}{2\sqrt{-1}}\;\frac{\sin p\,dp}{1-2s\cos p+s^2} = \frac{\pi}{2s}\left[f(s)-f(0)\right];\end{cases}$$

2.° en supposant la valeur numérique ou le module de s supérieur à l'unité,

$$(112)\quad\int_0^\pi \frac{f\left(e^{p\sqrt{-1}}\right)+f\left(e^{-p\sqrt{-1}}\right)}{2}\;\frac{dp}{1-2s\cos p+s^2} = \pi\,\frac{f\left(\frac{1}{s}\right)}{s^2-1},$$

$$(113)\quad\begin{cases}\displaystyle\int_0^\pi \frac{f\left(e^{p\sqrt{-1}}\right)+f\left(e^{-p\sqrt{-1}}\right)}{2}\;\frac{\cos p\,dp}{1-2s\cos p+s^2} = \frac{\pi}{2s}\left[\frac{s^2+1}{s^2-1}\,f\left(\frac{1}{s}\right)-f(0)\right],\\[3ex]\displaystyle\int_0^\pi \frac{f\left(e^{p\sqrt{-1}}\right)-f\left(e^{-p\sqrt{-1}}\right)}{2\sqrt{-1}}\;\frac{\sin p\,dp}{1-2s\cos p+s^2} = \frac{\pi}{2s}\left[f\left(\frac{1}{s}\right)-f(0)\right];\end{cases}$$

3.° en supposant la valeur numérique ou le module de s égal à l'unité, et chaque intégrale réduite à sa valeur principale

$$(114)\quad\int_0^\pi \frac{f\left(e^{p\sqrt{-1}}\right)+f\left(e^{-p\sqrt{-1}}\right)}{2}\;\frac{dp}{1-2s\cos p+s^2} = \frac{\pi}{2(1-s^2)}\left[f(s)-f\left(\frac{1}{s}\right)\right],$$

$$(115)\quad\begin{cases}\displaystyle\int_0^\pi \frac{f\left(e^{p\sqrt{-1}}\right)+f\left(e^{-p\sqrt{-1}}\right)}{2}\;\frac{\cos p\,dp}{1-2s\cos p+s^2} = \frac{\pi}{4s}\frac{1+s^2}{1-s^2}\left[f(s)-f\left(\frac{1}{s}\right)\right]-\frac{\pi}{2s}f(0),\\[3ex]\displaystyle\int_0^\pi \frac{f\left(e^{p\sqrt{-1}}\right)-f\left(e^{-p\sqrt{-1}}\right)}{2\sqrt{-1}}\;\frac{\sin p\,dp}{1-2s\cos p+s^2} = \frac{\pi}{4s}\left[f(s)+f\left(\frac{1}{s}\right)-2f(0)\right].\end{cases}$$

Il est bon d'observer que, pour tirer les formules (112) et (113) des formules (110) et (111), il suffit de remplacer s par $\frac{1}{s}$. De plus, si l'on pose $s=\pm 1$ dans la seconde des formules (115), on trouvera

$$(116)\quad\begin{cases}\displaystyle\int_0^\pi \cot\frac{p}{2}\;\frac{f\left(e^{p\sqrt{-1}}\right)-f\left(e^{-p\sqrt{-1}}\right)}{2\sqrt{-1}}\,dp = \pi[f(1)-f(0)],\\[3ex]\displaystyle\int_0^\pi \tang\frac{p}{2}\;\frac{f\left(e^{p\sqrt{-1}}\right)-f\left(e^{-p\sqrt{-1}}\right)}{2\sqrt{-1}}\,dp = \pi[f(0)-f(-1)].\end{cases}$$

Ajoutons que l'on pourrait déduire directement les équations (110) (111) et suivantes de la formule (86) ou (91), en posant successivement

$$f(t) = \frac{f(t)}{(1-st)\left(1-\frac{s}{t}\right)}, \quad f(t) = \frac{\left(t\pm\frac{1}{t}\right)f(t)}{(1-st)\left(1-\frac{s}{t}\right)}, \quad f(t) = \frac{\left(t-\frac{1}{t}\right)f(t)}{2\pm\left(t-\frac{1}{t}\right)},$$

si l'on posait au contraire

$$f(t) = \left(t\pm\frac{1}{t}\right)^n f(t), \quad f(t) = \frac{\left(t\pm\frac{1}{t}\right)^n}{(1-st)\left(1-\frac{s}{t}\right)} f(t),$$

n désignant un nombre entier quelconque, la formule (91) déterminerait immédiatement quatre des six intégrales

$$(117) \qquad \int_0^\pi \cos^n p . \frac{f\left(e^{p\sqrt{-1}}\right)+f\left(e^{-p\sqrt{-1}}\right)}{2}\, dp ,$$

$$(118) \qquad \int_0^\pi \frac{f\left(e^{p\sqrt{-1}}\right)+f\left(e^{-p\sqrt{-1}}\right)}{2}\, \frac{\cos^n p . dp}{1-2s\cos p+s^2} ;$$

$$(119) \qquad \int_0^\pi \sin^n p . \frac{f\left(e^{p\sqrt{-1}}\right)+f\left(e^{-p\sqrt{-1}}\right)}{2}\, dp ,$$

$$(120) \qquad \int_0^\pi \frac{f\left(e^{p\sqrt{-1}}\right)+f\left(e^{-p\sqrt{-1}}\right)}{2}\, \frac{\sin^n p . dp}{1-2s\cos p+s^2} ;$$

$$(121) \qquad \int_0^\pi \sin^n p . \frac{f\left(e^{p\sqrt{-1}}\right)-f\left(e^{-p\sqrt{-1}}\right)}{2\sqrt{-1}}\, dp ,$$

$$(122) \qquad \int_0^\pi \frac{f\left(e^{p\sqrt{-1}}\right)-f\left(e^{-p\sqrt{-1}}\right)}{2\sqrt{-1}}\, \frac{\sin^n p . dp}{1-2s\cos p+s^2} ,$$

savoir, les quatre premières, pour des valeurs paires du nombre n, et les deux premières avec les deux dernières pour des valeurs impaires du même nombre.

Si, après avoir remplacé, dans les formules (104), (105), etc., s par $\pm s\sqrt{-1}$, on combine ces formules entre elles, de manière à faire disparaître les imaginaires, on en déduira sans peine les valeurs des intégrales

$$(123) \qquad \int_0^\pi \frac{f\left(e^{p\sqrt{-1}}\right)+f\left(e^{-p\sqrt{-1}}\right)}{2}\left(\frac{1}{1-2s\sin p+s^2}+\frac{1}{1+2s\sin p+s^2}\right)dp,$$

$$(124) \qquad \int_0^\pi \frac{f\left(e^{p\sqrt{-1}}\right)-f\left(e^{-p\sqrt{-1}}\right)}{2\sqrt{-1}}\left(\frac{1}{1-2s\sin p+s^2}-\frac{1}{1+2s\sin p+s^2}\right)dp,$$

$$(125) \qquad \int_0^\pi \frac{f\left(e^{p\sqrt{-1}}\right)+f\left(e^{-p\sqrt{-1}}\right)}{2}\left(\frac{1}{1-2s\sin p+s^2}+\frac{1}{1+2s\sin p+s^2}\right)\cos p\,dp,$$

$$(126) \qquad \int_0^\pi \frac{f\left(e^{p\sqrt{-1}}\right)-f\left(e^{-p\sqrt{-1}}\right)}{2\sqrt{-1}}\left(\frac{1}{1-2s\sin p+s^2}-\frac{1}{1+2s\sin p+s^2}\right)\cos p\,dp,$$

et de plusieurs autres.

On peut déterminer immédiatement, à l'aide des principes que nous venons d'exposer, les valeurs des six intégrales définies

$$(127) \quad \begin{cases} \displaystyle\int_0^\pi \frac{f\left(e^{p\sqrt{-1}}\right)+f\left(e^{-p\sqrt{-1}}\right)}{2}\cos p\,.\,dp = \frac{\pi}{2}f'(0)\,, \\[3ex] \displaystyle\int_0^\pi \frac{f\left(e^{p\sqrt{-1}}\right)-f\left(e^{-p\sqrt{-1}}\right)}{2\sqrt{-1}}\sin p\,.\,dp = \frac{\pi}{2}f'(0)\,, \end{cases}$$

$$(128) \quad \begin{cases} \displaystyle\int_0^\pi \frac{f\left(e^{p\sqrt{-1}}\right)+f\left(e^{-p\sqrt{-1}}\right)}{2}\sec p\,.\,dp = \pi\,\frac{f(\sqrt{-1})-f(-\sqrt{-1})}{2\sqrt{-1}} \\[3ex] \displaystyle\int_0^\pi \frac{f\left(e^{p\sqrt{-1}}\right)-f\left(e^{-p\sqrt{-1}}\right)}{2\sqrt{-1}}\operatorname{cosec} p\,dp = \pi\,\frac{f(1)-f(-1)}{2}\,, \end{cases}$$

$$(129) \quad \begin{cases} \displaystyle\int_0^\pi \frac{f\left(e^{p\sqrt{-1}}\right)-f\left(e^{-p\sqrt{-1}}\right)}{2\sqrt{-1}}\tan p\,dp = \pi\left\{\frac{f(\sqrt{-1})+f(-\sqrt{-1})}{2}-f(0)\right\} \\[3ex] \displaystyle\int_0^\pi \frac{f\left(e^{p\sqrt{-1}}\right)-f\left(e^{-p\sqrt{-1}}\right)}{2\sqrt{-1}}\cot p\,.\,dp = \pi\left\{\frac{f(1)+f(-1)}{2}-f(0)\right\}. \end{cases}$$

En effet, on déduira les formules (127) des équations (111), en posant $s = 0$, et la seconde des formules (128) ou (129) des équations (116) combinées entre elles par voie d'addition ou de soustraction. Ajoutons que, pour obtenir la première des intégrales (128) et la première des intégrales (129), il suffira de réduire la constante s à l'unité dans les intégrales (125) et (126). Au reste, on parviendra directement aux équations (127), (128) et (129), si, dans la formule (86) ou (91), on remplace la fonction $f(t)$ par l'une des suivantes

$$\left(t + \frac{1}{t}\right) f(t), \quad \left(t - \frac{1}{t}\right) f(t), \quad \frac{f(t)}{t + \frac{1}{t}}, \quad \frac{f(t)}{t - \frac{1}{t}}, \quad \frac{t - \frac{1}{t}}{t + \frac{1}{t}} f(t), \quad \frac{t + \frac{1}{t}}{t - \frac{1}{t}} f(t).$$

Les diverses équations que nous venons d'établir, à l'aide des formules (85) et (92), peuvent se tirer, pour la plupart, du théorème de M. Parseval. Plusieurs de ces équations étaient déjà connues, et s'accordent avec celles qui ont été données par M. Frullani, dans un Mémoire publié en 1819, par M. Guillaume Libri, dans le tome xxviii.ᵉ des Mémoires de l'Académie de Turin, enfin par M. Poisson et moi, dans le Bulletin de la Société philomathique de 1822, et dans le xix.ᵉ cahier du Journal de l'École polytechnique. Si, pour fixer les idées, on réduit la fonction $f(t)$ à l'une des suivantes

$$\left(\frac{1-t}{1+t}\right)^a, \quad l\left(\frac{1-t}{2}\right), \quad l\left(\frac{1+t}{2}\right), \quad l\left(\frac{1-t}{1+t}\right);$$

et, si l'on remplace, 1.° la lettre s par la lettre r; 2.° la variable p par $2p$, on déduira des formules (105), (106), (107), etc....., les résultats contenus dans la page 39 du Mémoire sur les intégrales définies prises entre des limites imaginaires.

Lorsque, dans la formule (93), on remplace p par $2p$, elle donne

$$(130) \qquad \int_0^{\frac{\pi}{2}} \frac{f\left(e^{2p\sqrt{-1}}\right) - f\left(e^{-2p\sqrt{-1}}\right)}{2} \, dp = \frac{\pi}{2}\left\{ f(0) + \underset{(0)}{\overset{(1)}{\mathcal{L}}} \underset{(-\pi)}{\overset{(\pi)}{}} \frac{((f(t)))}{t} \right\}.$$

Cela posé, concevons que, $f(x)$ et $F(x)$ désignant deux fonctions réelles et entières de la variable x, et a une constante dont la valeur numérique ou le module soit inférieur à l'unité, on substitue à la fonction $f(t)$, ou le rapport

$$(131) \qquad \frac{f\left\{\frac{1}{2}\left(t + \frac{1}{t}\right)\right\}}{F\left\{\frac{1}{2}\left(t + \frac{1}{t}\right)\right\}},$$

ou l'un des produits auxquels on parvient en multipliant ce même rapport par l'une des expressions

$$\left(\frac{1+t}{2}\right)^{a}, \quad \left(\frac{1-t}{2}\right)^{a}, \quad \left(\frac{1-t}{1+t}\right)^{a}, \qquad l\left(\frac{1+t}{2}\right), \quad l\left(\frac{1-t}{2}\right), \quad l\left(\frac{1-t}{1+t}\right),$$

$$\frac{1}{t-\frac{1}{t}}\left(\frac{1+t}{2}\right)^{a}, \quad \frac{1}{\left(t-\frac{1}{t}\right)}l\left(\frac{1+t}{2}\right), \quad \frac{1}{l\left(\frac{1+t}{2}\right)}, \quad \frac{1-t}{(1+t)\,l\left(\frac{1+t}{2}\right)}, \quad \text{etc.....}$$

On tirera successivement des formules (95) et (150)

$$(152) \qquad \int_{0}^{\pi} \frac{f(\cos p)}{F(\cos p)}\,dp = \pi\left\{\frac{f(0)}{F(0)} + \overset{(1)}{\underset{(0)}{}}\,\mathcal{L}\,\overset{(\pi)}{\underset{(-\pi)}{}}\,\frac{f\left[\frac{1}{2}\left(t+\frac{1}{t}\right)\right]}{t\left(\left(F\left[\frac{1}{2}\left(t+\frac{1}{t}\right)\right]\right)\right)}\right\}$$

$$(153) \quad \int_{0}^{\frac{\pi}{2}} \frac{f(\cos 2p)}{F(\cos 2p)}\,\cos^{a}p\,\cos a p\,dp = \frac{\pi}{2^{a+1}}\left\{\frac{f(0)}{F(0)} + \overset{(1)}{\underset{(0)}{}}\,\mathcal{L}\,\overset{(\pi)}{\underset{(-\pi)}{}}\,\frac{(1+t)^{a}f\left[\frac{1}{2}\left(t+\frac{1}{t}\right)\right]}{t\left(\left(F\left[\frac{1}{2}\left(t+\frac{1}{t}\right)\right]\right)\right)}\right\},$$

$$(154) \qquad \int_{0}^{\frac{\pi}{2}} \frac{f(\cos 2p)}{F(\cos 2p)}\,\sin^{a}p\,\cos a\left(\frac{\pi}{2}-p\right)dp =$$

$$\frac{\pi}{2^{a+1}}\left\{\frac{f(0)}{F(0)} + \overset{(1)}{\underset{(0)}{}}\,\mathcal{L}\,\overset{(\pi)}{\underset{(-\pi)}{}}\,\frac{(1-t)^{a}f\left[\frac{1}{2}\left(t+\frac{1}{t}\right)\right]}{t\left(\left(F\left[\frac{1}{2}\left(t+\frac{1}{t}\right)\right]\right)\right)}\right\}$$

$$(155) \qquad \int_{0}^{\frac{\pi}{2}} \frac{f(\cos 2p)}{F(\cos 2p)}\,\tan^{a}p\,dp =$$

$$\frac{\pi}{2\cos\frac{a\pi}{t}}\left\{\frac{f(0)}{F(0)} + \overset{(1)}{\underset{(0)}{}}\,\mathcal{L}\,\overset{(\pi)}{\underset{(-\pi)}{}}\,\frac{(1-t)^{a}f\left[\frac{1}{2}\left(t+\frac{1}{t}\right)\right]}{t\left(\left((1+t)^{a}F\left[\frac{1}{2}\left(t+\frac{1}{t}\right)\right]\right)\right)}\right\},$$

$$(156) \quad \int_{0}^{\frac{\pi}{2}} \frac{f(\cos 2p)}{F(\cos 2p)}\,l\cos p\,dp = \frac{\pi}{2}\left\{\frac{f(0)}{F(0)}\,l(2) + \overset{(1)}{\underset{(0)}{}}\,\mathcal{L}\,\overset{(\pi)}{\underset{(-\pi)}{}}\,\frac{l\left(\frac{1+t}{2}\right)F\left[\frac{1}{2}\left(t+\frac{1}{t}\right)\right]}{t\left(\left(F\left[\frac{1}{2}\left(t+\frac{1}{t}\right)\right]\right)\right)}\right\}.$$

$$(137)\quad \int_0^{\frac{\pi}{2}} \frac{f(\cos 2p)}{F(\cos 2p)}\, l\sin p\, dp = \frac{\pi}{2}\left\{ \frac{f(0)}{F(0)}\, l\left(\tfrac{1}{2}\right) + \mathcal{E}_{(0)\ (-\pi)}^{(1)\ (\pi)}\ \frac{l\left(\frac{1-t}{2}\right) f\left[\frac{1}{2}\left(t+\frac{1}{t}\right)\right]}{t\left(\left(F\left[\frac{1}{2}\left(t+\frac{1}{t}\right)\right]\right)\right)} \right\},$$

$$(138)\quad \int_0^{\frac{\pi}{2}} \frac{f(\cos 2p)}{F(\cos 2p)}\, l\tan p\, dp = \frac{\pi}{2}\ \mathcal{E}_{(0)\ (-\pi)}^{(1)\ (\pi)}\ \frac{l\left(\frac{1-t}{1+t}\right) f\left[\frac{1}{2}\left(t+\frac{1}{t}\right)\right]}{t\left(\left(F\left[\frac{1}{2}\left(t+\frac{1}{t}\right)\right]\right)\right)},$$

$$(139)\quad \int_0^{\frac{\pi}{2}} \frac{f(\cos 2p)}{F(\cos 2p)} \cos^{a-1}p\, \frac{\sin ap}{\sin p}\, dp = \frac{\pi}{2^{a-1}}\ \mathcal{E}_{(0)\ (-\pi)}^{(1)\ (\pi)}\ \frac{(1+t)^a f\left[\frac{1}{2}\left(t+\frac{1}{t}\right)\right]}{\left(\left((t^2-1)F\left[\frac{1}{2}\left(t+\frac{1}{t}\right)\right]\right)\right)},$$

$$(140)\quad \int_0^{\frac{\pi}{2}} \frac{f(\cos 2p)}{F(\cos 2p)} \frac{p\,dp}{\sin 2p} = \pi\ \mathcal{E}_{(0)\ (-\pi)}^{(1)\ (\pi)}\ \frac{l\left(\frac{1+t}{2}\right) f\left[\frac{1}{2}\left(t+\frac{1}{t}\right)\right]}{\left(\left((t^2-1)F\left[\frac{1}{2}\left(t+\frac{1}{t}\right)\right]\right)\right)},$$

$$(141)\quad \int_0^{\frac{\pi}{2}} \frac{f(\cos 2p)}{F(\cos 2p)} \frac{l\cos p}{p^2+(l\cos p)^2}\, dp =$$

$$\frac{\pi}{2}\left\{ \frac{f(0)}{F(0)} \frac{1}{l\left(\frac{1}{2}\right)} + \mathcal{E}_{(0)\ (-\pi)}^{(1)\ (\pi)}\ \frac{f\left[\frac{1}{2}\left(t+\frac{1}{t}\right)\right]}{\left(\left(l\left(\frac{1+t}{2}\right)F\left[\frac{1}{2}\left(t+\frac{1}{t}\right)\right]\right)\right)} \right\},$$

$$(142)\quad \int_0^{\frac{\pi}{2}} \frac{f(\cos 2p)}{F(\cos 2p)} \frac{p\tan p}{p^2+(l\cos p)^2}\, dp =$$

$$-\frac{\pi}{2}\left\{ \frac{f(0)}{F(0)} \frac{1}{l\left(\frac{1}{2}\right)} + \mathcal{E}_{(0)\ (-\pi)}^{(1)\ (\pi)}\ \frac{(1-t) f\left[\frac{1}{2}\left(t+\frac{1}{t}\right)\right]}{(1+t)\, l\left(\frac{1+t}{2}\right)\left(\left(F\left[\frac{1}{2}\left(t+\frac{1}{t}\right)\right]\right)\right)} \right\}.$$

etc.....

Il est essentiel d'observer que les formules (153), (154) et (159) peuvent être étendues à des valeurs positives quelconques de la constante a.

Lorsque, dans les équations précédentes, on réduit les fonctions $f(x)$ et $F(x)$ à l'unité, on en conclut

$$(143) \qquad \int_0^{\frac{\pi}{2}} \cos^a p \, \cos a p \, dp = \frac{\pi}{2^{a+1}} \,,$$

$$(144) \qquad \int_0^{\frac{\pi}{2}} \sin^a p \, \cos a \left(\frac{\pi}{2} - p \right) dp = \frac{\pi}{2^{a+1}} \,,$$

$$(145) \qquad \int_0^{\frac{\pi}{2}} \operatorname{tang}^a p \, dp = \frac{\pi}{2 \cos \frac{a\pi}{2}} \,,$$

$$(146) \quad \int_0^{\frac{\pi}{2}} l \cos p \, dp = \frac{\pi}{2} \, l \left(\frac{\pi}{2} \right) , \qquad (147) \quad \int_0^{\frac{\pi}{2}} l \sin p \, dp = \frac{\pi}{2} \, l \left(\frac{1}{2} \right) ,$$

$$(148) \qquad \int_0^{\frac{\pi}{2}} l \operatorname{tang} p \, dp = 0 \,,$$

$$(149) \qquad \int_0^{\frac{\pi}{2}} \cos^{a-1} \frac{\sin^a p}{\sin p} \, dp = \frac{\pi}{2^{a-1}} \mathop{\mathcal{E}}_{(0) \ (-\pi)}^{(1) \ (\pi)} \frac{(1+t)^{a-1}}{((t-1))} = \frac{\pi}{2} \,,$$

$$(150) \qquad \int_0^{\frac{\pi}{2}} \frac{p \, dp}{\sin 2 p} = \infty \,,$$

$$(151) \quad \int_0^{\frac{\pi}{2}} \frac{l \cos p}{p^2 + (l \cos p)^2} \, dp = \frac{\pi}{2} \left\{ \frac{1}{l \left(\frac{1}{2} \right)} + \mathop{\mathcal{E}}_{(0) \ (-\pi)}^{(1) \ (\pi)} \frac{1}{\left(\left(l \left(\frac{1+t}{2} \right) \right) \right)} \right\} = \frac{\pi}{2} \left(1 - \frac{1}{l(2)} \right).$$

$$(152) \qquad \int_0^{\frac{\pi}{2}} \frac{p \operatorname{tang} p}{p^2 + (l \cos p)^2} \, dp = \frac{\pi}{2 \, l(2)} \,.$$

Si l'on posait, dans l'équation (145) $\operatorname{tang} p = x$, et si l'on y remplaçait a par $a - 1$, on retrouverait une formule d'Euler, savoir, l'équation (50) de la page 109. On doit au même géomètre la formule (147), de laquelle on déduit sans peine les équations (146), (148); et à M. Poisson, les formules (143), (151), (152). Ajoutons qu'on peut tirer la formule (144) de l'équation (143), et que l'intégrale

$$\int_{0}^{\frac{\pi}{2}} \frac{p\,dp}{\sin 2p}$$

a évidemment, comme l'indique la formule (150), une valeur infinie. Quant à l'équation (149), qu'il est facile de vérifier directement toutes les fois que la constante a se réduit à un nombre entier, elle offre cela de remarquable, qu'on peut y faire varier arbitrairement la constante dont il s'agit, sans que le premier membre change de valeur.

L'intégrale (140) est l'une de celles dont j'ai appris à déterminer les valeurs dans un Mémoire approuvé par l'Institut, sur un rapport de M. Legendre, daté du 7 novembre 1814. Si l'on remplace $f(x)$ par $(1 - x^2)f(x)$, cette même intégrale se transformera dans la suivante

$$(153) \qquad \int_{0}^{\frac{\pi}{2}} \frac{f(\cos 2p)}{F(\cos 2p)}\, p \sin 2p\, dp \,,$$

Les équations (152), (153) et suivantes supposent, comme les formules (95) et (130), que l'expression (131) conserve une valeur finie pour une valeur nulle de t; ce qui arrivera nécessairement, si, dans la fraction rationnelle,

$$\frac{f(x)}{F(x)} \,,$$

le degré du numérateur est inférieur ou égal au degré du dénominateur. Si le contraire avait lieu, les intégrales comprises dans les équations (152), (153) et suivantes pourraient facilement se déduire non plus de la formule (95), mais de la formule (91). Ainsi, par exemple, si l'on prenait

$$f(x) = x^m, \qquad \text{et} \qquad F(x) = 1,$$

m étant un nombre entier quelconque, le premier membre de la formule (152) se réduirait à l'intégrale

$$\int_{0}^{\pi} \cos^m p\, dp$$

et, pour déterminer cette intégrale, il suffirait de poser, dans la formule (91)

$$f(t) = \left(\frac{t + \frac{1}{t}}{2} \right)^m .$$

On trouverait ainsi

$$(154) \qquad \int_0^\pi \cos^m p \, dp = \frac{\pi}{2^m} \, \mathcal{E} \, \frac{(1+t)^{2m}}{((t^{m+1}))} \, .$$

D'ailleurs, le coëfficient de $\dfrac{1}{t}$, dans le développement de

$$\frac{(1+t^2)^m}{t^{m+1}} = \frac{1}{t^{m+1}} + \frac{m}{1} \frac{1}{t^{m-1}} + \frac{m(m-1)}{1 \cdot 2} \frac{1}{t^{m-3}} + \text{etc} \dots,$$

est évidemment égal à zéro, lorsque m désigne un nombre impair, et à

$$\frac{m(m-1) \dots \left(\frac{m}{2}+1\right)}{1 \cdot 2 \cdot 3 \dots \frac{m}{2}} = \frac{1 \cdot 2 \cdot 3 \dots (m-1) m}{\left(1 \cdot 2 \dots \frac{m}{2}\right)\left(1 \cdot 2 \dots \frac{m}{2}\right)}$$

dans le cas contraire. On aura donc, pour des valeurs impaires de m,

$$(155) \qquad \int_0^\pi \cos^m p \, dp = 0 \, ,$$

et, pour des valeurs paires de m,

$$(156) \qquad \int_0^\pi \cos^m p \, dp = \frac{\pi}{2^m} \frac{1 \cdot 2 \cdot 3 \dots (m-1) m}{\left(1 \cdot 2 \dots \frac{m}{2}\right)\left(1 \cdot 2 \dots \frac{m}{2}\right)} = \pi \frac{1 \cdot 3 \cdot 5 \dots (m-1)}{2 \cdot 4 \cdot 6 \dots m} \, ;$$

ce qui est exact.

Supposons encore

$$f(x) = 1 - x^2, \qquad\qquad F(x) = 1 \, .$$

L'intégrale (141) deviendra

$$\int_0^{\frac{\pi}{2}} p \cot p \, dp \, ,$$

et sa valeur, déduite de la formule (91), sera

$$(157) \qquad \int_0^\pi p \cot p \, dp = \frac{\pi}{2} \, \overset{(1)}{\underset{(0)}{\mathcal{E}}} \, \overset{(\pi)}{\underset{(-\pi)}{}} \, \frac{(1+t)\, l\left(\frac{1+t}{2}\right)}{((t(t-1)))} = \frac{\pi}{2} \, l(2)$$

Concevons maintenant que l'on prenne successivement

$$(158)\qquad f(t) = \frac{t\,\mathrm{f}(t)}{e^{st}-1}\,,\qquad\qquad (159)\qquad f(t) = \frac{t\,\mathrm{f}(t)}{e^{st\sqrt{-1}}-1}\,,$$

s désignant une quantité positive, et $\mathrm{f}(t)$ uue fonction qui conserve une valeur finie pour toutes les valeurs réelles ou imaginaires de t, dont les modules sont renfermés entre les limites $0, 1$. On tirera de la formule (92), 1.° en supposant $s < 2\pi$,

$$(160)\qquad \int_{-\pi}^{\pi} \frac{e^{p\sqrt{-1}}\,\mathrm{f}\!\left(e^{p\sqrt{-1}}\right)}{e^{s(\cos p+\sqrt{-1}\,\sin p)}-1}\,dp = \frac{2\pi}{s}\,\mathrm{f}(0)\,,$$

$$(161)\qquad \int_{-\pi}^{\pi} \frac{e^{p\sqrt{-1}}\,\mathrm{f}\!\left(e^{p\sqrt{-1}}\right)}{e^{-s(\sin p-\sqrt{-1}\,\cos p)}-1}\,dp = \frac{2\pi}{s\sqrt{-1}}\,\mathrm{f}(0)\,;$$

2.° en supposant $s = 2\pi$,

$$(162)\qquad \int_{-\pi}^{\pi} \frac{e^{p\sqrt{-1}}\,\mathrm{f}\!\left(e^{p\sqrt{-1}}\right)}{e^{2\pi(\cos p+\sqrt{-1}\,\sin p)}-1}\,dp = \mathrm{f}(0) + \frac{\mathrm{f}(\sqrt{-1})+\mathrm{f}(-\sqrt{-1})}{2}\,,$$

$$(163)\qquad \int_{-\pi}^{\pi} \frac{e^{p\sqrt{-1}}\,\mathrm{f}\!\left(e^{p\sqrt{-1}}\right)}{e^{-2\pi(\sin p-\sqrt{-1}\,\cos p)}-1}\,dp = \frac{1}{\sqrt{-1}}\left\{\mathrm{f}(0) + \frac{\mathrm{f}(1)+\mathrm{f}(-1)}{2}\right\};$$

3.° en supposant s compris entre les limites $2\pi, 4\pi$,

$$(164)\qquad \int_{-\pi}^{\pi} \frac{e^{p\sqrt{-1}}\,\mathrm{f}\!\left(e^{p\sqrt{-1}}\right)}{e^{s(\cos p+\sqrt{-1}\,\sin p)}-1}\,dp = \frac{2\pi}{s}\left\{\mathrm{f}(0)+\mathrm{f}\!\left(\frac{2\pi}{s}\sqrt{-1}\right)+\mathrm{f}\!\left(-\frac{2\pi}{s}\sqrt{-1}\right)\right\},$$

$$(165)\qquad \int_{-\pi}^{\pi} \frac{e^{p\sqrt{-1}}\,\mathrm{f}\!\left(e^{-p\sqrt{-1}}\right)}{e^{-s(\sin p-\sqrt{-1}\,\cos p)}-1}\,dp = \frac{2\pi}{s\sqrt{-1}}\left\{\mathrm{f}(0)+\mathrm{f}\!\left(\frac{2\pi}{s}\right)+\mathrm{f}\!\left(-\frac{2\pi}{s}\right)\right\}.$$

En général, si l'on suppose $s = 2n\pi$, n étant un nombre entier quelconque, on trouvera

$$(166)\qquad \int_{-\pi}^{\pi} \frac{e^{p\sqrt{-1}}\,\mathrm{f}\!\left(e^{-p\sqrt{-1}}\right)}{e^{2n\pi(\cos p+\sqrt{-1}\,\sin p)}-1}\,dp =$$

$$\frac{1}{n}\left\{\begin{array}{l} \mathrm{f}(0)+\mathrm{f}\!\left(\dfrac{1}{n}\sqrt{-1}\right)+\mathrm{f}\!\left(\dfrac{2}{n}\sqrt{-1}\right)+\cdots\cdots+\dfrac{1}{2}\mathrm{f}(\sqrt{-1}) \\[2ex] +\,\mathrm{f}\!\left(-\dfrac{1}{n}\sqrt{-1}\right)+\mathrm{f}\!\left(-\dfrac{2}{n}\sqrt{-1}\right)+\cdots+\dfrac{1}{2}\mathrm{f}(-\sqrt{-1}) \end{array}\right\},$$

$$(167) \qquad \int_{-\pi}^{\pi} \frac{e^{p\sqrt{-1}}\, f\left(e^{p\sqrt{-1}}\right)}{e^{-2n\pi(\sin p + \sqrt{-1}\cos p)} - 1}\, dp =$$

$$\frac{1}{n\sqrt{-1}}\left\{ \begin{array}{l} f(0) + f\left(\dfrac{1}{n}\right) + f\left(\dfrac{1}{n}\right) + \ldots\ldots\ldots + \dfrac{1}{2} f(1) \\[2mm] + f\left(-\dfrac{1}{n}\right) + f\left(-\dfrac{2}{n}\right) + \ldots + \dfrac{1}{2} f(-1) \end{array} \right\}.$$

Si, au contraire, on suppose la quantité s renfermée entre les limites $2n\pi$, $2(n+1)\pi$, on aura

$$(168) \qquad \int_{-\pi}^{\pi} \frac{e^{p\sqrt{-1}}\, f\left(e^{-p\sqrt{-1}}\right)}{e^{s(\cos p + \sqrt{-1}\sin p)} - 1}\, dp =$$

$$\frac{2\pi}{s}\left\{ \begin{array}{l} f(0) + f\left(\dfrac{2\pi}{s}\sqrt{-1}\right) + f\left(\dfrac{4\pi}{s}\sqrt{-1}\right) + \ldots\ldots + f\left(\dfrac{2n\pi}{s}\sqrt{-1}\right) \\[2mm] + f\left(-\dfrac{2\pi}{s}\sqrt{-1}\right) + f\left(-\dfrac{4\pi}{s}\sqrt{-1}\right) + \ldots + f\left(-\dfrac{2n\pi}{s}\sqrt{-1}\right) \end{array} \right\},$$

$$(169) \qquad \int_{-\pi}^{\pi} \frac{e^{p\sqrt{-1}}\, f\left(e^{-p\sqrt{-1}}\right)}{e^{-s(\sin p - \sqrt{-1}\cos p)} - 1}\, dp =$$

$$\frac{2\pi}{s\sqrt{-1}}\left\{ \begin{array}{l} f(0) + f\left(\dfrac{2\pi}{s}\right) + f\left(\dfrac{4\pi}{s}\right) + \ldots\ldots\ldots + f\left(\dfrac{2n\pi}{s}\right) \\[2mm] + f\left(-\dfrac{2\pi}{s}\right) + f\left(-\dfrac{4\pi}{s}\right) + \ldots + f\left(-\dfrac{2n\pi}{s}\right) \end{array} \right\}.$$

Si, dans l'équation (169), on remplace s par $\dfrac{2\pi}{s}$, et $f(t)$ par $f\left(\dfrac{t}{s}\right)$, on obtiendra la formule

$$(170) \quad \int_{-\pi}^{\pi} \frac{e^{p\sqrt{-1}}\, f\left(\frac{1}{s} e^{p\sqrt{-1}}\right)}{e^{-\frac{2\pi}{s}(\sin p - \sqrt{-1}\cos p)} - 1}\, dp = \frac{s}{\sqrt{-1}}\left\{ \begin{array}{l} f(0) + f(1) + f(2) + \ldots\ldots + f(n) \\[2mm] + f(-1) + f(-2) + \ldots + f(-n) \end{array} \right\},$$

qui subsiste pour toutes les valeurs de s renfermées entre les limites $s = \dfrac{1}{n}$, $s = \dfrac{1}{n+1}$. On aura donc par suite

$$(171) \quad f(-n) + f(-n+1) + \ldots + f(-1) + f(0) + f(1) + \ldots + f(n-1) + f(n)$$

$$= \frac{\sqrt{-1}}{s} \int_{-\pi}^{\pi} \frac{e^{p\sqrt{-1}} \, f\left(\frac{1}{s} e^{p\sqrt{-1}}\right)}{e^{-\frac{2\pi}{s}(\sin p \cdot \sqrt{-1}\cos p)} - 1} \, dp \, ,$$

et l'on en conclura, si la fonction $f(t)$ est réelle,

$$(172) \quad f(-n) + f(-n+1) + \ldots + f(-1) + f(0) + f(1) + \ldots + f(n-1) + f(n)$$

$$= \frac{1}{s} \int_{-\pi}^{\pi} \frac{e^{\frac{2\pi}{s}\sin p} \sin p - \sin\left(p - \frac{2\pi}{s}\cos p\right)}{e^{\frac{2\pi}{s}\sin p} - 2\cos\left(\frac{2\pi}{s}\cos p\right) + e^{-\frac{2\pi}{s}\sin p}} \cdot \frac{f\left(\frac{1}{s} e^{p\sqrt{-1}}\right) + f\left(\frac{1}{s} e^{-p\sqrt{-1}}\right)}{2} \, dp$$

$$+ \frac{1}{s} \int_{-\pi}^{\pi} \frac{e^{\frac{2\pi}{s}\sin p} \cos p - \cos\left(p - \frac{2\pi}{s}\cos p\right)}{e^{\frac{2\pi}{s}\sin p} - 2\cos\left(\frac{2\pi}{s}\cos p\right) + e^{-\frac{2\pi}{s}\sin p}} \cdot \frac{f\left(\frac{1}{s} e^{p\sqrt{-1}}\right) - f\left(\frac{1}{s} e^{-p\sqrt{-1}}\right)}{2\sqrt{-1}} \, dp \, .$$

Les formules (171) et (172) supposent, l'une et l'autre, la valeur de s comprise entre les deux nombres $\frac{1}{n}$, $\frac{1}{n+1}$. Le premier membre de chacune d'elles se réduit à la somme

$$(173) \qquad \frac{1}{2} f(0) + f(1) + f(2) + \ldots f(n) \, ,$$

dans le cas particulier où l'on a

$$(174) \qquad f(t) = f(-t) \, .$$

Si, pour fixer les idées, on pose dans la dernière de ces formules

$$f(t) = t^{2m} \, , \qquad \text{ou} \qquad f(t) = e^{a t^2} \, ,$$

m étant un nombre entier quelconque, et a une constante arbitraire, on trouvera successivement

$$(175) \qquad 1 + 2^{2m} + 3^{2m} + \ldots n^{2m}$$

$$\left(\frac{1}{s}\right)^{2m-1} \int_{-\pi}^{\pi} \frac{e^{\frac{2\pi}{s}\sin p} \sin(2m+1)p - \sin\left\{(2m+1)p - \frac{2\pi}{s}\cos p\right\}}{e^{\frac{2\pi}{s}\sin p} - 2\cos\left(\frac{2\pi}{s}\cos p\right) + e^{-\frac{2\pi}{s}\sin p}} \, dp \, .$$

et

$$(176) \qquad \frac{1}{2} + c^{a} + c^{4a} + c^{9a} + \ldots + c^{n^2 a} =$$

$$\frac{1}{s} \int_{-\pi}^{\pi} \frac{c^{\frac{2\pi}{s}\sin p}\, \sin\!\left(p + \frac{a}{s^2}\sin 2p\right) - \sin\!\left(p + \frac{a}{s^2}\sin 2p - \frac{2\pi}{s}\cos p\right)}{c^{\frac{2\pi}{s}\sin p} - 2\cos\!\left(\frac{2\pi}{s}\cos p\right) + c^{-\frac{2\pi}{s}\sin p}}\, e^{\frac{a\cos^2 p}{s^2}}\, dp.$$

Supposons encore que l'on prenne successivement

$$(177) \qquad f(t) = \frac{\mathrm{f}(t)}{\left(c^{st} + c^{-st}\right)\left(e^{\frac{s}{t}} + e^{-\frac{s}{t}}\right)},$$

$$(178) \qquad f(t) = \frac{\mathrm{f}(t)}{\left(c^{st} - c^{-st}\right)\left(e^{\frac{s}{t}} - e^{-\frac{s}{t}}\right)},$$

f(t)   désignant une fonction qui conserve une valeur finie pour toutes les valeurs réelles ou imaginaires de t,   différentes de zéro, et dont les modules sont renfermés entre les limites o et 1. Alors l'équation (91) fournira immédiatement les valeurs des deux intégrales

$$(179) \qquad \int_{0}^{\pi} \frac{\mathrm{f}\left(e^{p\sqrt{-1}}\right) + \mathrm{f}\left(e^{-p\sqrt{-1}}\right)}{2} \cdot \frac{dp}{c^{2s\cos p} + 2\cos(2s\sin p) + c^{-2s\cos p}},$$

$$(180) \qquad \int_{0}^{\pi} \frac{\mathrm{f}\left(e^{p\sqrt{-1}}\right) + \mathrm{f}\left(e^{-p\sqrt{-1}}\right)}{2} \cdot \frac{dp}{c^{2s\sin p} - 2\cos(2s\sin p) + c^{-2s\sin p}}.$$

Ces dernières intégrales comprennent, comme cas particuliers, celles que M. Poisson a déterminées à la page 494 du 19.ᵉ cahier du Journal de l'École royale polytechnique.

Nous ne nous étendrons pas davantage sur les applications des formules (83), (91), (92), etc..... Nous en avons dit assez pour faire voir les avantages qu'elles présentent dans la détermination des intégrales définies.

SUR LA RÉSOLUTION

DE QUELQUES ÉQUATIONS INDÉTERMINÉES

EN NOMBRES ENTIERS.

§ 1.ᵉʳ *Résolution en nombres entiers des équations homogènes entre deux variables.*

Soit

$$F(x,y)$$

une fonction homogène des deux variables x,y. L'équation indéterminée

$$(1) \qquad F(x,y) = 0$$

pourra être facilement résolue en nombres entiers. En effet, si l'on pose $y = px$, cette équation deviendra

$$(2) \qquad F(1,p) = 0,$$

et il ne restera plus qu'à résoudre cette dernière par rapport à p. Si l'équation (2) a des racines réelles et rationnelles, et si l'on désigne par

$$\frac{M}{N}$$

une quelconque de ces racines réduite à sa plus simple expression, on vérifiera l'équation (1) en posant

$$(3) \qquad \frac{y}{x} = \frac{M}{N},$$

et par suite

$$(4) \qquad x = kM, \qquad y = kN,$$

k désignant un nombre entier choisi arbitrairement.

Exemple. Supposons que, les quantités réelles A, B, C ayant pour valeurs numériques des nombres entiers, on propose de résoudre l'équation indéterminée

$$(5) \qquad A x^2 + B x y + C y^2 = 0 :$$

on en tirera

$$(6) \qquad A + B p + C p^2 = 0 ,$$

et par suite

$$(7) \qquad \frac{y}{x} = p = \frac{-B \pm \sqrt{(B^2 - 4AC)}}{2A} .$$

Donc l'équation (5) ne pourra être résolue en nombres entiers que dans le cas où $B^2 - 4AC$ sera un carré parfait.

§ 2.ᵉ *Résolution en nombres entiers de l'équation homogène du premier degré à trois variables.*

Soit donnée à résoudre l'équation indéterminée

$$(1) \qquad a u + b v + c w = 0 ,$$

a, b, c désignant trois quantités entières, c'est-à-dire trois quantités réelles qui aient pour valeurs numériques des nombres entiers, et u, v, w trois inconnues. Si l'on exclut, comme on peut toujours le faire, le cas où les trois quantités a, b, c ont un diviseur commun, on reconnaîtra sans peine non-seulement que l'on satisfait à l'équation (1), en prenant

$$(2) \qquad \begin{cases} u = b r - c n , \\ v = c m - a r , \\ w = a n - b m , \end{cases}$$

m, n, r étant trois quantités entières; mais encore, que les valeurs précédentes de u, v, w offrent toutes les solutions possibles de la question proposée. En effet, désignons par U, V, W un quelconque des systèmes de valeurs entières de u, v, w propres à vérifier l'équation (1), en sorte qu'on ait

$$(3) \qquad a U + b V + c W = 0.$$

Soit d'ailleurs $\mathscr{D}$ le plus grand commun diviseur de a et de b. $\mathscr{D}$, par hypothèse, ne pourra diviser c ; et en conséquence W devra être divisible par $\mathcal{D}$. Il en résulte immédiatement qu'on pourra trouver des quantités entières M et N qui satisfassent à la formule

$$\frac{a}{\mathcal{D}} N - \frac{b}{\mathcal{D}} M = \frac{W}{\mathcal{D}} \; ,$$

ou, ce qui revient au même, à la suivante

$$(4) \qquad\qquad W = aN - bM .$$

De plus, si l'on élimine W entre les équations (3) et (4), on en conclura

$$a(U + cN) = b(cM - V) ,$$

ou, ce qui revient au même,

$$(5) \qquad\qquad \frac{a}{\mathcal{D}} (U + cN) = \frac{b}{\mathcal{D}} (cM - V) ;$$

et, comme $\dfrac{a}{\mathcal{D}}$, $\dfrac{b}{\mathcal{D}}$ n'auront pas de facteurs communs, on tirera évidemment de l'équation (5)

$$U + cN = \frac{b}{\mathcal{D}} R , \qquad cM - V = \frac{a}{\mathcal{D}} R ,$$

ou

$$(6) \qquad\qquad U = \frac{b}{\mathcal{D}} R - cN , \qquad V = cM - \frac{a}{\mathcal{D}} R ,$$

R désignant une quantité entière. Enfin, c et $\mathcal{D}$ n'ayant pas de facteurs communs, on pourra trouver encore deux quantités entières r et s qui vérifient la formule

$$(7) \qquad\qquad R = \mathcal{D} r - cs .$$

Cela posé, les équations (6) donneront

$$(8) \qquad U = br - c\left(N + \frac{b}{\mathcal{D}} s\right) , \qquad V = c\left(M + \frac{a}{\mathcal{D}} s\right) - ar .$$

Or, il est clair que les valeurs de U, V, W déterminées par les formules (4) et (8) coïncideront avec les valeurs de u, v, w que l'on déduirait des équations (2) en posant

$$(9) \qquad m = M + \frac{a}{\mathscr{D}} s , \qquad n = N + \frac{b}{\mathscr{D}} ,$$

Donc ces équations fournissent toutes les solutions possibles de la formule (1).

Si l'on désignait par u_0, v_0, w_0 un système particulier des valeurs de u, v, w propres à vérifier l'équation (1), en sorte qu'on eût

$$(10) \qquad a u_0 + b v_0 + c w_0 = 0 ,$$

on pourrait remplacer l'équation (1) par la suivante

$$(11) \qquad a (u - u_0) + b (v - v_0) + c (w - w_0) = 0 ,$$

et substituer en conséquence aux premiers membres des formules (2) les trois différences $u - u_0, v - v_0, w - w_0$. Cela posé, les valeurs générales de u, v, w se présenteraient sous la forme

$$(12) \qquad \begin{cases} u = u_0 + b r - c n , \\ v = v_0 + c m - a r , \\ w = w_0 + a n - b m . \end{cases}$$

§ 3.e *Sur la résolution en nombres entiers des équations homogènes entre trois variables.*

Soit
$$\mathrm{F}(x, y, z)$$

une fonction homogène des trois variables x, y, z ; et supposons qu'étant donnée une solution en nombres entiers de l'équation indéterminée

$$(1) \qquad \mathrm{F}(x, y, z) = 0 ,$$

on propose de résoudre généralement la même équation. Soit

$$(2) \qquad x = a , \qquad y = b , \qquad z = c$$

la solution donnée, en sorte qu'on ait

$$(3) \qquad \mathrm{F}(a, b, c) = 0 ,$$

a, b, c désignant trois quantités entières. Si l'on satisfait à l'équation (1), par d'autres quantités entières x, y, z, on pourra encore en trouver trois u, v, w qui soient propres à vérifier les deux équations

$$(4) \qquad \begin{cases} a\,u + b\,v + c\,w = 0, \\ x\,u + y\,v + z\,w = 0, \end{cases}$$

desquelles on tire

$$(5) \qquad \frac{u}{cy - bz} = \frac{v}{az - cx} = \frac{w}{ax - by},$$

Car il suffira de prendre pour u, v, w les trois différences

$$cy - bz, \qquad az - cx, \qquad bx - ay,$$

ou, si l'on veut qu'il n'existe pas de facteur commun aux trois quantités u, v, w, les quotients qu'on obtiendra en divisant les mêmes différences par leur plus grand commun diviseur. Si maintenant on substitue dans l'équation (1) la valeur de z tirée de la seconde des formules (4), on trouvera

$$(6) \qquad F\left(x, y - \frac{ux + vy}{w}\right) = 0,$$

ou, parce que la fonction $F(x, y, z)$ est supposée homogène,

$$(7) \qquad F[wx, wy, -(ux + vy)] = 0.$$

De plus, comme on vérifie l'équation (1) et la seconde des formules (4) en prenant $x = a$, $y = b$, $z = c$, on aura encore

$$(8) \qquad F[wa, wb, -(ua + vb)] = 0.$$

Enfin, si l'on pose

$$(9) \qquad \frac{y}{x} = p, \qquad \frac{b}{a} = P,$$

les formules (7) et (8) donneront

$$(10) \qquad F[w, wp, -(u + vp)] = 0,$$

$$(11) \qquad F[w, wP, -(u + vP)] = 0.$$

On aura par suite

$$(12) \qquad F[w, wp - (u + vp)] - F[w, wP, -(u + vP)] = 0.$$

Ajoutons que, si l'on fait, pour abréger,

$$(13) \quad \Phi(x, y, z) = \frac{d\,F(x,y,z)}{dx}, \; X(x, y, z) = \frac{d\,F(x,y,z)}{dy}, \; \Psi(x, y, z) = \frac{d\,F(x,y,z)}{dz},$$

et, si l'on désigne par $\mathscr{N}$ le degré de la fonction homogène $F(x, y, z)$, on aura, en vertu du théorème des fonctions homogènes,

$$(14) \qquad x\Phi(x, y, z) + yX(x, y, z) + z\Psi(x, y, z) = \mathscr{N}\,F(x, y, z),$$

et par suite

$$(15) \qquad a\Phi(a, b, c) + bX(a, b, c) + c\Psi(a, b, c) = 0.$$

Cela posé, il est clair qu'on vérifiera la première des formules (4) non-seulement en supposant

$$(16) \qquad u = br - cn, \qquad v = cm - ar, \qquad w = an - bm,$$

mais encore en prenant

$$(17) \qquad u = \Phi(a, b, c), \quad v = X(a, b, c), \quad w = \Psi(a, b, c),$$

et plus généralement

$$(18) \quad \left\{ \begin{array}{l} u = \Phi(a, b, c) + br - cn, \\ v = X(a, b, c) + cm - ar, \\ w = \Psi(a, b, c) + an - bm, \end{array} \right.$$

m, n, r étant des quantités entières quelconques. Il ne restera plus qu'à examiner si l'on peut disposer de m, n et r, de manière que l'équation (12) fournisse des valeurs rationnelles de p autres que $p = P$. Dans tous les cas où cette condition pourra être remplie, la méthode précédente fournira de nouvelles solutions de l'équation (1). En effet, pour chacune des nouvelles valeurs rationnelles de p, on tirera facilement des équations

$$(19) \qquad y = px, \qquad\qquad (20) \qquad z = -\frac{ux + vy}{w} = -\left(\frac{u + vp}{w}\right)x,$$

(239)

ou, ce qui revient au même, de la seule formule

$$(21) \qquad \frac{x}{w} = \frac{y}{wp} = \frac{z}{-u-vp} \;,$$

des systèmes de valeurs entières de x, y, z; et il est clair que chacun de ces systèmes sera propre à vérifier l'équation (6), et par conséquent l'équation (1).

Nous allons maintenant appliquer la méthode qui précède aux équations homogènes du
second et du troisième degré.

§ 4.ᵉ *Sur la résolution en nombres entiers de l'équation homogène du second degré entre trois variables.*

Quoique le problème, qui va faire l'objet de ce paragraphe, puisse être ramené à une
question connue, savoir, à la résolution en nombres rationnels d'une équation indéterminée du second degré entre deux variables, il nous a paru convenable de montrer
comment la méthode ci-dessus exposée s'applique au problème dont il s'agit.

Soit donnée à résoudre en nombres entiers l'équation

$$(1) \qquad A x^2 + B y^2 + C z^2 + D y z + E z x + F x y = 0.$$

On aura, dans ce cas, en adoptant les notations du § 3,

$$(2) \qquad F(x,y,z) = A x^2 + B y^2 + C z^2 + D y z + E z x + F x y \,,$$

$$(3) \qquad \left\{ \begin{array}{l} \Phi(x,y,z) = 2 A x + E z + F y \,, \\ \mathrm{X}(x,y,z) = 2 B y + F x + D z \,, \\ \Psi(x,y,z) = 2 C z + D y + E x \,. \end{array} \right.$$

Donc les valeurs générales de u, v, w pourront être déterminées non-seulement par
les formules

$$(4) \qquad u = br - cn \,, \qquad v = cm - ar \,, \qquad w = an - bm \,,$$

mais encore par les suivantes

$$(5) \qquad \left\{ \begin{array}{l} u = 2 A a + E c + F b + br - cn \,, \\ v = 2 B b + F a + D c + cm - ar \,, \\ w = 2 C c + D b + E a + an - bm \,, \end{array} \right.$$

De plus, l'équation (12) du § 5 donnera

$$(6) \quad (p - P)[(Bw^2 - Dvw + Cv^2)(p + P) + Fw^2 - (Ev + Du)w + 2Cuv] = 0.$$

Or, on satisfait à l'équation (6), non-seulement en prenant $p = P$, mais encore en supposant

$$(7) \qquad p = \frac{(Ev + Du)w - Fw^2 - 2Cuv}{Bw^2 - Dvw + Cv^2} - P,$$

et cette dernière valeur de p est évidemment rationnelle. Donc, lorsque l'équation (1) admet une solution, elle en admet pour l'ordinaire une infinité d'autres.

Si l'on remet, dans la formule (7), au lieu de P sa valeur $\dfrac{b}{a}$, on aura

$$(8) \qquad p = \frac{a[Evw + Duw - Fw^2 - 2Cuv] - b[Bw^2 - Dvw + Cv^2]}{a(Bw^2 - Dvw + Cv^2)},$$

puis, en ayant égard aux équations

$$(9) \qquad \begin{cases} au + bv + cw = 0, \\ Aa^2 + Bb^2 + Cc^2 + Dbc + Eca + Fab = 0, \end{cases}$$

on trouvera

$$(10) \qquad \frac{y}{x} = p = \frac{a(Aw^2 - Euw + Cu^2)}{b(Bw^2 - Dvw + Cv^2)}.$$

En effet, si l'on élimine c entre les équations (9), on aura

$$(11) \quad (Bw^2 - Dvw + Cv^2)b^2 - (Evw + Duw - Fw^2 - 2Cuv)ab = -a^2(Aw^2 - Euw + Cu^2).$$

Or, il suffit évidemment de recourir à la formule (11) pour déduire la formule (10) de l'équation (8).

La méthode, par laquelle nous sommes parvenus à l'équation (10), donnerait également la suivante

$$(12) \qquad \frac{z}{x} = \frac{a(Av^2 - Fuv + Bu^2)}{c(Bw^2 - Dvw + Cv^2)},$$

Or, il est clair qu'on vérifiera les équations (10) et (12) en posant

$$(13)\quad\begin{cases} x = \dfrac{B\,w^2 - D\,vw + C\,v^2}{a}\,, \\[2ex] y = \dfrac{C\,u^2 - E\,wu + A\,w^2}{b}\,, \\[2ex] z = \dfrac{A\,v^2 - F\,uv + B\,u^2}{c}\,. \end{cases}$$

Il suit de la formule (11) que la valeur de x, donnée par la première des équations (13), est entière, du moins quand a et b sont premiers entre eux. On doit en dire autant des valeurs de y et de z. Ajoutons que, pour obtenir toutes les solutions possibles de l'équation (1), il suffira de recourir aux formules (10) et (12), ou, ce qui revient au même, à la suivante

$$(14)\quad \frac{ax}{B\,w^2 - D\,vw + C\,v^2} = \frac{by}{C\,u^2 - E\,wu + A\,w^2} = \frac{cz}{A\,v^2 - F\,uv + B\,u^2}\,,$$

et d'y substituer pour u, v, w tous les systèmes de valeurs entières que peuvent fournir ou les équations (4) ou les équations (5). A chacun de ces systèmes correspondront des valeurs entières des trois expressions

$$(15)\quad \frac{B\,w^2 - D\,vw + C\,v^2}{a}\,, \quad \frac{C\,u^2 - E\,wu + A\,w^2}{b}\,, \quad \frac{A\,v^2 - E\,uv + B\,u^2}{c}\,,$$

et, si l'on divise ces valeurs entières par leur plus grand commun diviseur numérique, on parviendra immédiatement à l'une des solutions que comporte le problème dans le cas où l'on exige que les inconnues x, y, z n'aient pas de facteurs communs.

Exemple. Concevons qu'il s'agisse de résoudre l'équation

$$(16)\quad 11\,(x^2 + y^2 + z^2) - 14\,(xy + xz + yz) = 0\,;$$

on trouvera qu'elle est vérifiée par

$$x = 1\,, \quad y = 2\,, \quad z = 3\,;$$

et par suite les valeurs générales de x, y, z, tirées des formules (12), seront

$$(17)\quad\begin{cases} x = \dfrac{11\,(v^2 + w^2) + 14\,vw}{1}\,, \\[2ex] y = \dfrac{11\,(w^2 + u^2) + 14\,wu}{2}\,, \\[2ex] z = \dfrac{11\,(u^2 + v^2) + 14\,uv}{3}\,; \end{cases}$$

les quantités u, v, w étant assujetties à vérifier l'équation

$$(18) \qquad u + 2v + 3w = 0.$$

On aura d'ailleurs, dans le cas présent,

$$\Phi(a,b,c) = -48, \quad \mathrm{X}(a,b,c) = -12, \quad \Psi(a,b,c) = 24.$$

On pourra donc prendre

$$u = -48, \qquad v = -12, \qquad w = +25,$$

ou même, en divisant par -12,

$$u = 4, \qquad v = 1, \qquad w = -2,$$

et plus généralement

$$(19) \qquad \left\{ \begin{aligned} u &= 4 + 2r - 3n, \\ v &= 1 + 3m - r, \\ w &= -2 + n - 2m. \end{aligned} \right.$$

m, n, r étant des nombres entiers quelconques.

Si l'on suppose en particulier $m = 1, n = 1, r = 2$, on trouvera

$$a = 5, \qquad v = 2, \qquad w = -3;$$

et les formules (14) donneront

$$x = 59, \qquad y = 82, \qquad z = 153.$$

Or, effectivement ces trois valeurs de x, y, z vérifient l'équation (13).

Il est essentiel d'observer qu'on pourrait remplacer les équations (19) par les formules (4), qui, dans le cas présent, se réduisent à

$$(20) \qquad u = 2r - 3n, \qquad v = 3m - r, \qquad w = n - 2m.$$

Si l'on pose, dans ces dernières, $m = 1, n = -1, r = 1$, on retrouvera les valeurs déjà obtenues pour u, v, w, savoir, $u = 5, v = 2, w = -3$. Ajoutons que, pour trouver toutes les solutions possibles de l'équation (16), il suffira de recourir à la formule

$$\text{(21)} \qquad \frac{x}{11(v^2+w^2)+14vw} = \frac{2y}{11(w^2+u^2)+14wu} = \frac{3z}{11(u^2+v^2)+14uw} \; ,$$

et d'y substituer pour u, v, w tous les systèmes de valeurs entières que peuvent fournir les équations (20).

Si la formule (1) se réduit à

$$\text{(22)} \qquad A x^2 + B y^2 + C z^2 = 0 \, ,$$

les équations (13) deviendront

$$\text{(23)} \qquad
\begin{cases}
x = \dfrac{B w^2 + C v^2}{a} \, , \\[2ex]
y = \dfrac{C u^2 + A w^2}{b} \, , \\[2ex]
z = \dfrac{A v^2 + B u^2}{c} \, ,
\end{cases}$$

et les formules (5) donneront

$$\text{(24)} \qquad
\begin{cases}
u = 2 A a + b r - c n \, , \\
v = 2 B b + c m - a r \, , \\
w = 2 C c + a n - b m .
\end{cases}$$

On peut évidemment remplacer les équations (21) par les suivantes

$$\text{(25)} \qquad
\begin{cases}
u = A a + b r - c n \, , \\
v = B b + c m - a r \, , \\
w = C c + a n - b m .
\end{cases}$$

Si l'on tire des formules (4) les valeurs de u, v, w pour les substituer dans les équations (25), on trouvera

$$\text{(26)} \qquad
\begin{cases}
x = (A m^2 + B n^2 + C r^2) a - 2 m (A a m + B b n + C c r) \, , \\
y = (A m^2 + B n^2 + C r^2) b - 2 n (A a m + B b n + C c r) \, , \\
z = (A m^2 + B n^2 + C r^2) c - 2 r (A a m + B b n + C c r) \, .
\end{cases}$$

Si, au contraire, on substitue les formules (25) aux formules (4), on aura

$$(27) \begin{cases} x = (A m^2 + B n^2 + C r^2 - A B C)\,a - 2m\,(A\,am + B\,bn + C\,cr) + 2\,BC\,(cn - br)\,, \\ y = (A m^2 + B n^2 + C r^2 - A B C)\,b - 2n\,(A\,am + B\,bn + C\,cr) + 2\,CA\,(ar - cm)\,, \\ z = (A m^2 + B n^2 + C r^2 - A B C)\,c - 2r\,(A\,am + B\,bn + C\,cr) + 2\,AB\,(bm - an)\,. \end{cases}$$

Il est facile de s'assurer que les valeurs de x, y, z, données par les formules (26) ou (27), sont exactes; en effet, si l'on substitue ces valeurs dans le trinome qui constitue le premier membre de l'équation (22), on trouvera, en partant des formules (26),

$$(28) \quad A x^2 + B y^2 + C z^2 = (A a^2 + B b^2 + C c^2)(A m^2 + B n^2 + C r^2)^2,$$

et en partant des formules (27),

$$(29) \quad A x^2 + B y^2 + C z^2 = (A a^2 + B b^2 + C c^2)(A m^2 + B n^2 + C r^2 + A B C)^2.$$

Donc, si a, b, c vérifient la formule

$$(30) \quad A a^2 + B b^2 + C c^2 = 0,$$

x, y, z vérifieront l'équation (22).

Si a, b, c, au lieu de vérifier l'équation (30), étaient choisis de manière que l'on eût

$$(31) \quad A a^2 + B b^2 + C c^2 = K,$$

K désignant un nombre entier quelconque, alors les valeurs de x, y, z déduites des formules (26), satisferaient à la suivante

$$(32) \quad A x^2 + B y^2 + C z^2 = K t^2,$$

la valeur de t étant

$$(33) \quad t = A m^2 + B n^2 + C r^2.$$

Par conséquent elles satisferaient à l'équation

$$(34) \quad A x^2 + B x^2 + C z^2 = K,$$

si l'on choisissait m, n, r, de manière à vérifier la formule

$$(35) \quad A m^2 + B n^2 + C r^2 = \pm 1.$$

Donc, si l'on obtient diverses solutions de l'équation (35), à chacune d'elles correspondra une nouvelle solution de l'équation (34).

Si l'on veut parvenir à toutes les solutions possibles de l'équation (22), il suffira de remplacer les équations (23) par la seule formule

$$(36) \qquad \frac{ax}{Bw^2+Cv^2} = \frac{by}{Cu^2+Aw^2} = \frac{cz}{Av^2+Bu^2} .$$

Si, dans cette dernière, on substitue pour u, v, w leurs valeurs tirées des équations (4), elle deviendra

$$(37) \qquad \left\{ \begin{aligned} & \frac{x}{(Am^2+Bn^2+Cr^2)a - 2m(Aam+Bbn+Ccr)} \\ & = \frac{y}{(Am^2+Bn^2+Cr^2)b - 2n(Aam+Bbn+Ccr)} \\ & = \frac{z}{(Am^2+Bn^2+Cr^2)c - 2r(Aam+Bbn+Ccr)} . \end{aligned} \right.$$

Exemple. Concevons qu'il s'agisse de résoudre l'équation

$$(38) \qquad x^2 - y^2 + Cz^2 = 0 .$$

On trouvera qu'elle est vérifiée par

$$x = 1, \qquad y = 1, \qquad z = 0 .$$

On pourra donc prendre $a = b = 1$, $c = 0$; et, comme on aura d'ailleurs, dans le cas présent, $A = 1$, $B = -1$, la formule (37) se trouvera réduite à

$$(39) \qquad \frac{x}{Cr^2-(n-m)^2} = \frac{y}{Cr^2+(n-m)^2} = \frac{z}{2r(n-m)} .$$

Si l'on fait, pour abréger, $n - m = s$, on aura simplement

$$(40) \qquad \frac{x}{Cr^2-s^2} = \frac{y}{Cr^2+s^2} = \frac{z}{2rs} ,$$

r et s désignant deux quantités entières choisies arbitrairement. La formule (40) comprend toutes les solutions possibles de l'équation (38).

(246)

Si l'on suppose en particulier $C = 5o$, l'équation (58) deviendra

$$(41) \qquad x^2 - y^2 + 5o z^2 = o\,,$$

et la formule (4o) donnera

$$(42) \qquad \frac{x}{5o r^2 - s^2} = \frac{y}{5o r^2 + s^2} = \frac{z}{2 r s}\,.$$

Si, pour fixer les idées, on prend $r = 1$, $s = 1$, on trouvera

$$\frac{x}{29} = \frac{y}{51} = \frac{z}{2}\,,$$

Si l'on prenait au contraire $r = 1$, $s = 10$, on trouverait

$$\frac{x}{-70} = \frac{y}{130} = \frac{z}{20}\,,$$

ou, ce qui revient au même,

$$\frac{x}{-7} = \frac{y}{13} = \frac{z}{2}\,.$$

Effectivement on satisfait à l'équation (41) en supposant les inconnues x, y, z respectivement proportionnelles, soit aux trois nombres 29, 51 et 2, soit aux trois quantités -7, 13 et 2.

Revenons maintenant aux formules (15). Si l'on y substitue à u, v, w leurs valeurs tirées des équations (4), alors en faisant

$$(45) \qquad s = F(m, n, r) = A m^2 + B n^2 + C r^2 + D n r + E r m + F m n\,,$$

$$(44) \quad \left\{ \begin{aligned} t &= m \Psi(a, b, c) + n \mathrm{X}(a, b, c) + r \Phi(a, b, c) \\ &= a\,\Phi(m, n, r) + b\,\mathrm{X}(m, n, r) + c\,\Psi(m, n, r) \\ &= 2 A a m + 2 B b n + 2 C c r + D(b r + c n) + E(c m + a r) + F(a n + b m)\,, \end{aligned} \right.$$

on trouvera

$$(45) \qquad x = a s - m t\,, \qquad y = b s - n t\,, \qquad z = c s - n t\,.$$

Si l'on substituait au contraire, dans les formules (15), les valeurs de u, v, w tirées des équations (5), alors, en posant

$$(46) \qquad S = 4ABC + DEF - AD^2 - BE^2 - CF^2,$$

on aurait

$$(47) \quad
\begin{cases}
x = a(s - S) - mt \\
\quad - [(4BC - D^2)(br - cn) + (DE - 2CF)(cm - ar) + (FD - 2BE)(an - bm)], \\
y = b(s - S) - nt \\
\quad - [(DE - 2CF)(br - cn) + (4CA - E^2)(cm - ar) + (EF - 2AD)(an - bm)], \\
z = c(s - S) - rt \\
\quad - [(FD - 2BE)(br - cn) + (EF - 2AD)(cm - ar) + (4AB - F^2)(an - bm)].
\end{cases}$$

Il est facile de s'assurer que les valeurs de x, y, z fournies par les équations (45) ou (47), sont exactes. En effet, si on substitue ces valeurs dans le polynome qui constitue le premier membre de l'équation (1), on trouvera, en partant des formules (45),

$$(48) \quad
\begin{cases}
Ax^2 + By^2 + Cz^2 + Dyz + Ezx + Fxy \\
= (Aa^2 + Bb^2 + Cc^2 + Dbc + Eca + Fab)t^2.
\end{cases}$$

et en partant des formules (47),

$$(49) \quad
\begin{cases}
Ax^2 + By^2 + Cz^2 + Dyz + Ezx + Fxy \\
= (Aa^2 + Bb^2 + Cc^2 + Dbc + Eca + Fab)(t + S)^2.
\end{cases}$$

Donc, si a, b, c vérifient l'équation

$$(50) \qquad Aa^2 + Bb^2 + Cc^2 + Dbc + Eca + Fab = 0,$$

x, y, z vérifieront l'équation (1).

Si a, b, c, au lieu de vérifier l'équation (50), étaient choisis de manière que l'on eût

$$(51) \qquad Aa^2 + Bb^2 + Cc^2 + Dbc + Eca + Fab = K.$$

K désignant un nombre entier quelconque, alors les valeurs de x, y, z déduites des formules (26) satisferaient à la suivante

$$(52) \qquad Ax^2 + By^2 + Cz^2 + Dyz + Ezx + Fxy = Kt^2,$$

la valeur de t étant déterminée par l'équation (44). Par conséquent elles satisferaient à la formule

$$(53) \qquad A x^2 + B y^2 + C z^2 + D y z + E z x + F x y = K,$$

si l'on choisissait m, n, r de manière à vérifier l'équation

$$(54) \qquad A m^2 + B n^2 + C r^2 + D n r + E r m + F m n = 1.$$

Donc, si l'on obtient diverses solutions de l'équation (54), à chacune d'elles correspondra une nouvelle solution de l'équation (53).

Si l'on substituait les valeurs de u, v, w tirées des équations (4) dans la formule (14), alors on trouverait

$$(55) \qquad \frac{x}{as - nt} = \frac{y}{bs - nt} = \frac{z}{cs - nt}.$$

Cette dernière formule, dans laquelle m, n, r, désignent des quantités entières choisies arbitrairement, et s, t deux polynomes déterminés par les équations (43), (44), comprend toutes les solutions possibles de l'équation (1). On ne doit pas même excepter la solution

$$x = a, \qquad y = b, \qquad z = c,$$

que l'on déduit de la formule (55), en choisissant m, n, r de manière à vérifier l'équation $t = 0$, ou

$$(56) \quad m(2 A a + F b + E c) + n(F a + 2 B b + D c) + r(F a + D b + 2 C c) = 0.$$

§ 5.ᵉ *Sur la résolution en nombres entiers de l'équation homogène du 3.ᵉ degré entre trois variables.*

Soit donnée à résoudre en nombres entiers l'équation

$$(1) \quad A x^3 + B y^3 + C z^3 + D y z^2 + E z x^2 + F x y^2 + G z y^2 + H x z^2 + I y x^2 + K x y z = 0,$$

et supposons encore que l'on connaisse une première solution

$$(2) \qquad x = a, \qquad y = b, \qquad z = c,$$

de laquelle on veut en déduire d'autres. On aura dans ce cas, en adoptant toujours les notations du § 3,

$$(3) \quad F(x,y,z) = Ax^3 + By^3 + Cz^3 + Dyz^2 + Ezx^2 + Fxy^2 + Gzy^2 + Hxz^2 + Iyx^2 + Kxyz,$$

$$(4) \quad \left\{ \begin{aligned} \Phi(x,y,z) &= 3Ax^2 + 2Ezx + 2Ixy + Fy^2 + Hz^2 + Kyz, \\ X(x,y,z) &= 3By^2 + 2Fxy + 2Gyz + Dz^2 + Ix^2 + Kzx, \\ \Psi(x,y,z) &= 3Cz^2 + 2Dyz + 2Hzx + Ex^2 + Gy^2 + Kxy. \end{aligned} \right.$$

Donc, les valeurs générales de u, v, w, pourront être déterminées, non-seulement par les formules

$$(5) \quad u = br - cn, \quad v = cm - ar, \quad w = an - bm,$$

mais encore par les suivantes

$$(6) \quad \left\{ \begin{aligned} u &= 3Aa^2 + 2Eca + 2Iab + Fb^2 + Hc^2 + Kbc + br - cn, \\ v &= 3Bb^2 + 2Fab + 2Gbc + Dc^2 + Ia^2 + Kca + cm - ar, \\ w &= 3Cc^2 + 2Dbc + 2Hca + Ea^2 + Gb^2 + Kab + an - bm. \end{aligned} \right.$$

De plus, si l'on fait, pour abréger,

$$U = Bw^3 - Gvw^2 + Dv^2w - Cv^2,$$

$$V = Fw^3 - (Gu + Ev)w^3 + (Hv + 2Du)vw - 3Cuv^2,$$

$$W = Iw^3 - (Ku + Ev)w^2 + (Du + 2Hv)vw - 3Cu^2v,$$

l'équation (12) du § 3 deviendra

$$(7) \quad (p - P)\,[U(p^2 + pP + P^2) + V(p + P) + W] = 0,$$

et, si on la divise par $p - P$, on trouvera

$$(8) \quad p + \frac{P}{2} = \frac{-V \pm \sqrt{[V^2 - U(4W + 2VP + 3UP^2)]}}{2U}.$$

Par conséquent on obtiendra de nouvelles solutions de l'équation (1), si l'on peut choisir u, v, w de manière que, l'équation

$$(9) \quad au + bv + cw = 0$$

étant vérifiée, l'expression

$$(10) \quad V^2 - U(4W + 2VP + 3UP^2)$$

devienne un carré parfait.

Il est facile de s'assurer que, si, dans les formules (6), on réduit m, n et r à zéro, u, v, w rempliront les conditions prescrites. C'est en effet ce qu'on prouvera de la manière suivante.

Posons dans l'équation (1)

$$(11) \qquad x = as - t\alpha, \qquad y = bs - t\beta, \qquad z = cs - t\gamma,$$

α, β, γ, s, t, désignant de nouvelles variables. Cette équation, qui peut s'écrire sous la forme

$$(12) \qquad F(x, y, z) = 0,$$

deviendra

$$(13) \quad \begin{cases} s^3 F(a, b, c) - s^2 t [\alpha \Phi(a, b, c) + \beta X(a, b, c) + \gamma \Psi(a, b, c)] \\ - t^3 F(\alpha, \beta, \gamma) + st^2 [a\Phi(\alpha, \beta, \gamma) + bX(\alpha, \beta, \gamma) + c\Psi(\alpha, \gamma, \beta)] = 0. \end{cases}$$

Donc, si l'on prend

$$(14) \quad \begin{cases} u = 3Aa^2 + 2Eca + 2Iab + Fb^2 + Hc^2 + Kbc = \Phi(a, b, c), \\ v = 3Bb^2 + 2Fab + 2Gbc + Dc^2 + Ia^2 + Kca = X(a, b, c), \\ w = 3Cc^2 + 2Dbc + 2Hca + Ea^2 + Gb^2 + Kab = \Psi(a, b, c), \end{cases}$$

on aura simplement

$$(15) \quad \begin{cases} s^3 F(a, b, c) - s^2 t [\alpha u + \beta v + \gamma w] \\ - t^3 F(\alpha, \beta, \gamma) + st^2 [a\Phi(\alpha, \beta, \gamma) + bX(\alpha, \beta, \gamma) \, c\Psi(\alpha, \beta, \gamma)] = 0. \end{cases}$$

On a d'ailleurs, par hypothèse,

$$(16) \qquad F(a, b, c) = 0.$$

Cela posé, si l'on assujettit α, β, γ à la condition

$$(17) \qquad u\alpha + u\beta + w\gamma = 0,$$

il est clair qu'on vérifiera la formule (15) en prenant

$$(18) \quad \begin{cases} s = F(\alpha, \beta, \gamma) = \dfrac{\alpha\Phi(\alpha, \beta, \gamma) + \beta X(\alpha, \beta, \gamma) + \gamma\Psi(\alpha, \beta, \gamma)}{3}, \\ t = a\Phi(\alpha, \beta, \gamma) + bX(\alpha, \beta, \gamma) + c\Psi(\alpha, \beta, \gamma). \end{cases}$$

D'autre part on tirera des formules (9), (11) et (17)

$$(19) \qquad u\,x + v\,y + w\,z = 0 .$$

Donc, les valeurs de u, v, w données par les équations (14) vérifieront les formules (4) du § 3, [x, y, z désignant des quantités assujetties, comme a, b, c, à l'équation (1)]. Donc l'équation (8) admettra la racine rationnelle

$$p = \frac{y}{x} = \frac{b\,s - t\,\beta}{a\,s - t\,\alpha} .$$

Dans le cas particulier où la formule (1) se réduit à

$$(20) \qquad A\,x^3 + B\,y^3 + C\,z^3 = 0 ,$$

on trouve

$$(21) \qquad u = 3\,A\,a^2 , \qquad v = 3\,B\,b^2 , \qquad w = 3\,C\,c^2 ;$$

par suite l'équation (17) devient

$$(22) \qquad A\,a^2\,\alpha + B\,b^2\,\beta + C\,c^2\,\gamma = 0 ,$$

et l'équation (19) se réduit à

$$(23) \qquad A\,a^2\,x + B\,b^2\,y + C\,c^2\,z = 0 .$$

Dans la même hypothèse, les équations (11) et (22), combinées avec la formule

$$(24) \qquad A\,a^3 + B\,b^3 + C\,c^3 = 0 ,$$

conduisent à l'équation

$$(25) \qquad \frac{x}{a} + \frac{y}{b} + \frac{z}{c} = 0 ;$$

et, en joignant cette dernière à la formule (23), on en conclut

$$(26) \qquad \frac{x}{a\,(B\,b^3 - C\,c^3)} = \frac{y}{b\,(C\,c^3 - A\,a^3)} = \frac{z}{c\,(A\,a^3 - B\,b^3)} .$$

En conséquence on peut supposer

$$(27) \quad \begin{cases} x = a\,(B\,b^3 - C\,c^3), \\ y = b\,(C\,c^3 - A\,a^3), \\ z = c\,(A\,a^3 - B\,b^3). \end{cases}$$

Exemple. On vérifie l'équation

$$(28) \qquad x^3 + 5\,y^3 - 4\,z^3 = 0,$$

en prenant

$$x = a = 3, \qquad y = b = 1, \qquad z = c = 2.$$

Cela posé, on tirera des formules (27) une nouvelle solution, savoir

$$x = 111, \qquad y = -59, \qquad z = 44.$$

De cette seconde solution on en déduirait facilement une troisième, et ainsi de suite.

Revenons maintenant au cas général où les quantités entières D, E, F, G, H, I, K, renfermées dans le premier membre de l'équation (1), conservent des valeurs différentes de zéro. Alors cette équation sera vérifiée par les valeurs de x, y, z tirées ou des formules (11), ou de la seule formule

$$(29) \qquad \frac{x}{as - t\alpha} = \frac{y}{bs - t\beta} = \frac{z}{cs - t\gamma},$$

pourvu que, les quantités s, t étant déterminées par les équations (18), α, β, γ satisfassent à l'équation

$$(17) \qquad u\alpha + v\beta + w\gamma = 0.$$

Or, on vérifie cette dernière, en prenant

$$(30) \qquad \alpha = 0, \qquad \beta = w, \qquad \gamma = -v.$$

On pourra donc supposer

$$(31) \quad \begin{cases} s = \mathrm{F}(0, w, -v) = \dfrac{w\,\mathrm{X}(0, w, -v) - v\,\mathrm{Y}(0, w, -v)}{3}, \\[2ex] t = a\,\Phi(0, w, -v) + b\,\mathrm{X}(0, w, -v) + c\,\mathrm{Y}(0, w, -v); \end{cases}$$

et par suite la formule (29) donnera

$$(32) \quad \begin{cases} \dfrac{x}{a\,\mathrm{F}(0,w,-v)} \\[2mm] = \dfrac{y}{b\,\mathrm{F}(0,w,-v)-w[a\Phi(0,w,-v)+b\mathrm{X}(0,w,-v)+c\Psi(0,w,-v)]} \\[2mm] = \dfrac{z}{c\,\mathrm{F}(0,w,-v)+v[a\Phi(0,w,-v)+b\mathrm{X}(0,w,-v)+c\Psi(0,w,-a)]} \,. \end{cases}$$

On vérifiera encore l'équation (17), en prenant

$$(33) \qquad \alpha = -w, \qquad \beta = 0, \qquad \gamma = u,$$

ou

$$(34) \qquad \alpha = v, \qquad \beta = -u, \qquad \gamma = 0;$$

puis on tirera de la formule (29), dans la première hypothèse,

$$(35) \quad \begin{cases} \dfrac{x}{a\,\mathrm{F}(-w,0,u)+w[a\Phi(-w,0,u)+b\mathrm{X}(-w,0,u)+c\Psi(-w,0,u)]} \\[2mm] = \dfrac{y}{b\,\mathrm{F}(-w,0,u)} \\[2mm] = \dfrac{z}{c\,\mathrm{F}(-w,0,u)-u[a\Phi(-w,0,u)+b\mathrm{X}(-w,0,u)+c\Psi(-w,0,u)]} \,, \end{cases}$$

et, dans la seconde hypothèse,

$$(36) \quad \begin{cases} \dfrac{x}{a\,\mathrm{F}(v,-u,0)-v[a\Phi(v,-u,0)+b\mathrm{X}(v,-u,0)+c\Psi(v,-u,0)]} \\[2mm] = \dfrac{y}{b\,\mathrm{F}(v,-u,0)+u[a\Phi(v,-u,0)+b\mathrm{X}(v,-u,0)+c\Psi(v,-u,0)]} \\[2mm] = \dfrac{z}{c\,\mathrm{F}(v,-u,0)} \,. \end{cases}$$

J'ajoute que les formules (35), (36), et toutes celles que peuvent fournir les divers systèmes des valeurs de α, β, γ propres à vérifier l'équation (17), coïncident avec la formule (32), et déterminent les mêmes systèmes de valeurs de x, y, z, toutes les fois qu'elles ne reproduisent pas la solution connue $x = a$, $y = b$, $z = c$. C'est ce que l'on démontrera sans peine, à l'aide des considérations suivantes.

Si l'on désigne par Δ le plus grand commun diviseur des trois quantités u, v, w.

les valeurs générales de α, β, γ propres à vérifier l'équation (17), ou, ce qui revient au même, la formule

$$(37) \qquad \frac{u}{\Delta}\alpha + \frac{v}{\Delta}\beta + \frac{w}{\Delta}\gamma = 0$$

seront [voyez le 2.ᵉ paragraphe]

$$(38) \qquad \alpha = \frac{v}{\Delta}r - \frac{w}{\Delta}n, \quad \beta = \frac{w}{\Delta}m - \frac{u}{\Delta}r, \quad \gamma = \frac{u}{\Delta}n - \frac{v}{\Delta}m,$$

m, n, r désignant trois nombres entiers quelconques. On aura par suite

$$(39) \qquad \frac{b\gamma - c\beta}{u} = \frac{c\alpha - a\gamma}{v} = \frac{a\beta - b\alpha}{w} = \frac{am + bn + cr}{\Delta} \; ;$$

et l'on en conclura

$$(40) \qquad \beta = \frac{\alpha}{a}b + \frac{w}{a\Delta}(am + bn + cr), \quad \gamma = \frac{\alpha}{a}c - \frac{v}{a\Delta}(am + bn + cr).$$

Cela posé, les valeurs de x, y, z déterminées par les formules (11) deviendront

$$(41) \qquad \left\{ \begin{aligned} x &= a\left(s - t\frac{\alpha}{a}\right), \\ y &= b\left(s - t\frac{\alpha}{a}\right) - w\frac{t}{a}\frac{am + bn + cr}{\Delta}, \\ z &= c\left(s - t\frac{\alpha}{a}\right) + v\frac{t}{a}\frac{am + bn + cr}{\Delta}. \end{aligned} \right.$$

Si l'on fait, pour abréger,

$$(42) \qquad s - t\frac{\alpha}{a} = S, \quad \frac{am + br + cr}{a\Delta}t = T,$$

on aura simplement

$$(43) \qquad x = aS, \quad y = bS - wT, \quad z = cS + vT.$$

On prouverait de même que la formule (29) peut être réduite à

$$(44) \qquad \frac{x}{aS} = \frac{y}{bS - wT} = \frac{z}{cS + vT} \; .$$

Or, comme les valeurs de x, y, z tirées des formules (43) ou (44) doivent satisfaire à l'équation (1) ou (12), on aura nécessairement

$$(45) \qquad \mathrm{F}\,(aS,\ bS-wT,\ cS+vT)=0\,.$$

D'ailleurs, si l'on développe le premier membre de la formule (45) suivant les puis-sances ascendantes de T, on en conclura

$$(46)\ \left\{\ \begin{aligned} &S^3\mathrm{F}\,(a,b,c)+S^2T\,[\,w\,\mathrm{x}\,(a,b,c)-v\,\Psi\,(a,b,c)\,] \\ &+ST^2[\,a\,\Phi\,(o,w,-v)+b\,\mathrm{x}\,(o,w,-v)+c\,\Psi\,(o,w,-v)\,]-T^3F\,(o,w,-v)=o\,; \end{aligned}\right.$$

et, puisqu'en vertu des équations

$$\mathrm{F}\,(a,b,c)=o\,,\qquad v=\mathrm{x}\,(a,b,c)\,,\qquad w=\Psi\,(a,b,c)\,,$$

les coëfficients de S^3 et de S^2T s'évanouissent d'eux-mêmes dans la formule (46), on en tirera

$$(47) \qquad\qquad T=o\,,$$

ou

$$(48) \qquad \frac{S}{\mathrm{F}\,(o,w,-v)}=\frac{T}{a\,\Phi\,(o,w,-v)+b\,\mathrm{x}\,(o,w,-v)+c\,\Psi\,(o,w,-v)}\,.$$

L'équation (47) réduit la formule (44) à

$$(49) \qquad\qquad \frac{x}{a}=\frac{y}{b}=\frac{z}{c}\,,$$

et reproduit la solution connue $x=a,\ y=b,\ z=c,$ avec celles que l'on en tire lorsqu'on fait croître x,y,z dans le même rapport. Quant à l'équation (48), elle réduit évidemment la formule (44) à l'équation (52).

On pourrait démontrer directement la coïncidence des formules (52), (55) et (56). On a en effet

$$a^3\mathrm{F}\,(-w,a,u)=\mathrm{F}\,(-aw,o,au)=\mathrm{F}\,(-aw,-bw+bw,-cw-bv)\,;$$

puis, on en conclut, en développant la fonction

$$\mathrm{F}\,(-aw,-bw+bw,-cw-bv)$$

de la même manière qu'on a développé le premier membre de la formule (45),

$$(50)\ \left\{\ \begin{aligned} &a^3\mathrm{F}\,(-w,o,u)=b^3\mathrm{F}\,(o,w,-v) \\ &-b^2w\,[\,a\,\Phi\,(o,w,-v)+b\,\mathrm{x}\,(o,w,-v)+c\,\Psi\,(o,w,-v)\,]. \end{aligned}\right.$$

On établirait avec la même facilité, non-seulement l'équation

$$(51) \qquad \left\{ \begin{aligned} & a^3 F(v,-u,0) = c^3 F(0,w,-v) \\ & + c^2 v\,[a\Phi(0,w,-v)+b\,X(0,w,-v)+c\,\Psi(0,w,-v)], \end{aligned} \right.$$

mais encore quatre autres équations de même espèce comprises dans la formule

$$(52) \left\{ \begin{aligned} & \frac{c^3 F(-w,0,u)-b^3 F(v,-u,0)}{b^2 c^2 u} = \frac{a^3 F(v,-u,0)-c^3 F(0,u,-v)}{c^2 a^2 v} = \frac{b^3 F(0,w,-v)-a^3 F(-v,0,u)}{a^2 b^2 w} \\ & = \frac{1}{a^2}\,[a\Phi(0,w,-v)+b\,X(0,w,-v)+c\,\Psi(0,w,-v)] \\ & = \frac{1}{b^2}\,[a\Phi(-w,0,u)+b\,X(-w,0,u)+c\,\Psi(-w,0,u)] \\ & = \frac{1}{c^2}\,[a\Phi(v,-u,0)+b\,X(v,-u,0)+c\,\Psi(-v,u,0)]. \end{aligned} \right.$$

Or, il résulte évidemment de cette dernière que les équations (32), (35), (36) coïncident entre elles, et que chacune d'elles peut être remplacée par la suivante

$$(53) \qquad \frac{a^2 x}{F(0,w,-v)} = \frac{b^2 y}{F(-w,0,u)} = \frac{c^2 z}{F(v,-u,0)}.$$

Donc, si les quantités a, b, c vérifient l'équation homogène et du troisième degré,

$$(16) \qquad\qquad F(a,b,c) = 0,$$

alors, en prenant

$$(14) \qquad u = \Phi(a,b,c), \qquad v = X(a,b,c), \qquad w = \Psi(a,b,c),$$

on aura encore

$$(54) \qquad F\left\{ \frac{F(0,w,-v)}{a^2}, \; \frac{F(-w,0,u)}{b^2}, \; \frac{F(v,-u,0)}{c^2} \right\} = 0.$$

Si l'on supposait $D = 0, E = 0, F = 0, G = 0, H = 0, I = 0,$ c'est-à-dire en d'autres termes, si l'équation proposée était

$$(55) \qquad\qquad A x^3 + B y^3 + C z^3 + K x y z = 0,$$

on trouverait

$$(56) \qquad v = 3Bb^2 + Kca, \qquad w = 3Cc^2 + Kab,$$

$$(57) \quad \begin{cases} F(o, w, -v) = Bw^3 - Cv^3 = a^3(27\,ABC + K^3)(Bb^3 - Cc^3), \\ F(-w, o, u) = Cu^3 - Aw^3 = b^3(27\,ABC + K^3)(Cc^3 - Aa^3), \\ F(v, -u, o) = Av^3 - Bu^3 = c^3(27\,ABC + K^3)(Aa^3 - Bb^3), \end{cases}$$

et par suite la formule (53) donnerait

$$(58) \qquad \frac{x}{a(Bb^3 - Cc^2)} = \frac{y}{b(Cc^3 - Aa^3)} = \frac{z}{c(Aa^3 - Bb^3)},$$

comme dans le cas particulier où l'on supposait $K = o$.

Exemple. On vérifie l'équation

$$(59) \qquad x^3 + 2y^3 + 3z^3 = 6xyz,$$

en prenant

$$x = a = 1, \qquad y = b = 1, \qquad z = c = 1;$$

et, en partant de cette première solution, on tire de la formule (58)

$$\frac{x}{-1} = \frac{y}{2} = \frac{z}{-1}.$$

On peut donc prendre pour seconde solution

$$x = -1, \qquad y = 2, \qquad z = -1.$$

On a effectivement

$$-1 + 2.2^3 - 3 = 12 = 6.2.$$

En partant de la seconde solution, on trouvera

$$\frac{x}{-19} = \frac{y}{-4} = \frac{z}{17}.$$

On pourra donc prendre pour troisième solution

$$x = -19, \qquad y = -4, \qquad z = 17.$$

On a effectivement

$$-19^3 - 2.4^3 + 3.17^3 = 7752 = 6.19.4.17.$$

En partant de la troisième solution, on en trouvera facilement une quatrième, savoir,

$$x = 282473, \qquad y = -86392, \qquad z = -114427,$$

et ainsi de suite.

Euler a remarqué que l'équation

$$(60) \qquad x^3 + y^3 = (a^3 + b^3) z^3,$$

à laquelle on satisfait en prenant

$$x = a, \qquad y = b, \qquad z = 1,$$

se trouve également vérifiée quand on suppose

$$(61) \qquad x = a(a^3 + 2 b^3), \qquad y = -b(b^3 + 2 a^3), \qquad z = a^3 - b^3.$$

Pour tirer ces valeurs de x, y, z, de la formule (58), il suffit de réduire l'équation (55) à l'équation (60), en posant

$$A = 1, \qquad B = 1, \qquad C = -(a^3 + b^3), \qquad K = 0.$$

Alors en effet la formule (58) devient

$$(62) \qquad \frac{x}{a(a^3 + 2 b^3)} = \frac{y}{-b(b^3 + 2 a^3)} = \frac{z}{a^3 - b^3},$$

et l'on satisfait à cette dernière pour les valeurs dont il s'agit.

Lorsqu'en suivant la méthode ci-dessus exposée, on a déduit d'une solution connue de l'équation (1) d'autres solutions différentes de la première, on peut en découvrir de nouvelles, à l'aide des considérations que nous allons présenter.

Soient

$$x = a, \qquad y = b, \qquad z = c;$$

et

$$x = \alpha, \qquad y = \beta, \qquad z = \gamma,$$

deux solutions distinctes de l'équation (1) ou (12.) Pour trouver une troisième solution, il suffira de fixer les valeurs de x, y, z par le moyen de la formule (29), et d'assujettir les quantités s, t à vérifier la formule (13), que les deux équations

$$F(a, b, c) = 0, \qquad F(\alpha, \beta, \gamma) = 0$$

réduisent simplement à

$$(63) \qquad s t \left\{ \begin{array}{l} [\alpha \Psi(a, b, c) + \beta \mathrm{X}(a, b, c) + \gamma \Psi(a, b, c)] s \\ - [a \Psi(\alpha, \beta, \gamma) + b \mathrm{X}(\alpha, \beta, \gamma) + c \Psi(\alpha, \beta, \gamma)] t \end{array} \right\} = 0.$$

Or on satisfait à cette dernière, 1.° en prenant

$$s = 0, \qquad \text{ou} \qquad t = 0;$$

2.° en supposant

$$(64) \qquad \frac{s}{a\,\Phi(\alpha,\beta,\gamma)+b\,\mathrm{X}(\alpha,\beta,\gamma)+c\,\Psi(\alpha,\beta,\gamma)} = \frac{t}{\alpha\,\Phi(a,b,c)+\beta\,\mathrm{X}(a,b,c)+\gamma\,\Psi(a,b,c)}\,.$$

Les deux premières suppositions reproduisent les solutions connues. Mais la dernière fournit des solutions nouvelles comprises dans la formule

$$(65) \quad \left\{ \begin{aligned} &\frac{x}{a\,[a\,\Phi(\alpha,\beta,\gamma)+b\,\mathrm{X}(\alpha,\beta,\gamma)+c\,\Psi(\alpha,\beta,\gamma)]-\alpha\,[\alpha\,\Phi(a,b,c)+\beta\,\mathrm{X}(a,b,c)+\gamma\,\Psi(a,b,c)]} \\[2mm] &= \frac{y}{b\,[a\,\Phi(\alpha,\beta,\gamma)+b\,\mathrm{X}(\alpha,\beta,\gamma)+c\,\Psi(\alpha,\beta,\gamma)]-\beta\,[\alpha\,\Phi(a,b,c)+\beta\,\mathrm{X}(a,b,c)+\gamma\,\Psi(a,b,c)]} \\[2mm] &= \frac{z}{c\,[a\,\Phi(\alpha,\beta,\gamma)+b\,\mathrm{X}(\alpha,\beta,\gamma)+c\,\Psi(\alpha,\beta,\gamma)-\gamma\,[\alpha\,\Phi(a,b,c)+\beta\,\mathrm{X}(a,b,c)+\gamma\,\Psi(a,b,c)]} \end{aligned} \right.$$

Dans le cas particulier où les quantités D,E,F,G,H,I s'évanouissent, la formule (65) se réduit à

$$(66) \quad \left\{ \begin{aligned} &\frac{x}{3\,B\,b\beta\,(a\beta-\alpha b)+3\,C\,c\gamma\,(a\gamma-\alpha c)+K\,(a^2\beta\gamma-\alpha^2 bc)} \\[2mm] &= \frac{y}{3\,C\,c\gamma\,(b\gamma-\beta c)+3\,A\,a\alpha\,(b\alpha-\beta a)+K\,(b^2\gamma\alpha-\beta^2 ca)} \\[2mm] &= \frac{z}{3\,A\,a\alpha\,(c\alpha-\gamma a)+3\,B\,b\beta\,(c\beta-\gamma b)+K\,(c^2\alpha\beta-\gamma^2 ab)}\,. \end{aligned} \right.$$

Si l'on applique cette dernière à la résolution de l'équation (59), en partant de deux solutions déjà indiquées, savoir

$$x=a=1, \qquad y=b=1, \qquad z=c=1,$$

et

$$x=\alpha=-19, \qquad y=\beta=-4, \qquad z=\gamma=17,$$

on trouvera

$$\frac{x}{143}=\frac{y}{113}=\frac{z}{71}\,.$$

Par conséquent on résoudra encore l'équation (59) en prenant

$$x=143, \qquad y=113, \qquad z=71.$$

On a effectivement

$$143^3+2.113^3+5.71^3=6885734=6.71.113.143\,.$$

Il importe de remarquer que, si la solution

$$x = \alpha, \qquad y = \beta, \qquad z = \gamma$$

coïncidait avec la première de celles que l'on déduit par l'autre méthode de la solution primitive

$$x = a, \qquad y = b, \qquad z = c,$$

la formule (65) reproduirait cette même solution primitive, et non point une solution nouvelle.

En terminant ce paragraphe, nous ferons observer que, si les quantités a, b, c cessaient de vérifier l'équation (16), alors, en supposant toujours les quantités u, v, w déterminées par les formules (14), et les quantités x, y, z par les formules (11), (18) et (38), on trouverait

$$(67) \qquad F(x, y, z) = s^3 F(a, b, c),$$

ou, en d'autres termes,

$$(68) \qquad F(x, y, z) = F(a, b, c) \cdot [F(\alpha, \beta, \gamma)]^3,$$

et par conséquent

$$(69) \qquad F(x, y, z) = F(a, b, c) \left\{ F\left(\frac{vr - wn}{\Delta}, \frac{wm - ur}{\Delta}, \frac{un - vm}{\Delta} \right) \right\}^3.$$

Cela posé, il est clair que, si l'on parvient à découvrir divers systèmes de valeurs de m, n, r propres à vérifier l'équation du troisième degré

$$(70) \qquad F\left(\frac{vr - wn}{\Delta}, \frac{wm - ur}{\Delta}, \frac{un - vm}{\Delta} \right) = 1,$$

chacun de ces systèmes fournira une solution correspondante de l'équation

$$(71) \qquad F(x, y, z) = F(a, b, c).$$

Dans un autre article nous montrerons le parti qu'on peut tirer des formules semblables à la formule (29), pour résoudre en nombres entiers des équations homogènes entre plusieurs variables $x, y, z, \ldots$ quel que soit le nombre de ces mêmes variables.

APPLICATION DU CALCUL DES RÉSIDUS

A L'INTÉGRATION DE QUELQUES ÉQUATIONS DIFFÉRENTIELLES

LINÉAIRES ET A COEFFICIENTS VARIABLES.

Proposons-nous d'abord d'intégrer l'équation différentielle

$$(1) \quad \frac{d^n y}{dx^n} + \frac{a_1}{Ax+B}\frac{d^{n-1}y}{dx^{n-1}} + \frac{a_2}{(Ax+B)^2}\frac{d^{n-2}y}{dx^{n-2}} + \cdots + \frac{a_{n-1}}{(Ax+B)^{n-1}}\frac{dy}{dx} + \frac{a_n}{(Ax+B)^n}y = 0.$$

dans laquelle A, B, a_1, a_2, ... a_{n-1}, a_n désignent des quantités constantes ; et faisons, pour abréger,

$$(2) \quad F(r) = A^n r(r-1)\ldots(r-n+1) + a_1 A^{n-1}r(r-1)\ldots(r-n+2) + \ldots\ldots + a_{n-1}A r + a_n.$$

Il est clair que, pour satisfaire à l'équation (1), il suffira de prendre

$$(3) \qquad y = \mathcal{E}\,\frac{\varphi(r)\cdot(Ax+B)^r}{((F(r)))},$$

$\varphi(r)$ désignant une fonction arbitraire de r qui ne devienne pas infinie pour des
valeurs de r propres à vérifier la formule

$$(4) \qquad\qquad F(r) = 0.$$

Effectivement, si l'on substitue la valeur précédente de y dans le premier membre
de l'équation (1), ce premier membre se trouvera réduit à

$$(5) \qquad \mathcal{E}\,\frac{F(r)\cdot\varphi(r)\cdot(Ax+B)^{r-n}}{((F(r)))} = 0.$$

D'ailleurs, les valeurs de $\varphi(r)$, $\varphi'(r)$, etc...., qui correspondent aux diverses racines égales ou inégales de l'équation (4), pouvant être choisies arbitrairement, il est
aisé de reconnaître que la valeur de y, fournie par l'équation (3), renfermera un

nombre n de constantes arbitraires. Donc, l'équation (3) sera l'intégrale générale de l'équation (1).

Considérons maintenant l'équation différentielle

$$(6)\quad \frac{d^n y}{dx^n} + \frac{a_1}{Ax+B}\frac{d^{n-1}y}{dx^{n-1}} + \frac{a_2}{(Ax+B)^2}\frac{d^{n-2}y}{dx^{n-2}} + \ldots + \frac{a_{n-1}}{(Ax+B)^{n-1}}\frac{dy}{dx} + \frac{a_n}{(Ax+B)^n}y = f(x).$$

On posera

$$(7)\qquad y = \mathcal{E}\,\frac{\psi(r,x)\cdot(Ax+B)^r}{((\mathrm{F}(r)))}.$$

Pour que les dérivées de cette dernière valeur de y, depuis la dérivée du premier ordre jusqu'à celle de l'ordre $n-1$, conservent la forme qu'elles prendraient si l'on remplaçait $\psi(r,x)$ par $\psi(r)$, il suffira d'admettre que l'on a, pour toutes les valeurs entières de m inférieures à $n-1$,

$$(8)\qquad \mathcal{E}\,(Ax+B)^{r-m}\,\frac{d\psi(r,x)}{dx}\,\frac{r(r-1)\ldots(r-m+1)}{((\mathrm{F}(r)))} = 0.$$

Ajoutons que, si cette condition est remplie, on tirera de l'équation (6), en y substituant la valeur de y donnée par la formule (7),

$$(9)\qquad A^{n-1}\,\mathcal{E}\,(Ax+B)^{r-n+1}\,\frac{d\psi(r,x)}{dx}\,\frac{r(r-1)\ldots(r-n+2)}{((\mathrm{F}(r)))} = f(x).$$

Toute la question se réduit donc à déterminer la fonction $\psi(r,x)$ de manière qu'elle vérifie les équations (8) et (9). Or, comme on aura généralement [en vertu de la formule (63) de la page 23], et en prenant $m < n-1$,

$$(10)\qquad \mathcal{E}\,\frac{r(r-1)\ldots(r-m+1)}{((\mathrm{F}(r)))} = 0,$$

$$(11)\qquad A^n\,\mathcal{E}\,\frac{r(r-1)\ldots(r-n+2)}{((\mathrm{F}(r)))} = 1,$$

il est clair que les conditions (8) et (9) seront remplies, si l'on suppose

$$(12)\qquad (Ax+B)^{r-n+1}\,\frac{d\psi(r,x)}{dx} = A f(x),$$

ou, ce qui revient au même,

$$\text{(13)} \qquad \psi(r,x) = A \int_{x_0}^{x} (Az+B)^{n-r-1} f(z)\, dz + \varphi(r),$$

x_0 désignant une valeur particulière de x, et $\varphi(r)$ une fonction arbitraire de r. Par suite, l'équation (7) donnera

$$\text{(14)} \qquad y = \mathcal{E}\, \frac{\varphi(r)\cdot(Ax+B)^{r}}{((\,\mathrm{F}(r)\,))} + A\,\mathcal{E}\, \frac{\int_{x_0}^{x}\left(\frac{Ax+B}{Az+B}\right)^{r}(Az+B)^{n-1} f(z)\,dz}{((\,\mathrm{F}(r)\,))}.$$

Cette dernière formule est précisément l'intégrale générale de l'équation (1).

Exemple. Si l'équation (6) se réduit à

$$\text{(15)} \qquad \frac{d^2 y}{dx^2} - \frac{1}{x+1}\frac{dy}{dx} + \frac{1}{(x+1)^2} = f(x),$$

on trouvera

$$\mathrm{F}(r) = r(r-1) - r + 1 = (r-1)^2,$$

et la formule (14) donnera

$$\text{(16)} \qquad y = \mathcal{E}\, \frac{\varphi(r)\cdot(x+1)^{r}}{((\,(r-1)^2\,))} + \mathcal{E}\, \frac{\int_{x_0}^{x}\left(\frac{x+1}{z+1}\right)^{r}(z+1)\, f(z)\,dz}{((\,(r-1)^2\,))}$$

$$= (x+1)\left\{ \varphi'(1) + \varphi(1)\,l(x+1) + \int_{x_0}^{x} l\left(\frac{x+1}{z+1}\right)\cdot f(z)\,dz \right\}.$$

Donc, en désignant par $\mathcal{C}$, $\mathcal{C}'$ les constantes arbitraires $\varphi(1)$, $\varphi'(1)$, on aura

$$\text{(17)} \qquad y = (x+1)\left\{ \mathcal{C}' + \mathcal{C}\,l(x+1) + \int_{x_0}^{x} l\left(\frac{x+1}{z+1}\right)\cdot f(z)\,dz \right\}.$$

Il est bon d'observer que, pour transformer les équations (1) et (6) en équations différentielles linéaires à coëfficients constants, il suffit d'effectuer un changement de variable indépendante, et de poser

$$\text{(18)} \qquad Ax+B = e^{t}.$$

Si l'on transforme ainsi l'équation (15), en prenant

$$(19) \qquad\qquad x + 1 = e^{t},$$

cette équation deviendra

$$(20) \qquad\qquad \frac{d^{2}y}{dt^{2}} - 2\,\frac{dy}{dt} + y = e^{2t}\,f'(e^{t} - 1)\,,$$

et son intégrale générale, donnée par la formule (14) de la page 204, sera

$$(21) \qquad y = e^{t}\,(\mathfrak{C}' + \mathfrak{C}\,t) + \int_{t_{0}}^{t} (t - s)\,e^{t + s}\,f'(e^{s} - 1)\,ds\,,$$

t_{0} désignant une valeur particulière de t, et s une variable auxiliaire. Si maintenant on a égard à la formule (19), et si l'on substitue à la variable s une autre variable z déterminée en fonction de s par l'équation

$$(22) \qquad\qquad z + 1 = e^{s},$$

la valeur précédente de y se réduira évidemment à celle que présente la formule (17).

DÉMONSTRATION

DU THÉORÈME GÉNÉRAL DE FERMAT

SUR LES NOMBRES POLYGONES.

(Extrait des Mémoires de l'Institut.)

EXPOSITION.

Le théorème dont il s'agit consiste en ce que tout nombre entier peut être formé par l'addition de trois triangulaires, de quatre quarrés, de cinq pentagones, de six hexagones, et ainsi de suite. Les deux premières parties de ce théorème, savoir, que tout nombre entier est la somme de trois triangulaires et de quatre quarrés, sont les seules qui aient été démontrées jusqu'à présent, ainsi qu'on peut le voir dans la *Théorie des nombres de* M. Legendre, et dans l'ouvrage de M. Gauss, qui a pour titre : *Disquisitiones arithmeticæ*. J'établis, dans ce Mémoire, la démonstration de toutes les autres, et je fais voir, en outre, que la décomposition d'un nombre entier en cinq pentagones, six hexagones, sept heptagones, etc., peut toujours être effectuée de manière que les divers nombres polygones en question, à l'exception de quatre, soient égaux à zéro, ou à l'unité. On peut donc énoncer en général le théorème suivant.

Tout nombre entier est égal à la somme de quatre pentagones, ou à une semblable somme augmentée d'une unité; à la somme de quatre hexagones, ou à une semblable somme augmentée d'une ou de deux unités, à la somme de quatre heptagones, ou à une semblable somme augmentée d'une, de deux ou de trois unités; et ainsi de suite.

La démonstration de ce théorème est fondée sur la solution du problème suivant.

Décomposer un nombre entier donné en quatre quarrés dont les racines fassent une somme donnée.

Je réduis ce dernier problème à la décomposition d'un nombre entier donné en trois quarrés, en faisant voir que, si un nombre entier est décomposable en quatre quarrés dont les racines fassent une somme donnée, le quadruple de ce même nombre est décomposable en quatre quarrés dont l'un a pour racine la somme dont il s'agit. Il est aisé d'en conclure que le problème proposé ne peut être résolu que dans le cas où le quarré de la somme est inférieur au quadruple de l'entier que l'on considère, et où la différence de ces deux nombres est décomposable en trois quarrés; ce qui a lieu exclusivement, lorsque cette différence, divisée par la plus haute puissance de 4 qui s'y trouve contenue, n'est pas un nombre impair dont la division par 8 donne 7 pour reste. Si aux deux conditions précédentes on ajoute celle que le nombre entier et la somme donnée soient de même espèce, c'est-à-dire tous deux pairs, ou tous deux impairs, on aura trois conditions qui devront être remplies, pour qu'on puisse résoudre le problème dont il s'agit. Mais on ne doit pas en conclure que la solution soit possible toutes les fois qu'on pourra satisfaire à ces mêmes conditions. Pour qu'on soit assuré d'obtenir une solution, il faut en outre, et il suffit, que la somme donnée soit supérieure, ou égale, ou inférieure au plus d'une unité à une certaine limite dont le quarré augmenté de z équivaut au triple du nombre donné.

En appliquant ces principes aux nombres impairs, ou impairement pairs, on reconnaît facilement que tout nombre entier impair, ou divisible une fois seulement par 2, peut être décomposé en quatre quarrés, dont les racines fassent une somme donnée, toutes les fois que cette somme est un nombre de même espèce compris entre deux limites dont les quarrés sont respectivement le triple et le quadruple du nombre donné.

On démontre avec la même facilité que tout nombre entier, quel qu'il soit, peut être décomposé en quatre quarrés, de manière que la somme des racines soit comprise entre les deux limites qu'on vient d'énoncer. On doit seulement excepter, parmi les nombres impairs, les suivants

$$1, 5, 9, 11, 17, 19, 29, 41;$$

et parmi les nombres pairs tous ceux qui, divisés par une puissance impaire de 2, donnent pour quotient un des nombres premiers

$$1, 3, 7, 11, 17.$$

A l'aide de ces propositions et de quelques autres semblables, on parvient sans peine, non-seulement à prouver que tout nombre entier est décomposable en cinq pentagones, six hexagones, etc....; mais encore à effectuer cette décomposition de telle sorte que les nombres composants soient tous, à l'exception de quatre, égaux à zéro ou à l'unité.

ANALYSE.

Si l'on désigne par m et t deux nombres entiers quelconques, le terme général des nombres polygones de l'ordre $m + 2$ sera, comme l'on sait,

$$(1) \qquad m\left(\frac{t^2 - t}{2}\right) + t .$$

Si dans cette formule on fait successivement $m = 2$, $m = 3$, etc..., on obtiendra les termes généraux des nombres triangulaires, quarrés, pentagones, hexagones, etc., qui seront respectivement

$$\frac{t^2 + t}{2} , \qquad t^2 , \qquad \frac{t(3t-1)}{2} , \qquad 2t^2 - t , \qquad \text{etc.}$$

De plus on doit remarquer que les deux plus petites valeurs de la formule (1) correspondantes à $t = 0$, $t = 1$, sont, pour toutes les valeurs possibles de m, o et 1 : en sorte que zéro et l'unité font partie de chaque suite de nombres polygones. Cela posé, je vais démontrer, relativement à ces mêmes nombres le théorème général de Fermat. Comme la chose est déjà faite pour les nombres triangulaires et les quarrés, il suffira de prouver le théorème à l'égard des autres nombres polygones. On y parvient à l'aide de quelques propositions subsidiaires que je vais commencer par établir.

Théorème 1.er *Soit a un nombre entier quelconque, et 4^x la plus haute puissance de 4 qui puisse diviser a : pour que l'on puisse résoudre en nombres entiers x, y, z, l'équation*

$$(1) \qquad a = x^2 + y^2 + z^2 ,$$

il sera nécessaire, et il suffira que le quotient $\frac{a}{4^x}$ ne soit pas de la forme $8n + 7$.

Démonstration. On sait en effet que l'équation (1) peut être résolue toutes les fois que a est de l'une des formes $4n + 1$, $4n + 2$, $8n + 3$; et qu'elle ne peut l'être, lorsque a est de la forme $8n + 7$. De plus, si a est divisible par 4, x, y, z seront nécessairement pairs ; et si l'on fait en conséquence $x = 2x'$, $y = 2y'$, $z = 2z'$, l'équation (1) deviendra

$$\frac{a}{4} = x'^2 + y'^2 + z'^2 .$$

Si a est divisible deux fois par 4 ; x', y', z', dans l'équation précédente, seront nécessairement pairs ; et par suite x, y, z seront divisibles deux fois par 2. En général, si a est divisible par 4^α, x, y, z devront être divisibles par 2^α; et si l'on fait en conséquence

$$x = 2^\alpha x_{\prime}, \qquad y = 2^\alpha y_{\prime}, \qquad z = 2^\alpha z_{\prime},$$

l'équation (1) deviendra

$$(2) \qquad \frac{a}{4^\alpha} = x_{\prime}^2 + y_{\prime}^2 + z_{\prime}^2.$$

Si donc $\dfrac{a}{4^\alpha}$ n'est plus divisible par 4, on pourra toujours résoudre l'équation (2), et par suite l'équation (1); à moins toutefois que $\dfrac{a}{4^\alpha}$ ne soit de la forme $8n + 7$; auquel cas les deux équations dont il s'agit deviendraient insolubles.

Corollaire 1.er On déduit facilement du théorème précédent une condition à laquelle doivent satisfaire deux nombres donnés k et s, pour que l'on puisse décomposer le premier de ces deux nombres, k, en quatre quarrés dont les racines fassent une somme égale à s. En effet, supposons que l'on parvienne à résoudre simultanément en nombres entiers les deux équations

$$(3) \qquad \begin{cases} k = t^2 + u^2 + v^2 + w^2, \\ s = t + u + v + w. \end{cases}$$

On aura évidemment

$$4k = (t + u + v + w)^2 + (t + u - v - w)^2 + (t - u + v - w)^2 + (t - u - v + w)^2;$$

et par suite

$$(4) \qquad 4k - s^2 = (t + u - v + w)^2 + (t - u + v - w)^2 + (t - u - v + w)^2.$$

On pourra donc alors décomposer $4k - s^2$ en trois quarrés, et en conséquence $4k - s^2$ ne pourra être de la forme

$$4^\alpha(8n + 7).$$

De plus, les deux nombres k et s devant toujours être de même espèce, c'est-à-dire tous deux pairs, ou tous deux impairs; si k est un nombre pair, $4k - s^2$ sera divisible par 4, et l'équation (4) ne pourra subsister, à moins que les trois nombres $t + u - v - w$, $t - u + v - w$, $t - u - v + w$ ne soient divisibles par 2. Dans la même hypothèse, cette équation deviendra

(269)

$$k - \left(\frac{1}{2} s\right)^2 = \left(\frac{t+u-v-w}{2}\right)^2 + \left(\frac{t-u+v-w}{2}\right)^2 + \left(\frac{t-u-v+w}{2}\right)^2 ;$$

et par suite

$$k - \left(\frac{1}{2} s\right)^2 ,$$

étant décomposable en trois quarrés, ne pourra être de la forme

$$4^\alpha (8 n + 7).$$

En résumant ce qu'on vient de dire, on obtiendra les propositions suivantes :

Si k est un nombre entier décomposable en quatre quarrés dont les racines fassent une somme égale à s, $4 k$ pourra être décomposé en quatre quarrés dont l'un soit s^2.

Si k est un nombre pair décomposable en quatre quarrés dont les racines fassent une somme égale à s, il sera également décomposable en quatre quarrés dont l'un soit $\left(\frac{1}{2} s\right)^2$

Dans tous les cas possibles, la valeur de $4 k - s^2$ sera positive, et ne pourra être de la forme $4^\alpha (8 n + 7)$.

Ainsi, pour que le nombre k puisse être décomposé en quatre quarrés dont les racines fassent une somme égale à s, il est nécessaire que s soit un nombre de même espèce que k, inférieur à $\sqrt{4 k}$, et ne soit pas de la forme

$$4^\alpha (8 n + 7).$$

Lorsque s satisfait aux trois conditions précédentes, on ne doit pas toujours en conclure que la décomposition soit possible. Elle le sera en effet, si la valeur de s satisfait encore à une quatrième condition, celle de surpasser $\sqrt{3 k}$, ou même $\sqrt{(3 k - 2)} - 1$, comme on le verra ci-après [théorèmes 3.ᵉ et 4.ᵉ].

2.ᵉ **Théorème.** *Si les trois nombres x, y, z satisfont à l'équation*

$$(1) \qquad a = x^2 + y^2 + z^2,$$

la somme de ces trois nombres sera nécessairement comprise entre les limites

$$\sqrt{a}, \qquad \sqrt{3 a}.$$

Démonstration. En effet, on a évidemment

$$(x+y+z)^2 = x^2 + y^2 + z^2 + 2xy + 2xz + 2yz > x^2 + y^2 + z^2 = a$$

$$(x+y+z)^2 < (x+y+z)^2 + (x-y)^2 + (x-z)^2 + (y-z)^2 = 3a \; ;$$

d'où l'on conclut en extrayant les racines quarrées

$$x+y+z > \sqrt{a}$$

$$x+y+z < \sqrt{3a} .$$

Corollaire 1.er Il est bon d'observer que, dans le théorème précédent, les signes $<$ et $>$ n'excluent pas l'égalité. En effet, $x+y+z$ devient égal à $\sqrt{a}$, lorsqu'on suppose $y=0$, $z=0$; et à $\sqrt{3a}$, lorsque $x=y=z$. En général, si la somme de n quarrés différents est égale à a, la somme des racines sera comprise entre $\sqrt{a}$ et $\sqrt{na}$. Cette dernière somme atteindra la limite inférieure $\sqrt{a}$, si toutes les racines sont nulles, à l'exception d'une seule; et la limite supérieure $\sqrt{na}$, si toutes les racines sont égales entre elles. C'est ce qu'il est facile de démontrer, soit par la méthode qu'on vient d'employer, soit par la théorie des *maxima* des fonctions de plusieurs variables.

5.e Théorème. *Soit* k *un nombre pair pris à volonté, et* s *un autre nombre pair compris entre les limites*

$$\sqrt{3k-1}, \qquad \sqrt{4k} .$$

On pourra toujours résoudre simultanément en nombres entiers les deux équations

$$(1) \qquad \begin{cases} k = t^2 + u^2 + v^2 + w^2 . \\ s = t + u + v + w \; ; \end{cases}$$

à moins que

$$k - \left(\frac{1}{2} s\right)^2$$

ne soit de la forme

$$4^\alpha(8n+7),$$

Démonstration. En effet, si $k - \left(\dfrac{1}{2} s\right)^2$ n'est pas de la forme $4^\alpha(8n+7)$, on pourra toujours [voyez le théorème 1.er] résoudre en nombres entiers l'équation

$$(2) \qquad k - \left(\frac{1}{2} s\right)^2 = x^2 + y^2 + z^2 ,$$

pourvu que l'on ait $k < \left(\frac{1}{2} s \right)^2$, ou, $s < \sqrt{4 k}$. Si de plus s est supérieur à

$$\sqrt{(3 k - 2)} - 1,$$

on aura réciproquement

$$3 k < s^2 + 2 s + 3.$$

D'ailleurs, en vertu du théorême précédent, on tire de l'équation (2)

$$x + y + z < \sqrt{\left(3 k - \frac{3}{4} s^2 \right)}.$$

Donc à *fortiori*

$$(3) \qquad x + y + z < \sqrt{\left(s^2 + 2 s + 3 - \frac{3}{4} s^2 \right)} < \frac{1}{2} s + 2.$$

De plus, k étant un nombre pair, il suit évidemment de l'équation (2) que les huit nombres entiers compris dans la formule

$$\frac{1}{2} s \pm x \pm y \pm z,$$

à raison des doubles signes, sont également pairs; ou, ce qui revient au même, que les huit nombres compris dans la formule

$$\frac{\frac{1}{2} s \pm x \pm y \pm z}{2}$$

sont des nombres entiers. Mais, en vertu de la condition (3), le plus petit de ces nombres, savoir :

$$\frac{\frac{1}{2} s - x - y - z}{2},$$

doit être supérieur à -1, c'est-à-dire nul ou positif. Les huit nombres entiers dont il s'agit seront donc tous nuls ou positifs. Cela posé, il est facile de voir qu'on satisfera en même temps aux deux équations (1), en attribuant à t, u, v, w les valeurs positives que fournissent l'un et l'autre des deux systèmes d'équations

$$(4) \quad \begin{cases} t = \dfrac{\frac{1}{2} s - x - y - z}{2}, \quad u = \dfrac{\frac{1}{2} s - x + y + z}{2}, \quad v = \dfrac{\frac{1}{2} s + x - y + z}{2}, \quad w = \dfrac{\frac{1}{2} s + x + y - z}{2}. \\[2em] t = \dfrac{\frac{1}{2} s + x + y + z}{2}, \quad u = \dfrac{\frac{1}{2} s + x - y - z}{2}, \quad v = \dfrac{\frac{1}{2} s - x + y - z}{2}, \quad w = \dfrac{\frac{1}{2} s - x - y + z}{2}. \end{cases}$$

ou, ce qui revient au même, l'un et l'autre des systèmes suivants :

$$(5) \quad \begin{cases} t = \dfrac{\frac{1}{2}s - x - y - z}{2}, \quad u = t + y + z, \quad v = t + x + z, \quad w = t + x + y, \\[2em] t = \dfrac{\frac{1}{2}s + x + y + z}{2}, \quad u = t - y - z, \quad v = t - x - z, \quad w = t - x - y. \end{cases}$$

Corollaire 1.er Lorsque

$$k - \left(\frac{1}{2}s\right)^2$$

est de la forme $4^\alpha(8n + 7)$, l'équation (2) ne peut être résolue en nombres entiers. Mais alors il devient impossible de résoudre simultanément les équations (1), ainsi qu'on l'a prouvé ci-dessus [théorème 1.er, corollaire 1.er].

Corollaire 2.e Lorsque k est un nombre impairement pair, c'est-à-dire de la forme

$$4n + 2,$$

la quantité $k - \left(\frac{1}{2}s\right)^2$ est nécessairement de l'une des formes

$$4n + 1, \qquad 4n + 2;$$

savoir : de la forme $4n + 1$, si $\frac{1}{2}s$ est un nombre impair, et de la forme $4n + 2$, dans le cas contraire. On peut donc toujours alors résoudre les équations (1), pourvu que s soit un nombre pair compris entre les limites

$$\sqrt{(5k - 2)} - 1, \qquad \sqrt{4k}.$$

Exemple. Soit $k = 50$; on trouvera

$$\sqrt{(5k - 2)} - 1 = \sqrt{88} - 1 < 9, \quad \sqrt{4k} = \sqrt{120} > 10;$$

et par suite on pourra supposer $s = 10$. Pour déterminer les valeurs correspondantes de t, u, v, w, j'observe que

$$k - \left(\frac{1}{2}s\right)^2 = 50 - 25 = 5 = 2^2 + 1 + 0.$$

On aura donc, dans le cas présent

$$x = 2, \qquad y = 1, \qquad z = 0.$$

Cela posé, les quatre premières équations (5) donneront

$$t = 1, \qquad u = 2, \qquad v = 3, \qquad w = 4.$$

On peut aisément vérifier ces valeurs. On trouve en effet

$$1^2 + 2^2 + 3^2 + 4^2 = 30,$$

$$1 + 2 + 3 + 4 = 10.$$

On doit observer que, dans le cas présent, les quatre dernières équations (5) fourniront pour les variables t, u, v, w, les mêmes valeurs prises dans un ordre inverse, savoir,

$$t = 4, \qquad u = 3, \qquad v = 2, \qquad w = 1.$$

Cette circonstance a évidemment lieu toutes les fois que $z = 0$, ainsi qu'on peut s'en convaincre par la seule inspection des équations (4).

4.ᵉ Théorème. *Soit* k *un nombre impair pris à volonté, et* s *un autre nombre impair compris entre les limites*

$$\sqrt{3k-2} - 1, \qquad \sqrt{4k}.$$

On pourra toujours résoudre simultanément en nombres entiers les deux équations

$$(1)^- \qquad \begin{cases} k = t^2 + u^2 + v^2 + w^2, \\ s = t + v + v + w. \end{cases}$$

Démonstration. En effet, $4k - s^2$ étant, dans la supposition qu'on vient de faire, de la forme

$$8n + 3,$$

on pourra toujours résoudre en nombres entiers impairs x, y, z, l'équation

$$(2) \qquad 4k - s^2 = x^2 + y^2 + z^2,$$

pourvu que l'on ait $s < \sqrt{4k}$. Si de plus s est supérieur à

$$\sqrt{3k-2} - 1 ,$$

on aura réciproquement

$$3k < s^2 + 2s + 3 ;$$

et l'on conclura du second théorème appliqué à l'équation (2)

$$x + y + z < \sqrt{(12k - 3s^2)} < \sqrt{(s^2 + 8s + 12)} < s + 4 ;$$

ou, ce qui revient au même,

$$(3) \qquad \frac{s - x - y - z}{4} > -1.$$

Donc, *à fortiori*, chacun des huit nombres compris dans la formule

$$\frac{s \pm x \pm y \pm z}{4} .$$

sera supérieur à — 1; et par conséquent nul ou positif, s'il est entier. Cela posé, si $s - x - y - z$ est divisible par 4, on satisfera également aux deux équations (1), en supposant

$$t = \frac{s - x - y - z}{4} , \quad u = \frac{s - x + y + z}{4} , \quad v = \frac{s + x - y + z}{4} , \quad w = \frac{s + x + y - z}{4} ;$$

ou, ce qui revient au même,

$$(4) \qquad t = \frac{s - x - y - z}{4} , \quad u = t + \frac{y + z}{2} , \quad v = t + \frac{x + z}{2} , \quad w = t + \frac{x + y}{2} .$$

De même, si $s + x + y + z$ est divisible par 4, on satisfera aux équations (1), en supposant

$$t = \frac{s + x + y + z}{4} , \quad v = \frac{s + x - y - z}{4} , \quad u = \frac{s - x + y - z}{4} , \quad w = \frac{s - x - y + z}{3} ;$$

ou, ce qui revient au même,

$$(5) \qquad t = \frac{s + x + y + z}{4} , \quad v = t - \frac{y + z}{2} , \quad u = t - \frac{x + z}{2} , \quad w = t - \frac{x + y}{2} .$$

D'ailleurs, s, x, y, z étant quatre nombres impairs.

$$s - x - y - z , \qquad s + x + y + z$$

sont deux nombres pairs ; et, comme leur somme $2s$ est impairement paire, il est nécessaire que l'un de ces deux nombres soit divisible par 4, et l'autre seulement par 2. On pourra donc toujours satisfaire aux équations (1), en attribuant aux variables t, u, v, w un des systèmes de valeurs (4) ou (5). Mais on voit que ces deux systèmes s'excluent réciproquement.

Exemple. Si l'on suppose $k = 31$, on trouvera

$$\sqrt{3k-2} - 1 = \sqrt{91} - 1 < 9 , \quad \sqrt{4k} = \sqrt{124} > 11.$$

On pourra donc faire $s = 9$, ou $s = 11$.

Si l'on suppose d'abord $s = 9$, on trouvera

$$4k - s^2 = 43 = 5^2 + 3^2 + 3^2,$$

$$x = 5, y = 3, z = 3 ;$$

et par suite les équations (5) donneront

$$t = 5, \qquad u = 2, \qquad v = 1, \qquad w = 1.$$

On a en effet

$$5^2 + 2^2 + 1^2 + 1^2 = 31,$$

$$5 + 2 + 1 + 1 = 9.$$

Si l'on suppose en second lieu $s = 11$, on trouvera

$$4k - s^2 = 3 = 1^2 + 1^2 + 1^2,$$

$$x = 1, y = 1, z = 1 ;$$

et par suite les équations (4) donneront

$$t = 2, \qquad u = 3, \qquad v = 3, \qquad w = 3.$$

On a en effet

$$2^2 + 3^2 + 3^2 + 3^2 = 31,$$

$$2 + 3 + 3 + 3 = 11.$$

5.e THÉORÈME. k étant un nombre entier quelconque, il existe toujours entre les limites

$$\sqrt{3k-2}-1, \qquad \sqrt{4k}.$$

au moins un nombre entier de même espèce que k, c'est-à-dire, pair si k est un nombre pair, et impair si k est un nombre impair.

Démonstration. En effet, le différence entre les limites

$$\sqrt{3k-2}-1, \qquad \sqrt{4k},$$

savoir,

$$1+\sqrt{4k}-\sqrt{3k-2},$$

qui est égale à 2, 1.° lorsqu'on fait $k=1$, 2.° lorsqu'on fait $k=9$, n'a qu'un seul maximum, $1+\sqrt{\dfrac{2}{3}}$, correspondant à $k=\dfrac{8}{3}$. Cette différence est donc supérieure à 2, lorsqu'on suppose

$$k>9; \quad .$$

et croît même alors indéfiniment avec la quantité k. Par suite, toutes les fois que k surpasse 9, il doit y avoir au moins deux nombres entiers compris entre les limites

$$\sqrt{3k-2}-1, \qquad \sqrt{4k}:$$

et l'un de ces deux nombres entiers est nécessairement de même espèce que le nombre k.

D'ailleurs, si l'on donne successivement à k toutes les valeurs entières possibles depuis 1 jusqu'à 9, on trouvera toujours des nombres entiers de même espèce que k compris entre les limites

$$\sqrt{3k-2}-1, \qquad \sqrt{4k}.$$

Ces nombres entiers seront respectivement

$$
\begin{array}{lcr}
\text{Pour} & k=1 & \dots\dots\dots\dots\ 1 \\
 & 2 & \dots\dots\dots\dots\ 2 \\
 & 3 & \dots\dots\dots\dots\ 3 \\
 & 4 & \dots\dots\dots\dots\ 4 \\
 & 5 & \dots\dots\dots\dots\ 3 \\
 & 6 & \dots\dots\dots\dots\ 4 \\
 & 7 & \dots\dots\dots\dots\ 5 \\
 & 8 & \dots\dots\dots\dots\ 4 \\
 & 9 & \dots\dots\dots\dots\ 5 .
\end{array}
$$

Il est donc prouvé qu'à une valeur quelconque de k correspondra toujours un nombre entier de même espèce compris entre les limites

$$\sqrt{3k-2} - 1, \qquad \sqrt{4k}.$$

Corollaire 1.er Si l'on suppose $k = 121$, on aura

$$\sqrt{3k-2} - 1 = 18, \qquad \sqrt{4k} = 22 = 18 + 4.$$

Par suite, si l'on fait $k > 121$, la différence entre les limites

$$\sqrt{3k-2} - 1, \qquad \sqrt{4k}$$

surpassera 4. Il existera donc alors au moins quatre nombres entiers consécutifs, compris entre les limites dont il s'agit; et, parmi ces quatre nombres, il y en aura nécessairement deux de même espèce que le nombre k.

6.e Théorème. k *étant un nombre entier quelconque, il existe toujours entre les limites*

$$\sqrt{3k}, \qquad \sqrt{4k}$$

au moins un nombre entier de même espèce que k; *à moins toutefois que* k *ne soit un des nombres impairs*

$$1, 5, 9, 11, 17, 19, 29, 41,$$

ou bien un des nombres pairs

$$2, 6, 8, 14, 22, 24, 34.$$

Démonstration. En effet, si l'on suppose $k > 56$, on aura

$$\sqrt{4k} - \sqrt{3k} > 2;$$

et par suite il y aura toujours entre les limites $\sqrt{3k}$, $\sqrt{4k}$, deux nombres entiers, dont l'un sera de même espèce que k. De plus, si l'on donne successivement à k toutes les valeurs entières possibles depuis 1 jusqu'à 56, on ne trouvera d'exception au théorème que pour les nombres ci-dessus énoncés.

Corollaire 1.er On peut remarquer que parmi les nombres pairs qui font exception à la règle générale, les seuls qui ne soient pas divisibles par 4 sont les suivants :

$$2, 6, 14, 22, 34.$$

Les deux autres, savoir, 8 et 24, étant divisés par 4, donnent pour quotient

$$2 \quad \text{et} \quad 6.$$

1.ᵉʳ **Problême.** *Déterminer les valeurs de* k, *pour lesquelles il est impossible de résoudre simultanément en nombres entiers les deux équations*

$$(1) \qquad \begin{cases} k = t^2 + u^2 + v^2 + w^2, \\ s = t + u + v + w ; \end{cases}$$

de manière que la valeur de s *soit comprise entre les limites* $\sqrt{3k}$, $\sqrt{4k}$.

Solution. Supposons d'abord que k soit un nombre impair, ou impairement pair. Alors, en vertu des théorêmes 3, 4 et 6, on pourra toujours résoudre les équations (1), de manière que s satisfasse à la condition exigée; à moins que k ne soit un des nombres impairs

$$(2) \qquad 1, 5, 9, 11, 17, 19, 29, 41,$$

ou bien un des nombres pairs

$$(3) \qquad 2, 6, 14, 22, 34.$$

Supposons en second lieu que k soit divisible par 4, et faisons

$$(4) \qquad k = 4^\alpha k',$$

α étant égal ou inférieur à l'exposant de la plus haute puissance de 4 qui puisse diviser k : on pourra évidemment résoudre les équations (1) avec la condition exigée, si l'on parvient à résoudre en nombres entiers les suivantes :

$$(5) \qquad \begin{cases} k' = t'^2 + u'^2 + v'^2 + w'^2, \\ s' = t' + u' + v' + w' , \end{cases}$$

de manière que s' soit compris entre les limites $\sqrt{3k'}$, $\sqrt{4k'}$. Car il suffira dans ce cas de faire

$$t = 2^\alpha t', \quad u = 2^\alpha u', \quad v = 2^\alpha v', \quad w = 2^\alpha w',$$

$$s = 2^\alpha s'.$$

De plus, si l'on prend 4^α égal à la plus haute puissance de 4 qui puisse diviser k, k' sera nécessairement un nombre impair, ou impairement pair; et par suite les équations (5) seront résolubles avec la condition exigée, à moins que k' ne soit un des nombres compris dans les séries (2) et (3). Enfin, si k' est un des nombres

$$1, 5, 9, 11, 17, 19, 29, 41,$$

il suffira de diminuer, dans l'équation (4), α d'une unité, pour que k' acquierre une des valeurs suivantes :

$$(6) \qquad 4, 20, 36, 44, 68, 76, 116, 164;$$

et, comme pour ces diverses valeurs de k' on peut résoudre les équations (5) avec la condition exigée [voyez ci-après, scholie 1.er], il en résulte que, parmi les valeurs de k divisibles par 4, les seules qui fassent exception à la règle générale sont celles qui sont de la forme $4^{\alpha}k'$, k' étant un des nombres

$$2, 6, 14, 22, 34.$$

En résumant ce qui précède, on voit qu'on pourra toujours résoudre les équations (1) de manière que s soit compris entre $\sqrt{3k}$ et $\sqrt{4k}$; à moins que k ne soit un des nombres impairs compris dans la série (2), ou bien un nombre pair de l'une des formes suivantes :

$$(7) \qquad 2^{2\alpha+1} \cdot 1, \; 2^{2\alpha+1} \cdot 3, \; 2^{2\alpha+1} \cdot 7, \; 2^{2\alpha+1} \cdot 11, \; 2^{2\alpha+1} \cdot 17.$$

Scholie 1.er Nous avons dit ci-dessus qu'en prenant pour k un des nombres

$$4, 20, 36, 44, 68, 76, 116, 164,$$

on pouvait toujours résoudre simultanément les deux équations

$$(8) \qquad \begin{cases} k = t^2 + u^2 + v^2 + w^2, \\ s = t + u + v + w, \end{cases}$$

de manière que s fût compris entre les limites $\sqrt{3k}$, $\sqrt{4k}$. C'est ce qu'on peut aisément vérifier de la manière suivante.

Si l'on cherche successivement, pour chacune des valeurs de k dont il est ici question, les nombres pairs compris entre les limites $\sqrt{3k}$, $\sqrt{4k}$, on trouvera

$$
\begin{array}{rcl}
\text{pour } k = 4 & \dots \text{le nombre} & 4 \\
20 & \dots & 8 \\
36 & \dots & 12 \\
44 & \dots & 12 \\
68 & \dots & 16 \\
76 & \dots & 16 \\
116 & \dots & 20 \\
164 & \dots & 24.
\end{array}
$$

Cela posé, il est facile de voir que, si l'on prend pour s le nombre situé dans la table précédente vis-à-vis de chaque valeur de k, la quantité

$$k - \left(\frac{1}{2} s\right)^2$$

ne sera jamais de la forme

$$4^\alpha(8n + 7).$$

Par suite [voyez le théorême 5], en adoptant cette valeur de s, qui remplit la condition exigée, on pourra résoudre simultanément les équations (8).

Scholie 2.e Si l'on prend pour k un quelconque des nombres compris dans la série (7), la valeur de s ne pourra jamais être renfermée entre les limites $\sqrt{3k}$, $\sqrt{4k}$. Mais il sera facile de déterminer dans cette hypothèse les diverses valeurs que s peut obtenir. En effet, si la valeur de k est donnée par l'équation

$$(9) \qquad k = 2^{2\alpha+1}k_{,} \, ;$$

celle de s sera nécessairement de la forme

$$(10) \qquad s = 2^\alpha s_{,} \, ,$$

s étant un nombre tel qu'on puisse résoudre simultanément les deux équations

$$(11) \qquad \begin{cases} 2k = t_{,}^2 + u_{,}^2 + v_{,}^2 + w_{,}^2 \, , \\ s = t_{,} + u_{,} + v_{,} + w_{,} \, . \end{cases}$$

Pour le prouver, observons qu'on ne peut résoudre en nombres entiers l'équation

$$(12) \qquad 2^{2\alpha+1}k_{,} = t^2 + u^2 + v^2 + w^2 \, ,$$

dans le cas où α surpasse zéro, à moins de supposer que t, u, v, w sont des nombres pairs; d'où il est aisé de conclure que, si l'on fait successivement $\alpha = 1$, $\alpha = 2$, $\alpha = 3$, etc., on ne pourra résoudre la même équation en nombres entiers, à moins de supposer que chacun des nombres t, u, v, w, est divisible une fois, deux fois, trois fois, etc., par 2. Ainsi, α ayant une valeur déterminée supérieure à l'unité, il faudra, pour résoudre l'équation (12) en nombres entiers, supposer

$$t = 2^\alpha t_{,} \, , \qquad u = 2^\alpha u_{,} \, , \qquad v = 2^\alpha v_{,} \, , \qquad w = 2^\alpha w_{,} \, ;$$

d'où l'on conclura

$$s_{,} + t_{,} + u_{,} + v_{,} + w_{,} = 2^\alpha (t_{,} + u_{,} + v_{,} + w_{,}) = 2^\alpha s_{,} ,$$

les quantités $k_{,}, s_{,}, t_{,}, u_{,}, v_{,}, w_{,}$, étant respectivement assujetties aux équations (11).

Si l'on prend successivement pour $2k_{,}$ les nombres pairs

$$2, \ 6, \ 14, \ 22, \ 34 ;$$

les valeurs correspondantes de $s_{,}$ seront respectivement

$$
\begin{aligned}
\text{pour} \quad 2k_{,} = 2 &= 1 + 1 \ldots\ldots\ldots\ldots\ldots\ldots\ldots\ s_{,} = 2 \\
6 &= 4 + 1 + 1 \ldots\ldots\ldots\ldots\ldots\ldots 4 \\
14 &= 9 + 4 + 1 \ldots\ldots\ldots\ldots\ldots 6 \\
22 &= 9 + 9 + 4 = 16 + 4 + 1 + 1 \ldots\ldots 8 \\
34 &= 25 + 9 = 16 + 9 + 9 \ldots\ldots\ldots 8 \text{ ou } 10.
\end{aligned}
$$

Ainsi les seules valeurs de $s_{,}$ qui puissent correspondre aux valeurs de $k_{,}$ prises dans la série

$$2^{2\alpha+1} . 1, \quad 2^{2\alpha+1} . 3, \quad 2^{2\alpha+1} . 7, \quad 2^{2\alpha+1} . 11, \quad 2^{2\alpha+1} . 17 .$$

seront respectivement

$$2^{\alpha+1} . 1, \quad 2^{\alpha+1} . 2, \quad 2^{\alpha+1} . 3, \quad 2^{\alpha+1} . 4, \quad 2^{\alpha+1} . 4 \text{ ou } 2^{\alpha+1} . 5.$$

Problême 2.° *Déterminer les valeurs de k pour lesquelles il est impossible de résoudre simultanément en nombres entiers les deux équations*

$$
(1) \qquad \left\{
\begin{aligned}
k &= t^2 + u^2 + v^2 + w^2 , \\
s &= t + u + v + w ,
\end{aligned}
\right.
$$

de manière que la valeur de s soit comprise entre les limites

$$\sqrt{3k-2} - 1 , \qquad \sqrt{4k}.$$

Solution. Il suit immédiatement des théorèmes 4 et 5, qu'on peut résoudre simultanément les équations (1), de manière à remplir la condition exigée, toutes les fois que k est un nombre impair. Nous avons fait voir en outre [problème précédent] qu'en prenant pour k un nombre pair, on peut toujours résoudre les équations (1), de manière que s étant inférieur à $\sqrt{4k}$ soit supérieur à $\sqrt{3k}$, et à plus forte raison à $\sqrt{3k-2}-1$; à moins que la valeur de k ne se trouve comprise dans une des séries

$$\left.\begin{array}{llll}
2, & 8, & 32, & 128, \text{ etc.} \\
6, & 24, & 96, & 384, \text{ etc.} \\
14, & 56, & 224, & 896, \text{ etc.} \\
22, & 88, & 352, & 1408, \text{ etc.} \\
34, & 136, & 544, & 2176, \text{ etc.}
\end{array}\right\} \quad (2)$$

dont les termes généraux sont respectivement

$$2^{2z+1}\cdot 1, \quad 2^{2z+1}\cdot 3, \quad 2^{2z+1}\cdot 7, \quad 2^{2z+1}\cdot 11, \quad 2^{2z+1}\cdot 17.$$

Enfin, d'après ce qu'on a dit plus loin [scholie 2], les plus grandes valeurs de s qui puissent correspondre à ces diverses valeurs de k, sont respectivement

$$2^{z+1}\cdot 1, \quad 2^{z+1}\cdot 2, \quad 2^{z+1}\cdot 3, \quad 2^{z+1}\cdot 4, \quad 2^{z+1}\cdot 5 :$$

d'où il est aisé de conclure que, dans les séries que l'on considère, les seuls termes, pour lesquels la valeur de s reste comprise entre les limites $\sqrt{3k-2}-1$, $\sqrt{4k}$, sont

> pour la 1.ᵉ série . . . les nombres 2 et 8,
> pour la 2.ᵉ . . . . 6, 24 et 96,
> pour la 3.ᵉ . . . . 14 et 56,
> pour la 4.ᵉ . . . . 22, 88, 352 et 1408,
> pour la 5.ᵉ . . . . 34, 136, 544 et 2176.

Si l'on retranche ces mêmes termes des séries (2), les termes restants seront les seules valeurs de k, pour lesquelles on ne puisse résoudre les équations (1) avec la condition exigée. Parmi les valeurs dont il s'agit, les plus petites seront

$$32, 128, 224, 384, 512, 896, 1024, \text{ etc.}\ldots$$

Corollaire 1.ᵉʳ Si l'on donne successivement à k toutes les valeurs entières possibles depuis $k=1$, jusqu'à $k=121$ inclusivement, on n'en trouvera qu'une seule, pour laquelle il soit impossible de résoudre les équations (1) avec la condition exigée. Cette valeur unique est

$$k = 32^{2\times z+1}$$

La seule valeur que s puisse recevoir dans cette hypothèse, est, d'après ce qu'on a dit plus haut, la suivante :

$$2^{2+1} = 8,$$

qui est effectivement située hors des limites

$$\sqrt{3k-2} - 1 = \sqrt{94} - 1, \quad \sqrt{4k} = \sqrt{128}.$$

Corollaire 2.ᵉ Si l'on donne à k une valeur impaire, telle qu'un seul nombre impair s se trouve compris entre les limites

$$\sqrt{3(k+1)-2} - 1, \quad \sqrt{4(k+1)},$$

on aura nécessairement [théorème 5.ᵉ, corollaire 1.ᵉʳ]

$$1 + k < 121.$$

Dans la même hypothèse, les seuls nombres pairs qui puissent être compris entre les limites

$$\sqrt{3(k+1)-2} - 1, \quad \sqrt{4(k+1)}$$

sont les suivants

$$s - 1, \ s + 1.$$

D'ailleurs $k + 1$ étant un nombre pair inférieur à 121, il suit du corollaire 1.ᵉʳ, qu'à moins de supposer $k + 1 = 52$, on trouvera entre les limites $\sqrt{3(k+1)-2} - 1$, $\sqrt{4(k+1)}$ un nombre pair s' pour lequel on pourra résoudre simultanément les deux équations

$$k + 1 = t'^2 + u'^2 + v'^2 + w'^2,$$

$$s' = t' + u' + v' + w'.$$

s' aura donc nécessairement une des deux valeurs $s - 1$, $s + 1$. Enfin, si l'on fait $k + 1 = 52$, on trouvera deux nombres impairs, savoir : 9 et 11, compris entre les limites $\sqrt{3.52-2} - 1$, $\sqrt{4.52}$. On pourra donc énoncer sans restriction le théorème suivant

Théorème. 7.ᵉ *Si l'on donne à k une valeur impaire, telle qu'un seul nombre impair s se trouve compris entre les deux limites*

$$\sqrt{3(k+1)-2} - 1, \quad \sqrt{4(k+1)},$$

on pourra toujours résoudre en nombres entiers, ou les deux équations

$$(1) \qquad \begin{cases} k + 1 = t^2 + u^2 + v^2 + w^2, \\ s + 1 = t + u + v + w, \end{cases}$$

ou bien les deux suivantes

$$(2) \qquad \begin{cases} k + 1 = t^2 + u^2 + v^2 + w^2, \\ s - 1 = t + u + v + w. \end{cases}$$

THÉORÈME 8.e *Soient* k *et* s *deux nombres impairs dont le second soit compris entre les limites*

$$\sqrt{3k - 2} - 1, \quad \sqrt{4k}.$$

Soient de plus m *un nombre entier quelconque supérieur à* 2, r *un autre nombre entier égal ou inférieur à* $m - 2$; *et faisons*

$$(1) \qquad A_k = m \left(\frac{k - s}{2} \right) + s + r.$$

Si, en laissant k *et* m *constants, on donne successivement à* s *et à* r *toutes les valeurs possibles, et que l'on désigne par* B_k *et* C_k *la plus petite et la plus grande des valeurs de* A_k *ainsi obtenues : tout nombre entier compris entre les limites* B_k, C_k, *sera décomposable en* $m + 2$ *nombres polygones de l'ordre* $m + 2$.

Démonstration. Pour établir cette proposition, il suffit de faire voir, 1.° que tout nombre entier compris entre les limites

$$B_k, \quad C_k,$$

est une des valeurs de la formule (1); 2.° que tout nombre compris dans cette formule peut être considéré comme formé par l'addition de $m + 2$ nombres polygones de l'ordre $m + 2$.

Pour démontrer la première partie de cette proposition, j'observe que, si l'on désigne par s_1 la plus petite, et par s_2 la plus grande des valeurs de s qui correspondent à la valeur donnée de k, les diverses valeurs de s, respectivement égales aux divers nombres impairs compris entre les limites

$$\sqrt{4(k - 2)} - 1, \quad \sqrt{4k},$$

formeront la progression arithmétique

$$s_1, \ s_1 + 2, \ s_1 + 4, \ \text{etc.} \dots s_2 - 4, \ s_2 + 2, \ s_2;$$

et, comme on peut faire successivement

$$r = 0, \quad r = 1, \quad r = 2, \text{ etc..... } r = m - 3, \quad r = m - 2.$$

les diverses valeurs de A_k, en commençant par la plus petite et finissant par la plus grande, seront respectivement

$$(2) \begin{cases} m\left(\dfrac{k-s_2}{2}\right)+s_2 \;=\; B_k, \qquad B_k+1, \qquad B_k+2. \qquad \text{etc. } B_k+m-2 \,; \\[2ex] m\left(\dfrac{k-s_2+2}{2}\right)+s_2-2 \;=\; B_k+m-2, \quad B_k+1+m-2, \quad B_k+2+m-2, \quad \text{etc. } B_k+2\,(m-2) \,; \\[2ex] m\left(\dfrac{k-s_2+4}{2}\right)+s_2-4 \;=\; B_k+2\,(m-2), \; B_k+1+2\,(m-2), \; B_k+2+2\,(m-2), \text{ etc. } B_k+3\,(m-2) \,; \\[2ex] \text{etc.} \ldots\ldots\ldots\ldots \\[2ex] m\left(\dfrac{k-s_1-2}{2}\right)+s_1+2 \;=\; C_k-2\,(m-2), \; C_k+1-2\,(m-2), \; C_k+2-2\,(m-2), \text{ etc. } C_k-(m-2) \,; \\[2ex] m\left(\dfrac{k-s_1}{2}\right)+s_1 \;=\; C_k-(m-2), \; C_k+1-(m-2), \; C_k+2-(m-2), \text{ etc. } C_k. \end{cases}$$

Ces diverses valeurs fourniront donc tous les termes de la progression arithmétique

$$B_k, \; B_k+1, \; B_k+2, \text{ etc..... } C_k-1, \; C_k \,;$$

c'est-à-dire tous les nombres compris entre B_k et C_k. On peut même observer que quelques-uns de ces nombres correspondront à-la-fois à deux valeurs différentes de la quantité s.

Il reste maintenant à faire voir que tout nombre entier compris dans la formule

$$m\left(\frac{k-s}{2}\right)+s+r$$

peut être considéré comme formé par l'addition de $m+2$ nombres polygones de l'ordre $m+2$. Or, comme zéro et l'unité font partie de la suite des nombres polygones d'un ordre quelconque, et que l'on suppose

$$r < m - 2,$$

le nombre r peut toujours être considéré comme représentant la somme de $m-2$

polygones de l'ordre $m + 2$. Il suffira donc de prouver que tout nombre entier compris dans la formule

$$(3) \qquad m\left(\frac{k-s}{2}\right) + s$$

est la somme de quatre nombres polygones du même ordre : et en effet, s étant par hypothèse impair ainsi que k, et compris entre les limites

$$\sqrt{3k-2}-1 , \quad \sqrt{4k} ,$$

on pourra, d'après le théorème 4.ᵉ, résoudre simultanément en nombres entiers les deux équations

$$(4) \qquad \left\{ \begin{array}{l} k = t^2 + u^2 + v^2 + w^2 , \\ s = t + u + v + w : \end{array} \right.$$

d'où l'on conclura

$$(5) \qquad m\left(\frac{k-s}{2}\right) + s = \left\{ \begin{array}{l} m\left(\dfrac{t^2-t}{2}\right) + t \\[2ex] + m\left(\dfrac{u^2-u}{2}\right) + u \\[2ex] + m\left(\dfrac{v^2-v}{2}\right) + v \\[2ex] + m\left(\dfrac{w^2-w}{2}\right) + w. \end{array} \right.$$

La formule (3) est donc la somme de quatre nombres polygones de l'ordre $m + 2$; ce qui complète la démonstration du théorème 8.ᵉ

Corollaire 1.ᵉʳ k et m étant supposés constants, la plus petite et la plus grande des valeurs que A_k puisse recevoir sont, conformément au tableau n.° (2),

$$(6) \qquad \left\{ \begin{array}{l} B_k = m\left(\dfrac{k-s_2}{2}\right) + s_2 , \\[2ex] C_k = m\left(\dfrac{k-s_1}{2}\right) + s_1 + m - 2. \end{array} \right.$$

Dans ces formules s_1 et s_2 désignent respectivement le plus petit et le plus grand des nombres impairs compris entre les limites

$$(7) \qquad \sqrt{3k \cdots - 1} \,, \qquad \sqrt{4k} \,.$$

Si maintenant on change k en $k+2$, et que l'on désigne par s_1, s_2' le plus petit et le plus grand des nombres impairs compris entre les limites

$$(8) \qquad \sqrt{3(k+2) \cdots 2 - 1} \,, \ \sqrt{4(k+2)} \,;$$

les formules (6) deviendront respectivement

$$(9) \qquad
\begin{cases}
B_{k+2} = m \left(\dfrac{k + 2 - s_2'}{2} \right) + s_2' \,, \\[2ex]
C_{k+2} = m \left(\dfrac{k + 2 - s_1'}{2} \right) + s_1' + m - 2 \,.
\end{cases}$$

D'ailleurs il est facile de s'assurer que la différence des deux limites

$$\sqrt{3(k+2) - 2} - 1 \,, \ \sqrt{3k - 2} - 1$$

est toujours inférieure à deux unités. Il n'y aura donc pas de nombre impair compris entre ces deux limites, ou bien il n'y en aura qu'un; et par suite on aura toujours

$$(10) \qquad s_1' = s_1 \,, \qquad \text{ou bien} \qquad s_1' = s_1 + 2 \,.$$

De même la différence des deux limites

$$\sqrt{4(k+2)} \,, \qquad \sqrt{4k}$$

étant toujours inférieure à deux unités, on aura nécessairement

$$(11) \qquad s_2' = s_2 \,, \qquad \text{ou} \qquad s_2' = s_2 + 2 \,.$$

Cela posé, la première des équations (9) se réduira évidemment à l'une des deux suivantes

$$(12) \qquad B_{k+2} = B_k + m \,, \qquad B_{k+2} = B_k + 2 \,;$$

et la seconde des équations (9) à l'une de celles qui suivent

$$(13) \qquad C_{k+2} = C_k + m \,, \qquad C_{k+2} = C_k + 2 \,.$$

On aura donc, dans tous les cas possibles (m étant > 2),

(14)
$$B_{k+2} = \text{ou} > B_k + 2,$$
$$C_{k+2} = \text{ou} > C_k + 2;$$

et par suite $C_{k+2} > C_k$. On trouverait de même $C_{k+4} > C_{k+2}$, $C_{k+6} > C_{k+4}$, etc. Si donc l'on met successivement à la place de k les différents termes de la progression arithmétique

$$k,\ k+2,\ k+4,\ k+6,\ \text{etc.},$$

les valeurs correspondantes de C_k que nous représenterons par

$$C_k,\ \ C_{k+2},\ \ C_{k+4},\ \ C_{k+6},\ \text{etc.},$$

seront toujours croissantes; et, comme ces mêmes valeurs sont entières, elles finiront par devenir plus grandes que toute quantité donnée.

Corollaire 2. Chacun des nombres C_k, C_{k+2}, C_{k+4}, etc., est décomposable en $m+2$ nombres polygones de l'ordre $m+2$.

Théorème 9. *Soit* k *un nombre impair quelconque;* s, *le plus petit des nombres impairs supérieurs à la limite* $\sqrt{3k-2}-1$; *et faisons*

$$(1) \qquad C_k = m\left(\frac{k-s}{2}\right) + s + m - 2.$$

m *étant entier et* > 2. *Soit de plus* C_{k+2} *ce que devient* C_k, *lorsqu'on remplace* k *par* $k+2$. *Chacun des nombres entiers compris entre les limites*

$$C_k,\ \ C_{k+2}$$

sera toujours décomposable en $m+2$ *nombres polygones de l'ordre* $m+2$.

Démonstration. On doit distinguer deux cas différens, suivant que le nombre des entiers impairs compris entre les limites

$$\sqrt{3k-2}-1,\ \ \sqrt{4(k+2)}$$

est supérieur ou simplement égal à l'unité.

Supposons d'abord qu'il existe deux ou plusieurs nombres impairs compris entre ces mêmes limites. Alors, en adoptant les mêmes notations que dans les théorèmes précédents, on trouvera

$$s'_2 - s_{\prime} = 2 \quad \text{ou} \quad > 2.$$

Cela posé, la première des équations (9) [théorême précédent] donnera évidemment

$$B_{k+2} = \text{ou} < m\left(\frac{k-s_{\prime}}{2}\right) + s_{\prime} + 2.$$

ou, ce qui revient au même,

$$(2) \qquad B_{k+2} = \text{ou} < C_k - m + 4 = \text{ou} < C_k + 1,$$

(m devant être > 2). D'ailleurs nous avons fait voir [théorême précédent] que tout nombre entier compris entre les limites

$$B_k , \qquad C_k$$

est décomposable en $m + 2$ nombres polygones de l'ordre $m + 2$. La même proposition étant applicable aux nombres entiers compris entre les limites

$$B_{k+2}, \qquad C_{k+2},$$

le sera encore à *fortiori*, en vertu de la condition (2), aux nombres entiers compris entre les limites

$$C_k + 1, \quad C_{k+2} :$$

et comme C_k peut être aussi décomposé de la même manière, il en résulte que le théorême 9 est déjà démontré pour le cas ou plusieurs nombres impairs se trouvent compris entre les limites

$$\sqrt{5k - 2} - 1, \quad \sqrt{4(k+2)}.$$

Supposons en second lieu qu'un seul nombre impair se trouve compris entre les limites dont il est ici question. Il n'y en aura qu'un seul à plus forte raison entre les deux suivantes

$$\sqrt{5(k+1) - 2} - 1, \quad \sqrt{4(k+1)} ;$$

et, par suite du théorême 7, on pourra toujours résoudre simultanément en nombres entiers ou les équations

$$(3) \qquad \begin{cases} k + 1 = t^2 + u^2 + v^2 + w^2, \\ s_{\prime} + 1 = t + u + v + w , \end{cases}$$

ou bien les deux suivantes

$$(4) \qquad \begin{cases} k + 1 = t^2 + u^2 + v^2 + w^2, \\ s_{\prime} - 1 = t + u + v + w . \end{cases}$$

Dans la même hypothèse, on aura nécessairement

$$s'_2 = s_{\prime} ;$$

et par suite

$$(5) \qquad B_{k+2} = m\left(\frac{k - s_{\prime}}{2}\right) + s_{\prime} + m = C_k + 2 .$$

D'ailleurs, comme le nombre $C_{\prime}$, et tous les entiers compris entre les limites

$$B_{k+2} , \quad C_{k+2} ,$$

sont décomposables en $m + 2$ nombres polygones de l'ordre $m + 2$, il résulte déjà de l'équation (5) que, parmi tous les termes de la suite

$$C_k , \quad C_k + 1 , \quad C_k + 2 , \text{ etc.}, \ C_{k+2} - 1 , \quad C_{k+2} ,$$

$C_k + 1$ est le seul pour lequel on pourrait révoquer en doute la possibilité d'une semblable décomposition. Mais ce nombre, étant égal à

$$m\left(\frac{k - s_{\prime}}{2}\right) + s_{\prime} + m - 1 ,$$

peut être, en vertu des équations (3) ou (4), présenté sous l'une ou l'autre des deux formes suivantes

$$m\left(\frac{t^2 + u^2 + v^2 + w^2 - t - u - v - w}{2}\right) + t + u + v + w + m - 2 ,$$

$$m\left(\frac{t^2 + u^2 + v^2 + w^2 - t - u - v - w}{2}\right) + t + u + v + w :$$

et, comme, sous l'une ou l'autre de ces deux formes, il est évidemment la somme de $m + 2$ nombres polygones, dont $m - 2$ sont égaux à zéro ou à l'unité, on voit que tous les nombres entiers compris entre

$$C_k \quad \text{et} \quad C_{k+2}$$

satisfont encore , dans la seconde hypothèse, à la condition énoncée.

Corollaire 1.er Il suit de tout ce qui précède, non-seulement, que les nombres entiers compris entre C_k et C_{k+2} sont décomposables en $m + 2$ nombres polygones de l'ordre $m + 2$; mais encore que la décomposition peut toujours être effectuée de manière que $m - 2$ nombres polygones soient respectivement égaux à zéro ou à l'unité.

Corollaire 2.e La même proposition est évidemment applicable aux nombres entiers compris entre les limites C_{k+2}, C_{k+4}, à ceux qui sont compris entre les limites C_{k+4}, C_{k+6}, etc. , et, par suite, à tous ceux qui sont renfermés entre les limites

$$C_k \quad \text{et} \quad C_{k+2l},$$

k et l étant deux nombres entiers pris à volonté.

THÉORÈME 10e. *Tout nombre entier est décomposable en cinq pentagones , six hexagones, sept heptagones, etc. , et en général en $m + 2$, nombres polygones de l'ordre $m + 2$, (m étant > 2).*

Démonstration. En effet, adoptons pour un moment les notations ci-dessus employées [théorèmes 8 et 9]. Il est démontré par le théorème 8 que tout nombre entier compris entre les limites B_k, C_l peut subir la décomposition dont il s'agit, et par le théorème 9 (corollaire 2), que la même propriété appartient à tous les nombres entiers compris entre les limites C_k et C_{k+2l}; k et l étant pris à volonté. D'ailleurs , si l'on suppose $k = 1$, $l = \infty$, on trouvera

$$B_k = 1 , \quad C_{k+2l} = \infty .$$

Ainsi , en vertu des théorèmes 8 et 9 , la décomposition énoncée sera possible pour tous les nombres entiers compris entre les limites 1 et ∞; c. q. f. d.

Corollaire 1.er Les démonstrations que nous avons données des théorèmes 8 , 9 et 10 prouvent évidemment que la décomposition d'un nombre entier en $m + 2$ nombres polygones peut toujours être effectuée de manière que $m + 2$ de ces nombres soient égaux à zéro ou à l'unité. Par suite, tout nombre entier est égal à la somme de quatre pentagones, ou à une semblable somme augmentée d'une unité ; à la somme de quatre hexagones, ou à une semblable somme augmentée d'une ou de deux unités ; à la somme de quatre heptagones, ou à une semblable somme augmentée d'une, de deux ou de trois unités , et ainsi de suite.

. *Corollaire* 2.ᵉ Si l'on veut, à l'aide des méthodes ci-dessus exposées, décomposer un nombre entier N en $m+2$ nombres polygones de l'ordre $m+2$, il faudra commencer par chercher une valeur de k telle que le nombre donné N soit compris entre les limites

$$C_k, \quad C_{k+2}.$$

Pour obtenir une valeur approchée de k, on fera

$$N = C_k;$$

et, comme on a généralement

$$C_k = m\left(\frac{k-s_{/}}{2}\right) + s_{/} + m - 2,$$

$s_{/}$ étant le seul nombre impair compris entre les limites

$$\sqrt{3k-2} - 1, \quad \sqrt{3k-2} + 1,$$

on pourra remplacer, sans avoir à craindre une erreur considérable,

$$s_{/} \quad \text{par} \quad \sqrt{3k-2}$$

et

$$C_k \quad \text{par} \quad m\left\{\frac{k-\sqrt{3k-2}}{2}\right\} + \sqrt{3k-2} + m - 2;$$

par conséquent la valeur approchée de k se trouvera déterminée par l'équation

$$(1) \qquad N = \frac{m}{2}k + m - 2 - \frac{(m-2)}{2}\sqrt{3k-2},$$

ou, ce qui revient au même, par la suivante

$$(2) \qquad \left\{\frac{m}{2}k - (N - m + 2)\right\}^2 = \frac{(m-2)^2}{4}(3k - 2),$$

Cette dernière équation étant du second degré, on en tirera deux valeurs de k, dont la plus grande sera celle qui doit vérifier l'équation (1). La valeur approchée de k étant ainsi connue, on en déduira sans peine, après quelques essais, la valeur véritable avec les valeurs correspondantes des quantités que nous avons désignées par

$$C_k, \quad C_{k+2}, \quad B_{k+2}.$$

Cela posé, il suit des théorêmes 8 et 9 que la valeur de N se trouvera nécessairement comprise parmi les nombres

$$(3) \qquad B_{k+2}, \quad B_{k+2}+1, \text{ etc.}, \quad C_{k+2}-1, \quad C_{k+2};$$

excepté un seul cas, dans lequel elle sera égale à

$$(4) \qquad C_k + 1.$$

De plus, si la valeur de N est comprise parmi les nombres de la série (3), on pourra faire

$$(5) \qquad N = m\left(\frac{k+2-s'}{2}\right) + s' + r,$$

s' étant un nombre impair compris entre les limites $\sqrt{3(k+2)-2}-1$, $\sqrt{4(k+2)}$; et r étant $=$ ou $< m-2$. Dans la même hypothèse, on pourra résoudre simultanément en nombres entiers les équations

$$(6) \qquad \begin{cases} k+2 = t^2 + u^2 + v^2 + w^2, \\ s' = t + u + v + w. \end{cases}$$

En joignant celles-ci à l'équation (4), on verra que le nombre N est égal à la somme des quatre nombres polygones

$$m\left(\frac{t^2-t}{2}\right)+t, \quad m\left(\frac{u^2-u}{2}\right)+u, \quad m\left(\frac{v^2-v}{2}\right)+v, \quad m\left(\frac{w^2-w}{2}\right)+w,$$

augmentée de r unités.

On peut déterminer facilement les valeurs de s' et de r par le moyen de l'équation (5) mise sous la forme suivante

$$(7) \qquad N - B_{k+2} = (m-2)\left(\frac{s'^2-s'}{2}\right) + r.$$

En effet, dans cette dernière équation,

$$\frac{s'^2-s'}{2}$$

est évidemment le quotient de la division de $N - B_{k+2}$ par $m - 2$; et r le reste de cette division. On doit seulement observer que, r pouvant être égal à $m - 2$, il est permis, lorsque la division donne zéro pour reste, de remplacer ce reste par $m - 2$, pourvu que l'on diminue en même temps le quotient d'une unité. Il devient même indispensable d'en agir ainsi, lorsque N est égal à C_{k+2}.

Dans le cas d'exception, on a

$$(8) \qquad N = C_k + 1 = m \left(\frac{k - s_{\prime}}{2} \right) + s_{\prime} + m - 1 ;$$

$s_{\prime}$ étant le seul nombre impair qui soit compris entre les limites $\sqrt{3k - 2} - 1$, $\sqrt{4k}$. Dans le même cas, on peut résoudre en nombres entiers l'un des systèmes d'équations (3) ou (4) [théorème 9]. En joignant un de ces systèmes à l'équation (8), on en conclut immédiatement la décomposition du nombre N en $m + 2$ nombres polygones, dont $m - 2$ sont égaux à l'unité ou à zéro.

Exemple. Supposons qu'il s'agisse de décomposer 114 en six hexagones. On aura

$$m = 4, \qquad N = 114 ;$$

et par suite l'équation (2) deviendra

$$(9) \qquad 4 (k - 56)^2 = 3k - 2 .$$

La plus grande racine de cette même équation est, en nombres ronds,

$$k = 63 .$$

Pour connaître le degré d'exactitude de cette valeur de k, j'observe qu'on a, pour $m = 4$,

$$(10) \qquad \begin{cases} C_k = 2 (k + 1) - s^{\prime} \\ C_{k+2} = 2 (k + 3) - s_{\prime}^{\prime} ; \end{cases}$$

et comme, dans le cas où l'on suppose $k = 63$, on trouve

$$s_{\prime}^{\prime} = s_{\prime} = 13 ,$$

les valeurs de C_k, C_{k+2} se réduisent, dans cette hypothèse, à

$$C_k = 128 - 13 = 115 \; , \quad C_{k+2} = 132 - 13 = 119.$$

Le nombre donné 114 n'étant pas compris entre les limites 115 et 119, la valeur présumée de k est nécessairement trop forte, et doit être diminuée au moins de deux unités.

D'ailleurs, lorsqu'on suppose

$$k = 61 ,$$

on trouve

$$s'_1 = s_1 = 13 \; , \qquad C_k = 111 \; , \qquad C_{k+2} = 115 ;$$

et, comme 114 est compris entre les deux derniers nombres, la valeur 61 de k est exacte. Cela posé, on trouvera que s'_2, ou le plus grand nombre impair compris dans $\sqrt{4(k+2)}$ est égal à 15 ; d'où l'on conclura

$$B_{k+2} = 2(k+2) - 15 = 111 . \qquad N - B_{k+2} = 3 .$$

l'équation (7) se réduira donc à

$$(11) \qquad\qquad 3 = 2\left(\frac{s'_2 - s'}{2}\right) + r ;$$

et l'on aura par suite

$$\frac{s'_2 - s'}{2} = 1 ,$$

ou

$$s' = s'_2 - 2 = 13 ,$$

et

$$r = 1 .$$

Cela posé, les équations (5) et (6) deviendront respectivement

$$(12) \qquad \left\{ \begin{aligned} N &= 114 = 2 \times 63 - 13 + 1 , \\ 63 &= t^2 + u^2 + v^2 + w^2, \\ 13 &= t + u + v + w . \end{aligned} \right.$$

Pour résoudre les deux dernières, je fais

$$4 \times 63 - (13)^2 = 83 = x^2 + y^2 + z^2 ;$$

et je trouve

$$x = 9, \qquad y = 1, \qquad z = 1,$$

d'où je conclus, à l'aide des formules

$$t = \frac{13 + x + y + z}{4}, \quad u = t - \frac{y+z}{2}, \quad v = t - \frac{x+z}{2}, \quad w = t - \frac{x+y}{2},$$

les valeurs suivantes de t, u, v, w,

$$t = 6, \quad u = 5, \quad v = 1, \quad w = 1.$$

En adoptant ces mêmes valeurs, on trouve pour celle de N

$$N = 114 = (2t^2 - t) + (2u^2 - u) + (2v^2 - v) + (2w^2 - w) + 1 + 0 = 66 + 45 + 1 + 1 + 1 + 0.$$

Nous avons donc effectivement décomposé 114 en six hexagones, dont trois sont égaux à l'unité, et un à zéro.

SUR LA NATURE DES RACINES

DE QUELQUES ÉQUATIONS TRANSCENDANTES.

§ 1.ᵉʳ *Considérations générales.*

J'ai fait voir, dans le XVII.ᵉ Cahier du Journal de l'École royale polytechnique qu'étant donnée une équation algébrique d'un degré quelconque, on peut toujours composer, avec les coëfficients de cette équation, des fonctions dont les signes déterminent, dans chaque cas particulier, non-seulement le nombre des racines imaginaires, mais encore le nombre des racines réelles positives, et le nombre des racines réelles négatives. Il est donc possible de fixer *à priori* la nature des diverses racines d'une équation algébrique. La difficulté de résoudre la même question pour les équations transcendantes a été signalée par M. Poisson, dans le dernier des Mémoires qu'il a publiés sur la théorie de la chaleur. Toutefois, dans la plupart des problèmes de physique mathématique, on rencontre des équations qui renferment des lignes trigonométriques ou des exponentielles, et dont la solution est nécessaire pour la détermination précise des lois des phénomènes. A la vérité, la comparaison des résultats, que fournissent les diverses méthodes employées par les géomètres, faisait soupçonner que plusieurs de ces équations n'admettent pas de racines imaginaires. Mais on n'avait aucun moyen direct de s'en assurer, et de reconnaître si les racines d'une équation transcendante sont toutes réelles. On doit néanmoins excepter les deux équations fort simples

$$(1) \quad \sin z = 0 \,, \qquad (2) \quad \cos z = 0 \,,$$

déjà traitées par Euler. Lorsque, dans la première de ces équations, on suppose $z = x + y\sqrt{-1}$, x et y désignant deux variables réelles, on en tire

$$(3) \qquad \sin x \, \frac{e^y + e^{-y}}{2} + \cos x \, \frac{e^y - e^{-y}}{2} \sqrt{-1} = 0 \,,$$

et par suite

$$(4) \qquad (e^y + e^{-y}) \sin x = 0 \,, \qquad (e^y - e^{-y}) \cos x = 0 \,.$$

Or, tant que l'on attribue à x et à y des valeurs réelles, on ne peut évidemment satisfaire à la première des formules (4), à moins de supposer

(\ 298\ )

$$(5) \qquad \sin x = 0, \qquad \cos x = \pm 1 \ ;$$

et l'on tire alors de la seconde $e^{y} - e^{-y} = 0$, $e^{2y} = 1$,

$$(6) \qquad y = \frac{1}{2} \, l\,(1) = 0 \ ;$$

d'où l'on conclut que le coëfficient y de $\sqrt{-1}$ s'évanouit dans toutes les racines de l'équation (1), c'est-à-dire, en d'autres termes, que cette équation n'a pas de racines imaginaires. On doit en dire autant de l'équation (2), que l'on déduit immédiatement de l'équation (1), en remplaçant z par $\frac{\pi}{2} - z$. Il était à désirer qu'on pût acquérir la même certitude pour d'autres équations plus compliquées. Ayant entrepris des recherches à ce sujet, je suis parvenu à trouver des règles à l'aide desquelles on peut fixer la nature des racines dans un grand nombre d'équations transcendantes, et spécialement dans celles que présentent les théories de la chaleur, de la lame élastique, des plaques vibrantes, etc...... Avant d'exposer ces règles, je m'occuperai d'abord de quelques équations particulières qui se rapportent à diverses questions de physique mathématique.

§ 2.e Sur les racines des équations $\tan z = z$, *et* $\tan z = a z$.

Considérons d'abord l'équation transcendante

$$(1) \qquad \tan z = z.$$

On reconnaîtra sans peine, avec Euler [voyez le second volume de l'Introduction à l'analyse des infiniment petits], 1.º que cette équation admet, non-seulement trois racines nulles, mais encore une infinité de racines réelles, les unes positives, les autres négatives; 2.º que les racines positives sont renfermées, la première entre les limites π, $\pi + \frac{1}{2}\pi$, la seconde entre les limites 2π, $2\pi + \frac{1}{2}\pi$; la troisième entre les limites 3π, $3\pi + \frac{1}{2}\pi$, etc....; et que la n^{me} racine positive, comprise entre les limites $n\pi$, $n\pi + \frac{1}{2}\pi$, peut être déterminée par le moyen de la formule générale

$$(2) \quad z = \frac{(2n+1)\pi}{2} - \frac{2}{(2n+1)\pi}\left\{ 1 + \frac{2}{3}\left[\frac{2}{(2n+1)\pi}\right]^2 + \frac{13}{15}\left[\frac{2}{(2n+1)\pi}\right]^4 + \frac{146}{105}\left[\frac{2}{(2n+1)\pi}\right]^6 + \dots \right\}$$

Cela posé, si l'on désigne par α, β, γ,... les racines positives de l'équation (1), rangées par ordre de grandeur, on trouvera successivement

$$\alpha = 4,4934118\ldots, \quad \beta = 7,7252519\ldots, \quad \gamma = 10,9041215\ldots, \text{ etc}\ldots$$

Quant aux racines négatives, elles seront évidemment représentées par

$$-\alpha, \quad -\beta, \quad -\gamma, \quad \text{etc}\ldots.$$

J'ajoute maintenant que l'équation (1) n'aura pas de racines imaginaires; et, en effet, si l'on y suppose

$$z = x + y\sqrt{-1},$$

x et y désignant deux quantités réelles, elle donnera

$$(3) \quad x + y\sqrt{-1} = \tang(x + y\sqrt{-1}) = \frac{\sin 2x + \sin(2y\sqrt{-1})}{\cos 2x + \cos(2y\sqrt{-1})} = \frac{\sin 2x + \frac{1}{2}(e^{2y} - e^{-2y})\sqrt{-1}}{\cos 2x + \frac{1}{2}(e^{2y} + e^{-2y})},$$

ou, ce qui revient au même,

$$(4) \quad x = \frac{2\sin 2x}{e^{2y} + 2\cos 2x + e^{-2y}}, \quad y = \frac{e^{2y} - e^{-2y}}{e^{2y} + 2\cos 2x + e^{-2y}}.$$

On aura par suite, pour des valeurs de x et de y différentes de zéro,

$$(5) \quad \frac{e^{2y} - e^{-2y}}{4y} = \frac{\sin 2x}{2x}.$$

Or, cette dernière équation ne saurait être admise. Car, tant que y diffère de zéro, l'expression

$$\frac{e^{2y} - e^{-2y}}{4y} = 1 + \frac{(2y)^2}{1.2.3} + \frac{(2y)^4}{1.2.3.4.5} + \text{etc}\ldots,$$

évidemment supérieure à l'unité, surpasse à plus forte raison le rapport

$$\frac{\sin 2x}{2x}.$$

Par conséquent, dans toutes les valeurs de z propres à vérifier l'équation (1), la partie réelle x, ou le coëfficient y de $\sqrt{-1}$ doit s'évanouir. D'ailleurs, il est

facile de reconnaître que la variable x ne peut s'évanouir sans la variable y. Car,
si, dans l'équation (5), on pose $x = 0$, elle se transformera dans la suivante

$$(6) \qquad y = \frac{e^y - e^{-y}}{e^y + e^{-y}} \,,$$

de laquelle on tire

$$y \frac{e^y + e^{-y}}{2} - \frac{e^y - e^{-y}}{2} = 0 \,,$$

ou, ce qui revient au même,

$$(7) \qquad y^3 \left(\frac{1}{3} + \frac{1}{5} \frac{y^2}{1.2.3} + \frac{1}{7} \frac{y^4}{1.2.3.4.5} + \dots \right) = 0 \,;$$

et l'on ne peut évidemment satisfaire à l'équation (7), la variable y étant réelle, sans
supposer $y = 0$. Donc le coëfficient de $\sqrt{-1}$ s'évanouit dans toutes les racines de
l'équation (1), et toutes ces racines sont réelles; ce qu'il s'agissait de démontrer.

Considérons en second lieu l'équation

$$(8) \qquad \tan z = a z \,,$$

a désignant une constante réelle. On reconnaîtra facilement que cette équation admet
une racine nulle, et une infinité de racines réelles, deux à deux égales, mais de signes
contraires. De plus, si l'on remplace z par $x + y\sqrt{-1}$, on obtiendra, au lieu des
équations (4), les deux suivantes

$$(9) \qquad a x = \frac{2 \sin 2x}{e^{2y} + 2\cos 2x + e^{-2y}} \,, \qquad a y = \frac{e^{2y} - e^{-2y}}{e^{2y} + \cos 2x + e^{-2y}} \,,$$

desquelles on déduira toujours la formule (5), en supposant les valeurs des variables
x et y différentes de zéro; tandis que l'on trouvera, pour une valeur nulle de x,

$$(10) \qquad a y = \frac{e^y - e^{-y}}{e^y + e^{-y}} \,,$$

ou, ce qui revient au même,

$$(11) \qquad y \left\{ \frac{1 + \dfrac{y^2}{1.2.3} + \dfrac{y^4}{1.2.3.4.5} + \dots}{1 + \dfrac{y^2}{1.2} + \dfrac{y^4}{1.2.3.4} + \dots} - a \right\} = 0 \,.$$

Or, il est aisé de voir que cette dernière équation, divisée par y, n'admet pas de racines réelles, lorsque a est négatif, ou bien positif, mais supérieur à l'unité ; et qu'elle admet deux racines réelles, l'une positive, l'autre négative, mais égales au signe près, lorsque a est positif, mais inférieur à l'unité. Cela posé, en raisonnant comme on l'a fait ci-dessus à l'égard de l'équation (1), on conclura définitivement que l'équation (8) n'a point de racines imaginaires, si ce n'est lorsqu'on suppose

$$(12) \qquad a > 0 \quad \text{et} \quad < 1 ,$$

auquel cas elle admet deux racines de cette espèce et de la forme

$$(13) \qquad z = \zeta \sqrt{-1} , \qquad z = -\zeta \sqrt{-1} ,$$

ζ désignant une quantité positive déterminée par la formule

$$(14) \qquad a = \frac{1 + \dfrac{\zeta^2}{1.2.3} + \dfrac{\zeta^4}{1.2.3.4.5} + \cdots}{1 + \dfrac{\zeta^2}{1.2} + \dfrac{\zeta^4}{1.2.3.4} + \cdots} .$$

Les équations (1) et (8), que l'on peut encore écrire comme il suit

$$(15) \qquad \sin z = z \cos z , \qquad\qquad (16) \qquad \sin z = a z \cos z ,$$

se retrouvent dans plusieurs questions relatives à la théorie de la chaleur et à la théorie des ondes.

§ 3.ᵉ *Sur les racines de l'équation* $\tang z = a z + b$.

Considérons maintenant l'équation

$$(1) \qquad \tang z = a z + b ,$$

a et b désignant deux constantes réelles dont la seconde ne soit pas nulle. On reconnaîtra sans peine que cette équation admet une infinité de racines réelles, les unes positives, les autres négatives. De plus, si l'on y remplace z par $x + y\sqrt{-1}$, x et y étant des variables réelles, on en tirera

$$(2) \qquad a x + b = \frac{2 \sin 2 x}{e^{2y} + 2 \cos 2 x + e^{-2y}} , \qquad a y = \frac{e^{2y} - e^{-2y}}{e^{2y} + 2 \cos 2 x + e^{-2y}} .$$

Or, le trinome

$$e^{2y} + 2\cos 2x + e^{-2y}$$

étant essentiellement positif, et les deux quantités

$$y, \quad e^{2y} - e^{-2y}$$

étant toujours de même signe, il est clair que, si la quantité a devient négative, on ne pourra satisfaire à la seconde des formules (2), à moins de supposer $y = 0$. Cette remarque s'étend au cas même où la constante a s'évanouirait. Car, dans ce cas particulier, la seconde des formules (2) donnerait

$$e^{2y} - e^{-2y} = 0,$$

ou, ce qui revient au même,

$$4y \left\{ 1 + \frac{(2y)^2}{1.2.3} + \frac{(2y)^4}{1.2.3.4.5} + \dots \right\} = 0.$$

et par conséquent

$$y = 0.$$

Donc, si l'on a

$$(3) \qquad a = \text{ou} < 0,$$

l'équation (1) n'admettra pas de racines imaginaires.

Concevons à présent que la constante a devienne positive. Si l'on attribue à la variable y une valeur différente de zéro, on tirera des équations (2)

$$(4) \qquad \frac{2\sin 2x}{ax+b} = \frac{e^{2y} - e^{-2y}}{ay},$$

ou, ce qui revient au même,

$$(5) \qquad \left(1 + \frac{b}{ax}\right) \frac{e^{2y} - e^{-2y}}{4y} = \frac{\sin 2x}{2x}.$$

Or, comme la valeur numérique du rapport

$$\frac{e^{2y} - e^{-2y}}{4y}$$

surpassera celle de la fraction $\dfrac{\sin 2x}{2x}$, l'équation (5) ne pourra évidemment subsister qu'autant que l'on aura

(6) $$\left(1+\frac{b}{ax}\right)^2<1,$$

et par conséquent

(7) $$1+\frac{2ax}{b}<0.$$

D'ailleurs cette dernière condition se réduit, pour des valeurs positives de la constante b, à

(8) $$x<-\frac{b}{2a},$$

et, pour des valeurs négatives de la constante b, à

(9) $$x>-\frac{b}{2a}.$$

Donc, si l'on a

(10) $$a>0,$$

toutes les racines imaginaires de l'équation (1) offriront une partie réelle supérieure à la quantité $-\frac{b}{2a}$ supposée positive, ou inférieure à la quantité $-\frac{b}{2a}$ supposée négative. Au reste, on ne saurait douter que l'on ne puisse satisfaire par des valeurs imaginaires de z à des équations de la forme

(1) $$\tang z = az + b,$$

mais dans lesquelles a serait positif, et b différent de zéro. En effet, concevons que, α et β désignant deux quantités réelles dont la seconde ne soit pas nulle, on suppose

(11) $$\left\{\begin{aligned} a &= \frac{4}{e^{2\beta}+2\cos 2\alpha+e^{-2\beta}}\,\frac{e^{2\beta}-e^{-2\beta}}{4\beta},\\ b &= \frac{4\alpha}{e^{2\beta}+2\cos 2\alpha+e^{-2\beta}}\left\{\frac{\sin 2\alpha}{2\alpha}-\frac{e^{2\beta}-e^{-2\beta}}{4\beta}\right\}. \end{aligned}\right.$$

Alors, pour vérifier l'équation (1), il suffira de prendre

$$z=\alpha+\beta\sqrt{-1}.$$

§ 4.ᵉ *Sur les racines de l'équation* $\tan z = \dfrac{az}{z^2+b}$

Considérons à présent l'équation transcendante

$$(1) \qquad \tan z = \frac{az}{z^2+b} \,,$$

a et b désignant deux constantes réelles. On reconnaîtra sans peine qu'elle admet, comme l'équation (8) du § 1.ᵉʳ, une racine nulle, et une infinité de racines réelles, deux à deux égales, mais de signes contraires. De plus, si l'on pose, dans l'équation (1),

$$z = y\sqrt{-1} \,,$$

y étant une variable réelle, et, si l'on divise ensuite les deux membres par y, on trouvera

$$(2) \qquad \frac{a}{b-y^2} = \frac{e^y - e^{-y}}{y(e^y + e^{-y})} \,.$$

Or, il est aisé de s'assurer que cette dernière équation, dont le second membre

$$\frac{e^y - e^{-y}}{y(e^y + e^{-y})} = \frac{1 + \dfrac{y^2}{1.2.3} + \dfrac{y^4}{1.2.3.4.5} + \dots}{1 + \dfrac{y^2}{1.2} + \dfrac{y^4}{1.2.3.4} + \dots} \,.$$

reste inférieur à l'unité pour toutes les valeurs réelles de y, n'admettra point de racines réelles, si, la constante a étant positive, le rapport $\dfrac{b}{a}$ est négatif, ou bien positif, mais inférieur à l'unité. Donc, si l'on a simultanément

$$(3) \qquad a > 0 \,, \qquad \frac{b}{a} < 1 \,,$$

l'équation (1) n'aura pas de racines imaginaires, dans lesquelles la partie réelle s'évanouisse.

Il est essentiel d'observer que les conditions ici indiquées, à l'aide des signes $>$ et $<$ placés entre deux quantités, doivent être étendues au cas même où ces quantités deviennent égales entre elles. C'est une convention qu'il est utile d'adopter pour simplifier les notations, et que nous admettrons en général dans la suite de cet article.

Si les conditions (3) n'étaient pas remplies, l'équation (2) pourrait admettre quelques racines réelles, qui, prises deux à deux, seraient égales, mais de signes contraires, et par conséquent l'équation (1) pourrait admettre des racines imaginaires qui seraient, deux à deux, de la forme

$$(4) \qquad z = \zeta\sqrt{-1}\,, \qquad z = -\zeta\sqrt{-1}\,.$$

Pour savoir si l'équation (1) admet des racines imaginaires, dans lesquelles la partie réelle ne soit pas nulle, on fera

$$z = x + y\sqrt{-1}\,,$$

x, y désignant deux variables réelles, et l'on tirera de cette équation

$$(5) \qquad \operatorname{tang}(x + y\sqrt{-1}) = \frac{a(x+y\sqrt{-1})}{(x+y\sqrt{-1})^2+b} = \frac{a(x+y\sqrt{-1})[(x-y\sqrt{-1})^2+b]}{(x^2-y^2+b)^2+4x^2y^2}\,,$$

ou, ce qui revient au même,

$$\frac{\sin 2x + \frac{1}{2}(e^{2y}-e^{-2y})\sqrt{-1}}{\cos 2x + \frac{1}{2}(e^{2y}+e^{-2y})} = \frac{a[(x^2+y^2)(x-y\sqrt{-1})+b(x+y\sqrt{-1})]}{(x^2-y^2+b)^2+4x^2y^2}\,;$$

puis l'on en conclura, en supposant que les quantités x et y diffèrent de zéro,

$$(6) \qquad \left\{ \begin{array}{l} \dfrac{2\sin 2x}{e^{2y}+2\cos 2x+e^{-2y}} = \dfrac{ax(b+x^2+y^2)}{(x^2-y^2+b)^2+4x^2y^2}\,, \\[2ex] \dfrac{e^{2y}-e^{-2y}}{e^{2y}+2\cos 2x+e^{-2y}} = \dfrac{ay(b-x^2-y^2)}{(x^2-y^2+b)^2+4x^2y^2}\,, \end{array} \right.$$

et par suite

$$(7) \qquad \frac{\sin 2x}{2x}\,\frac{1}{b+x^2+y^2} = \frac{e^{2y}-e^{-2y}}{4y}\,\frac{1}{b-x^2-y^2}\,,$$

Or, cette dernière équation ne saurait être admise, si b est positif ou nul, c'est-à-dire si l'on a

$$(8) \qquad b > 0\,.$$

En effet, y n'étant pas nulle, la valeur numérique de la fraction

$$\frac{e^{2y}-e^{-2y}}{4y}$$

surpassera celle de $\dfrac{\sin 2x}{2x}$; et, si la condition (8) est remplie, la valeur numérique du rapport

$$\frac{1}{b - x^2 - y^2}$$

sera encore égale ou supérieure à celle du rapport

$$\frac{1}{b + x^2 + y^2} .$$

Donc, lorsque b est positif ou nul, l'équation (1) n'admet pas de racines imaginaires dans lesquelles la partie réelle diffère de zéro. Si les conditions (3) et (8) étaient simultanément vérifiées, c'est-à-dire si l'on avait à-la-fois

$$(9) \qquad\qquad a > b \quad\text{et}\quad b > 0 ,$$

l'équation (1) ne pourrait admettre que des racines réelles.

On peut encore déduire de l'équation (5) une autre conséquence digne de remarque. En effet, comme on a généralement

$$(10) \qquad \tan g z = \frac{e^{z\sqrt{-1}} - e^{-z\sqrt{-1}}}{\left(e^{z\sqrt{-1}} + e^{-z\sqrt{-1}}\right)\sqrt{-1}} = \frac{e^{2z\sqrt{-1}} - 1}{\left(e^{2z\sqrt{-1}} + 1\right)\sqrt{-1}} ,$$

et par suite

$$(11) \qquad e^{2z\sqrt{-1}} = \frac{1 + \sqrt{-1}\,\tan g z}{1 - \sqrt{-1}\,\tan g z} ,$$

on tirera évidemment de l'équation (5)

$$(12) \qquad e^{-2y + 2x\sqrt{-1}} = \frac{(x + y\sqrt{-1})^2 + b + (x + y\sqrt{-1})\,a\sqrt{-1}}{(x + y\sqrt{-1})^2 + b - (x + y\sqrt{-1})\,a\sqrt{-1}} .$$

Si maintenant on égale entre eux les carrés des modules des expressions imaginaires que renferment les deux membres de la formule (12), on trouvera

$$(13) \quad
\begin{aligned}
e^{-4y} &= \frac{\left[(x + y\sqrt{-1})^2 + b + (x + y\sqrt{-1})\,a\sqrt{-1}\right]\left[(x - y\sqrt{-1})^2 + b - (x - y\sqrt{-1})\,a\sqrt{-1}\right]}{\left[(x + y\sqrt{-1})^2 + b - (x + y\sqrt{-1})\,a\sqrt{-1}\right]\left[(x - y\sqrt{-1})^2 + b + (x + y\sqrt{-1})\,a\sqrt{-1}\right]} \\[2mm]
&= \frac{(x^2 - y^2 + b - ay)^2 + x^2(2y + a)^2}{(x^2 - y^2 + b + ay)^2 + x^2(2y - a)^2} \\[2mm]
&= \frac{(x^2 - y^2 + b)^2 + 4x^2 y^2 + a^2(x^2 + y^2) + 2ay(x^2 + y^2 - b)}{(x^2 - y^2 + b)^2 + 4x^2 y^2 + a^2(x^2 + y^2) - 2ay(x^2 + y^2 - b)} .
\end{aligned}$$

Or, l'exponentielle qui forme le premier membre de l'équation (15) étant nécessairement une quantité positive qui reste inférieure à l'unité pour des valeurs positives de la variable y, et devient supérieure à l'unité pour des valeurs négatives de la même variable, on conclura de l'équation (15) que la différence entre le polynome

$$(x^2 - y^2 + b - ay)^2 + x^2(2y + a)^2 = (x^2 - y^2 + b)^2 + 4x^2y^2 + a^2(x^2 + y^2) + 2ay(x^2 + y^2 - b),$$

et le polynome

$$(x^2 - y^2 + b + ay)^2 + x^2(2y - a)^2 = (x^2 - y^2 + b)^2 + 4x^2y^2 + a^2(x^2 + y^2) - 2ay(x^2 + y^2 - b),$$

c'est-à-dire le produit

$$4\,ay(x^2 + y^2 - b),$$

doit être une quantité de même signe que $-y$. On doit donc avoir, pour toutes les valeurs de y différentes de zéro,

$$(14) \qquad a(x^2 + y^2 - b) < 0.$$

D'ailleurs, si l'on suppose

$$(15) \qquad b < 0,$$

la condition (14) ne pourra être vérifiée à moins que l'on n'ait en même temps

$$a < 0.$$

Donc, si l'on avait à-la-fois

$$(16) \qquad a > 0 \quad \text{et} \quad b < 0,$$

l'équation (1) ne pourrait admettre que des racines réelles.

Il est bon d'observer que les formules (9) et (16) sont comprises dans les suivantes

$$(5) \qquad a > 0 \quad \text{et} \quad \frac{b}{a} < 0.$$

Donc, toutes les fois que ces dernières conditions seront vérifiées, l'équation (1) n'admettra pas de racines imaginaires.

Nous remarquerons, en terminant ce paragraphe, que l'équation (1) peut s'écrire comme il suit

$$(17) \qquad (z^2 + b)\sin z - az\cos z = 0.$$

En la présentant sous cette forme, et supposant les conditions (16) remplies, on reconnaîtra qu'elle coïncide avec l'équation qui sert à déterminer le mouvement de la chaleur dans une barre cylindrique ou prismatique d'une petite épaisseur.

$$\S\ 5.^o\ \textit{Sur les racines de l'équation}\quad \tan g\,z = \frac{a}{\sqrt{-1}}\,\tan g\,(cz\sqrt{-1}).$$

Considérons encore l'équation

$$(1)\qquad\qquad \tan g\,z = \frac{a}{\sqrt{-1}}\,\tan g\,(cz\sqrt{-1})\,,$$

qu'on peut aussi présenter sous la forme

$$(2)\qquad\qquad \tan g\,z = a\,\frac{e^{cz}-e^{-cz}}{e^{cz}-e^{-cz}}\,.$$

On reconnaîtra facilement qu'elle a une infinité de racines réelles, qui, prises deux à deux, sont égales, mais de signes contraires, et dont l'une se trouve renfermée entre les limites

$$\left(n-\frac{1}{2}\right)\pi\,,\qquad \left(n+\frac{1}{2}\right)\pi\,,$$

n désignant un nombre entier quelconque. De plus, comme il suffit de remplacer z par $z\sqrt{-1}$, pour que l'équation (2) se transforme dans la suivante

$$(3)\qquad\qquad \tan g\,cz = \frac{1}{a}\,\frac{e^{z}-e^{-z}}{e^{z}+e^{-z}}\,,$$

il est clair que l'équation (2) aura encore une infinité de racines imaginaires qui seront deux à deux de la forme

$$z = \zeta\sqrt{-1}\,,\qquad z = -\zeta\sqrt{-1}\,,$$

[ζ désignant une quantité réelle], et dans l'une desquelles le coëfficient de $\sqrt{-1}$ se trouvera compris entre les deux limites

$$\frac{1}{c}\left(n-\frac{1}{2}\right)\pi\,,\qquad \frac{1}{c}\left(n+\frac{1}{2}\right)\pi\,.$$

J'ajoute maintenant que l'équation proposée n'aura pas de racines imaginaires, dans lesquelles la partie réelle diffère de zéro ; et en effet, si l'on remplace z par $x + y\sqrt{-1}$, x et y étant des variables réelles, cette équation donnera

$$(4) \qquad \operatorname{tang}(x + y\sqrt{-1}) = \frac{a}{\sqrt{-1}} \operatorname{tang}(cx\sqrt{-1} - cy) ,$$

ou, ce qui revient au même,

$$(5) \qquad \frac{\sin 2x + \frac{1}{2}(e^{2y} - e^{-2y})\sqrt{-1}}{\cos 2x + \frac{1}{2}(e^{2y} + e^{-2y})} = a \frac{\frac{1}{2}(e^{2cx} - e^{-2cx}) + \sqrt{-1}\sin 2cy}{\frac{1}{2}(e^{2cx} + e^{-2cx}) + \cos 2cy} ,$$

et par suite

$$(6) \quad \begin{cases} \dfrac{2\sin 2x}{e^{2y} + 2\cos 2x + e^{-2y}} = a \dfrac{e^{2cx} - e^{-2cx}}{e^{2cx} + 2\cos 2cy + e^{-2cx}} , \\[2ex] \dfrac{e^{2y} - e^{-2y}}{e^{2y} + 2\cos 2x + e^{-2y}} = a \dfrac{2\sin 2cy}{e^{2cx} + 2\cos 2cy + e^{-2cx}} . \end{cases}$$

Or, on tire de ces dernières, lorsqu'on suppose les valeurs de x et de y différentes de zéro,

$$(7) \qquad \frac{\sin 2x}{2x} \frac{\sin 2cy}{2cy} = \frac{e^{2y} - e^{-2y}}{4y} \frac{e^{2cx} - e^{-2cx}}{4cx} .$$

D'ailleurs, l'équation (7) ne saurait être admise, puisque des quatre rapports

$$\frac{\sin 2x}{2x} , \qquad \frac{\sin 2cy}{2cy} , \qquad \frac{e^{2y} - e^{-2y}}{4y} , \qquad \frac{e^{2cx} - e^{-2cx}}{4cx} ,$$

les deux premiers sont inférieurs, et les seconds supérieurs à l'unité [abstraction faite des signes]. Donc, dans toutes les racines de l'équation (2), la partie réelle x, ou le coëfficient y de $\sqrt{-1}$ se réduisent à zéro. En d'autres termes, cette équation a seulement des racines réelles, et des racines imaginaires dont la partie réelle s'évanouit.

Lorsqu'on réduit les constantes a et c à ± 1, les équations (2) et (5) coïncident toutes deux avec l'une des suivantes

$$(8) \qquad \operatorname{tang} z = \frac{e^{z} - e^{-z}}{e^{z} + e^{-z}} , \qquad\qquad (9) \qquad \operatorname{tang} z = -\frac{e^{z} - e^{-z}}{e^{z} + e^{-z}} .$$

Donc chacune de ces dernières admet une infinité de racines, qui, prises quatre à quatre, sont de la forme

$$(10) \qquad z = \zeta\, , \qquad z = -\zeta\, . \qquad z = \zeta\sqrt{-1}\, , \qquad z = -\zeta\sqrt{-1}\, ,$$

ζ désignant une quantité positive ; et n'a point de racines imaginaires dans lesquelles la partie réelle diffère de zéro. La remarque que l'on vient de faire est très-utile dans la théorie des vibrations des lames élastiques, attendu que la formule à l'aide de laquelle on détermine ces vibrations, a pour second membre une fonction des racines des équations (8) et (9).

$$\S\ 6.^{e}\ \textit{Sur les racines de l'équation}\quad \tang cz = f(z).$$

Considérons maintenant l'équation

$$(1) \qquad\qquad \tang cz = f(z)\, ,$$

c étant une constante réelle, que l'on peut toujours réduire, en changeant, s'il est nécessaire, les signes des deux membres, à une quantité positive, et $f(z)$ désignant une fonction quelconque de la variable z. Si cette fonction, étant réelle, conserve une valeur finie, toutes les fois qu'on attribue à z une valeur positive ou négative, et supérieure (abstraction faite du signe) à une limite donnée l, l'équation (1) aura certainement une infinité de racines réelles. En effet, désignons par n un nombre entier quelconque supérieur à la somme

$$\frac{l}{\pi} + \frac{1}{2}\, .$$

Comme en aura

$$\left(n - \frac{1}{2}\right)\pi > l\, ,$$

il est clair que, si l'on fait varier z

depuis $\qquad z = \dfrac{1}{c}\left(n - \dfrac{1}{2}\right)\pi \qquad$ jusqu'à $\qquad z = \dfrac{1}{c}\left(n + \dfrac{1}{2}\right)\pi\, ,$

ou depuis $\qquad z = -\dfrac{1}{c}\left(n + \dfrac{1}{2}\right)\pi \qquad$ jusqu'à $\qquad z = -\dfrac{1}{c}\left(n - \dfrac{1}{2}\right)\pi\, ,$

dans l'équation (1) présentée sous la forme

$$(2) \qquad\qquad \tang cz - f(z) = 0\, ,$$

le premier membre passera, en même temps que le terme $\tang cz$, de l'infini négatif à l'infini positif, ou réciproquement. Donc il s'évanouira dans l'intervalle ; d'où il résulte que l'équation (1) admettra au moins une racine positive comprise entre les limites

$$\frac{1}{c}\left(n-\frac{1}{2}\right)\pi\,,\qquad \frac{1}{c}\left(n+\frac{1}{2}\right)\pi\,,$$

et une racine négative comprise entre les limites

$$-\frac{1}{c}\left(n+\frac{1}{2}\right)\pi\,,\qquad -\frac{1}{c}\left(n-\frac{1}{2}\right)\pi\,.$$

Donc, puisque le nombre entier n peut croître indéfiniment, l'équation (1) admettra une infinité de racines réelles, les unes positives, les autres négatives.

Il est important d'observer que la limite l existe, toutes les fois que les racines réelles de l'équation

$$(3)\qquad\qquad \frac{1}{f(z)}=0\,,$$

sont en nombre fini. Donc, si cette condition est remplie, les racines réelles de l'équation (1) seront au contraire en nombre infini. C'est ce qui arrivera en particulier, si l'on prend pour $f(z)$ une fonction réelle et rationnelle de la variable z, c'est-à-dire si l'on suppose

$$(4)\qquad\qquad f(z)=\frac{f(z)}{F(z)}\,,$$

$f(z)$ et $F(z)$ désignant deux fonctions réelles et entières de la même variable. Alors le nombre l ne sera autre chose qu'une limite supérieure aux valeurs numériques des racines réelles de l'équation

$$(5)\qquad\qquad F(z)=0\,.$$

Si, pour fixer les idées, on prend successivement

$$f(z)=z,\quad f(z)=az,\quad f(z)=az+b,\quad f(z)=\frac{az}{z^2+b},\quad f(z)=a\frac{e^{cz}-e^{-cz}}{e^{cz}+e^{-cz}}\,,$$

et, si l'on remplace en même temps c par l'unité dans le premier membre de l'équation (1), on se trouvera ainsi ramené aux équations que nous avons déjà traitées, et l'on reconnaîtra immédiatement que chacune d'elles admet une infinité de racines réelles positives et de racines réelles négatives.

Revenons maintenant au cas où, la constante c étant positive, la fonction $f(z)$

une valeur quelconque. Alors , si l'on remplace z par $x + y\sqrt{-1}$, x et y étant des variables réelles, on pourra supposer

$$(6) \qquad f(x + y\sqrt{-1}) = P + Q\sqrt{-1},$$

P, Q désignant des fonctions réelles des variables x, y; et l'équation (1) donnera

$$(7) \qquad P + Q\sqrt{-1} = \mathrm{tang}\,(cx + cy\sqrt{-1}) = \frac{\sin 2cx + \frac{1}{2}(e^{2cy} - e^{-2cy})\sqrt{-1}}{\cos 2cx + \frac{1}{2}(e^{2cy} + e^{-2cy})},$$

ou , ce qui revient au même,

$$(8) \qquad P = \frac{2\sin 2cx}{e^{2cy} + 2\cos 2cx + e^{-2cy}} \quad, \quad Q = \frac{e^{2cy} - e^{-2cy}}{e^{2cy} + \cos 2cx + e^{-2cy}};$$

puis l'on en conclura, pour des valeurs de x et de y, différentes de zéro,

$$(9) \qquad \frac{\sin 2cx}{2cx}\,\frac{Q}{y} = \frac{e^{2cy} - e^{-2cy}}{4cy}\,\frac{P}{x}.$$

Or, comme la fraction

$$(10) \qquad \frac{e^{2cy} - e^{-2cy}}{4cy} = 1 + \frac{(2cy)^2}{1.2.3} + \frac{(2cy)^4}{1.2.3.4.5} + \mathrm{etc}\ldots,$$

toujours supérieure à l'unité, surpasse, à plus forte raison, la valeur numérique du rapport $\dfrac{\sin 2cx}{2cx}$, il est clair que l'équation (9) ne pourra subsister, si les fonctions P, Q sont telles que, pour toutes les valeurs possibles des variables réelles x, y, la valeur numérique du rapport $\dfrac{Q}{y}$ demeure constamment égale ou inférieure à celle du rapport $\dfrac{P}{x}$; ce qui arrivera, si l'on a constamment

$$(11) \qquad \left(\frac{P}{x}\right)^2 - \left(\frac{Q}{y}\right)^2 > 0,$$

ou , ce qui revient au même ,

$$(12) \qquad (Py + Qx)(Py - Qx) > 0.$$

Donc, si cette dernière condition est remplie, indépendamment des valeurs attribuées aux variables réelles x, y, alors, dans toutes les racines de l'équation (1), la partie réelle ou le coëfficient de $\sqrt{-1}$ s'évanouira; et cette équation n'aura pas de racines imaginaires qui ne soient de la forme

$$z = \pm \zeta \sqrt{-1} ,$$

ζ désignant une quantité réelle.

Si, la condition (12) étant remplie pour toutes les valeurs réelles de x et de y, la quantité P se réduit, pour une valeur nulle de x, à une fonction de y qui ne puisse jamais s'évanouir, alors la première des formules (8) ne pourra subsister pour $x = 0$; et par conséquent l'équation (1), n'admettant point de racines imaginaires de la forme $\pm \zeta \sqrt{-1}$, n'aura que des racines réelles.

Si la condition (12) se vérifie, toutes les fois qu'on attribue à x des valeurs réelles comprises entre deux limites données x_1, x_2, et à y des valeurs réelles comprises entre deux autres limites y_1, y_2 ; on pourra seulement affirmer que l'équation (1) n'admet pas de racines imaginaires dans lesquelles la partie réelle x, et le coëfficient y de $\sqrt{-1}$, obtiennent des valeurs différentes de zéro, et respectivement comprises entre les limites

$$x = x_1 , \qquad x = x_2 ; \qquad y = y_1 , \qquad y = y_2 .$$

Supposons maintenant que la fonction $f(z)$ soit réelle. Alors l'équation

$$(13) \quad P + Q\sqrt{-1} = f(x + y\sqrt{-1}) = f(x) + \frac{y\sqrt{-1}}{1} f'(x) - \frac{y^2}{1.2} f''(x) - \frac{y^3\sqrt{-1}}{1.2.3} f'''(x) + \text{etc}\ldots ,$$

entraînera les deux suivantes

$$(14) \quad \begin{cases} P = f(x) - \dfrac{y^2}{1.2} f''(x) + \dfrac{y^4}{1.2.3.4} f''''(x) - \text{etc}\ldots , \\[2ex] \dfrac{Q}{y} = f'(x) - \dfrac{y^2}{1.2.3} f'''(x) + \text{etc}\ldots \end{cases}$$

Par suite, si l'on fait converger y vers la limite zéro, la quantité P convergera vers la limite $f(x)$, et le rapport $\frac{Q}{y}$ vers la limite $f'(x)$. Donc, si l'on pose $y = 0$ dans la formule (12), après avoir divisé les deux membres par y^2, elle donnera

$$(15) \qquad [f(x) + x f'(x)] \cdot [f(x) - x f'(x)] > 0 .$$

Pour que la condition (12) se vérifie indépendamment des valeurs attribuées aux variables réelles x, y, il sera nécessaire, et il suffira, 1.° que la condition (15) soit remplie pour toutes les valeurs réelles de x ; 2.° que l'équation

(314)

(16)
$$(Py + Qx)(Py - Qx) = 0,$$

résolue par rapport à y, ne fournisse jamais de racines réelles qui ne soient, deux à deux, égales entre elles. Ajoutons que la condition (15) sera remplie, si l'équation

(17)
$$[f(x) + x f'(x)][f(x) - x f'(x)] = 0$$

admet seulement des racines imaginaires, ou des racines réelles doubles, quadruples, etc..., et si de plus la quantité

(18)
$$f(o)$$

obtient une valeur différente de zéro. Dans le cas particulier où cette quantité s'évanouit, la formule générale

(19)
$$f(x) = f(o) + x f'(\theta x),$$

qui subsiste toujours, pour une valeur réelle de θ comprise entre les limites o, 1, se réduit simplement à

$$f(x) = x f'(\theta x),$$

et la condition (15), réduite elle-même à la forme

(20)
$$[f'(\theta x)]^2 - [f'(x)]^2 > o,$$

ne peut être satisfaite qu'autant que la valeur numérique de la fonction $f'(x)$ devient un maximum pour $x = o$.

Il est facile d'appliquer ces principes généraux aux cas où l'on suppose que la fonction $f(z)$ est entière ou même rationnelle, attendu que, dans les deux hypothèses, les premiers membres des formules (12), (15), (16) et (17) se réduisent immédiatement, ou du moins peuvent être réduits à des fonctions entières des variables x, y, ou de la seule variable x.

La formule (11) et celles qui s'en déduisent ne sont pas les seules qui puissent servir à fixer la nature des racines de l'équation (1). En effet, si, dans cette équation, l'on substitue à la fonction $\tang cz$ sa valeur en exponentielles imaginaires, savoir

(21)
$$\tang cz = \frac{1}{\sqrt{-1}} \frac{e^{cz\sqrt{-1}} - 1}{e^{cz\sqrt{-1}} + 1},$$

on en tirera

$$(22) \qquad e^{2z\sqrt{-1}} = \frac{1 + \sqrt{-1}\, f(z)}{1 - \sqrt{-1}\, f(z)} \, ,$$

puis, en posant $z = x + y\sqrt{-1}$,

$$(23) \qquad e^{-2cy}(\cos 2cx + \sqrt{-1}\sin 2cx) = \frac{1 - Q + P\sqrt{-1}}{1 + Q - P\sqrt{-1}} \, ,$$

Enfin, si l'on égale entre eux les modules des expressions imaginaires qui forment les deux membres de la formule (23), on trouvera

$$(24) \qquad e^{-2cy} = \sqrt{\left[\frac{(1-Q)^2+P^2}{(1+Q)^2+P^2}\right]} \, ,$$

ou, ce qui revient au même,

$$(25) \qquad e^{-2cy} = \frac{(1-Q)^2+P^2}{(1+Q)^2+P^2} \, .$$

Or, l'équation (25) ne pourra évidemment subsister, pour des valeurs de la variable y différentes de zéro, si l'on a pour des valeurs positives de cette variable

$$\frac{(1-Q)^2+P^2}{(1+Q)^2+P^2} > 1 \, ,$$

et, pour des valeurs négatives de y,

$$\frac{(1-Q)^2+P^2}{(1+Q)^2+P^2} < 1 \, ,$$

c'est-à-dire, en d'autres termes, si l'on a, pour des valeurs positives ou négatives de la variable y,

$$\frac{1}{y}\left\{\frac{(1-Q)^2+P^2}{(1+Q)^2+P^2} - 1\right\} > 0 \, ,$$

ou plus simplement

$$(26) \qquad \frac{Q}{y} < 0 \, .$$

Donc, si la condition (26) est remplie, indépendamment des valeurs attribuées aux variables réelles x, y, le coëfficient de $\sqrt{-1}$ sera nul, dans toutes les racines de l'équation (1), et cette équation n'aura pas de racines imaginaires.

Si la condition (26) était remplie, non pas en général, mais pour les systèmes de valeurs réelles de x et de y comprises entre certaines limites, on pourrait seulement affirmer que l'équation (1) n'admet pas de racines imaginaires, dans lesquelles la partie réelle et le coëfficient de $\sqrt{-1}$ seraient renfermés entre ces limites.

L'une des conditions (26) ou (11) sera nécessairement remplie toutes les fois que l'on aura

$$(27) \qquad \frac{P}{x} - \frac{Q}{y} > 0.$$

En effet, supposons que, pour des valeurs de x et de y comprises entre certaines limites, la formule (27) se vérifie. Alors, ou la condition (26) sera elle-même vérifiée; ou la quantité $\dfrac{Q}{y}$ sera positive, et par suite on pourra en dire autant, non-seulement de la fraction $\dfrac{P}{x}$, qui, en vertu de la condition (27), devra surpasser le rapport $\dfrac{Q}{y}$, mais encore de la somme

$$\frac{P}{x} + \frac{Q}{y}.$$

Or, si l'on multiplie par cette dernière somme les deux membres de la formule (27), on reproduira la formule (11). Cela posé, il est clair que, dans l'une et l'autre hypothèses, toutes les racines imaginaires de l'équation (1), qui ne seront pas de la forme $\pm \zeta\sqrt{-1}$, offriront des parties réelles et des coëfficients de $\sqrt{-1}$ situés hors des limites données. Si la condition (27) était remplie pour toutes les valeurs possibles des variables x et y, l'équation (1) n'admettrait que des racines réelles, ou des racines imaginaires de la forme $\pm \zeta\sqrt{-1}$.

On pourrait joindre aux formules (26) et (27) une multitude d'autres formules propres à signaler dans l'équation (1), toutes les fois qu'elles se trouveraient vérifiées, l'absence de certaines racines. Ainsi, par exemple, comme, en vertu de la formule (24), on aura, pour toutes les valeurs de y différentes de zéro,

$$(28) \qquad \frac{e^{2y} - e^{-2y}}{4 c y} = \frac{Q}{c y} \frac{1}{\sqrt{[(1+Q)^2 + P^2]} \cdot \sqrt{[(1-Q)^2 + P^2]}},$$

et par suite

$$\frac{Q}{c y} \frac{1}{\sqrt{[(1+Q)^2 + P^2]} \cdot \sqrt{[(1-Q)^2 + P^2]}} > 1,$$

ou, ce qui revient au même,

$$\frac{Q}{y} > c \sqrt{[(1+Q)^2 + P^2]} \cdot \sqrt{[(1-Q)^2 + P^2]},$$

il est clair que, si la condition

$$(29) \qquad \frac{Q}{y} < c \sqrt{[(1+Q)^2 + P^2]} \cdot \sqrt{[(1-Q)^2 + P^2]},$$

se trouve remplie, indépendamment des valeurs attribuées aux variables x et y, l'équation (1) n'aura pas de racines imaginaires.

Observons encore que l'équation (25), qui peut être présentée sous la forme

$$(30) \qquad e^{-2cy}(\cos 2cx + \sqrt{-1}\sin 2cx) = \frac{(1+P\sqrt{-1})^2 - Q^2}{(1+Q)^2 + P^2},$$

entraîne les deux suivantes

$$(31) \qquad e^{-2cy}\cos 2cx = \frac{1 - P^2 - Q^2}{(1+Q)^2 + P^2}, \qquad e^{-2cy}\sin 2cx = \frac{2P}{(1+Q)^2 + P^2},$$

et que l'on tire de ces dernières, combinées avec la formule (24),

$$(32) \quad \cos 2cx = \frac{1 - P^2 - Q^2}{\sqrt{[(1+Q)^2 + P^2]} \cdot \sqrt{[(1-Q)^2 + P^2]}}, \quad \sin 2cx = \frac{2P}{\sqrt{[(1+Q)^2 + P^2]} \cdot \sqrt{[(1-Q)^2 + P^2]}}$$

On aura en conséquence, pour toutes les valeurs de x différentes de zéro,

$$(33) \qquad \frac{\sin 2cx}{2cx} = \frac{P}{cx} \cdot \frac{1}{\sqrt{[(1+Q)^2 + P^2]} \cdot \sqrt{[(1-Q)^2 + P^2]}}.$$

Donc, puisque le rapport

$$\frac{\sin 2cx}{2cx}$$

est toujours inférieur à l'unité [abstraction faite du signe], on pourra en dire autant, si la variable x n'est pas nulle, de la fraction

$$\frac{P}{cx} \cdot \frac{1}{\sqrt{[(1+Q)^2 + P^2]} \cdot \sqrt{[(1-Q)^2 + P^2]}}.$$

Donc, si la condition

$$(34) \qquad \left(\frac{P}{x}\right)^2 > c^2[(1+Q)^2 + P^2][(1-Q)^2 + P^2]$$

se trouve remplie, indépendamment des valeurs attribuées aux variables x, y, l'équa...

tion (1) n'aura pas de racines imaginaires, dans lesquelles la partie réelle diffère de zéro.

En général, soit

$$(55) \qquad \varphi[x, y, e^{2cy}, \cos 2cx, \sin 2cx]$$

une fonction des quantités x, y, e^{2cy}, $\cos 2cx$, $\sin 2cx$, qui, par sa nature, doive toujours rester supérieure à un certain minimum A, ou inférieure à un certain maximum B; et désignons par

$$\psi(x, y)$$

ce que devient l'expression (55), quand on y substitue, pour e^{2cy}, $\cos 2cx$ et $\sin 2cx$, leurs valeurs tirées des formules (24) et (32). Il est clair que, si la condition

$$(56) \qquad \psi(x, y) < A,$$

ou

$$(57) \qquad \psi(x, y) > B,$$

se trouve remplie pour toutes les valeurs de x et de y comprises entre des limites données, l'équation (1) n'admettra pas de racines imaginaires, dans lesquelles la partie réelle et le coëfficient de $\sqrt{-1}$ soient renfermés entre ces limites.

Il est bon de remarquer, 1.° que la formule (26) ne peut être vérifiée, sans que la formule (29) ne le soit aussi; 2.° que les formules (29) et (34), lorsqu'elles ont lieu simultanément, entraînent la formule (11).

Au reste, l'utilité des diverses formules analogues à celles que nous venons d'établir dépend surtout de leur simplicité; et, sous ce rapport, les formules (26) et (27) paraissent préférables à toutes les autres.

Concevons à présent que, dans l'équation (1), la fonction $f(z)$ soit réelle, et se présente sous la forme fractionnaire

$$(4) \qquad f(z) = \frac{\mathrm{f}(z)}{\mathrm{F}(z)}.$$

Posons d'ailleurs

$$(58) \qquad \mathrm{f}(x + y\sqrt{-1}) = r + s\sqrt{-1}, \qquad \mathrm{F}(x + y\sqrt{-1}) = R + S\sqrt{-1}.$$

r, s, R, S désignant des fonctions réelles des variables x, y. On trouvera

$$(59) \qquad f(x + y\sqrt{-1}) = \frac{\mathrm{f}(x+y\sqrt{-1})}{\mathrm{F}(x+y\sqrt{-1})} = \frac{\mathrm{f}(x+y\sqrt{-1}) \cdot \mathrm{F}(x-y\sqrt{-1})}{\mathrm{F}(x+y\sqrt{-1}) \cdot \mathrm{F}(x-y\sqrt{-1})},$$

ou , ce qui revient au même ,

$$(40) \qquad f(x + y\sqrt{-1}) = \frac{(r + s\sqrt{-1})(R - S\sqrt{-1})}{(R + S\sqrt{-1})(R - S\sqrt{-1})} = \frac{Rr + Ss + (Rs - Sr)\sqrt{-1}}{R^2 + S^2}$$

et l'on en conclura

$$(41) \qquad P = \frac{Rr + Ss}{R^2 + S^2}, \qquad Q = \frac{Rs - Sr}{R^2 + S^2}.$$

Par suite, les formules (11) et (27) pourront être réduites à

$$(42) \qquad \frac{Rs - Sr}{y} < 0,$$

$$(43) \qquad \frac{Rr + Ss}{x} - \frac{Rs - Sr}{y} > 0.$$

Donc l'équation

$$(44) \qquad \tang cz = \frac{f(z)}{F(z)}$$

n'aura que des racines réelles , si le rapport

$$(45) \qquad \frac{Rs - Sr}{y},$$

est négatif; et elle n'admettra pas de racines imaginaires dans lesquelles la partie réelle diffère de zéro, si la valeur numérique du même rapport est inférieure à celle de la fraction

$$(46) \qquad \frac{Rr + Ss}{x}.$$

Il est bon d'observer, en passant, 1.° que, la fonction $F(x)$ étant supposée réelle , le produit des deux facteurs

$$F(x + y\sqrt{-1}) , \qquad F(x - y\sqrt{-1})$$

est toujours une quantité réelle et positive , égale au carré du module de chacun d'eux. en sorte qu'on a généralement

$$(47) \qquad F(x + y\sqrt{-1}) \cdot F(x - y\sqrt{-1}) > 0,$$

... que , pour obtenir les binomes

$$(48) \qquad Rr + Ss , \qquad Rs - Sr ,$$

renfermés dans les formules (42) et (45), il suffit de chercher la partie réelle et le coefficient de $\sqrt{-1}$ dans le développement du produit

$$(49) \qquad f(x + y\sqrt{-1}) . F(x - y\sqrt{-1}) .$$

Ajoutons qu'en vertu de la formule (4), l'équation (22) devient

$$(50) \qquad e^{x \, z \sqrt{-1}} = \frac{F(z) + \sqrt{-1}\, f(z)}{F(z) + \sqrt{-1}\, f(z)} .$$

Il pourrait arriver que le binome

$$(51) \qquad F(z) + \sqrt{-1}\, f(z)$$

fût décomposable en facteurs imaginaires de même forme que lui, en sorte qu'on eût

$$(52) \qquad F(z) + \sqrt{-1}\, f(z) = [F_1(z) + \sqrt{-1}\, f_1(z)] [F_2(z) + \sqrt{-1}\, f_2(z)] \dots$$

Admettons cette hypothèse, et posons en outre

$$(53) \quad \begin{cases} f_1(x + y\sqrt{-1}) = r_1 + s_1 \sqrt{-1} , & f_2(x + y\sqrt{-1}) = r_2 + s_2 \sqrt{-1} , \text{ etc...,} \\ F_1(x + y\sqrt{-1}) = R_1 + S_1 \sqrt{-1} , & F_2(x + y\sqrt{-1}) = R_2 + S_2 \sqrt{-1} , \text{ etc...,} \end{cases}$$

$r_1 , s_1 ; r_2 , s_2 ,$ etc..., $R_1 , S_1 ; R_2 , S_2 ,$ etc..., désignant des fonctions réelles des variables x , y. L'équation (50) se présentera sous la forme

$$(54) \qquad e^{2 c z \sqrt{-1}} = \frac{F_1(z) + \sqrt{-1}\, f_1(z)}{F_1(z) - \sqrt{-1}\, f_1(z)} \; \frac{F_2(z) + \sqrt{-1}\, f_2(z)}{F_2(z) - \sqrt{-1}\, f_2(z)} \cdots ,$$

et l'on en tirera

$$(55) \quad e^{-2c} (\cos 2 cx \sqrt{-1} \sin 2 cx) = \frac{R_1 - s_1 + (S_1 + r_1)\sqrt{-1}}{R_1 + s_1 + (S_1 - r_1)\sqrt{-1}} \; \frac{R_2 - s_2 + (S_2 + r_2)\sqrt{-1}}{R_2 + s_2 + (S_2 - r_2)\sqrt{-1}} \cdots$$

Enfin, si l'on égale entre eux les modules des expressions imaginaires qui forment les deux membres de la formule (55), ou plutôt les carrés de ces modules , on trouvera

$$(56) \qquad e^{-4cy} = \frac{(R_1 - s_1)^2 + (S_1 + r_1)^2}{(R_1 + s_1)^2 + (S_1 - r_1)^2} \cdot \frac{(R_2 - s_2)^2 + (S_2 + r_2)^2}{(R_2 + s_2)^2 + (S_2 - r_2)^2} \cdots,$$

ou, ce qui revient au même,

$$(57) \qquad e^{-4cy} = \left\{ 1 - 4 \frac{R_1 s_1 - S_1 r_1}{(R_1 + s_1)^2 + (S_1 - r_1)^2} \right\} \left\{ 1 - 4 \frac{R_2 s_2 - S_2 r_2}{(R_2 + s_2)^2 + (S_2 - r_2)^2} \right\} \cdots$$

Or, il est clair que l'équation (1) ne pourra subsister, pour des valeurs de y différentes de zéro, si l'on a simultanément, pour des valeurs positives de la variable y

$$R_1 s_1 - S_1 r_1 < 0, \qquad R_2 s_2 - S_2 r_2 < 0, \qquad \text{etc...},$$

et, pour des valeurs négatives de la même variable,

$$R_1 s_1 - S_1 r_1 > 0, \qquad R_2 s_2 - S_2 r_2 > 0, \qquad \text{etc...},$$

c'est-à-dire, en d'autres termes, si l'on a, pour des valeurs positives ou négatives de y,

$$(58) \qquad \frac{R_1 s_1 - S_1 r_1}{y} < 0, \qquad \frac{R_2 s_2 - S_2 r_2}{y} < 0, \qquad \text{etc....}$$

Donc, si ces dernières conditions se trouvent simultanément vérifiées indépendamment des valeurs attribuées aux variables réelles x, y, l'équation (54) n'aura pas de racines imaginaires.

Afin de montrer une application des formules qui précèdent, considérons l'équation que M. Poisson a donnée à la page 376 du XIXe Cahier du Journal de l'École royale polytechnique, c'est-à-dire l'équation à laquelle se rapporte la distribution de la chaleur dans une sphère composée de deux parties de matières différentes. Si l'on fait, pour abréger,

$$\frac{ml}{a} = z, \qquad \frac{a}{a'} = \lambda, \qquad \frac{a \, l'}{a' \, l} = \mu, \qquad b'l = h, \qquad bl = k, \qquad \beta(l + l') - 1 = \alpha,$$

cette équation deviendra

$$(59) \quad \left\{ \begin{aligned} &[\lambda(\lambda + \mu) z^2 - \alpha(h + 1)] z \cos z \sin \mu z \\ &- [\lambda \alpha + (\lambda + \mu)(h + 1)] z^2 \cos z \cos \mu z \\ &+ [\lambda(\lambda + \mu)(k - 1) z^2 + \alpha(h - k + 1)] \sin z \sin \mu z \\ &- [\lambda \alpha(k - 1) - (\lambda + \mu)(h - k + 1)] z \sin z \cos \mu z = 0, \end{aligned} \right.$$

44

λ, μ, h, k désignant des constantes positives, et α une contante réelle supérieure à -1. On aura par suite

$$(60) \qquad e^{2\mu z \sqrt{-1}} = \frac{F(z) + \sqrt{-1}\, f(z)}{F(z) - \sqrt{-1}\, f(z)}\; \frac{(\lambda + \mu)\, z + \alpha \sqrt{-1}}{(\lambda + \mu)\, z - \alpha \sqrt{-1}},$$

les valeurs de $F(z)$ et $f(z)$ étant déterminées par les équations

$$(61) \qquad \begin{cases} F(z) = \lambda z\, [z \cos z + (k - 1) \sin z], \\[2mm] f(z) = z \cos z + (k - 1) \sin z + h\, (z \cos z - \sin z). \end{cases}$$

Or, si l'on attribue à $F(z)$, $f(z)$ ces mêmes valeurs, et si l'on fait, pour abréger,

$$x + y \sqrt{-1} = u, \qquad x - y \sqrt{-1} = v,$$

le produit (49) se réduira évidemment à

$$(62) \qquad f(u)\, F(v) =$$

$$\lambda\, (x - y \sqrt{-1}) \left\{ [u \cos u + (k - 1) \sin u]\, [v \cos v + (k - 1) \sin v] + h\, (u \cos u - \sin u)\, (v \cos v - \sin v) \right\}$$

$$- \lambda k h \left\{ (x - y \sqrt{-1}) \sin u \sin v + u v \left(\frac{e^{2y} - e^{-2y}}{4y} \sqrt{-1} - \frac{\sin 2x}{2x} \right) \right\}.$$

De plus, si l'on divise par y le coëfficient de $\sqrt{-1}$ dans le produit en question, l'on obtiendra pour quotient la somme des trois quantités

$$(63) \qquad - \lambda\, [u \cos u + (k - 1) \sin u]\, [v \cos v + (k - 1) \sin v],$$

$$(64) \qquad - \lambda h\, (u \cos u - \sin u)\, (v \cos v - \sin v),$$

$$(65) \quad \lambda k h \left\{ \sin u \sin v - u v\, \frac{\sin (2 y \sqrt{-1})}{2 y \sqrt{-1}} \right\} = \frac{\lambda k h}{2} \left\{ \frac{e^{2y} + e^{-2y}}{2} - \cos 2x - (x^2 + y^2)\, \frac{e^{2y} - e^{-2y}}{2 y} \right\}$$

Enfin, il est clair qu'en vertu de la formule (47), les produits (63) et (64), dans lesquels les coëfficients de $-\lambda$ et de $-\lambda h$ coïncident avec les carrés des modules des expressions imaginaires

$$(x + y \sqrt{-1}) \cos (x + y \sqrt{-1}) + (k - 1) \sin (x + y \sqrt{-1}),$$

$$(x + y \sqrt{-1}) \cos (x + y \sqrt{-1}) - \sin (x + y \sqrt{-1}),$$

seront toujours des quantités négatives; et, quant au produit (65), comme on pourra le présenter sous la forme

$$- \lambda k h \left\{ y^2 \frac{e^y - e^{-y}}{2y} \left(\frac{e^y + e^{-y}}{2} - \frac{e^y - e^{-y}}{2y} \right) + x^2 \left(\frac{e^{2y} - e^{-2y}}{4y} - \frac{\sin^2 x}{x^2} \right) \right\},$$

il se réduira pareillement, dans tous les cas, à une quantité négative. Donc la condition (42) sera vérifiée pour les fonctions $F(z)$, $f(z)$ déterminées par les équations (61). D'ailleurs, si l'on remplace $F(z)$ par $(\lambda + \mu) z$, et $f(z)$ par α, la condition (42), réduite à

$$- \alpha < 0 ,$$

sera encore vérifiée, si α est positif. Donc alors elle sera remplie, pour les deux facteurs qui composent le second membre de l'équation (60), ou, en d'autres termes, les conditions (58) seront satisfaites pour cette dernière équation. Donc, lorsque la constante α sera positive, l'équation (60) n'admettra pas de racines imaginaires.

Revenons maintenant à l'équation (59). Cette équation pourra être réduite à

$$(66) \qquad \operatorname{tang} \mu z = \frac{(\lambda + \mu) z \, f(z) + \alpha F(z)}{(\lambda + \mu) z \, F(z) - \alpha f(z)} ,$$

les valeurs de $f(z)$ et de $F(z)$ étant toujours déterminées par les formules (61). Or, si l'on nomme $P \pm Q \sqrt{-1}$ le résultat de la substitution de $x \pm y \sqrt{-1}$ à la place de z, dans le second membre de l'équation (66), la différence

$$(67) \qquad \frac{P}{x} - \frac{Q}{y}$$

ne sera autre chose que le coëfficient de $\sqrt{-1}$ dans le développement du produit

$$(68) \qquad \frac{1}{xy} (x + y \sqrt{-1}) (P - Q \sqrt{-1}) = \frac{1}{xy} u (P - Q \sqrt{-1}) .$$

On aura d'ailleurs

$$(69) \qquad u (P - Q \sqrt{-1}) = u \frac{(\lambda + \mu) v \, f(v) + \alpha F(v)}{(\lambda + \mu) v \, F(v) - \alpha f(v)} ;$$

puis, en ayant egard aux formules (61), et faisant, pour abréger,

$$(70) \qquad [(\lambda + \mu) u \, F(u) - \alpha f(u)] [(\lambda + \mu) v \, F(v) - \alpha f(v)] = k^2 u v .$$

on trouvera

$$(71) \quad K^2 u (P - Q\sqrt{-1}) = \left\{ (\lambda + \mu) f(v) + \alpha \frac{F(v)}{v} \right\} \left\{ (\lambda + \mu) u^2 \frac{F(u)}{u} - \alpha f(u) \right\}$$

$$= \lambda (\lambda + \mu)^2 (x + y\sqrt{-1})^2 \left\{ [u\cos u + (k-1)\sin u][v\cos v + (k-1)\sin v] + h(u\cos u - \sin u)(v\cos - \sin v) - kh\sin u\sin v \right\}$$

$$+ \lambda (\lambda + \mu)^2 khuv (x + y\sqrt{-1}) \left(\frac{\sin 2x}{2} + \frac{e^{2y} - e^{-2y}}{4} \sqrt{-1} \right) - (\lambda + \mu)\alpha f(u) f(v)$$

$$+ \lambda^2 (\lambda + \mu)\alpha (x + y\sqrt{-1})^2 [u\cos u + (k-1)\sin u][v\cos v + (k-1)\sin v]$$

$$- \lambda\alpha^2 \left\{ [u\cos u + (k-1)\sin u][v\cos v + (k-1)\sin v] + h(u\cos u - \sin u)(v\cos v - \sin v) - kh\sin u\sin v \right\}$$

$$- \lambda\alpha^2 kh (x + y\sqrt{-1}) \left(\frac{\sin 2x}{2} - \frac{e^{2y} - e^{-2y}}{4} \sqrt{-1} \right),$$

et par suite

$$(72) \quad K^2 \left(\frac{P}{x} - \frac{Q}{y} \right) = 2\lambda (\lambda + \mu)(\lambda + \mu + \lambda\alpha) [u\cos u + (k-1)\sin u][v\cos v + (k-1)\sin v]$$

$$+ 2\lambda (\lambda + \mu)^2 h (u\cos u - \sin u)(v\cos v - \sin v)$$

$$+ \lambda kh\alpha^2 \left(\frac{e^{2y} - e^{-2y}}{4y} - \frac{\sin 2x}{2x} \right)$$

$$+ \lambda (\lambda + \mu)^2 kh \left[uv \left(\frac{e^{2y} - e^{-2y}}{4y} + \frac{\sin 2x}{2x} \right) - 2\sin u\sin v \right].$$

Or, il est clair que des quatre produits, renfermés dans le second membre de l'équation (72), les trois premiers restent positifs, toutes les fois que les quantités λ, μ, h, k et $1 + \alpha$ sont elles-mêmes positives. Ajoutons que l'on peut en dire autant du quatrième produit, dans lequel le facteur

$$uv \left(\frac{e^{2y} - e^{-2y}}{4y} + \frac{\sin 2x}{2x} \right) - 2\sin u\sin v = (x^2 + y^2) \left(\frac{e^{2y} - e^{-2y}}{4y} + \frac{\sin 2x}{2x} \right) - \left(\frac{e^{2y} + e^{-2y}}{2} - \cos 2x \right)$$

$$= x^2 + \frac{1}{2} x\sin 2x + \cos 2x - 1 + \frac{(2y)^2}{1.2} \left\{ \frac{x^2}{3} + \frac{1}{2}\frac{\sin 2x}{2x} - \frac{1}{2} \right\} + \frac{(2y)^4}{1.2.3.4}\frac{x^2}{5}$$

$$+ \cdots\cdots\cdots\cdots + \frac{(2y)^{2n}}{1.2.3\ldots 2n} \left\{ \frac{x^2}{2n+1} + \frac{2n}{4} - 1 \right\} + \text{etc.}\ldots\ldots$$

est encore positif, attendu que l'on a, pour des valeurs quelconques de x, et pour une valeur de n égale ou supérieure au nombre 2,

$$(73) \qquad x^2 + \frac{1}{2}\, x \sin 2x + \cos 2x - 1 = \int_0^x x \left(2 + \cos 2x - 3\, \frac{\sin 2x}{2x} \right) dx > 0 \,,$$

$$(74)\ \frac{x^2}{3} + \frac{1}{2}\, \frac{\sin 2x}{2x} - \frac{1}{2} = \frac{1}{x} \int_0^x (x^2 - \sin^2 x)\, dx > 0\,, \quad (75)\ \frac{x^2}{2n+1} + \frac{2n}{4} - 1 > 0.$$

En effet, la condition (75) est évidemment satisfaite, dès que l'on suppose $n > 2$. De plus, pour établir les formules (73) et (74), il suffit d'observer, 1.° que la fonction $x^2 - \sin^2 x$ est toujours positive; 2.° que l'on peut en dire autant de la fonction

$$2 + \cos 2x - 3\, \frac{\sin 2x}{2x} = \frac{4}{x} \int_0^x \left(1 - \frac{x}{\tan g\, x} \right) \sin^2 x\, dx \,,$$

qui s'évanouit pour $x = 0$, croît ensuite, avec le binome $1 - \dfrac{x}{\tan g\, x}$, depuis $x = 0$, jusqu'à $x = \dfrac{\pi}{2}$, et reste supérieure, quand on prend $x > \dfrac{\pi}{2}$, à la quantité

$$2 - 1 - \frac{3}{\pi} > 0.$$

Il suit de ces diverses remarques que la condition (27) sera vérifiée pour l'équation (66), tant que les quantités

$$\lambda, \ \mu, \ h, \ k \quad \text{et} \quad 1 + x$$

resteront positives. Donc l'équation (66) ou (59) n'aura point, dans l'hypothèse admise, de racines imaginaires, à moins que ces racines ne soient de la forme $y \sqrt{-1}$.

Il reste à savoir dans quels cas on pourra satisfaire à l'équation (59) ou (60), en supposant

$$(76) \qquad\qquad z = y \sqrt{-1} \,.$$

Or, cette supposition réduira l'équation (60) à

$$(77) \qquad e^{-2\mu y} = \frac{F(y\sqrt{-1}) + \sqrt{-1}\, f(y\sqrt{-1})}{F(y\sqrt{-1}) - \sqrt{-1}\, f(y\sqrt{-1})}\, \frac{(\lambda+\mu)y+\alpha}{(\lambda+\mu)y-\alpha} \,;$$

puis, en prenant $x = 0 - 1$, et faisant, pour abréger,

$$(78) \quad \left\{ \begin{aligned} &\left(\frac{e^{\mu y} - e^{-\mu y}}{2\mu y} + \frac{\lambda}{\mu}\, \frac{e^{\mu y} + e^{-\mu y}}{2} \right) \left(\frac{e^y + e^{-y}}{2} - \frac{e^y - e^{-y}}{2y} + k\, \frac{e^y - e^{-y}}{2y} \right) \\ &\qquad + h\, \frac{e^{\mu y} - e^{-\mu y}}{2\mu y} \left(\frac{e^y + e^{-y}}{2} - \frac{e^y - e^{-y}}{2y} \right) = Y. \end{aligned} \right.$$

on tirera de la formule (77)

$$(79) \quad \theta Y = -(h+1)\left(\frac{e^{\mu y}+e^{-\mu y}}{2} - \frac{e^{\mu y}-e^{-\mu y}}{2\mu y}\right)\left(\frac{e^{y}+e^{-y}}{2} - \frac{e^{y}-e^{-y}}{2y}\right)$$

$$- \frac{\lambda}{\mu}\left\{ h\,\frac{e^{\mu y}+e^{-\mu y}}{2} + (\lambda+\mu)y\,\frac{e^{\mu y}-e^{-\mu y}}{2}\right\}\left(\frac{e^{y}+e^{-y}}{2} - \frac{e^{y}-e^{-y}}{2y}\right)$$

$$- k\,\frac{e^{y}-e^{-y}}{2y}\left\{\frac{e^{\mu y}+e^{\mu y}}{2} - \frac{e^{\mu y}-e^{-\mu y}}{2\mu y} + \lambda(\lambda+\mu)y^{2}\,\frac{e^{\mu y}-e^{-\mu y}}{2\mu y}\right\}.$$

De plus, comme chacune des quantités

$$\frac{e^{y}-e^{-y}}{2y}\,, \quad \frac{e^{\mu y}-e^{-\mu y}}{2\mu y}\,, \quad \frac{e^{y}+e^{-y}}{2} - \frac{e^{y}-e^{-y}}{2y}\,, \quad \frac{e^{\mu y}+e^{-\mu y}}{2} - \frac{e^{\mu y}-e^{-\mu y}}{2\mu y}\,,$$

est nécessairement positive, il est clair que, dans la formule (79), le coëfficient Y de θ sera positif, pour des valeurs positives de λ, μ, h, k, et le second membre négatif. Donc alors cette équation ne pourra subsister, à moins que l'on n'ait $\theta < 0$. Donc l'équation (59) ou (60) n'aura point de racines imaginaires, si les quantités

$$(80) \qquad \lambda, \quad \mu, \quad h, \quad k \qquad \text{et} \qquad \theta = 1 + \alpha$$

sont toutes positives; ce qui a effectivement lieu, dans la question de physique mathématique à laquelle cette équation se rapporte.

Il ne sera pas inutile d'observer que l'équation (59), dont toutes les racines sont réelles, comprend, comme cas particuliers, d'autres équations plus simples qui jouissent de la même propriété. Ainsi, par exemple, si l'on pose successivement

$$h = \infty, \qquad k = \infty,$$

on en tirera

$$(81) \qquad (\tan z - z)\left(\tan \mu z - \frac{\lambda+\mu}{\alpha}z\right) = 0,$$

$$(82) \qquad \tan \mu z = \frac{(\lambda+\mu+\lambda\alpha)z}{\lambda(\lambda+\mu)z^{2}-\alpha},$$

On trouvera, au contraire, en posant $h = 0$ et $k = 0$

$$(83) \qquad \left(\tan z - \frac{(\lambda+\mu+\lambda\alpha)z}{\lambda(\lambda+\mu)z^{2}-\alpha}\right)(\tan z - z) = 0.$$

Les trois équations précédentes peuvent être réduites à celles que nous avons déjà considérées dans les paragraphes 2 et 4.

On trouvera encore, en supposant $\alpha = 0$,

$$(84) \quad \lambda z^2 \cos z \sin \mu z - (h+1) z \cos z \cos \mu z + \lambda (k-1) z \sin z \sin \mu z + (h-k+1) \sin z \cos \mu z = 0,$$

en supposant $\alpha = \infty$,

$$(85) \quad \lambda z^2 \cos z \cos \mu z + (h+1) z \cos z \sin \mu z + \lambda (k-1) z \sin z \cos \mu z - (h-k+1) \sin z \sin \mu z = 0,$$

en supposant $\mu = 1$,

$$(86) \quad \left\{ \begin{aligned} &[\lambda (\lambda + \mu)(k-1) z^2 + \alpha (h-k+1)] \tan^2 z \\ &+ [\lambda (\lambda + \mu) z^2 - \alpha (h+1) - \lambda \alpha (k-1) + (\lambda + \mu)(h-k+1)] z \tan z \\ &- [\lambda \alpha + (\lambda + \mu)(h+1)] z^2 = 0 ; \end{aligned} \right.$$

enfin, en divisant par h, et supposant $\dfrac{1}{h} = 0$, $\dfrac{k}{h} = 1$,

$$(87) \quad \tan \mu z + \lambda \tan z = - \frac{\lambda + \mu}{\alpha} z (1 - \lambda \tan z . \tan \mu z).$$

ou, ce qui revient au même,

$$(88) \quad \frac{\tan \mu z + \lambda \tan z}{1 - \lambda \tan z \tan \mu z} = \frac{\lambda + \mu}{1 - \theta} z .$$

Chacune de ces diverses équations a toutes ses racines réelles, lorsque les quantités (80) sont toutes positives. De plus, si, dans la formule (88), on pose successivement $\theta = 1$, $\theta = \infty$, on obtiendra les deux équations

$$(89) \quad 1 - \lambda \tan z \tan \mu z = 0,$$

$$(90) \quad \tan \mu z + \lambda \tan z = 0,$$

dont toutes les racines seront réelles, pour des valeurs positives des constantes λ et μ; ce qu'il serait facile de prouver directement, à l'aide de la condition (26), qui se trouve vérifiée quand on prend pour $f(z)$ une des deux fonctions

$$\frac{1}{\lambda \tan z}, \quad - \lambda \tan z .$$

Considérons encore l'équation

$$(91) \qquad a z \sin z = c^{-z\sqrt{-1}},$$

qui peut être présentée sous la forme

$$(92) \qquad \operatorname{tang} z = \frac{1}{a z + \sqrt{-1}}.$$

On aura, dans ce cas particulier,

$$\frac{P}{x} - \frac{Q}{y} = \frac{2 a + \dfrac{1}{y}}{a^2 x^2 + (a y + 1)^2},$$

et par conséquent la formule (27) se trouvera réduite à

$$(93) \qquad 2 a + \frac{1}{y} > 0.$$

De plus, comme, en prenant $z = y\sqrt{-1}$, on tire de l'équation (91)

$$(94) \qquad a = -\frac{2 e^y}{y (e^y - c^{-y})},$$

il est clair que, si l'on attribue à la constante a des valeurs positives, l'équation (91) n'admettra point de racines imaginaires de la forme $y\sqrt{-1}$. D'ailleurs, dans cette hypothèse, la condition (93) sera vérifiée, pour toutes les valeurs positives de la variable y, et pour les valeurs négatives de la même variable situées entre les limites $-\infty$, $-\dfrac{1}{2 a}$. Donc alors, dans toutes les racines imaginaires de l'équation (91), le coëfficient de $\sqrt{-1}$ sera nécessairement négatif, et renfermé entre les limites 0, $-\dfrac{1}{2 a}$. Ajoutons que cette équation, qui peut s'écrire comme il suit

$$(95) \qquad a z \sin z - \cos z + \sqrt{-1} \sin z = 0,$$

aura une seule racine réelle, savoir $z = \dfrac{1}{a}$, ou n'en aura aucune, suivant que le rapport $\dfrac{1}{a}$ sera ou ne sera pas de la forme $n \pi$, n désignant un nombre entier quelconque.

§ 7.e *Sur les racines de l'équation* $\tang Z = f(z)$, *dans laquelle* Z *et* $f(z)$ *désignent deux fonctions distinctes de la variable* z.

Soient Z, $f(z)$ deux fonctions quelconques de la variable z, et considérons l'équation transcendante

$$(1) \qquad \tang Z = f(z) ,$$

que l'on peut aussi présenter sous la forme

$$(2) \qquad \tang Z - f(z) = 0 .$$

Il est facile de voir que cette équation aura une infinité de racines réelles, si, les fonctions Z, $f(z)$ étant supposées réelles, les racines réelles de l'équation

$$(3) \qquad \frac{1}{f(z)} = 0$$

sont en nombre fini ; et si de plus, tandis que la valeur numérique de z devient très-grande, la fonction Z s'approche indéfiniment, en restant continue, de l'une des limites $-\infty$, $+\infty$. En effet, concevons que ces conditions soient remplies. Alors, si l'on désigne par n un nombre entier très-considérable, on pourra satisfaire par des valeurs réelles de z, soit aux deux équations

$$(4) \qquad Z = \left(n - \frac{1}{2} \right) \pi , \qquad Z = \left(n + \frac{1}{2} \right) \pi ,$$

soit aux deux suivantes

$$(5) \qquad Z = -\left(n + \frac{1}{2} \right) \pi , \qquad Z = -\left(n - \frac{1}{2} \right) \pi ;$$

et, si l'on nomme z_1, z_2, les valeurs dont il s'agit, il suffira de faire varier z entre les limites z_1, z_2, pour que le premier membre de l'équation (2) passe de l'infini positif à l'infini négatif, ou réciproquement. Donc ce premier membre s'évanouira dans l'intervalle, et l'équation (1) ou (2) aura au moins une racine réelle comprise entre les limites $z = z_1$, $z = z_2$. Donc, puisque le nombre n croît, avec les valeurs numériques de z_1 et de z_2, au-delà de toute limite, l'équation (1) admettra une infinité de racines réelles.

On ne pourrait plus en dire autant, si, pour de très-grandes valeurs numériques de la variable z, la valeur numérique de la fonction Z ne pouvait surpasser une certaine limite A. Ainsi, par exemple, dans l'équation

$$(6) \qquad z = \operatorname{tang} \frac{7z^5 + 30z^3 + 27z}{(1+z^2)(3+z^2)(9+z^2)} = \operatorname{tang} \frac{z(7z^2+9)}{(1+z^2)(9+z^2)} \;,$$

que fournit la théorie de l'équilibre d'une masse fluide homogène douée d'un mouvement de rotation, la valeur numérique de la fonction

$$(7) \qquad Z = \frac{z(7z^2+9)}{(1+z^2)(9+z^2)}$$

ne peut surpasser un certain maximum

$$1,201\ldots = (0,7649\ldots)\,\frac{\pi}{2}\;,$$

correspondant à la valeur réelle $2,828\ldots$ de la variable z, c'est-à-dire, à la racine réelle de l'équation

$$(8) \qquad 81 + 99z^2 + 43z^4 - 7z^6 = 0.$$

Par conséquent, dans l'équation (6), la valeur numérique de la variable z supposée réelle, ne peut surpasser le nombre

$$\operatorname{tang}(76°, 49') = 2,583\ldots$$

D'ailleurs, si l'on présente cette équation sous la forme

$$(9) \qquad \frac{z(7z^2+9)}{(1+z^2)(9+z^2)} - \operatorname{arctang} z = 0\;,$$

on reconnaîtra que le premier membre, qui s'évanouit pour $z = 0$, et qui a pour dérivée la fonction

$$\frac{81+99z^2+43z^4-7z^6}{(1+z^2)^2(9+z^2)^2} - \frac{1}{1+z^2} = \frac{8z^4(3-z^2)}{(1+z^2)^2(9+z^2)^2}\;,$$

décroît depuis $z = 0$, jusqu'à $z = \sqrt{3}$, obtient, pour $z = \sqrt{3} = 1,732\ldots$, une valeur minimum qui est nécessairement négative, et croît ensuite depuis $z = 1,732\ldots$ jusqu'à $z = 2,583\ldots$, en passant du négatif au positif. Donc l'équation (6) aura une seule racine réelle, comprise entre les limites $1,732\ldots$ et $2,583\ldots$; ce que M. Laplace avait déjà prouvé, mais par une autre méthode, dans le second volume de la mécanique céleste. La racine dont il s'agit a pour valeur très-approchée le nombre $2,5292\ldots$

Revenons maintenant au cas où les fonctions Z, $f(z)$ ont des valeurs quelconques. Alors, si l'on remplace z par $x + y\sqrt{-1}$, x et y étant des variables réelles, on pourra supposer

$$(10) \qquad Z = M + N\sqrt{-1}, \qquad f(x + y\sqrt{-1}) = P + Q\sqrt{-1},$$

M, N, P, Q, désignant des fonctions réelles des variables x, y; et l'équation (1) donnera

$$(11) \qquad P + Q\sqrt{-1} = \operatorname{tang}(M + N\sqrt{-1}) = \frac{\sin 2M + \frac{1}{2}\left(e^{2N} - e^{-2N}\right)\sqrt{-1}}{\cos 2M + \frac{1}{2}\left(e^{2N} + e^{-2N}\right)},$$

ou, ce qui revient au même,

$$(12) \qquad P = \frac{2\sin 2M}{e^{2N} + 2\cos 2M + e^{-2N}}, \qquad Q = \frac{e^{2N} - e^{-2N}}{e^{2N} + 2\cos 2M + e^{-2N}};$$

puis, en attribuant aux variables x, y, des valeurs qui ne vérifient pas l'une des équations

$$(13) \qquad M = 0, \qquad\qquad (14) \qquad N = 0,$$

on conclura des formules (12)

$$(15) \qquad \frac{\sin 2M}{2M}\,\frac{Q}{N} = \frac{e^{2N} - e^{-2N}}{4N}\,\frac{P}{M}.$$

Or, cette dernière équation ne pourra évidemment subsister, si les fonctions M, N, P, Q sont telles que, pour toutes les valeurs possibles des variables réelles x, y, la valeur numérique du rapport $\dfrac{Q}{N}$ demeure constamment inférieure à celle du rapport $\dfrac{P}{M}$; ce qui arrivera, si l'on a constamment

$$(16) \qquad \left(\frac{P}{M}\right)^2 - \left(\frac{Q}{N}\right)^2 > 0.$$

Donc, si cette dernière condition est vérifiée indépendamment des valeurs attribuées aux variables réelles x, y, alors, dans chacune des racines de l'équation (1), la partie réelle x, et le coëfficient y de $\sqrt{-1}$ vérifieront certainement ou l'équation (13) ou l'équation (14).

Si la condition (15) se trouvait vérifiée, non pas en général, mais simplement pour les systèmes de valeurs réelles de x et de y, compris entre certaines limites, on pourrait seulement affirmer que, dans chacune des racines de l'équation (1), la partie réelle et le coëfficient de $\sqrt{-1}$ sont situés hors de ces limites, toutes les fois qu'ils ne vérifient pas la formule (15) ou la formule (14).

Concevons maintenant que l'on tire de l'équation (1) la valeur de l'exponentielle $e^{2z\sqrt{-1}}$, on en conclura

$$(17) \qquad e^{2z\sqrt{-1}} = \frac{1 + \sqrt{-1}\,f(z)}{1 - \sqrt{-1}\,f(z)}\,,$$

puis, en remplaçant z par $x + y\sqrt{-1}$,

$$(18) \qquad e^{-2N}(\cos 2M + \sqrt{-1}\sin 2M) = \frac{1 - Q + P\sqrt{-1}}{1 + Q - P\sqrt{-1}}\,.$$

Si de plus on égale entre eux les modules des expressions imaginaires qui forment les deux membres de l'équation (18), ou plutôt les carrés de ces modules, on trouvera

$$(19) \qquad e^{-4N} = \frac{(1-Q)^2 + P^2}{(1+Q)^2 + P^2}\,.$$

D'autre part, si l'on désigne par θ un nombre inférieur à l'unité, on aura, en vertu de la formule (49) du § 6,

$$e^{-4N} = 1 - 4N e^{-4\theta N}\,, \qquad e^{-4\theta N} = \frac{1}{4N}\left(1 - e^{-4N}\right).$$

Par suite, on tirera de la formule (19), en supposant la valeur de N différente de zéro,

$$(20) \qquad \frac{1}{4N}\left\{1 - \frac{(1-Q)^2 + P^2}{(1+Q)^2 + P^2}\right\} = e^{-4\theta N} > 0\,,$$

ou, plus simplement,

$$\frac{Q}{N} > 0.$$

Donc, si la condition

$$(21) \qquad \frac{Q}{N} < 0$$

se trouve remplie, indépendamment des valeurs attribuées aux variables x, y, alors, dans chacune des racines de l'équation (1), la partie réelle et le coëfficient de $\sqrt{-1}$ vérifieront nécessairement la formule

$$(14) \qquad\qquad N = 0.$$

Si la condition (21) se trouvait satisfaite, non pas en général, mais simplement pour les systèmes de valeurs réelles de x et de y comprises entre certaines limites, on pourrait seulement affirmer que, dans chacune des racines de l'équation (1), la partie réelle et le coëfficient de $\sqrt{-1}$ sont situés hors de ces limites, ou vérifient la formule (14).

L'une des conditions (16) ou (21) sera évidemment remplie, toutes les fois que l'on aura

$$(22) \qquad\qquad \frac{P}{M} - \frac{Q}{N} > 0.$$

Donc, si cette dernière condition est satisfaite pour toutes les valeurs réelles possibles des variables x et y, l'équation (1) n'admettra que des racines pour lesquelles l'une des formules (13) et (14) sera vérifiée.

Si la condition (22) était satisfaite, non pas en général, mais simplement pour les systèmes de valeurs réelles de x et de y comprises entre certaines limites, on pourrait seulement affirmer que, dans chacune des racines de l'équation (1), la partie réelle et le coëfficient de $\sqrt{-1}$ sont situés hors de ces limites, ou vérifient l'une des formules (13) et (14).

On pourrait encore, par des raisonnements semblables à ceux dont nous avons fait usage dans le § 6, découvrir une multitude de formules analogues aux formules (16) et (21), et qui seraient propres à signaler, dans l'équation (1), toutes les fois qu'elles se trouveraient vérifiées, l'absence de certaines racines.

Pour appliquer les principes exposés dans ce paragraphe à un exemple, considérons en particulier l'équation

$$(23) \qquad\qquad \tan z^2 = z ,$$

à laquelle on ne peut évidemment satisfaire que par des valeurs réelles de z, ou par des valeurs imaginaires dans lesquelles la partie réelle diffère de zéro. La formule (21) et l'équation (14) donneront respectivement

$$(24) \qquad x < 0 , \qquad\qquad\qquad (25) \qquad x y = 0 ,$$

et l'on en conclura que, dans chacune des racines imaginaires de l'équation (23), la partie réelle est positive. Si à l'équation (23) on substituait la suivante

$$(26) \qquad\qquad \tan z^2 = z \sqrt{-1} ,$$

alors les formules (21) et (14) donneraient

$$(27) \qquad y < 0, \qquad\qquad (28) \qquad xy = 0;$$

et, comme évidemment l'équation (26) n'a point de racines réelles, on serait amené à conclure que le coëfficient de $\sqrt{-1}$ est positif dans toutes les racines de cette équation qui ne sont pas de la forme $y\sqrt{-1}$.

$$\S\ 8.^e\ \textit{Sur les racines de l'équation}\quad e^{Z\sqrt{-1}} = f(z).$$

Soient toujours Z, $f(z)$ deux fonctions quelconques de la variable z. Considérons d'ailleurs une équation transcendante qui renferme les lignes trigonométriques

$$\sin Z = \frac{e^{Z\sqrt{-1}} - e^{-Z\sqrt{-1}}}{2\sqrt{-1}}, \quad \cos Z = \frac{e^{Z\sqrt{-1}} + e^{-Z\sqrt{-1}}}{2}, \quad \tang Z = \frac{\sin Z}{\cos Z}, \quad \text{etc...};$$

et supposons que cette équation, résolue par rapport à l'exponentielle $e^{Z\sqrt{-1}}$, se réduise à

$$(1) \qquad e^{Z\sqrt{-1}} = f(z).$$

Si l'on y remplace z par $x + y\sqrt{-1}$, x et y désignant deux variables réelles, on trouvera, en adoptant toujours les notations du § 7,

$$(2) \qquad e^{(M + N\sqrt{-1})\sqrt{-1}} = P + Q\sqrt{-1}.$$

ou, ce qui revient au même,

$$(3) \qquad e^{-N}(\cos M + \sqrt{-1}\sin M) = P + Q\sqrt{-1};$$

et par suite

$$(4) \qquad e^{-2N} = P^2 + Q^2.$$

Or, on conclura de cette dernière, par des raisonnements semblables à ceux dont nous avons fait usage dans le paragraphe précédent, que les valeurs des variables x, y vérifient la condition

$$\frac{1 - P^2 - Q^2}{N} > 0,$$

toutes les fois qu'elles ne réduisent pas à zéro la fonction N. Donc, si la condition

$$(5) \qquad \frac{P^2 + Q^2 - 1}{N} > 0$$

se trouve remplie, indépendamment des valeurs attribuées aux variables x, y, alors, dans chacune des racines de l'équation (1), la partie réelle x et le coëfficient y de $\sqrt{-1}$ vérifieront nécessairement la formule

$$(6) \qquad N = 0,$$

Si la condition (5) se trouvait satisfaite, non pas en général, mais simplement pour les systèmes de valeurs réelles de x et de y comprises entre certaines limites, on pourrait seulement affirmer que, dans chacune des racines de l'équation (1), la partie réelle et le coëfficient de $\sqrt{-1}$ sont situés hors de ces limites, ou vérifient l'équation (6).

Il pourrait arriver que la fonction $f(z)$ fût décomposable en plusieurs facteurs, en sorte qu'on eût

$$(7) \qquad f(z) = f_1(z) \cdot f_2(z) \cdot f_3(z) \dots$$

Admettons cette hypothèse, et posons en outre

$$(8) \qquad f_1(x + y\sqrt{-1}) = P_1 + Q_1\sqrt{-1}, \quad f_2(x + y\sqrt{-1}) = P_2 + Q_2\sqrt{-1}, \quad \text{etc} \dots,$$

P_1, Q_1 ; P_2, Q_2, etc..., désignant des fonctions réelles des variables x, y. L'équation (1) se présentera sous la forme

$$(9) \qquad e^{Z\sqrt{-1}} = f_1(z) \cdot f_2(z) \cdot f_3(z) \dots,$$

et la formule (5) deviendra

$$(10) \qquad \frac{(P_1^2 + Q_1^2)(P_2^2 + Q_2^2) \dots - 1}{N} > 0.$$

Or, cette dernière sera évidemment vérifiée, si l'on a constamment, pour des valeurs positives de N,

$$(11) \qquad P_1^2 + Q_1^2 > 1, \quad P_2^2 + Q_2^2 > 1, \quad \text{etc} \dots;$$

et, pour des valeurs négatives de N,

$$(12) \qquad P_1^2 + Q_1^2 < 1, \quad P_2^2 + Q_2^2 < 1, \quad \text{etc} \dots;$$

c'est-à-dire, en d'autres termes, si l'on a, pour des valeurs positives ou négatives de la fonction N,

$$(15) \qquad \frac{P_1^2 + Q_1^2 - 1}{N} > 0, \qquad \frac{P_2^2 + Q_2^2 - 1}{N} > 0, \qquad \text{etc.....}$$

Donc, si ces dernières conditions sont vérifiées, indépendamment des valeurs attribuées aux variables x, y, alors, dans chacune des racines de l'équation (1), la partie réelle x, et le coëfficient y de $\sqrt{-1}$, vérifieront nécessairement la formule

$$(14) \qquad\qquad N = 0.$$

Si l'on tirait de l'équation (1) la valeur de $\operatorname{tang} Z$, on trouverait

$$(15) \qquad\qquad \operatorname{tang} Z = \frac{1}{\sqrt{-1}} \frac{[f(z)]^2 - 1}{[f(z)]^2 + 1} ;$$

puis on en conclurait, en remplaçant z par $x + y\sqrt{-1}$,

$$(16) \quad \operatorname{tang}(M + N\sqrt{-1}) = \frac{1}{\sqrt{-1}} \frac{P^2 - Q^2 - 1 + 2PQ\sqrt{-1}}{P^2 - Q^2 + 1 + 2PQ\sqrt{-1}} = \frac{1}{\sqrt{-1}} \frac{(P^2 - Q^2)^2 - (1 - 2PQ\sqrt{-1})^2}{(P^2 - Q^2 + 1)^2 + 4P^2Q^2},$$

ou, ce qui revient au même,

$$(17) \qquad \frac{\sin 2M + \frac{1}{2}(e^{2N} - e^{-2N})\sqrt{-1}}{\cos 2M + \frac{1}{2}(e^{2N} + e^{-2N})\sqrt{-1}} = \frac{4PQ + [1 - (P^2 + Q^2)^2]\sqrt{-1}}{(P^2 + Q^2 + 1)^2 + 4P^2Q^2}.$$

Cela posé, en raisonnant comme dans le § 7, on prouvera que la valeur numérique du rapport

$$\frac{4PQ}{M}$$

doit rester inférieure à celle du rapport

$$\frac{1 - (P^2 + Q^2)^2}{N}$$

pour toutes les valeurs des variables x, y qui ne vérifient pas l'une des équations

$$(18) \qquad\qquad M = 0, \qquad N = 0.$$

Donc, si l'on a, pour des valeurs de x et de y comprises entre certaines limites,

$$(19) \qquad \left(\frac{4PQ}{M}\right)^2 > \left\{\frac{1 - (P^2 + Q^2)^2}{N}\right\}^2,$$

alors, dans toutes les racines de l'équation (1), la partie réelle et le coëfficient de $\sqrt{-1}$, devront être situés hors de ces limites, ou vérifier l'une des équations (18). Ajoutons que l'une des conditions (5) ou (19) sera nécessairement remplie, si l'on a

$$(20) \qquad \frac{4PQ}{M} + \frac{P^2+Q^2-1}{N} > 0.$$

On pourrait encore joindre aux formules (5), (19) et (20) une multitude d'autres formules qui seraient également propres à signaler, dans l'équation (1), l'absence de certaines racines, et que l'on découvrirait à l'aide de considérations semblables à celles dont nous avons fait usage dans le § 6. Au reste, l'utilité de ces formules dépendrait surtout de leur simplicité; et, sous ce rapport, les conditions (5), (19) et (20) paraissent devoir être employées de préférence.

Pour montrer une application des principes ci-dessus exposés, supposons que l'équation (1) coïncide avec la suivante

$$(21) \qquad e^{z\sqrt{-1}} = \frac{z+a\sqrt{-1}}{z-a\sqrt{-1}} \; \frac{z+b\sqrt{-1}}{z-b\sqrt{-1}} \; \frac{z+c\sqrt{-1}}{z-c\sqrt{-1}} \cdots ,$$

a, b, c... désignant des constantes réelles. On aura, dans cette hypothèse,

$$(22) \qquad M = x, \qquad N = y.$$

De plus, les conditions (13) donneront simplement

$$(23) \qquad a > 0, \qquad b > 0, \qquad c > 0, \qquad \text{etc}\ldots ;$$

et par conséquent, si les constantes a, b, c.... sont toutes positives, l'équation (21) n'admettra pas de racines imaginaires. C'est ce qui aura lieu en particulier pour les équations

$$(24) \left\{ \begin{array}{l} e^{z\sqrt{-1}} = \dfrac{z+a\sqrt{-1}}{z-a\sqrt{-1}}, \qquad e^{z\sqrt{-1}} = \dfrac{z+a\sqrt{-1}}{z-a\sqrt{-1}} \; \dfrac{z+b\sqrt{-1}}{z-b\sqrt{-1}}, \\[2em] e^{z\sqrt{-1}} = \dfrac{z+a\sqrt{-1}}{z-a\sqrt{-1}} \; \dfrac{z+b\sqrt{-1}}{z-b\sqrt{-1}} \; \dfrac{z+c\sqrt{-1}}{z-c\sqrt{-1}}, \quad \text{etc.}, \end{array} \right.$$

qui peuvent s'écrire comme il suit

$$(25) \quad \tan g\, \tfrac{1}{2}\, z = \frac{a}{z}, \quad \tan g\, \tfrac{1}{2}\, z = \frac{(a+b)z}{z^2-ab}, \quad \tan g\, \tfrac{1}{2}\, z = \frac{(a+b+c)z^2-abc}{z(z^2-ab-ac-bc)}, \quad \text{etc.}$$

Si l'on supposait, dans l'équation (1), $f(z) = 0$, alors, cette équation étant réduite à la forme

$$(26) \qquad e^{Z\sqrt{-1}} = 0,$$

l'équation (4) donnerait $e^{-2N} = 0$, et par conséquent

$$(27) \qquad N = \infty.$$

Si cette dernière ne peut être vérifiée que par des valeurs infinies des variables x et y, l'équation (26) n'aura point de racines finies. C'est ce qui arrivera, si l'on prend pour Z une fonction entière de z, soit réelle, soit imaginaire. Ainsi, par exemple, les équations

$$(28) \qquad e^{z\sqrt{-1}} = 0, \qquad e^{z} = 0, \qquad e^{z^2} = 0, \qquad \text{etc...},$$

que l'on déduit de la formule (26), en posant successivement

$$Z = z, \qquad Z = -z\sqrt{-1}, \qquad Z = -z^2\sqrt{-1}, \qquad \text{etc...},$$

sont du nombre de celles qui ne peuvent être vérifiées par aucune valeur finie réelle ou imaginaire de la variable z.

Post scriptum. Après avoir terminé les premiers paragraphes de l'article qu'on vient de lire, nous avons reconnu que, pour démontrer, comme on l'a fait plus haut [pag. 300 et 301], la réalité de toutes les **racines de l'équation** $\tan gz = az$, dans le cas où l'on suppose $\dfrac{1}{a} < 1$, il suffit de développer une observation de M. Fourier. En effet, dans le chap. V de sa théorie de la chaleur (pag. 366), ce géomètre indique la substitution de $x + y\sqrt{-1}$, au lieu de z, comme propre à constater, dans le cas dont il s'agit, l'absence des racines imaginaires. Quant à l'idée qu'a eue le même géomètre d'appliquer aux équations transcendantes des règles établies pour les équations algébriques, elle donne naissance à plusieurs difficultés dont l'examen pourra faire quelque jour le sujet d'un autre article.

USAGE DU CALCUL DES RÉSIDUS

POUR DÉTERMINER LA SOMME DES FONCTIONS SEMBLABLES

DES RACINES D'UNE ÉQUATION ALGÉBRIQUE OU TRANSCENDANTE.

Supposons que l'on désigne par x, y deux variables réelles, par $z = x + y\sqrt{-1}$ une variable imaginaire, et par $f(z)$, $F(z)$ deux fonctions quelconques de z. Soient de plus

$$(1) \qquad z_1,\ z_2,\ \ldots\ z_m,$$

celles des racines de l'équation

$$(2) \qquad F(z) = 0 ,$$

dans lesquelles la partie réelle demeure comprise entre les limites x_0, X, et le coëfficient de $\sqrt{-1}$ entre les limites y_0, Y. On aura, en vertu des principes du calcul des résidus,

$$(3) \qquad \underset{x_0}{\overset{Y}{\mathcal{E}}}\,\underset{y_0}{\overset{X}{}}\ \frac{f(z)}{((\,F(z)\,))} = \frac{f(z_1)}{F'(z_1)} + \frac{f(z_2)}{F'(z_2)} + \cdots + \frac{f(z_m)}{F'(z_m)} .$$

Le second membre de l'équation (3) est évidemment la somme des fonctions semblables de plusieurs des racines de l'équation (2). Si l'on veut que les différents termes, dont se compose cette somme, se réduisent aux valeurs particulières de la fonction $\varphi(z)$ qui correspondent à $z = z_1$, $z = z_2 \ldots$, $z = z_m$, il suffira de poser

$$(4) \qquad \frac{f(z)}{F'(z)} = \varphi(z) , \qquad f(z) = \varphi(z) \,.\, F'(z) ,$$

ou plus généralement

$$(5) \qquad f(z) = \varphi(z) F'(z) - \psi(z) F(z) ,$$

$\psi(z)$ désignant une fonction de z qui ne devienne pas infinie quand on attribue à la variable z une des valeurs $z_1, z_2 \ldots, z_m$. Cela posé, on trouvera

$$(6) \qquad \varphi(z_1) + \varphi(z_2) + \cdots + \varphi(z_m) = \underset{x_0}{\overset{X}{\mathcal{E}}}\,\underset{y_0}{\overset{Y}{}}\ \frac{\varphi(z)\,.\,F'(z)}{((\,F(z)\,))} .$$

et

$$(7) \qquad \varphi(z_1) + \varphi(z_2) + \dots + \varphi(z_m) = \underset{x_0}{\overset{X}{\mathcal{E}}} \underset{y_0}{\overset{Y}{}} \frac{\varphi(z) \cdot F'(z) - \psi(z) F(z)}{((F(z)))} .$$

Les formules (6) et (7) s'étendent au cas même où l'équation (2) aurait des racines égales. Supposons en effet que les racines $z_1, z_2 \dots, z_m$ deviennent égales entre elles, et désignons par ζ leur valeur commune. Les fonctions

$$F(z), \quad F'(z), , \quad F''(z) \dots F^{(n-1)}(z)$$

s'évanouiront pour $z = \zeta$, et le rapport

$$\frac{\varphi(\zeta + \varepsilon) F'(\zeta + \varepsilon)}{F(\zeta + \varepsilon)} ,$$

étant développé suivant les puissances ascendantes de ε, aura pour premier terme le produit

$$\varphi(\zeta) \frac{\dfrac{z^{n-1}}{1 . 2 . 3 \dots (n-1)} F^{(n)}(\zeta)}{\dfrac{\varepsilon^n}{1 . 2 . 3 \dots (n-1) n} F^{(n)}(\zeta)} = \frac{n}{\varepsilon} \cdot \varphi(\zeta).$$

Donc le résidu de la fonction

$$\frac{\varphi(z) F'(z)}{F(z)} ,$$

correspondant à la valeur $z = \zeta$, sera précisément le produit $n \varphi(\zeta)$, auquel on réduit la somme

$$\varphi(z_1) + \varphi(z_2) + \dots + \varphi(z_n)$$

en supposant $z_1 = z_2 = \dots = z_n$. Le même raisonnement est applicable à la formule (7).

Si l'on admet que la série (1) comprenne toutes les racines de l'équation (2), on pourra prendre

$$x_0 = -\infty, \qquad X = \infty, \qquad y_0 = -\infty, \qquad Y = \infty ;$$

et les formules (6) et (7) deviendront respectivement

$$(8) \qquad \varphi(z_1) + \varphi(z_2) + \dots + \varphi(z_m) = \mathcal{E} \frac{\varphi(z) \cdot F'(z)}{((F(z)))} ,$$

$$(9) \qquad \varphi(z_1) + \varphi(z_2) + \dots + \varphi(z_m) = \mathcal{E} \frac{\varphi(z) \cdot F'(z) - \psi(z) F(z)}{((F(z)))} .$$

Il importe d'observer que les équations (6), (7), (8), (9), peuvent être en général présentées sous les formes

$$(10) \quad \varphi(z_1)+\varphi(z_2)+\dots+\varphi(z_m)={}_{x_0}^{\ X}\mathcal{E}_{y_0}^{\ Y}\left(\left(\frac{\varphi(z)\,F'(z)}{F(z)}\right)\right)-{}_{x_0}^{\ X}\mathcal{E}_{y_0}^{\ Y}\frac{((\varphi(z).F'(z)))}{F(z)},$$

$$(11) \quad \varphi(z_1)+\varphi(z_2)+\dots+\varphi(z_m)={}_{x_0}^{\ X}\mathcal{E}_{y_0}^{\ Y}\left(\left(\frac{\varphi(z)\,F'(z)-\psi(z)\,F(z)}{F(z)}\right)\right)$$

$$-{}_{x_0}^{\ X}\mathcal{E}_{y_0}^{\ Y}\frac{((\varphi(z)\,F'(z)-\psi(z)\,F(z)))}{F(z)},$$

$$(12) \quad \varphi(z_1)+(z_2)+\dots+\varphi(z_m)=\mathcal{E}\left(\left(\frac{\varphi(z)\,F'(z)}{F(z)}\right)\right)-\mathcal{E}\frac{((\varphi(z)\,F'(z)))}{F(z)},$$

$$(13) \quad \varphi(z_1)+(z_2)+\dots+\varphi(z_m)=\mathcal{E}\left(\left(\frac{\varphi(z)\,F'(z)-\psi(z)\,F(z)}{F(z)}\right)\right)$$

$$-\mathcal{E}\frac{((\varphi(z)\,F'(z)-\psi(z)\,F(z)))}{F(z)}.$$

Ajoutons que, si le résidu de la fonction

$$(14) \quad \frac{\varphi\left(\frac{1}{z}\right)F'\left(\frac{1}{z}\right)}{z^2\,F\left(\frac{1}{z}\right)}, \qquad \text{ou} \qquad (15) \quad \frac{\varphi\left(\frac{1}{z}\right)F'\left(\frac{1}{z}\right)-\psi\left(\frac{1}{z}\right)F\left(\frac{1}{z}\right)}{z^2\,F\left(\frac{1}{z}\right)},$$

correspondant à une valeur nulle de z, se réduit à une constante déterminée, on tirera de la formule (12) ou (13), combinée avec l'équation (6) de la page 154,

$$(16) \quad \varphi(z_1)+\varphi(z_2)+\dots+\varphi(z_m)=\mathcal{E}\frac{\varphi\left(\frac{1}{z}\right)F'\left(\frac{1}{z}\right)}{((z^2))\,F\left(\frac{1}{z}\right)}-\mathcal{E}\frac{((\varphi(z)\,F'(z)))}{F(z)},$$

ou

$$(17) \quad \varphi(z_1)+\varphi(z_2)+\dots+\varphi(z_m)=\mathcal{E}\frac{\varphi\left(\frac{1}{z}\right)F'\left(\frac{1}{z}\right)-\psi\left(\frac{1}{z}\right)F\left(\frac{1}{z}\right)}{((z^2))\,F\left(\frac{1}{z}\right)}$$

$$-\mathcal{E}\frac{((\varphi(z)\,F'(z)-\psi(z)\,F(z)))}{F(z)}.$$

Les équations précédentes se simplifient dans plusieurs cas qu'il est bon d'indiquer. Ainsi, par exemple, lorsque la fonction

$$(18) \qquad \varphi(z)\,F'(z) \qquad\qquad \text{ou} \qquad\qquad (19) \qquad \varphi(z)\,F'(z) - \psi(z)\,F(z)$$

conserve une valeur finie pour toutes les valeurs finies réelles ou imaginaires de z, on tire des équations (10) et (11)

$$(20) \qquad \varphi(z_1) + \varphi(z_2) + \ldots + \varphi(z_m) = \underset{x_0\ \ y_0}{\overset{X\ \ Y}{\mathcal{E}}}\left(\left(\frac{\varphi(z)\,F'(z)}{F(z)}\right)\right),$$

ou

$$(21) \qquad \varphi(z_1) + \varphi(z_2) + \ldots + \varphi(z_m) = \underset{x_0\ \ y_0}{\overset{X\ \ Y}{\mathcal{E}}}\left(\left(\frac{\varphi(z)\,F'(z) - \psi(z)\,F(z)}{F(z)}\right)\right),$$

des équations (12) et (13)

$$(22) \qquad \varphi(z_1) + \varphi(z_2) + \ldots + \varphi(z_m) = \mathcal{E}\left(\left(\frac{\varphi(z)\,F'(z)}{F(z)}\right)\right)$$

ou

$$(23) \qquad \varphi(z_1) + \varphi(z_2) + \ldots + \varphi(z_m) = \mathcal{E}\left(\left(\frac{\varphi(z)\,F'(z) - \psi(z)\,F(z)}{F(z)}\right)\right),$$

enfin des équations (16) et (17)

$$(24) \qquad \varphi(z_1) + \varphi(z_2) + \ldots + \varphi(z_m) = \mathcal{E}\,\frac{\varphi\left(\frac{1}{z}\right)F'\left(\frac{1}{z}\right)}{((z^2))\,F\left(\frac{1}{z}\right)},$$

ou

$$(25) \qquad \varphi(z_1) + \varphi(z_2) + \ldots + \varphi(z_m) = \mathcal{E}\,\frac{\varphi\left(\frac{1}{z}\right)F'\left(\frac{1}{z}\right) - \psi\left(\frac{1}{z}\right)F\left(\frac{1}{z}\right)}{((z^2))\,F\left(\frac{1}{z}\right)}.$$

De même encore, si le produit de la variable z par la fonction

$$(26) \qquad \frac{\varphi(z)\,F'(z)}{F(z)} \qquad\qquad \text{ou} \qquad\qquad (27) \qquad \frac{\varphi(z)\,F'(z) - \psi(z)\,F(z)}{F(z)}$$

s'évanouit pour des valeurs infinies réelles ou imaginaires de z, le résidu intégral de cette fonction s'évanouira, et l'on tirera de la formule (12) ou (13)

$$(28) \qquad \varphi(z_1) + \varphi(z_2) + \ldots + \varphi(z_m) = -\,\mathcal{E}\,\frac{((\varphi(z)\,F'(z)))}{F(z)},$$

ou

$$(29) \qquad \varphi(z_1) + \varphi(z_2) + \ldots + \varphi(z_m) = - \mathcal{E} \, \frac{((\varphi(z)\,\mathrm{F}'(z) - \psi(z)\,\mathrm{F}(z)\,))}{\mathrm{F}(z)} \,.$$

Si les deux fonctions $\mathrm{F}'(z)$ et $\psi(z)$ conservent des valeurs finies, pour des valeurs quelconques de z, on aura évidemment

$$\mathcal{E} \, \frac{((\varphi(z)\,\mathrm{F}'(z)\,))}{\mathrm{F}(z)} = \mathcal{E} \, \frac{\mathrm{F}'(z)}{\mathrm{F}(z)} \, ((\varphi(z)\,)) \,, \qquad \mathcal{E} \, ((\psi(z)\,)) = \mathcal{E} \, \frac{((\psi(z)\,\mathrm{F}(z)\,))}{\mathrm{F}(z)} = 0 \,;$$

et par suite l'équation (28) ou (29) donnera

$$(30) \qquad \varphi(z_1) + \varphi(z_2) + \ldots + \varphi(z_m) = - \mathcal{E} \, \frac{\mathrm{F}'(z)}{\mathrm{F}(z)} \, ((\varphi(z)\,)) \,.$$

Concevons maintenant que, dans les formules (24) et (25), on pose

$$(31) \qquad\qquad\qquad \varphi(z) = z^n$$

n étant un nombre entier quelconque. Les premiers membres de ces formules se réduiront à la somme des n^{mes} puissances des racines de l'équation (2); et, si l'on désigne par

$$(32) \qquad\qquad s_n = z_1^n + z_2^n + \ldots\ldots + z_m^n$$

la somme dont il s'agit, on trouvera

$$(33) \qquad\qquad s_n = \mathcal{E} \, \frac{\mathrm{F}'\left(\frac{1}{z}\right)}{((z^{n+2}))\,\mathrm{F}\left(\frac{1}{z}\right)} \,,$$

ou

$$(34) \qquad\qquad s_n = \mathcal{E} \, \frac{1}{((z^2))} \left\{ \frac{\mathrm{F}'\left(\frac{1}{z}\right)}{z^n\,\mathrm{F}\left(\frac{1}{z}\right)} - \psi\left(\frac{1}{z}\right) \right\} \,.$$

Les équations (33) et (34) supposent 1.° que la fonction

$$(35) \qquad\qquad \mathrm{F}'(z)\,, \qquad\qquad \text{ou} \qquad\qquad (36) \qquad\qquad \mathrm{F}'(z) - \frac{\psi(z)}{z^n}\,\mathrm{F}(z)$$

conserve une valeur finie, pour toutes les valeurs finies réelles ou imaginaires de z : 2.° que le résidu de la fonction

$$(57) \qquad \frac{F'\left(\frac{1}{z}\right)}{z^{n+2}\,F\left(\frac{1}{z}\right)}, \qquad\qquad \text{ou} \qquad (58) \qquad \frac{F'\left(\frac{1}{z}\right)}{z^{n+2}\,F\left(\frac{1}{z}\right)} - \frac{\psi(z)}{z^2},$$

correspondant à une valeur nulle de z, se réduit à une constante déterminée. Admettons d'ailleurs que la fraction

$$(59) \qquad \frac{\frac{1}{z}\,F'\left(\frac{1}{z}\right)}{F\left(\frac{1}{z}\right)}$$

obtienne, pour une valeur nulle de z, une valeur finie a. La différence

$$\frac{\frac{1}{z}\,F'\left(\frac{1}{z}\right)}{F\left(\frac{1}{z}\right)} - a$$

s'évanouira pour $z = 0$, et si l'on fait

$$(40) \qquad \frac{\frac{1}{z}\,F'\left(\frac{1}{z}\right)}{F\left(\frac{1}{z}\right)} - a = z Z,$$

on tirera de l'équation (33)

$$(41) \qquad s_n = \mathcal{L}\,\frac{a}{((z^{n+1}))} + \mathcal{L}\,\frac{Z}{((z^n))} = \mathcal{L}\,\frac{Z}{((z^n))};$$

puis, en remettant, au lieu de Z, sa valeur tirée de la formule (40), savoir

$$(42) \qquad Z = \frac{1}{z^2}\,\frac{F'\left(\frac{1}{z}\right)}{F\left(\frac{1}{z}\right)} - \frac{a}{z} = -\frac{d\,l\,F\left(\frac{1}{z}\right)}{dz} - \frac{d\,l\,z^a}{dz} = -\frac{d\,l\left[z^a\,F\left(\frac{1}{z}\right)\right]}{dz},$$

on trouvera définitivement

$$(43) \qquad s_n = -\mathcal{L}\,\frac{d\,l\left[z^a\,F\left(\frac{1}{z}\right)\right]}{dz}\,\frac{1}{((z^n))}.$$

On arriverait au même résultat en remplaçant, dans la formule (34), la fonction $\psi(z)$ par le produit $a z^{n-1}$.

Lorsque la fonction Z conserve une valeur finie pour $z = 0$, alors, en désignant par ε une quantité infiniment petite, et ayant égard à l'équation (30) de la page 16, on tire de la formule (43)

$$(44) \qquad s_n = -\frac{1}{1.2.3\ldots(n-1)} \frac{d^{n}\mathbf{l}\left[\varepsilon^{n} F\left(\frac{1}{\varepsilon}\right)\right]}{d\varepsilon^{n}}.$$

Concevons encore que, dans la formule (30), on pose $\varphi(z) = \dfrac{1}{z^n}$. Le premier membre offrira la somme des racines de l'équation (2), élevées chacune à la puissance du degré $-n$; et, si l'on désigne par

$$(45) \qquad s_{-n} = z_1^{-n} + z_2^{-n} + \ldots\ldots + z_m^{-n}$$

la somme dont il s'agit, on trouvera

$$(46) \qquad s_{-n} = -\mathcal{E}\, \frac{F'(z)}{((z^n)) F(z)}\, ,$$

ou, ce qui revient au même,

$$(47) \qquad s_{-n} = -\mathcal{E}\, \frac{d\,\mathbf{l} F(z)}{dz} \frac{1}{((z^n))}\, .$$

Ces dernières formules supposent, 1.º que la fonction $F'(z)$ conserve une valeur finie pour toutes les valeurs finies réelles ou imaginaires de la variable z; 2.º que la fraction

$$(48) \qquad \frac{F'(z)}{z^n F(z)}$$

s'évanouit pour des valeurs infinies réelles ou imaginaires de la même variable.

Lorsque la fonction

$$(49) \qquad \frac{F'(z)}{F(z)} = \frac{d\,\mathbf{l} F(z)}{dz}$$

conserve une valeur finie pour $z = 0$; alors, en désignant par ε une quantité infiniment petite, et ayant égard à l'équation (30) de la page 16, on tire de la formule (47)

$$(50) \qquad s_{-n} = -\frac{1}{1.2.3\ldots(n-1)} \frac{d^{n}\mathbf{l} F(\varepsilon)}{d\varepsilon^{n}}\, .$$

Pour rendre plus sensible l'utilité des formules que nous venons d'établir, nous allons les appliquer à quelques exemples.

Supposons d'abord que $F(z)$ se réduise à une fonction entière du degré m, et que l'on ait

$$(51) \qquad F(z) = z^m + a_1 z^{m-1} + a_2 z^{m-2} + \ldots + a_{m-1} z + a_m,$$

$a_1, a_2, \ldots a_{m-1}, a_m$ désignant des coëfficients réels ou imaginaires. La constante représentée par a, dans la formule (44), ou la valeur que prendra la fraction

$$(39) \qquad \frac{\frac{1}{z} F'\left(\frac{1}{z}\right)}{F\left(\frac{1}{z}\right)}$$

pour $z = 0$, se réduira évidemment au nombre m; et l'on aura par suite

$$(52) \qquad z^a F\left(\frac{1}{z}\right) = z^m F\left(\frac{1}{z}\right) = 1 + a_1 z + a_2 z^2 + \ldots + a_m z^m.$$

Donc, si l'on désigne par s_n la somme des n^{mes} puissances des racines de l'équation algébrique

$$(53) \qquad z^m + a_1 z^{m-1} + a_2 z^{m-2} + \ldots + a_{m-1} z + a_m = 0,$$

on aura, en vertu de la formule (44),

$$(54) \qquad s_n = - \frac{1}{1.2.3\ldots(n-1)} \frac{d^n \, l\,(1 + a_1 \varepsilon + a_2 \varepsilon^2 + \ldots + a_{m-1} \varepsilon^{m-1} + a_m \varepsilon^m)}{d \varepsilon^n}.$$

En d'autres termes, la somme s_n sera le coëfficient de z^n dans le développement du produit

$$(55) \qquad -n \, l\,(1 + a_1 z + a_2 z^2 + \ldots + a_m z^m).$$

D'ailleurs, on trouvera généralement

$$(56) \qquad l\,(1 + a_1 z + a_2 z^2 + \ldots + a_m z^m)$$

$$= a_1 z + a_2 z^2 + \ldots + a_m z^m - \frac{1}{2}(a_1 z + a_2 z^2 + \ldots + a_m z^m)^2 + \frac{1}{3}(a_1 z + a_2 z^2 + \ldots + a_m z^m)^3 - \ldots$$

$$\ldots\ldots\ldots\ldots\ldots\ldots\ldots\ldots\ldots\ldots\ldots\ldots - \frac{(-1)^n}{n}(a_1 z + a_2 z^2 + \ldots + a_m z^m)^n + \text{etc..};$$

et, si l'on désigne par $p, q, \ldots t, N$ des nombres entiers inférieurs à n, le coëfficient de z^n dans le développement du produit

$$(57) \qquad \frac{(-1)^N}{N} (a_1 z + a_2 z^2 + \ldots + a_m z^m)^N$$

sera la somme des expressions de la forme

$$(58) \qquad \frac{(-1)^N}{N} \frac{1.2.3\ldots N}{(1.2.3\ldots p)(1.2.3\ldots q)\ldots(1.2.3\ldots t)} a_1{}^p a_2{}^q \ldots a_m{}^t,$$

qui correspondent à des valeurs de $p, q, \ldots t$ propres à vérifier les deux conditions

$$(59) \qquad p + q + \ldots + t = N, \qquad\qquad (60) \qquad p + 2q + \ldots + mt = n.$$

Cela posé, on aura évidemment

$$(61) \qquad s_n = n \, \Sigma \left\{ \frac{(-1)^{p+q\ldots+t}}{p+q+\ldots+t} \frac{1.2.3\ldots(p+q+\ldots+t)}{(1.2.3\ldots p)(1.2.3\ldots q)\ldots(1.2.3\ldots t)} a_1{}^p a_2{}^q \ldots a_m{}^t \right\},$$

le signe Σ indiquant une somme de termes semblables à celui qui est renfermé entre les accolades, et devant s'étendre à tous les systèmes de valeurs de $p, q, \ldots t$ qui vérifient la condition (60). L'équation (61) était déjà connue. Si l'on y pose successivement $n = 1$, $n = 2$, $n = 3$, etc..., on trouvera

$$(62) \qquad s_1 = -a_1, \qquad s_2 = a_1{}^2 - 2a_2, \qquad s_3 = -a_1{}^3 + 3a_1 a_2 - 3a_3, \qquad \text{etc...}$$

Concevons maintenant que l'on demande la valeur de la somme

$$(63) \qquad 1 + \frac{1}{2^n} + \frac{1}{3^n} + \frac{1}{4^n} + \frac{1}{5^n} + \text{etc...},$$

n étant un nombre pair quelconque, il suffira évidemment de chercher la demi-somme des racines de l'équation

$$(64) \qquad \sin \pi z = 0,$$

élevées chacune à la puissance du degré $-n$, en ayant soin toutefois d'exclure la racine $z = 0$, ce que l'on fera en remplaçant l'équation (64) par la suivante

$$(65) \qquad \frac{\sin \pi z}{z} = 0.$$

Cela posé, on aura, en vertu de la formule (50),

$$1 + \frac{1}{2^n} + \frac{1}{3^n} + \frac{1}{4^n} + \text{etc}\ldots$$

$$= - \frac{\frac{1}{2}}{1.2.3\ldots(n-1)} \frac{d^n 1\frac{\sin \pi\varepsilon}{\varepsilon}}{d\varepsilon^n} = - \frac{\frac{1}{2}}{1.2.3\ldots(n-1)} \frac{d^n 1\frac{\sin \pi\varepsilon}{\pi\varepsilon}}{d\varepsilon^n},$$

ou, ce qui revient au même,

$$(66) \qquad 1 + \frac{1}{2^n} + \frac{1}{3^n} + \frac{1}{4^n} + \text{etc}\ldots = - \frac{\frac{1}{2}\pi^n}{1.2.3\ldots(n-1)} \frac{d^n 1\frac{\sin\varepsilon}{\varepsilon}}{d\varepsilon^n}.$$

En d'autres termes, la somme dont on demande la valeur sera le coëfficient de z^n dans le développement du produit

$$(67) \qquad - \frac{n}{2}\, \pi^n 1\, \frac{\sin z}{z}$$

en série ordonnée suivant les puissances ascendantes de z. Comme on aura d'ailleurs

$$(68) \qquad 1\frac{\sin z}{z} = 1\left(1 - \frac{1}{1.2.3}z^2 + \frac{1}{1.2.3.4.5}z^4 - \text{etc}\ldots\right)$$

$$= -\left(\frac{1}{1.2.3}z^2 - \frac{1}{1.2.3.4.5}z^4 + ..\right) - \frac{1}{2}\left(\frac{1}{1.2.3}z^2 - \frac{1}{1.2.3.4.5}z^4 + ..\right)^2 - \frac{1}{3}\left(\frac{1}{1.2.3}z^2 - \frac{1}{1.2.3.4.5}z^4 + ..\right)^3 - ..$$

$$\ldots\ldots\ldots\ldots\ldots\ldots\ldots\ldots\ldots\ldots\ldots - \frac{1}{n}\left(\frac{1}{1.2.3}z^2 - \frac{1}{1.2.3.4.5}z^4 + \ldots\right)^n - \text{etc}\ldots,$$

on trouvera, par des raisonnements semblables à ceux dont nous avons fait usage pour établir la formule (61),

$$(69) \qquad 1 + \frac{1}{2^n} + \frac{1}{3^n} + \frac{1}{4^n} + \text{etc}\ldots =$$

$$\frac{n}{2}\pi^n \Sigma \left\{ \frac{1}{p+q+r+\ldots} \frac{1.2.3\ldots(p+q+r+\ldots)}{(1.2.3\ldots q)(1.2.3\ldots q)(1.2.3\ldots r)\ldots} \left(\frac{1}{1.2.3}\right)^p \left(- \frac{1}{1.2.3.4.5}\right)^q \left(\frac{1}{1.2.3.4.5.6.7}\right)^r \ldots \right\},$$

le signe Σ indiquant une somme de termes semblables à celui qui est renfermé entre les accolades, et devant s'étendre à tous les systèmes de valeurs entières, nulles ou positives, de $p, q, r\ldots$, qui vérifient la condition

$$(70) \qquad 2p + 4q + 6r + \ldots = n.$$

(349)

Si l'on pose successivement $n = 2$, $n = 4$, $n = 6\ldots$, on tirera de la formule (69)

$$(71) \quad \begin{cases} 1 + \dfrac{1}{4} + \dfrac{1}{9} + \text{etc}\ldots = \dfrac{\pi^2}{6} = \dfrac{1}{6}\,\dfrac{2\pi^2}{1.2}\,, \\[2ex] 1 + \dfrac{1}{4^2} + \dfrac{1}{9^2} + \text{etc}\ldots = \dfrac{\pi^4}{90} = \dfrac{1}{30}\,\dfrac{2^3\pi^4}{1.2.3.4}\,, \\[2ex] 1 + \dfrac{1}{4^3} + \dfrac{1}{9^3} + \text{etc}\ldots = \dfrac{\pi^6}{945} = \dfrac{1}{42}\,\dfrac{2^5\pi^6}{1.2.3.4.5.6}\,, \\[2ex] \text{etc}\ldots \end{cases}$$

Dans ces dernières équations, $\dfrac{1}{6}$, $\dfrac{1}{30}$, $\dfrac{1}{42}$, etc\ldots, sont ce qu'on appelle les nombres de Bernoulli. Si l'on désigne par A_2, A_4, A_6, etc\ldots ces mêmes nombres, la valeur de A_n, déduite des calculs qui précèdent, se présentera sous la forme que M. Libri lui a donnée, savoir,

$$(72) \qquad A_n = - \frac{n}{2^n}\, \frac{d^n\,l\,\dfrac{\sin \varepsilon}{\varepsilon}}{d\varepsilon^n}$$

$$= \frac{n(1.2.3\ldots n)}{2^n}\, \Sigma \left\{ \frac{1}{p+q+r+\ldots}\, \frac{1.2.3\ldots(p+q+r+\ldots)}{(1.2.3..p)(1.2.3..q)(1.2.3..r)\ldots} \left(\frac{1}{1.2.3}\right)^p \left(-\frac{1}{1.2.3.4.5}\right)^q \left(\frac{1}{1.2.3.4.5.6.7}\right)^r\ldots \right\}$$

Concevons encore que l'on demande la somme des racines de l'équation

$$(73) \qquad\qquad \tan g\, z = z\,,$$

élevées chacune à la puissance du degré $-n$, en ayant soin toutefois d'exclure la racine $z = 0$. Comme, pour opérer cette exclusion, il suffira de remplacer l'équation (73) par la suivante

$$(74) \qquad\qquad \frac{\sin z - z\cos z}{z^3} = 0\,;$$

il est clair qu'on devra chercher la valeur de s_{-n} que détermine la formule (50) lorsqu'on pose dans cette formule

$$F(z) = \frac{\sin z - z\cos z}{z^3}\,.$$

On trouvera ainsi, pour la valeur de la somme demandée,

$$(75) \qquad s_{-n} = - \frac{1}{1.2.3\dots(n-1)} \; \frac{d^n\, l\, \frac{\sin \varepsilon - \varepsilon \cos \varepsilon}{\varepsilon^3}}{d\varepsilon^n} \; .$$

En d'autres termes, cette somme sera le coëfficient de z^n dans le développement du produit

$$(76) \qquad - n\, l\, \frac{\sin z - z \cos z}{z^3} \; .$$

On aura d'ailleurs

$$(77) \qquad \frac{\sin z - z \cos z}{z^3} = \left(\frac{1}{1.2} - \frac{1}{1.2.3} \right) - \left(\frac{1}{1.2.3.4} - \frac{1}{1.2.3.4.5} \right) z^2 + \text{etc.}\dots$$

$$= \frac{1}{3} - \frac{1}{5}\, \frac{z^2}{1.2.3} + \frac{1}{7}\, \frac{z^4}{1.2.3.4.5} - \text{etc.}\dots ,$$

et par suite

$$(78 \qquad l\, \frac{\sin z - z \cos z}{z^3} = l \left(\frac{1}{3} \right) - 3 \left(\frac{1}{5}\, \frac{z^2}{1.2.3} - \frac{1}{7}\, \frac{z^4}{1.2.3.4.5} + \dots \right)$$

$$- \frac{3^2}{2} \left(\frac{1}{5}\, \frac{z^2}{1.2.3} - \frac{1}{7}\, \frac{z^4}{1.2.3.4.5} + \dots \right)^2$$

$$- \frac{3^3}{3} \left(\frac{1}{5}\, \frac{z^2}{1.2.3} - \frac{1}{7}\, \frac{z^4}{1.2.3.4.5} + \dots \right)^3 ;$$

$$- \text{etc.}\dots ;$$

puis l'on en conclura, par des raisonnements pareils à ceux dont nous avons fait usage pour établir la formule (61),

$$(79) \qquad s_{-n} =$$

$$n \sum \left\{ \frac{3^{p+q+r\dots}}{p+q+r\dots} \frac{1.2.3\dots(p+q+r\dots)}{(1.2\dots p)(1.2\dots q)(1.2\dots r)\dots} \left(\frac{1}{5}\, \frac{1}{1.2.3} \right)^p \left(- \frac{1}{7}\, \frac{1}{1.2.3.4.5} \right)^q \left(\frac{1}{9}\, \frac{1}{1.2.3.4.5.6.7} \right)^r \dots \right\} ,$$

le signe $\sum$ indiquant une somme de termes semblables à celui qui est renfermé entre les accolades, et relatifs aux divers systèmes de valeurs entières, nulles ou positives, de $p, q, r, \dots,$ qui vérifient la condition

$$(80) \qquad 2p + 4q + 6r + \dots = n.$$

Si, pour fixer les idées, on prend successivement $n = 2$, $n = 4$, $n = 6$, etc...., on tirera de l'équation (79)

$$(81) \quad s_{-2} = \frac{1}{2} \,, \quad s_{-4} = \frac{1}{5^2 . 7} \,, \quad s_{-6} = \frac{2}{3^2 . 5^3 . 7} \,, \quad s_{-8} = \frac{37}{3^2 . 5^4 . 7^2 . 11} \,, \quad \text{etc} \ldots,$$

ou, ce qui revient au même,

$$(82) \quad s_{-2} = \frac{1}{5} \,, \quad s_{-4} = \frac{1}{175} \,, \quad s_{-6} = \frac{2}{7875} \,, \quad s_{-8} = \frac{37}{3031875} \,, \quad \text{etc} \ldots$$

D'ailleurs, nous avons reconnu [page 300] que les racines de l'équation (73) sont toutes réelles, mais deux à deux égales et de signes contraires. Donc, si l'on désigne par α, β, $\gamma \ldots$ les racines positives de cette équation, les racines négatives seront représentées par $-\alpha$, $-\beta$, $-\gamma, \ldots$ et l'on aura généralement

$$(83) \quad s_{-2n} = 2 \left\{ \frac{1}{\alpha^{2n}} + \frac{1}{\beta^{2n}} + \frac{1}{\gamma^{2n}} + \cdots \right\},$$

en sorte que les équations (82) se réduiront aux suivantes

$$(84) \quad \begin{cases} \dfrac{1}{\alpha^2} + \dfrac{1}{\beta^2} + \dfrac{1}{\gamma^2} + \ldots \ldots \ldots \ldots \ldots \ldots = \dfrac{1}{10} \,, \\[2ex] \dfrac{1}{\alpha^4} + \dfrac{1}{\beta^4} + \dfrac{1}{\gamma^4} + \ldots \ldots \ldots \ldots \ldots = \dfrac{1}{350} \,, \\[2ex] \dfrac{1}{\alpha^6} + \dfrac{1}{\beta^6} + \dfrac{1}{\gamma^6} + \ldots \ldots \ldots \ldots \ldots = \dfrac{1}{7875} \,, \\[2ex] \dfrac{1}{\alpha^8} + \dfrac{1}{\beta^8} + \dfrac{1}{\gamma^8} + \ldots \ldots \ldots \ldots \ldots = \dfrac{37}{6063750} \,, \\[2ex] \text{etc} \ldots \end{cases}$$

Si l'on voulait tirer directement des formules (84) les valeurs de α, β. $\gamma, \ldots$ il suffirait d'observer que, pour des valeurs croissantes de n, le rapport

$$\frac{s_{-2n}}{s_{-2n-2}}$$

converge vers la limite α^2, le rapport

$$\frac{s_{-2n} - \left(\frac{1}{\alpha}\right)^{2n}}{s_{-2n-2} - \left(\frac{1}{\alpha}\right)^{2n+2}}$$

vers la limite β^2, etc... On en conclurait que la racine α coïncide avec la limite vers laquelle convergent les termes de la série

$$(85) \qquad \sqrt{35} = 5,9\ldots, \qquad \sqrt{22,5} = 4,7\ldots, \qquad \sqrt{\tfrac{22.55}{37}} = 4,5\ldots, \quad \text{etc}\ldots$$

C'est effectivement ce qui arrive, et l'on doit même observer que le troisième terme de la série (85) fournit déjà une valeur très-approchée de la racine α, dont la valeur exacte, calculée avec sept décimales, est $4,4934118\ldots$ [voyez la page 299]. On obtiendrait avec la même facilité les valeurs approchées de $\beta, \gamma, \ldots$

Supposons enfin que, la lettre a désignant une quantité réelle, on demande la somme à laquelle on parviendrait en ajoutant les racines de l'équation

$$(86) \qquad \tan g\, z = a z ,$$

élevées chacune à la puissance du degré $-n$, et en excluant toujours la racine $z = 0$. Il suffira évidemment de remplacer l'équation (86) par la suivante

$$(87) \qquad \frac{\sin z - a z \cos z}{z} = 0 ,$$

et de chercher la valeur de s_{-n} que détermine la formule (50), lorsqu'on pose dans cette formule

$$(88) \qquad \mathrm{F}(z) = \frac{\sin z - a z \cos z}{z} .$$

On trouvera ainsi, pour la valeur de la somme demandée,

$$(89) \qquad s_{-n} = - \frac{1}{1.2.3\ldots(n-1)} \; \frac{d^n \, l \, \dfrac{\sin z - a z \cos z}{z}}{d z^n} .$$

En d'autres termes, cette somme sera le coëfficient de z^n dans le développement du produit

$$(90) \qquad - n \; l \, \frac{\sin z - a z \cos z}{z} .$$

On aura d'ailleurs

$$(91) \qquad \frac{\sin z - a z \cos z}{z} = 1 - a - \left(\frac{1}{1.2.3} - \frac{a}{1.2} \right) z^2 + \left(\frac{1}{1.2.3.4.5} - \frac{a}{1.2.3.4} \right) z^4 - \text{etc.}$$

$$= 1 - a - \left(\frac{1}{3} - a \right) \frac{z^2}{1.2} + \left(\frac{1}{5} - a \right) \frac{z^4}{1.2.3.4} - \text{etc}\ldots,$$

et par suite

$$(92) \quad l\,\frac{\sin z - a z \cos z}{z} = l\,(1-a) - \left\{ \frac{3a-1}{3(a-1)}\,\frac{z^2}{1.2} - \frac{5a-1}{5(a-1)}\,\frac{z^4}{1.2.3.4} + \dots \right\}$$

$$- \frac{1}{2}\left\{ \frac{3a-1}{3(a-1)}\,\frac{z^2}{1.2} - \frac{5a-1}{5(a-1)}\,\frac{z^4}{1.2.3.4} + \dots \right\},$$

$$- \frac{1}{3}\left\{ \frac{3a-1}{3(a-1)}\,\frac{z^2}{1.2} - \frac{5a-1}{5(a-1)}\,\frac{z^4}{1.2.3\,4} + \dots \right\}^3$$

$$- \text{etc.} \dots$$

puis l'on en conclura

$$(93) \qquad s_{-n} =$$

$$n\,\Sigma\left\{ \frac{1}{p+q+r+\dots}\,\frac{1.2\dots(p+q+r\dots)}{(1.2\dots p)(1.2\dots q)(1.2\dots r)\dots}\left(\frac{3a-1}{3(a-1)}\,\frac{1}{1.2}\right)^p\left(-\frac{5a-1}{5(a-1)}\,\frac{1}{1.2.3.4}\right)^q\left(\frac{7a-1}{7(a-1)}\,\frac{1}{1.2.3.4.5.6}\right)^r\dots \right\}$$

le signe Σ indiquant une somme de termes semblables à celui qui est renfermé entre les accolades, et relatifs aux divers systèmes de valeurs entières, nulles ou positives, de p, q, $r\dots$, qui vérifient l'équation

$$(80) \qquad 2p + 4q + 6r + \dots = n.$$

Si, pour fixer les idées, on prend successivement $n=2$, $n=4$, $n=6$, etc..., on tirera de l'équation (93)

$$(94) \quad \left\{ \begin{aligned} &s_{-2} = \frac{3a-1}{3(a-1)}, \qquad s_{-4} = \frac{1}{2}\left\{\frac{3a-1}{3(a-1)}\right\}^2 - \frac{1}{6}\,\frac{5a-1}{5(a-1)}, \\[2mm] &s_{-6} = \frac{1}{4}\left\{\frac{3a-1}{3(a-1)}\right\}^3 - \frac{1}{16}\,\frac{3a-1}{3(a-1)}\,\frac{5a-1}{5(a-1)} + \frac{1}{120}\,\frac{7a-1}{7(a-1)}, \quad \text{etc.} \dots \end{aligned} \right.$$

D'ailleurs, nous avons reconnu [page 301] que les racines de l'équation (86) sont toutes réelles, mais deux à deux égales et de signes contraires, lorsque la constante a est négative, ou bien positive, mais supérieure à l'unité. Donc alors, si l'on désigne par α, β, $\gamma\dots$ les racines positives de cette équation, les racines négatives seront représentées par $-\alpha$, $-\beta$, $-\gamma,\dots$ et les formules (94) donneront

$$(95) \quad \left\{ \begin{aligned} &\frac{1}{\alpha^2} + \frac{1}{\beta^2} + \frac{1}{\gamma^2} + \dots = \frac{1}{2}\,\frac{3a-1}{3(a-1)}, \\[2mm] &\frac{1}{\alpha^4} + \frac{1}{\beta^4} + \frac{1}{\gamma^4} + \dots = \frac{1}{4}\left\{\frac{3a-1}{3(a-1)}\right\}^2 - \frac{1}{12}\,\frac{5a-1}{5(a-1)}, \\[2mm] &\frac{1}{\alpha^6} + \frac{1}{\beta^6} + \frac{1}{\gamma^6} + \dots = \frac{1}{8}\left\{\frac{3a-1}{3(a-1)}\right\}^3 - \frac{1}{32}\,\frac{3a-1}{3(a-1)}\,\frac{5a-1}{5(a-1)} + \frac{1}{240}\,\frac{7a-1}{7(a-1)}, \\[2mm] &\text{etc.} \dots \end{aligned} \right.$$

48

Si l'on supposait en particulier $a = 2$, α, β, $\gamma\ldots$ seraient les racines positives de l'équation

$$(96) \qquad\qquad \tang z = 2z \, ,$$

et l'on tirerait des formules (95)

$$(97) \quad \begin{cases} \dfrac{1}{\alpha^2} + \dfrac{1}{\beta^2} + \dfrac{1}{\gamma^2} + \cdots\cdots\cdots\cdots\cdots = \dfrac{5}{6} \, , \\[2ex] \dfrac{1}{\alpha^4} + \dfrac{1}{\beta^4} + \dfrac{1}{\gamma^4} + \cdots\cdots\cdots\cdots\cdots = \dfrac{49}{90} \, , \\[2ex] \dfrac{1}{\alpha^6} + \dfrac{1}{\beta^6} + \dfrac{1}{\gamma^6} + \cdots\cdots\cdots\cdots\cdots = \dfrac{15619}{30240} \, , \\[2ex] \text{etc.}\ldots \end{cases}$$

Si la constante a était positive, mais inférieure à l'unité, alors l'équation (86) admettrait deux racines imaginaires de la forme

$$(98) \qquad\qquad z = \zeta\sqrt{-1} \, , \qquad z = -\zeta\sqrt{-1} \, ,$$

la quantité réelle ζ étant déterminée par la formule

$$(99) \qquad\qquad \frac{e^\zeta - e^{-\zeta}}{\zeta\left(e^\zeta + e^{-\zeta}\right)} = a \, ;$$

et l'on trouverait, en désignant toujours par α, β, $\gamma\ldots$ les racines réelles et positives de la proposée,

$$(100) \begin{cases} \dfrac{1}{\alpha^2} + \dfrac{1}{\beta^2} + \dfrac{1}{\gamma^2} + \cdots - \dfrac{1}{\zeta^2} = \dfrac{1}{2}\dfrac{3a-1}{3(a-1)} \, , \\[2ex] \dfrac{1}{\alpha^4} + \dfrac{1}{\beta^4} + \dfrac{1}{\gamma^4} + \cdots + \dfrac{1}{\zeta^4} = \dfrac{1}{4}\left\{\dfrac{3a-1}{3(a-1)}\right\}^2 - \dfrac{1}{12}\dfrac{5a-1}{5(a-1)} \, , \\[2ex] \dfrac{1}{\alpha^6} + \dfrac{1}{\beta^6} + \dfrac{1}{\gamma^6} + \cdots - \dfrac{1}{\zeta^6} = \dfrac{1}{8}\left\{\dfrac{3a-1}{3(a-1)}\right\}^3 - \dfrac{1}{32}\dfrac{3a-1}{3(a-1)}\dfrac{5a-1}{5(a-1)} + \dfrac{1}{240}\dfrac{7a-1}{7(a-1)} \, , \\[2ex] \text{etc.}\ldots \end{cases}$$

Si a était renfermé entre les limites 1 et $\dfrac{1}{3}$, la première des formules (100) aurait pour second membre une quantité négative, et l'on tirerait de cette formule

$$(101) \qquad \zeta < \sqrt{\frac{6(1-a)}{5a-1}} .$$

On obtiendrait ainsi une limite supérieure de la quantité ζ, que l'on peut, au reste, déduire facilement de l'équation (99), attendu que le premier membre de cette équation décroît sans cesse, en passant de l'unité à zéro, tandis que l'on fait varier ζ depuis $\zeta = 0$, jusqu'à $\zeta = \infty$.

Les formules (6), (7), (8) et (9), dont les calculs que nous venons de faire indiquent suffisamment les nombreuses applications, supposent que la suite

$$(1) \qquad z_1, \; z_2, \ldots \; z_m$$

renferme toutes les racines de l'équation (2), ou du moins toutes celles dans lesquelles la partie réelle demeure comprise entre les limites x_0, X, et le coëfficient de $\sqrt{-1}$ entre les limites y_0, Y. Si l'on désignait, au contraire, par $z_1, \; z_2, \ldots, \; z_m$, les racines que l'on peut déduire de la formule

$$(102) \qquad z = u + v\sqrt{-1},$$

en prenant pour u, v deux fonctions réelles données des variables x, y, et attribuant à ces variables des valeurs respectivement comprises entre les limites $x = x_0$, $x = X$, $y = y_0$, $y = Y$; alors, en adoptant les notations que nous avons déjà employées [pages 206 et suivantes], on obtiendrait, à la place des équations (6) et (7), d'autres équations du même genre, mais dont les seconds membres seraient des résidus exprimés à l'aide des notations dont il s'agit. On trouverait effectivement

$$(103) \qquad \varphi(z_1) + \varphi(z_2) + \cdots + \varphi(z_m) = \underset{\substack{x = x_0 \\ y = y_0}}{\overset{\substack{x = X \\ y = Y}}{\mathcal{E}}} \frac{\varphi(z) . F'(z)}{((\, F(z)\,))}, \qquad [z = u + v\sqrt{-1}],$$

et

$$(104) \qquad \varphi(z_1) + \varphi(z_2) + \cdots + \varphi(z_m) = \underset{\substack{x = x_0 \\ y = y_0}}{\overset{\substack{x = X \\ y = Y}}{\mathcal{E}}} \frac{\varphi(z) . F'(z) - \psi(z) F(z)}{((\, F(z)\,))}, \; [z = u + v\sqrt{-1}],$$

la fonction $\psi(z)$ étant toujours assujétie à la seule condition de conserver une valeur finie, tandis que la variable z recevrait une des valeurs $z_1, \; z_2, \ldots \; z_m$. De même, si les racines de l'équation (1), désignées par $z_1, \; z_2, \ldots \; z_m$, étaient précisément celles que l'on peut déduire de la formule

$$(105) \qquad z = r(\cos p + \sqrt{-1} \sin p),$$

en attribuant aux variables r et p des valeurs respectivement comprises entre les quantités positives $r = r_0$, $r = R$, et les quantités positives ou négatives $p = p_0$, $p = P$; on aurait

$$(106) \quad \varphi(z_1) + \varphi(z_2) + \dots + \varphi(z_m) = \underset{r=r_0 \quad p=p_0}{\overset{r=R \quad p=P}{\mathcal{E}}} \frac{\varphi(z)\,F'(z)}{((\,F(z)\,))}, \; [z = r(\cos p + \sqrt{-1}\,\sin p)],$$

ou, plus simplement, en faisant usage de la notation établie page 207,

$$(107) \quad \varphi(z_1) + \varphi(z_2) + \dots + \varphi(z_m) = \underset{(r_0) \quad (p_0)}{\overset{(R) \quad (P)}{\mathcal{E}}} \frac{\varphi(z)\,F'(z)}{((\,F(z)\,))} \; ;$$

et l'on trouverait encore

$$(108) \quad \varphi(z_1) + \varphi(z_2) + \dots + \varphi(z_m) = \underset{(r_0) \quad (p_0)}{\overset{(R) \quad (P)}{\mathcal{E}}} \frac{\varphi(z)\,F'(z) - \psi(z)\,F'(z)}{((\,F(z)\,))}$$

Ainsi, par exemple, si la suite z_1, z_2, … z_m renferme seulement les racines dont le module est inférieur à l'unité, on aura

$$(109) \quad \varphi(z_1) + \varphi(z_2) + \dots + \varphi(z_m) = \underset{(0) \quad (-\pi)}{\overset{(1) \quad (\pi)}{\mathcal{E}}} \frac{\varphi(z) \cdot F'(z)}{((\,F(z)\,))} \, ,$$

et

$$(110) \quad \varphi(z_1) + \psi(z_2) + \dots + \varphi(z_m) = \underset{(0) \quad (-\pi)}{\overset{(1) \quad (\pi)}{\mathcal{E}}} \frac{\varphi(z) \cdot F'(z) - \psi(z)\,F(z)}{((\,F(z)\,))} \, .$$

Lorsque la fonction

$$(8) \qquad \varphi(z)\,F'(z) , \qquad \text{ou} \qquad (9) \qquad \varphi(z)\,F'(z) - \psi(z)\,F(z)$$

conserve une valeur finie pour toutes les valeurs finies réelles ou imaginaires de z, ou du moins pour celles dont le module est inférieur à l'unité, alors les formules (107) et (108), ou (109) et (110), peuvent être remplacées par d'autres, dans lesquelles les doubles parenthèses renferment les deux termes de chacune des fractions

$$\frac{\varphi(z)\,F'(z)}{F(z)} , \qquad \frac{\varphi(z)\,F'(z) - \psi(z)\,F(z)}{F(z)} \, .$$

Par conséquent, dans cette hypothèse, les équations (109) et (110) peuvent s'écrire comme il suit :

$$(111) \quad \varphi(z_1) + \varphi(z_2) + \dots + \varphi(z_m) = \mathop{\mathcal{L}}_{(0)\ (-\pi)}^{(1)\ (\pi)} \left(\left(\frac{\varphi(z)\,F'(z)}{F(z)} \right) \right),$$

$$(112) \quad \varphi(z_1) + \varphi(z_2) + \dots + \varphi(z_m) = \mathop{\mathcal{L}}_{(0)\ (-\pi)}^{(1)\ (\pi)} \left(\left(\frac{\varphi(z)\,F'(z) - \psi(z)\,F(z)}{F(z)} \right) \right).$$

On a vu dans cet article combien il est facile de calculer, à l'aide du signe $\mathcal{L}$, la somme des fonctions semblables de plusieurs racines d'une équation algébrique ou transcendante. Cette somme étant une fois exprimée en résidus, on peut aisément transformer son expression en intégrales définies, ou la développer en série. En effet, pour y parvenir, il suffit, dans un grand nombre de cas, de combiner les formules qui précèdent avec les équations que nous avons précédemment obtenues [voyez les deux articles qui s'étendent de la page 95 à la page 113, et de la page 203 à la page 232], ou de développer en séries convergentes les fonctions renfermées sous le signe $\mathcal{L}$. Ainsi, par exemple, en combinant la formule (111) avec la formule (65) de la page 215, on trouvera

$$(113) \quad \varphi(z_1) + \varphi(z_2) + \dots + \varphi(z_m) = \frac{1}{2\pi} \int_{-\pi}^{\pi} e^{p\sqrt{-1}} \frac{\varphi\left(e^{p\sqrt{-1}}\right) F'\left(e^{p\sqrt{-1}}\right)}{F\left(e^{p\sqrt{-1}}\right)} \, dp.$$

L'équation (113) suppose, 1.º que la suite $z_1, z_2, \dots z_m$, renferme seulement celles des racines de l'équation (2), dont le module est compris entre les limites $0, 1$; 2.º que le produit $\varphi(z)\,F'(z)$ conserve une valeur finie pour les valeurs finies réelles ou imaginaires de z, ou du moins pour celles dont le module est inférieur à l'unité.

Les formules analogues à l'équation (113), et celles que l'on déduit des équations (6), (7), (8), etc., par le développement des fonctions en séries, méritent d'être remarquées, et nous fourniront le sujet de quelques nouveaux articles.

TABLE DES MATIÈRES.

PAGES.	LIGNES.	FAUTES.	CORRECTIONS.
85	23	$[\chi(X,y) - \chi(x_0,y)]dx.$	$[\chi(X,y) - \chi(x_0,y)]dy.$
86	15	$\dfrac{d}{dx}$	$\dfrac{dz}{dx}$
89	16	$\dfrac{dy}{x-b}$,	$\dfrac{dy}{y-b}$,
99	11	$[x - a + (y_0 - b)\sqrt{-1}\,]$	$[x - a + (y_0 - b)\sqrt{-1}\,]^m$
121	26	multipliée par X,	multipliée par K
126	18	et désignant par m, etc.	*supprimez cette ligne.*
130	28	P''', P'', etc. ,	P''', P^{iv}, etc.
141	1	$\dfrac{dz}{d\varsigma}$	$\dfrac{d\zeta}{d\varsigma}$
142	11	donné	données
144	19	des formules (19)	des formules (18)
152	1 et 21	$X^2 + Y^2 + Z^2 = 0 \ldots$ avec eux,	$X^2 + Y^2 + Z^2 > 0 \ldots$ avec ceux
158	2	dans ce sens	dans le sens
161	1 et 2	u et $x \ldots$ l'équation (8)	u et $v \ldots$ l'équation (3)
177	24	représentées comme par	représentées par
178	29	du troisième degré	du quatrième degré
192	20	$\dfrac{d^{n+1}z}{d\varsigma^{n+1}}$	$\dfrac{d^{n+1}z}{ds^{n+1}}$
202	7	$a_2 r^{n-1}$	$a_2 r^{n-2}$
204	1	$\psi(r)$	$\varphi(r)$
226	4 et 6	$1\left(\dfrac{\pi}{2}\right), \ldots \cos^{a-1}\dfrac{\sin^a p}{\sin p}$	$1\left(\dfrac{1}{2}\right), \ldots \cos^{a-1}p\,\dfrac{\sin a p}{\sin p}$
234	7	$2A$	$2C$
236	5	$n = N + \dfrac{b}{\mathscr{D}}$	$n = N + \dfrac{b}{\mathscr{D}}\,s.$
237	14	$F\left(x, y - \dfrac{ux+vy}{w}\right)$	$F\left(x, y, - \dfrac{ux+vy}{w}\right)$
238	2	$F[w, wp - (u+vp)]$	$F[w, wp, - (u+vp)]$
243	11	$- en,$	$- cn,$
244	22	Bx^2	By^2
246	17 et 21	$+ r\psi(a,b,c), \ldots z = cs - nt.$	$+ r\psi(a,b,c), \ldots z = cs - rt.$
247	15 et 16	$t^2, \ldots (t+S)^2.$	$s^2, \ldots (s+S)^2.$
248	10	$as - nt \ldots cs - nt$	$as - mt \ldots cs - rt$
268	19	$(t + u - v + w)^2$	$(t + u - v - w)^2$
307	21	$\dfrac{b}{a} < 0.$	$\dfrac{b}{a} < 1.$
328	19, 20, 21	aura une seule racine réelle, etc.	n'aura aucune racine réelle et finie.